国家级一流本科专业建设成果教材

北京理工大学"十四五"规划教材

化学制药工艺学

HUAXUE ZHIYAO GONGYIXUE

杜大明　主编

·北京·

内容简介

"化学制药工艺学"是大学制药工程专业一门重要的核心课程。《化学制药工艺学》是针对制药工程专业的特点,结合编者在化学制药工艺学教学和科学研究方面的经验,并参考了国内外新近出版的相关教材以及国内外有关的文献资料编写的。全书共分十二章,第一章至六章分别为绪论、化学制药工艺路线的设计与选择、化学制药的工艺研究、手性药物的制备技术、中试放大与生产工艺规程、化学制药与环境保护;第七章至第十二章选取达沙替尼、盐酸度洛西汀、奥美沙坦酯、克拉霉素、盐酸莫西沙星以及帕博西尼等六个具有代表性的化学药物,对其合成路线的选择和生产工艺原理等方面进行了详细剖析和阐述,以进一步加深读者对前六章内容的理解和掌握。本书内容充实、新颖,将理论知识结合生产实践,具有较好的系统性,深入探讨了化学制药工艺路线设计、选择和研究的方法,注重突出经济高效、清洁生产和手性技术等内容。

《化学制药工艺学》可作为高等学校制药工程、药学、药物化学、化学工程与工艺等专业本科生教材,也可供从事化学制药研发、生产等相关领域技术人员参考。

图书在版编目(CIP)数据

化学制药工艺学 / 杜大明主编. —北京:化学工业出版社,2024.9
ISBN 978-7-122-45772-1

I. ①化… II. ①杜… III. ①药物-生产工艺-教材 IV. ①TQ460.6

中国国家版本馆 CIP 数据核字(2024)第 108099 号

责任编辑:马泽林 杜进祥　　　文字编辑:黄福芝
责任校对:刘 一　　　　　　　装帧设计:刘丽华

出版发行:化学工业出版社
　　　　　(北京市东城区青年湖南街 13 号　邮政编码 100011)
印　　刷:北京云浩印刷有限责任公司
装　　订:三河市振勇印装有限公司
787mm×1092mm　1/16　印张 21¼　字数 461 千字
2024 年 7 月北京第 1 版第 1 次印刷

购书咨询:010-64518888　　　售后服务:010-64518899
网　　址:http://www.cip.com.cn
凡购买本书,如有缺损质量问题,本社销售中心负责调换。

定　　价:49.00 元　　　　　　版权所有　违者必究

本书编写人员

马　兵　北京理工大学化学与化工学院

杜大明　北京理工大学化学与化工学院

杨　文　湖南大学化学化工学院

林　晔　哥廷根大学有机与生物分子化学研究所

梁建华　北京理工大学化学与化工学院

温鸿亮　北京理工大学化学与化工学院

前言

制药工程专业是一个以培养药品制造工程技术人才为目标的化学、药学和工程学交叉的工科本科专业。"化学制药工艺学"是制药工程专业的核心专业课程，是综合运用有机化学、药物化学、分析化学、物理化学、化工原理等课程的知识，设计和研究经济、安全、高效的化学药物合成工艺的一门学科。

化学制药工业是一个知识密集型的高技术产业，各种新技术、新产品不断被研发，生产工艺也需不断改进和创新。随着我国制药工业的飞速发展，制药工程专业的教学越来越受到重视。为适应我国高等工科院校制药工程专业培养制药行业高层次人才教学的需求，根据北京理工大学"十四五"规划教材的要求，针对制药工程专业的特点，结合编者多年的教学实践，特编写《化学制药工艺学》一书。

本书以化学制药为主要教学内容，以有机合成设计为基础，结合制药工业相关的法律法规和行业发展的新技术、新方法和新实例，对化学制药工艺有关内容进行了较为详细的阐述。第一章绪论，主要介绍了化学制药工艺学研究内容、化学制药工艺学发展及药品生产质量管理相关法规等内容。第二章化学制药工艺路线的设计与选择，主要是关于工艺路线设计的方法、工艺路线的评价标准与选择方法的介绍。第三章化学制药的工艺研究，主要介绍了影响化学制药的各种反应条件及后处理等工艺研究内容。第四章手性药物的制备技术，主要介绍了手性、手性药物以及手性药物的制备技术。第五章和第六章分别介绍了中试放大与生产工艺规程和化学制药与环境保护。第七章～十二章分别介绍了达沙替尼、盐酸度洛西汀、奥美沙坦酯、克拉霉素、盐酸莫西沙星和帕博西尼等化学药物的工艺路线选择和生产工艺原理。本书内容系统，具有扎实的理论知识，而且结合典型产品的生产过程实践阐述，紧扣化学制药的发展前沿，强调经济高效和清洁生产理念。通过本书的学习，可以掌握化学制药工艺的基本原理和方法，掌握化学制药过程的主要工艺技术，并能够运用学到的知识进行新药的设计和研发、工艺的创新和老产品的工艺革新。

本书将编者在化学制药工艺教学和科学研究方面的经验及科研成果有机融入教材的实例中。同时，也参考了国内外新近出版的相关教材以及国内外相关的学术文献资料。全书由杜大明主编，负责统稿。具体分工为：杜大明编写第二～四、八和九章，其中第四章由杨文（湖南大学）编写大部分初稿；温鸿亮编写第一和七章；马兵编写第五和六章；梁建华编写第十和十一章；林晔（哥廷根大学）编写第十二章。

在编写本书过程中得到很多同事和学生的支持和帮助，在此向他们表示衷心的感谢！希望本书能发挥"培根铸魂，启智增慧"的作用。

编者虽然参考了大量文献资料，但由于编者水平有限，书中难免有疏漏之处，恳请读者提出宝贵的意见和建议。

编者
2024 年 3 月

目录

第一章 绪论 / 1

一、化学制药工艺学及其研究内容 ……………………………………………1
二、化学制药工艺学国内外发展现状和趋势 …………………………………1
三、药品生产质量管理法规 ……………………………………………………4
四、本课程的教学内容和要求 …………………………………………………5
思考题 ……………………………………………………………………………6
参考文献 …………………………………………………………………………6

第二章 化学制药工艺路线的设计与选择 / 7

第一节 化学制药工艺路线设计的目的 ………………………………………7
第二节 化学制药工艺路线的设计 ……………………………………………8
一、逆合成分析法 ………………………………………………………………8
二、分子对称法 …………………………………………………………………22
三、模拟类推法 …………………………………………………………………28
第三节 化学制药工艺路线的评价与选择 ……………………………………40
一、化学制药工艺路线的评价标准 ……………………………………………40
二、化学制药工艺路线的选择 …………………………………………………47
思考题 ……………………………………………………………………………55
参考文献 …………………………………………………………………………55

第三章 化学制药的工艺研究 / 56

第一节 概述 ……………………………………………………………………56
第二节 反应物料的选择 ………………………………………………………58
一、反应试剂的选择 ……………………………………………………………58
二、反应溶剂的选择 ……………………………………………………………63
三、催化剂的选择 ………………………………………………………………66
第三节 反应条件的优化 ………………………………………………………74
一、配料比与反应物浓度 ………………………………………………………75

二、加料顺序与方法 77
　　三、反应温度 79
　　四、反应压力 81
　　五、酸碱度（pH 值） 82
　　六、搅拌与搅拌方式 82
　　七、反应时间与终点监控 83
第四节　后处理与产物纯化方法 83
　　一、反应后处理方法 84
　　二、产物纯化方法 88
思考题 94
参考文献 95

第四章　手性药物的制备技术　/ 96

第一节　手性 96
　　一、概述 96
　　二、构型命名法则和手性类型 98
　　三、对映体组成和绝对构型的测定 100
第二节　手性药物 102
　　一、概述 102
　　二、手性药物的分类 103
　　三、手性药物的制备方法 105
第三节　外消旋体拆分 107
　　一、直接结晶拆分法 107
　　二、化学拆分法 109
　　三、动力学拆分法 115
　　四、色谱拆分法 120
第四节　手性源合成 121
　　一、糖类 122
　　二、手性氨基酸类 123
　　三、手性羟基酸类 124
　　四、甾体类 125
　　五、生物碱类 126
第五节　不对称合成 126
　　一、手性辅剂控制的不对称合成 127

　　二、不对称催化合成……………………………………………………………129

　第六节　手性药物合成实例………………………………………………………142

　思考题………………………………………………………………………………144

参考文献………………………………………………………………………………144

第五章　中试放大与生产工艺规程　/ 147

　第一节　中试放大研究……………………………………………………………147

　　一、中试放大的研究方法…………………………………………………………147

　　二、中试放大的研究内容…………………………………………………………150

　第二节　物料衡算…………………………………………………………………155

　　一、物料衡算的理论基础…………………………………………………………155

　　二、确定物料衡算的计算基准及每年设备操作时间……………………………155

　　三、收集相关计算数据和物料衡算步骤…………………………………………156

　第三节　药品生产工艺规程………………………………………………………162

　　一、生产工艺规程的主要作用……………………………………………………162

　　二、制定生产工艺规程的原始资料和基本内容…………………………………163

　　三、药品生产工艺规程的制定和修订……………………………………………169

　思考题………………………………………………………………………………169

参考文献………………………………………………………………………………170

第六章　化学制药与环境保护　/ 171

　第一节　概述………………………………………………………………………171

　　一、环境保护的重要性……………………………………………………………171

　　二、我国防治污染的方针政策……………………………………………………171

　　三、化学制药厂污染的特点和现状………………………………………………172

　第二节　防治污染的主要措施……………………………………………………173

　　一、绿色生产工艺的开发与利用…………………………………………………174

　　二、循环套用………………………………………………………………………177

　　三、综合利用………………………………………………………………………178

　　四、改进设备，加强管理…………………………………………………………178

　第三节　废水的处理………………………………………………………………179

　　一、废水污染控制指标……………………………………………………………179

　　二、废水处理的基本方法…………………………………………………………184

三、各类制药废水的处理 ··· 197

第四节　废气的处理 ·· 198
一、含尘废气的处理 ··· 198
二、含无机污染物废气的处理 ·· 200
三、含有机污染物废气的处理 ·· 201

第五节　废渣的处理 ·· 204
一、回收和综合利用 ··· 204
二、废渣的处理 ··· 204
思考题 ··· 206
参考文献 ·· 207

第七章　达沙替尼的生产工艺 / 208

第一节　概述 ·· 208
第二节　合成路线及其选择 ··· 209
一、达沙替尼的逆合成分析 ·· 209
二、达沙替尼的合成工艺路线 ··· 211
第三节　达沙替尼的生产工艺原理及其过程 ······························· 219
一、{5-[(2-氯-6-甲基苯基)氨甲酰基]噻唑-2-基}氨基甲酸叔丁酯的制备 ······ 220
二、2-氨基-N-(2-氯-6-甲基苯基)噻唑-5-甲酰胺的制备 ············· 220
三、2-[4-(6-氯-2-甲基嘧啶-4-基)哌嗪-1-基]乙醇的制备 ············· 221
四、达沙替尼的制备 ··· 222
思考题 ··· 223
参考文献 ·· 223

第八章　盐酸度洛西汀的生产工艺 / 224

第一节　概述 ·· 224
第二节　合成路线及其选择 ··· 225
一、度洛西汀的逆合成分析 ·· 225
二、外消旋体拆分法工艺路线 ··· 227
三、不对称合成法工艺路线 ·· 233
第三节　盐酸度洛西汀的生产工艺原理及其过程 ························· 238
一、3-(二甲基氨基)-1-(噻吩-2-基)-1-丙酮盐酸盐的制备 ············· 239
二、3-(二甲基氨基)-1-(噻吩-2-基)-1-丙醇的制备 ···················· 240

三、(S)-3-(二甲基氨基)-1-(噻吩-2-基)-1-丙醇的制备……241
　　四、(S)-N,N-二甲基-3-(萘-1-基氧基)-3-(噻吩-2-基)-1-丙胺的制备……241
　　五、(S)-N-甲基-3-(萘-1-基氧基)-3-(噻吩-2-基)-1-丙胺的制备……242
　　六、盐酸度洛西汀的制备……243
　第四节　综合利用与"三废"处理……244
　　一、(R)-3-(二甲基氨基)-1-(噻吩-2-基)-1-丙醇的利用……244
　　二、(S)-扁桃酸的回收利用……244
　　三、废液处理及溶剂的回收和套用……244
　思考题……244
　参考文献……245

第九章　奥美沙坦酯的生产工艺　/ 246

　第一节　概述……246
　第二节　奥美沙坦酯的合成工艺路线及其选择……247
　　一、奥美沙坦酯的逆合成分析……247
　　二、奥美沙坦酯的合成工艺路线……248
　第三节　奥美沙坦酯的生产工艺原理及其过程……258
　　一、2-丙基-4-(2-羟基丙烷-2-基)-1H-咪唑-5-羧酸乙酯的制备……259
　　二、1-三苯甲基-5-[4'-(溴甲基)-(1,1'-联苯基)-2-基]-1H-四氮唑的制备……260
　　三、奥美沙坦酯的制备……262
　第四节　原辅材料的制备改进及"三废"处理……266
　　一、2-丙基-4-(2-羟基丙烷-2-基)-1H-咪唑-5-羧酸乙酯的制备……266
　　二、"三废"处理……268
　思考题……268
　参考文献……268

第十章　克拉霉素的生产工艺　/ 269

　第一节　概述……269
　第二节　合成路线及其选择……270
　　一、发现时的合成路线……270
　　二、区域选择性的优化……271
　第三节　克拉霉素的生产工艺原理及其过程……278
　　一、红霉素 A9-肟的制备……278

二、"一锅法"制备 2′-O,4″-O-二(三甲基硅基)红霉素 A9-O-(1-
　　　　异丙氧基环己基)肟 279
　　三、6-甲氧基-2′-O,4″-O-二（三甲基硅基）红霉素 A9-O-(1-
　　　　异丙氧基环己基)肟的制备 281
　　四、克拉霉素的制备 282
　思考题 283
　参考文献 284

第十一章　盐酸莫西沙星的生产工艺　/　285

　第一节　概述 285
　第二节　合成路线及其选择 286
　　一、盐酸莫西沙星的逆合成分析 286
　　二、盐酸莫西沙星喹啉羧酸母核的工艺路线 287
　　三、盐酸莫西沙星手性侧链的工艺路线 290
　　四、盐酸莫西沙星的合成工艺路线 294
　第三节　盐酸莫西沙星喹啉羧酸母核的生产工艺原理及其过程 295
　　一、2,4,5-三氟-3-甲氧基苯甲酰氯的制备 295
　　二、"一锅法"制备 1-环丙基-6,7-二氟-1,4-二氢-8-甲氧基-4-氧代-3-
　　　　喹啉羧酸乙酯 296
　第四节　盐酸莫西沙星手性侧链的生产工艺原理及其过程 298
　　一、6-苄基吡咯并[3,4-b]吡啶-5,7-二酮的制备 298
　　二、6-苄基-六氢-吡咯并[3,4-b]吡啶-5,7-二酮的制备 299
　　三、(S,S)-6-苄基-六氢-吡咯并[3,4-b]吡啶-5,7-二酮的制备 300
　　四、(S,S)-6-苄基-八氢-吡咯并[3,4-b]吡啶的制备 301
　　五、(S,S)-八氢-6H-吡咯并[3,4-b]吡啶的制备 302
　第五节　盐酸莫西沙星的生产工艺原理及其过程 303
　　一、盐酸莫西沙星母核螯合物的制备 303
　　二、盐酸莫西沙星的制备 304
　第六节　综合利用与"三废"处理 305
　　一、(R,R)-6-苄基-六氢-吡咯并[3,4-b]吡啶-5,7-二酮的利用 305
　　二、生产中"三废"的处理 306
　思考题 306
　参考文献 306

第十二章 帕博西尼的生产工艺 / 307

第一节 概述 ·· 307
第二节 合成路线及其选择 ·· 308
  一、帕博西尼的逆合成分析 ··· 308
  二、帕博西尼的工艺路线 ·· 309
第三节 4-(6-氨基吡啶-3-基)哌嗪-1-甲酸叔丁酯的生产工艺
    原理及其过程 ·· 316
  一、4-(6-硝基吡啶-3-基)哌嗪-1-甲酸叔丁酯的制备 ······························ 316
  二、4-(6-氨基吡啶-3-基)哌嗪-1-甲酸叔丁酯的制备 ······························ 317
第四节 6-溴-2-氯-8-环戊基-5-甲基吡啶并[2,3-d]嘧啶-7(8H)-
    酮的生产工艺原理及其过程 ··· 318
  一、5-溴-2-氯-N-环戊基嘧啶-4-胺的制备 ·· 318
  二、2-氯-8-环戊基-5-甲基吡啶并[2,3-d]嘧啶-7(8H)-酮的制备 ············· 319
  三、6-溴-2-氯-8-环戊基-5-甲基吡啶并[2,3-d]嘧啶-7(8H)-酮的制备 ······· 320
第五节 帕博西尼的生产工艺原理及其过程 ·· 322
  一、4-[6-(6-溴-8-环戊基-5-甲基-7-氧代-7,8-二氢吡啶并[2,3-d]嘧啶-2-
    氨基)吡啶-3-基]哌嗪-1-甲酸叔丁基酯的制备 ································· 322
  二、4-{6-[(6-(1-丁氧基乙烯基)-8-环戊基-5-甲基-7-氧代-7,8-二氢吡啶并
    [2,3-d]嘧啶-2-基)氨基]吡啶-3-基}哌嗪-1-羧酸叔丁酯的制备 ············ 323
  三、帕博西尼的制备 ·· 324
第六节 原辅材料的制备与"三废"处理 ·· 326
  一、2,4-二氯-5-溴嘧啶的制备 ··· 326
  二、5-溴-2-硝基吡啶的制备 ·· 326
  三、"三废"处理 ·· 326
思考题 ··· 327
参考文献 ·· 327

第一章

绪 论

一、化学制药工艺学及其研究内容

化学制药工艺学是制药工程专业的核心课程，是综合运用有机化学、药物化学、药物合成反应、分析化学、物理化学、化工原理等学科的知识，设计和研究经济、高效、安全的化学药物合成工艺的一门学科。在药物研究开发的不同阶段，化学制药工艺研究发挥不同的作用。对于处于研究阶段的药物，工艺研究需要提供实验样品，保证药理学、毒理学等研究的正常进行；对于开发成功上市的药物，要设计合成路线，研究其工艺原理和工业生产过程，确保顺利投产，还要对已投产的药物不断优化合成工艺，改进生产设备，特别是那些产量大、市场前景广阔、生命周期长的药物。

化学制药工艺的研究包括：

1. 小试工艺研究

以基本化工产品为起始原料，根据有机化学反应，初步设计出不同的合成路线；通过对合成方法学、后处理方式等的研究，综合考虑原料来源、成本、操作可行性、环保等多种因素确定一条合成路线。

2. 中试实验研究

中试实验研究是药物合成工艺研究的重要阶段。首先通过中试实验对原料的来源进行考察，然后验证小试合成工艺的稳定性并对产品质量和杂质进行进一步分析，同时对设备的材质、选型进行研究。通过中试实验研究，药物的合成工艺基本成型。

3. 工业化生产工艺研究

经过中试实验确定后，进一步放大并实现产业化。虽然已经经过了反复验证，但工业化工艺仍需进行不断优化和改进，以适应不断提高的环保要求和社会需求。

二、化学制药工艺学国内外发展现状和趋势

化学制药工艺学以有机化学为基础，伴随着药物化学的产生和发展而逐渐发展完善起来。早期开发的药物结构比较简单，如阿司匹林、普鲁卡因等，因此其合成工艺也相对比

较简单。有机化学的高速发展为药物化学家提供了更多的选择,加快了药物研究开发的速度,药物的结构也越来越复杂,因此对合成工艺的研究显得越来越重要。同时化学工程和化工设备专业的发展也促进了合成工艺的发展,使很多原来只能在实验室实现的反应逐步工业化,而且生产规模也越来越大。随着生产规模的逐渐扩大,不仅要考虑收率、质量、成本,而且更要考虑能耗、环保等一系列问题,逐渐促进化学制药工艺学发展成为一门相对独立的学科,并伴随着其他学科的发展而逐步发展。

手性是自然界的基本属性之一,手性在生命活动中发挥着独特的作用。生物体内的核酸、蛋白质和酶以及细胞表面受体都具有手性,能够特异性地识别手性分子产生一系列生理生化反应。"反应停事件"使人们对手性药物有了初步的认识。但手性药物的合成难度很大,因此长时间以来,人们通常以外消旋体形式给药,而其对映异构体(简称对映体)就会以杂质形式存在,甚至产生意想不到的作用。服用单一对映体的手性药物不仅可以排除由无效(不良)对映体所引起的毒副作用,还能减少给药剂量,降低人体对无效对映体的代谢负担,更好地控制药代动力学,因此,1992年3月美国食品药品监督管理局(Food and Drug Administration,FDA)发布了手性药物的指导原则,明确要求一个含手性因素的化学药物,必须说明其两个对映体在体内的不同生理活性、药理作用、代谢过程和药代动力学情况,以考虑单一对映体供药的问题。我国颁布的《药品注册管理办法》中也明确规定:用拆分或合成等方法制得的已知药物中的旋光异构体及其制剂,应当报送消旋体与单一异构体比较的药效学、药动学和毒理学(一般为急性毒性)等反映其立题合理性的研究资料或者相关文献资料。政策的导向促进企业加大手性药物的研究开发力度,而诺贝尔化学奖对不对称合成领域的表彰促进了这一领域基础研究的发展。此后在不对称还原、氧化、碳-碳和碳-杂键的形成和断裂等反应方面陆续取得突破,极大提高了手性药物的工艺水平。目前分子中含有一个、两个和多个手性中心的药物均以单一对映异构体形式上市,而一些已经上市的外消旋体药物如沙丁胺醇、氧氟沙星、奥美拉唑等也陆续以单一对映异构体形式重新上市,药物工艺水平不断提高。

生物合成作为一种绿色合成技术具有反应条件温和、副产物少、选择性高、环境友好等特点,具有广阔的应用前景。一些复杂的化合物虽然用化学合成法可以完成,但生物合成具有更明显的优势。以维生素C的合成为例,传统的莱氏法具有中间体稳定、产品收率高、质量好等优点,一直是国外厂家合成维生素C的主要方法。1975年中国科学院微生物研究所和北京制药厂合作开发了维生素C的两步发酵工艺,此法简化了维生素C的生产工艺,提高了产品质量,使维生素C成为我国的拳头产品,目前我国生产规模占世界总生产规模的2/3,主要用于出口。

传统的生物合成技术与化学合成相结合,具有更加明显的优势,抗生素的发展就是这两种技术结合的完美体现。目前临床使用的头孢菌素类药物和大环内酯类抗生素均为半合成产物。此外,经发酵产生的母核10-去乙酰巴卡亭Ⅲ与侧链缩合得到紫杉醇,为紫杉醇在临床的广泛应用打下了基础。

随着人类社会的发展,人口数量急剧增加,资源消耗日益扩大,工业化不断改善人类物质生活的同时大量排放的生活污染物和工农业污染物使人类的生存环境不断恶化。为了节约资源和减少污染，20世纪90年代化学家提出了绿色化学的概念。传统的化学方法虽然可以得到人类需要的新物质，但是在许多场合中却未有效地利用资源，同时又产生大量排放物，造成严重的环境污染。绿色化学是更高层次的化学，它注重从源头避免污染的产生，更注重原子经济性。1995年为了达到防止环境污染的目标，美国宣布了"总统绿色化学挑战计划"，这是世界上最早设立、规模最大、水平最高、影响最广的绿色化学研究国家级奖励，对变更合成路线、变更溶剂反应条件、设计更安全化学品等方面的杰出研究成果予以表彰。该项目由美国环保局与化学工业部门联合执行，旨在通过环境保护合作伙伴的新模式来促进污染的防治和建立工业生态的平衡。作为资金、人才和技术具有明显优势的制药行业，在绿色化学研究方面率先走在了前列。从该奖项设立以来，布洛芬、阿瑞匹坦、辛伐他汀等药物的合成工艺改进均获得过该奖项。其中，BHC公司设计的布洛芬合成工艺经三步反应得到产物，原子利用率大约为80%（如果包括回收的副产物醋酸，实际原子利用率可达99%），成为绿色合成工艺的典范。

随着科学技术的发展，人类开始进入"工业4.0"时代。这是一次以信息物理系统为基础，以生产高度数字化、网络化、机器自组织为标志的第四次工业革命。制药行业作为知识和人才密集型产业也出现了一些新的进步。1996年黏合剂喷射成型技术的代表——粉末黏结3D打印技术首次被应用于制药。麻省理工学院将该技术在制药领域的应用授权给美国一家公司，该公司因此成为全球第一家3D打印药物公司。遗憾的是，由于该制药技术的开发难度很高且周期较长，该公司并没有实现3D打印药物的产业化。自2003年开始，美国另一家3D打印药物公司在粉末黏结技术的基础上，耗时近十年开发出了可将药物进行大规模3D生产的新技术。2015年，该公司使用3D打印新制药技术开发的第一款药物产品获得美国FDA批准。

药品是一类特殊的商品，对其质量及管理要求特别严格，其生产过程要求高，并且以法律法规的形式进行管理，因此，"工业4.0"的部分理念并不能完全应用于制药行业。但"工业4.0"将突破传统的行业界限，催生制造业的颠覆性变革，全面提升制药业的水平。智能制造能够帮助制药企业增强质量控制、降低质量风险，还可以帮助制药企业提高效率、优化成本，同时智能制造系统通过生产、质控、物流、营销、人力等环节的互联互通，实现生产资料的最优化调度，提高生产效率。此外，智能制造可以帮助制药企业发展新的运营模式。通过与上游生产供应商和下游用户的相关系统对接，制药企业可以合理高效地利用大健康数据、医疗大数据，制定更有针对性的研发方向和市场战略。

新药研究开发周期长、复杂程度高，需要众多药物研究开发方面的高技术人员的支持以及财务、管理等方面的默契配合，同时随着人们对药品质量和疗效的要求越来越高，新药研发项目的投入成本也越来越大，周期越来越长。新药从实验室发现到进入市场需要10~15年。开发新药的周期不断延长导致其上市后的专利保护期缩短。失去专利保护以后，药物面临着更严峻的市场竞争，因此合成工艺的研究成为新的焦点。近年来，由于发达国家的环保成本高，在发达国家传统的原料药已无生产优势，跨国制药企业逐步将原料药生产向环保要求较低的发展中国家转移已经成为一种趋势。

我国的制药工业起步较晚，新中国成立后才逐渐开始起步。由于研究基础薄弱，资金有限，因此很长时间内我国主要集中于药物的仿制和合成工艺的研究上。从新中国成立到改革开放前国家建立了完整的医药工业体系，完成了心血管药、抗生素、解热镇痛药、非甾体抗炎药、激素等药物的国产化，基本满足人民群众对药物的需求，保证了人民的健康。改革开放后，我国医药工业发展迅速，制药工业水平逐渐提高。

后来，虽然我国新药的研究开发水平与发达国家差距仍比较大，但对于专利到期的品种已经能够迅速仿制并且达到很高的水平。以阿托伐他汀钙为例，该产品是美国 Warner-Lambert 公司开发的产品，主要用于高脂血症的治疗。由于阿托伐他汀钙的疗效与安全性俱佳，因此多年蝉联世界药品销售额的榜首。阿托伐他汀钙是一个具有全取代吡咯母环的化合物，1-位带有一个七个碳原子的侧链，侧链带有两个手性中心，合成难度比较大。专利到期后，国内迅速完成了该药的仿制并通过了一致性评价，各项经济技术指标均达到了国外同类产品水平。

维生素 D 是一种脂溶性维生素，参与人体对钙和磷的代谢，促进其吸收，并对骨质形成有重要作用。但维生素 D 的结构复杂，合成难度很大，其核心技术一直被掌握在瑞士罗氏、德国 BASF、日清化学等公司手中。我国经过多次攻关对维生素 D 的合成已经取得突破，生产成本、产品质量、生产周期均显著改善，目前已经可以产业化并在浙江建立了生产线。维生素 D 的产业化代表我国制药工艺水平有了进一步的提高。

虽然目前我国的制药工业水平有了明显的提高，但与发达国家相比仍有差距。以布洛芬为例，我国山东新华制药股份有限公司现在具有年产 5000t 的产能，产品不仅满足国内使用还远销海外。但新华制药股份有限公司的生产工艺中包含 Friedel-Crafts 酰基化反应，并使用了大量的三氯化铝，反应完成后会产生大量的废水，这个问题一直困扰着厂家。而美国的 BHC 公司设计的布洛芬合成工艺以氟化氢为催化剂，反应副产物是乙酸，经三步反应得到产物，原子利用率大约为 80%，如果包括回收的副产物醋酸，实际原子利用率可达 99%，达到了非常高的水平。

三、药品生产质量管理法规

我国药品管理的法律规定是以宪法为基础，以《中华人民共和国药品管理法》为主体，由数量众多的药品行政管理法规、规范性文件、药品标准、地方性法规、规章以及国际药品条约组成的多层次、多门类，有内在联系的法律法规体系。如与药品非临床研究相应的法规有《药品非临床研究质量管理规范》，与药品注册管理相应的法规有《药品注册管理办法》，与药品生产管理直接相关的是《药品生产质量管理规范》（Good Manufacture Practice，GMP）。GMP 要求药品生产企业应具备良好的生产设备，合理的生产过程，完善的质量管理和严格的检测系统，以确保最终产品的质量。

在人类历史上，由于药品生产过程控制不严而导致的产品质量和安全性问题时有发生。尤其是 19 世纪 60 年代发生的"反应停事件"，导致全球 1 万例以上的婴儿发生严重畸形，此后世界各国不断加强对药品安全性的控管力度。1963 年美国 FDA 颁布了世界上第一部《药品生产质量管理规范》。1969 年世界卫生组织（WHO）颁发了自己的 GMP，并向各成员国推荐。1972年欧共体公布了《GMP总则》指导欧共体国家药品生产。

我国于20世纪80年代引入GMP的概念。1982年中国医药工业公司在总结了国内企业实施GMP初步经验的基础上，制定了《药品生产管理规范（试行）》，并在制药行业中推广和试行。1988年3月，卫生部发布了《药品生产质量管理规范》，这是我国第一部GMP。1992年卫生部对1988年制定的《药品生产质量管理规范》进行了修订，1995年至1997年，经国家技术监督局批准，成立了中国药品认证委员会，开始接受企业的药品GMP认证申请并开展认证工作，同时制定和出台了一系列指导文件和细则。1998年国家药品监督管理局成立，同年修订了《药品生产质量管理规范》，制定了GMP的附录，使得我国的GMP实施更加具体而且操作性更强。2010年卫生部对《药品生产质量管理规范》进行了进一步修订，并于2011年3月1日起开始施行。新版GMP涉及人员、仪器设备、质量管理、厂房、管理文件等药品生产管理的各个方面，在药品生产实践的基础上，经过总结和升华，反过来又指导生产实践。在完成GMP认证后，我国制药行业的整体水平有所提高，药品生产工艺越来越稳定，产品质量稳步提高，为后期我国药品打入国际市场打下了基础。

四、本课程的教学内容和要求

制药工艺研究贯穿药物研究开发的不同阶段，本课程在有机化学和药物合成反应的基础上，首先在第二章介绍了化学合成药物工艺路线设计的一般方法，优化工艺的标准，对不同工艺路线的选择方法；第三章详细介绍了化学合成药物的工艺研究方法；第五章对中试放大的内容进行了介绍，包括中试放大的研究方法、物料衡算和生产工艺规程制定等；第六章对化学制药污染的特点、防治措施和"三废"处理等内容进行了介绍。

手性药物越来越受到国内外的重视，目前临床使用的1000多种药物中，有40%是手性药物。手性药物的合成工艺、检测手段与其他药物有所不同，而且近年来发展很快，本教材第四章专门介绍了手性药物的制备技术。

本书第七章至第十二章，通过对一些典型药物生产工艺原理的介绍，进一步引导学生通过考虑原料的成本、工艺条件实现的难易、配套设备及环境保护等方面的问题，正确设计和选择工艺路线，使学生能够根据已经掌握的理论知识，结合生产实际，设计和选择合理的工艺路线。通过本课程的学习，要求学生掌握化学制药工艺研究的基本理论和方法，能够针对临床常见药物设计出经济合理的工艺路线。

制药行业是一个特殊的领域，其产品与人的生命健康息息相关。因此我们不仅要培养学生具有扎实的基础知识，还要具有良好的道德品质，本着医者仁心的思想去从事制药行业。在药物的合成及制备过程中，涉及的原料、中间体种类很多，性质各异，其中不乏易制毒和易制爆类化学品，因此应该按国家相关法律法规进行管理和使用。更有一些药物对人体中枢神经系统影响很大，甚至具有依赖性，因此要严格按照国家法律法规使用。

制药工艺路线设计和工艺优化是在长期的药品生产实践活动中逐渐摸索的过程，要从多因素、多角度逐步优化生产方案，涉及的范围广、水平多、难度大。在此条件下，难免有些学生对化学合成制药存在悲观情绪，认为接触化学试剂易伤害身体、易发生火灾、污染环境等，甚至有的学生可能会误认为就业前途渺茫。因此，通过本课程的教学，要培养在校学生的专业自信，使他们进入社会后，获得专业发展的从容自信，鼓起奋发进取的勇气，焕发工作的生机与活力。化学制药工业是与人类健康密切相关、长盛不衰、高速发展的朝阳行业。随着国家激励自主创新政策的出台，以及不断深化我国医药工业供给侧结构性改革，化学制药行业也迎来了快速发展机遇。引导学生认识到在优化药物的合成途径、简化分离提纯手段、降低设备要求、减少或消除"三废"的产生、提高生产效率等方面都有大量的工作可以做，也大有可为。因此，通过课程学习，要树立远大志向，重拾化学制药的信心，坚守制药人的使命，为祖国和人民做更大的贡献。

思考题

1. 简述化学制药工艺学的研究内容。
2. 简述绿色化学的定义及其基本原则。
3. 举例说明生物合成与化学合成的区别。

参考文献

[1] 赵临襄. 化学制药工艺学. 5 版. 北京：中国医药科技出版社，2019.
[2] 陈曦，吴凤礼，樊飞宇，等. 手性医药化学品的绿色生物合成. 生物工程学报，2022，38（11）：4240-4262.
[3] 孟上九，李进京. 化学制药工艺学"课程思政"教学实践. 广东化工，2021，48（10）：250.

第二章 化学制药工艺路线的设计与选择

化学合成药物一般是指化学原料药,即按全合成或半合成方法生产的有机合成药物。大多数化学合成药物是以结构简单的化工产品为原料,经过一系列化学反应过程和物理后处理过程制备的,这种制备策略称为全合成。也有一些化学合成药物是由具有特定基本结构的天然产物经过结构的化学修饰改造和后处理等过程制备的,这种策略称为半合成。一种化学合成药物往往可通过多种不同的合成路线或途径制备,在制药工艺研究和生产实践中,通常将具有工业生产价值的合成路线称为化学合成药物的工艺路线或技术路线。化学合成药物的工艺路线是化学制药企业进行工业化生产的基础,在药物生产的产品质量和经济效益等方面都具有重要的影响。

第一节 化学制药工艺路线设计的目的

一种化学合成药物可以通过不同的原料经多种不同的途径制备。由于使用的原料不同,化学反应和合成途径就不同,要求的反应条件、操作方法以及后处理过程就不一样,最后所得产品的产率、质量和生产成本等也互不相同,有些可能差异悬殊。因此,设计化学合成药物的工艺路线非常必要。药物合成工艺路线设计的目的有以下几种情况。

1. 新药的创制

在新药研究开发的初期阶段,需要合成一定数量的产品供药效学、毒理学、药代动力学、化学稳定性、药物剂型和生物利用度等方面的研究使用,化学药物合成工作一般以实验室小规模进行,此阶段对研究中的新药(investigational drug,IND)的生产成本等经济问题考虑得比较少。当新药在临床试验中显示出具有优异的疗效之后,要加紧进行生产工艺的研究,并根据国内外市场的潜在需求用量来确定生产规模。这时必须把药物合成工艺路线的工业化、最优化,以及降低生产成本放在首位,设计经济合理的工艺路线。

2. 专利即将到期药物的仿制

药物的专利保护期到期后,其他生产企业便可以仿制原研药生产,药物的价格将大幅度下降，成本低、价格廉的生产企业将在市场上具有更强的竞争力，因此对于即将专利到期的药物，设计经济合理的工艺路线是非常必要的。

3. 原有药物工艺的革新

某些正常生产的活性确定的老药品，社会的需求量很大、应用面广泛，如果企业研发人员能对原有工艺进行革新改造，设计、选择更加经济合理的工艺路线，简化操作工序，减少对环境的污染，降低生产成本，提高产品质量，那将会为生产企业带来良好的经济效益和社会效益。

第二节　化学制药工艺路线的设计

在化学合成药物的制备工艺研究中，首先是工艺路线的设计和选择，以确定一条经济而有效的生产工艺路线。药物合成工艺路线的设计是化学制药工艺研究的起始点，对工艺研究全过程有着非常重要的影响。药物合成工艺路线设计属于有机合成化学中的一个分支，它设计合成的目标分子是药物或生物活性分子。由于药物分子的多样性，它们的合成工艺路线也必定是多种多样的，相应的合成工艺路线设计方法或策略也各不相同。

一般在设计药物合成工艺路线前，首先，要仔细查阅国内外相关文献资料，对所要设计合成路线的药物的研究现状要有清晰的认识。其次，对要合成的药物结构进行剖析，分清该目标化合物的主环与基本骨架结构、官能团与侧链基团，以及了解它们之间是如何连接的。最后，再认真思考主环是如何形成的，基本骨架的组合方式，官能团的引入形成、如何转换及去除，官能团的保护与去保护方法，官能团和侧链的引入先后次序。若设计路线的药物是手性药物，还必须考虑手性中心的引入和构建方法及在整个工艺路线中引入的适宜位置等相关问题。

逆合成分析法、分子对称法和模拟类推法是化学合成药物工艺路线设计的常用方法。

一、逆合成分析法

1. 逆合成分析法的基本概念和过程

从药物分子的化学结构出发，通过逆向变换，将它的化学合成过程一步一步逆向推导，直到找到合适的反应原料、试剂以及反应类型的方法，称为逆合成分析法（retrosynthesis analysis）。逆合成分析法的合成路线设计思路是由最终复杂的目标分子逆向推导得到简单起始原料的过程，与正常的化学合成反应过程正好相反，因此称为"逆"合成。逆合成分析法是化学药物合成工艺路线设计的最基本方法。

逆合成分析法由哈佛大学 E. J. Corey 教授在总结前人成功经验的基础上于 1964 年正式提出，利用此法 Corey 教授成功合成了多个天然化合物，并由此获得诺贝尔化学奖。逆合成的过程是对目标分子进行切断，寻找合成子及其合成等价物的过程。合成子是指已切断的分子的各个组成单元，包括电正性、电负性离子和自由基等形式。合成等价物是指具有合成子功能的化学试剂，包括亲电性物种、亲核性物种或其他活性试剂。切断是目标化合物结构剖析的一种常用处理方法，可以想象在目标分子中有价键被打断，形成碎片，进而推出合成所需要的反应原料。切断的方式有均裂和异裂两种，即切成自由基形式或电正性、电负性的离子形式，后者更为常用。切断化学键的部位极为重要，原则是"能合成的地方才能切断"，合成是目的，切断是手段，要与常用的有机化学反应相对应才能进行最终的目标分子合成。

逆合成分析法的基本过程如下。

（1）目标化合物结构的宏观分析：确定目标化合物的类型，寻找出目标化合物的基本结构特征，确定需要采用全合成还是用特定结构化合物进行半合成的合成设计策略。

（2）目标化合物结构的初步剖析：分清具有什么结构的基本骨架和何种官能团，从全局角度分析各官能团的引入或转化生成的可行性后，确定目标分子的基本骨架，为合成路线设计奠定基础。

（3）目标化合物基本骨架的切断：在确定目标化合物的基本骨架之后，对该骨架进行第一次切断，将分子骨架转化为两个大的合成子，第一次切断化学键部位的选择是整个合成路线设计非常关键的环节。

（4）合成等价物的确定与再逆向推导：对第一次切断所得到的合成子选择合适的合成等价物，再以此合成等价物为目标分子进行切断，逆向推导寻找新的合成子与合成等价物。

（5）重复上述逆向推导和切断化学键过程，直至得到合适的可方便获得的合成或工业生产所需的原料。

按照上述逆合成分析的基本过程，针对一个化学合成药物，首先研究药物分子的化学结构，分析考虑哪些官能团可以通过官能团化反应或官能团的转换得到。在确定分子的基本骨架后，寻找其最后一个结合点作为第一次切断的部位，考虑这个切断所得到的合成子可能是哪种类型的合成等价物，经过什么机理的化学反应可以构建这个化学键。再对合成等价物进行新的剖析和逆向推导，继续切断，如此反复逆向追溯求源，直到获得最适宜的简单化合物作为起始原料。起始原料应该是比较方便易得、价格合理的化工原料或天然化合物。最后再综合考虑各步化学反应的合理排列与确定完整的合成工艺路线。

吉非替尼（gefitinib，**1**）是瑞典阿斯利康公司研制的一种表皮生长因子受体（EGFR）酪氨酸激酶抑制剂（TKI），2003年在美国等国家上市，用于治疗非小细胞肺癌。以吉非替尼（**1**）作为示例，解释说明利用逆合成分析法进行化学药物合成工艺路线设计的基本过程。首先，剖析吉非替尼（**1**）的分子结构，弄清楚整个分子的基本骨架和官能团，综合考虑各个官能团的引入或转化的可行性之后，确定目标分子的基本骨架。吉非替尼（**1**）分子中，左侧上方的苯环经喹唑啉环和醚键连接到右侧的吗啉环可以认为是分子的基本骨架，苯环和喹唑啉环上连接的多个取代基则为官能团。对该目标分子的骨架进行第一次切断，可以将分子骨架切断转化为两个大的合成子。在吉非替尼（**1**）分子结构中，C—O键容易形成，与这个相对应的脂肪族亲核取代反应形成醚比较容易发生，所以这个共价键可作为第一次切断部位。C—O键切断形成电正性和电负性两个合成子。喹唑啉环氧负离子为电负性合成子，吗啉连接的烷基链为电正性合成子，从反应机理上该切断是比较合理的。吗啉连烷基链的电正性合成子的合成等价物可以是4-(3-氯丙基)吗啉（**2**），喹唑啉环氧负离子电负性合成子的合成等价物为4-[(3-氯-4-氟苯基)氨基]-7-甲氧基喹唑啉-6-醇（**3**）。

4-(3-氯丙基)吗啉（**2**）结构比较简单，可方便制备或直接购买化工原料。然后，将化合物 **3** 分子中的羟基用乙酰基保护，得到 4-[(3-氯-4-氟苯基)氨基]-7-甲氧基喹唑啉-6-基乙酸酯（**4**），保护羟基是因在实际合成中会有羧基到 4-氯取代基的官能团转化，防止羟基被氯化。

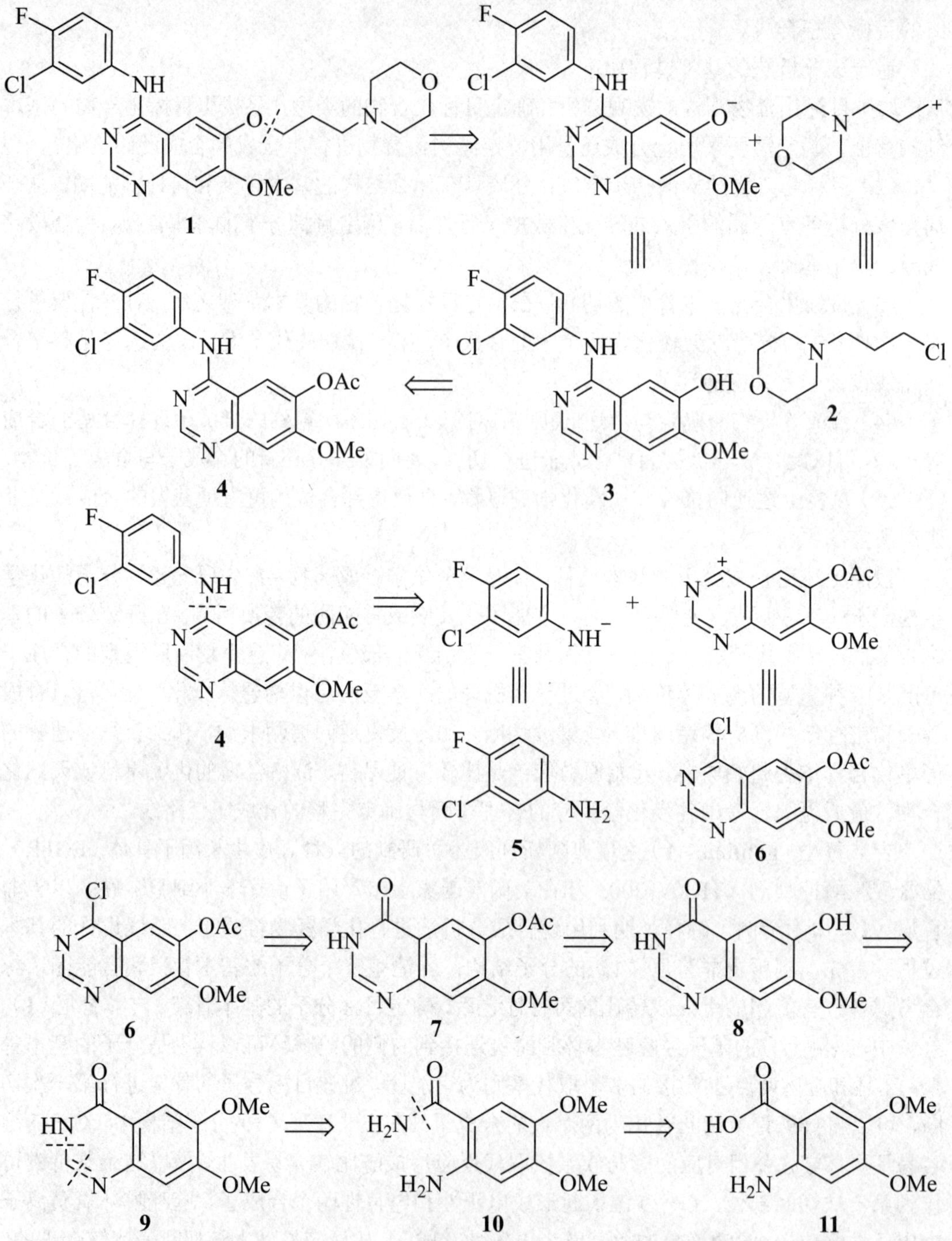

将化合物 **4** 作为一个新的目标分子结构对其进行逆合成分析，选择在喹唑啉环 4 位的 C—N 键进行切断，可得到两个新的电正性、电负性合成子，推出它们相应的合成等价物

分别是 3-氯-4 氟苯胺（**5**）和 4-氯-7-甲氧基喹唑啉-6-基乙酸酯（**6**）。化合物 **6** 需要再逆推到 7-甲氧基-4-氧代-3,4-二氢喹唑啉-6-基乙酸酯（**7**），这个化合物是相应的 4-羟基喹唑啉化合物的互变异构体，这步转变是官能团转换，不涉及分子骨架的变化。将化合物 **7** 的乙酰保护基去掉逆推到 6-羟基-7-甲氧基喹唑啉-4(3*H*)-酮（**8**），化合物 **8** 需逆推到 6,7-二甲氧基喹唑啉-4(3*H*)-酮（**9**），因二甲氧基化合物更易获得。化合物 **9** 的切断选择在嘧啶环上相邻的 C—N 键和 C=N 键，这样就可逆推到开环的 2-氨基-4,5-二甲氧基苯甲酰胺（**10**），此过程相对应的化学反应是缩合反应。最后，切断化合物 **10** 分子中的酰胺 C—N 键，逆推得到 2-氨基-4,5-二甲氧基苯甲酸（**11**）作为起始原料。综上所述，从吉非替尼（**1**）分子出发，经过切断—确认合成子—寻找合成等价物这三个步骤的多次运用，最后找到比较合适的起始原料，顺利完成了对这个药物分子的逆合成分析。

根据上述的逆合成分析过程，可以设计吉非替尼（**1**）的第一条合成路线如下：

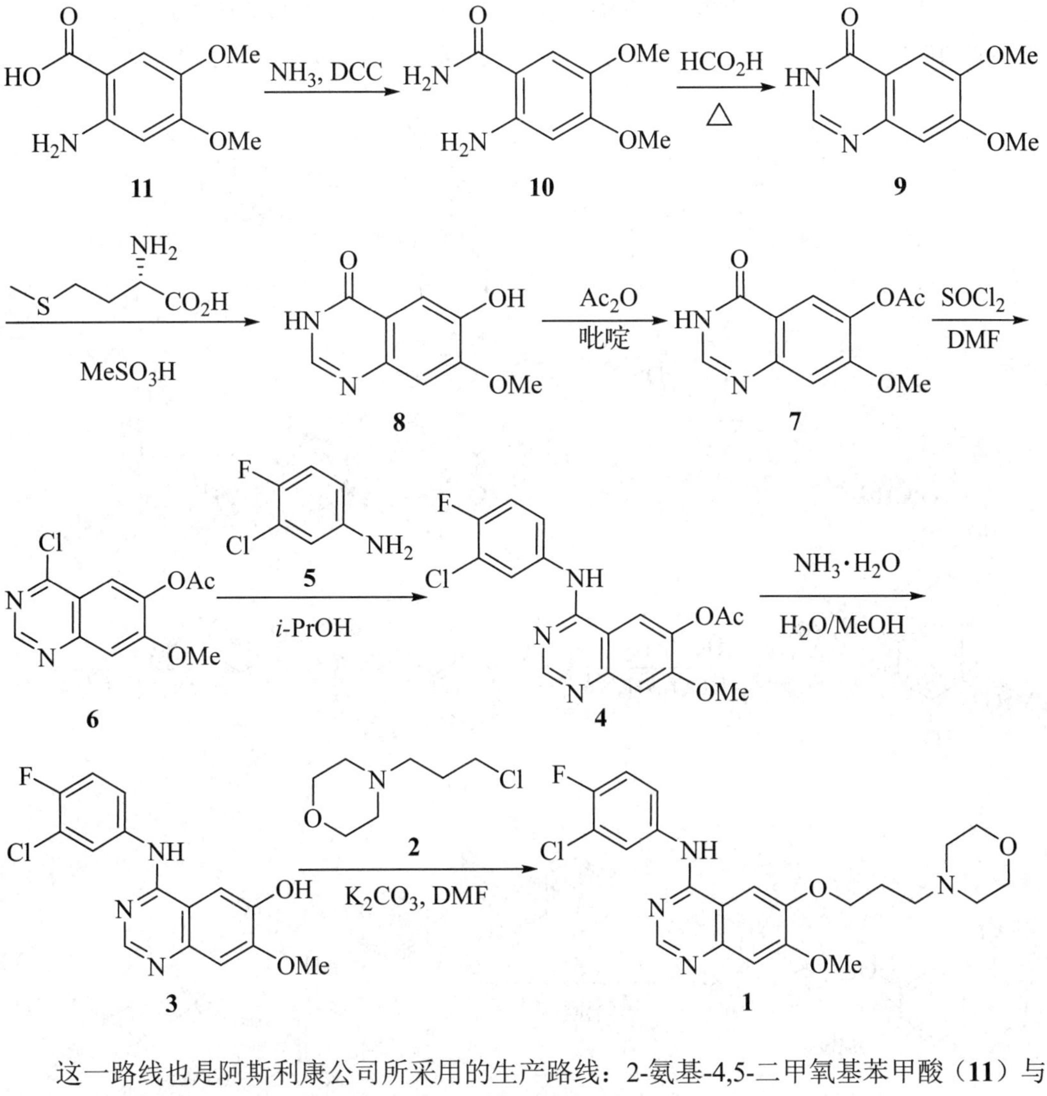

这一路线也是阿斯利康公司所采用的生产路线：2-氨基-4,5-二甲氧基苯甲酸（**11**）与氨水在 *N*,*N*'-二环己基碳二亚胺（DCC）存在下发生酰胺化反应，生成 2-氨基-4,5-二甲氧

基苯甲酰胺（**10**）。化合物 **10** 与甲酸加热反应得到 6,7-二甲氧基喹唑啉-4(3*H*)-酮（**9**），中间体 **9** 与 L-蛋氨酸在甲磺酸中发生去甲基化反应生成 6-羟基-7-甲氧基喹唑啉-4(3*H*)-酮（**8**）。化合物 **8** 与乙酸酐在吡啶中发生酯化反应得到羟基乙酰化产物 7-甲氧基-4-氧代-3,4-二氢喹唑啉-6-基乙酸酯（**7**），然后化合物 **7** 在二甲基甲酰胺（DMF）催化下与二氯亚砜发生氯化反应，完成羰基官能团到氯的转换，得到 4-氯-7-甲氧基喹唑啉-6-基乙酸酯（**6**）。化合物 **6** 与 3-氯-4-氟苯胺（**5**）在异丙醇中加热发生芳香亲核取代反应（S$_N$Ar2），完成 C—N 键构建生成 4-[(3-氯-4-氟苯基)氨基]-7-甲氧基喹唑啉-6-基乙酸酯（**4**）。化合物 **4** 在甲醇氨水溶液中脱乙酰保护基得到关键中间体 4-[(3-氯-4-氟苯基)氨基]-7-甲氧基喹唑啉-6-醇（**3**）。将化合物 **3** 和 4-(3-氯丙基)吗啉（**2**）加入 DMF 溶液中，在碳酸钾碱性条件下发生亲核取代反应（S$_N$2），完成 C—O 键形成，得到最终产物吉非替尼（**1**）。

值得关注的是，每个药物都会有多种合成路线，如果选择不同的逆合成分析策略，选择不同的化学键作为切断位点，逆推得出各不相同的合成子和合成等价物，可以设计若干条不同的合成工艺路线。对于吉非替尼（**1**），还可采用以下两种合成路线来制备。

第二条路线的组合顺序与第一条路线截然不同，以 3-羟基-4-甲氧基苯甲酸甲酯（**12**）为原料，与 1-溴-3-氯丙烷在碳酸钾碱性条件下先发生亲核取代反应构建 C—O 键引入氯丙氧基侧链，得到 3-(3-氯丙氧基)-4-甲氧基苯甲酸甲酯（**13**）。3-(3-氯丙氧基)-4-甲氧基苯甲酸甲酯（**13**）与硝酸在三氟乙酸存在下发生硝化反应生成 5-(3-氯丙氧基)-4-甲氧基-2-硝基苯甲酸甲酯（**14**）。化合物 **14** 与吗啉发生亲核取代反应，构建 C—N 键，生成 4-甲氧基-5-(3-吗啉丙氧基)-2-硝基苯甲酸甲酯（**15**）。化合物 **15** 经 Pd/C 催化加氢将硝基还原为氨基，得到 2-氨基-4-甲氧基-5-(3-吗啉丙氧基)苯甲酸甲酯（**16**）。化合物 **16** 与甲酰胺和甲酸铵在加热条件下反应得到 7-甲氧基-6-(3-吗啉丙氧基)喹唑啉-4(3*H*)-酮（**17**）。化合物 **17** 与草酰氯发生氯化反应生成 4-氯-7-甲氧基-6-(3-吗啉丙氧基)喹唑啉（**18**）。化合物 **18** 与 3-氯-4 氟苯胺（**5**）在 DMF 溶液中加热发生芳香亲核取代反应构建 C—N 键得到最终产物吉非替尼（**1**）。

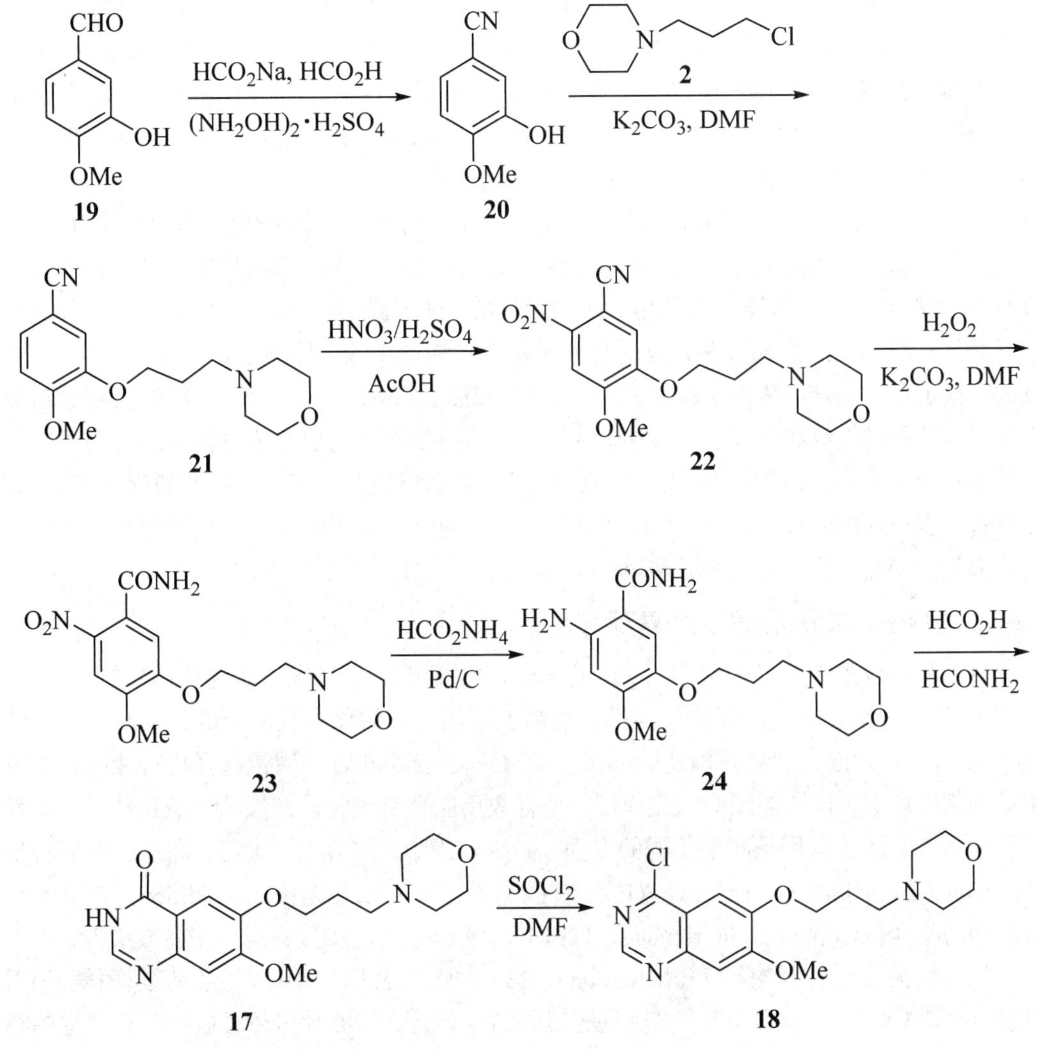

第三条路线则利用价廉易得的 3-羟基-4-甲氧基苯甲醛（**19**）为原料，首先在甲酸、甲酸钠和硫酸羟胺作用下将醛基转化为氰基得到 3-羟基-4-甲氧基苯甲腈（**20**）。3-羟基-4-甲氧基苯甲腈（**20**）在碳酸钾作用下与 4-(3-氯丙基)吗啉（**2**）发生亲核取代反应得到 4-甲氧基-3-(3-吗啉丙氧基)苯甲腈（**21**）。化合物 **21** 在混酸（硝酸/乙酸/硫酸）作用下经硝化反应得到 2-硝基-4-甲氧基-5-(3-吗啉丙氧基)苯甲腈（**22**）。化合物 **22** 在过氧化氢和碳酸钾作用下得到氰基水解产物 2-硝基-4-甲氧基-5-(3-吗啉丙氧基)苯甲酰胺（**23**）。化合物 **23** 在甲酸铵和 Pd/C 催化下硝基被还原得到产物 2-氨基-4-甲氧基-5-(3-吗啉丙氧基)苯甲酰胺（**24**），化合物 **24** 在甲酸和甲酰胺作用下环合得到重要的中间体 7-甲氧基-6-(3-吗啉丙氧基)喹唑啉-4(3*H*)-酮（**17**）。化合物 **17** 在 DMF 溶剂中与二氯亚砜发生氯化反应得到 4-氯-7-甲氧基-6-(3-吗啉丙氧基)喹唑啉（**18**），化合物 **18** 经甲苯处理无需分离直接与 3-氯-4-氟-苯胺（**5**）在 DMF 中加热发生芳香族亲核取代反应，完成 C—N 键构建生成最终产物吉非替尼（**1**）。

以上三条合成路线采用不同的逆合成分析思路，选择以不同原料出发来制备吉非替尼（**1**），各有特点。第一条路线要使用大量的甲磺酸和 L-蛋氨酸选择性脱甲基，这两种试剂无法回收，对环境污染大，并且有保护和脱保护等烦琐步骤，路线长，总收率为 7%，难以大规模工业化生产。第二条路线采用先连接侧链达到保护羟基的目的，路线所用原料廉价易得，但有柱色谱纯化步骤，总收率为 19%。第三条路线的逆合成分析思路运用了三次官能团的转化，思路新颖，合成工艺路线也避免了选择性脱甲基、保护和脱保护等步骤，而且每一步反应的收率都较高，产物经重结晶方法纯化或无需纯化就可直接用于下一步反应，简化了纯化过程，总收率达到 48%，可满足工业化生产的条件。

2. 使用逆合成分析法的注意事项

（1）药物分子中的 C—N、C—O、C—S 等碳-杂键通常是优先被选择切断的化学键。通常碳-杂键为比较容易拆开的化学键，也易于用相对应的化学反应合成。因此，一般情况下先合成碳-杂键，然后再构建碳-碳键。在 C—C 处切断时，通常选择与官能团相邻或相近的部位切断，该官能团的活化作用，使合成反应容易进行。在设计合成路线时，碳骨架构建和官能团的运用是两个不同的方面，需统筹兼顾，灵活综合运用，通过官能团转换（functional group interconversion，FGI）、官能团添加（functional group addition，FGA）和官能团消除（functional group remove，FGR）的灵活运用，实现目标分子骨架装配。

抗心律失常药普罗帕酮（propafenone，**25**），化学名称为 1-[2-(2-羟基-3-(丙氨基)丙氧基)苯基]-3-苯基-1-丙酮，具有 β-氨基醇三碳结构单元，其可看作环氧被胺开环产生的特殊结构。根据它的结构与特征，可以选择 C—N 键作为第一次切断位点，逆推至 1-[(2-(环氧乙烷-2-基甲氧基)苯基]-3-苯基-1-丙酮（**26**）和丙胺。环氧化合物 **26** 的切断位点选择在苯环 2 位侧链上的 C—O 键，逆推得到 1-(2-羟基苯基)-3-苯基-1-丙酮（**27**）和 2-(氯甲基)环氧乙烷。在化合物 **27** 中单键变换为双键（相当于官能团添加 FGA）逆推至 1-(2-羟基苯基)-3-苯基丙-2-烯-1-酮（**28**），可通过羟醛缩合完成 α,β-不饱和酮的构建。烯酮化合物 **28** 的切断位点选择在 C═C 双键，可逆推至邻羟基苯乙酮（**29**）和苯甲醛。邻羟基苯乙酮可由苯酚经 Fries 重排制备。

经过上面的逆合成分析，可设计出普罗帕酮（**25**）的合成路线，以苯酚为原料，先与乙酸酐反应得乙酸苯酚酯，后者在 AlCl$_3$ 催化下发生 Fries 重排可制得邻羟基苯乙酮（**29**）。邻羟基苯乙酮与苯甲醛在 NaOH 作用下发生羟醛缩合得到 1-(2-羟基苯基)-3-苯基-2-丙烯-1-酮（**28**），然后化合物 **28** 经 Pd/C 催化氢化可生成 1-(2-羟基苯基)-3-苯基-1-丙酮（**27**）。化合物 **27** 在碱作用下与 2-(氯甲基)环氧乙烷发生亲核取代反应得到 1-[2-(环氧乙烷-2-基甲氧基)苯基]-3-苯基-1-丙酮（**26**），化合物 **26** 与丙胺发生亲核环氧开环反应得到普罗帕酮（**25**）。

（2）杂环是化学合成药物中非常重要的结构单元，普遍存在于治疗肿瘤、感染、糖尿病、阿尔茨海默病、抑郁症和心脑血管病等疾病的药物结构中。对于杂环药物，利用逆合成分析法设计它们的合成路线有两种方法。一种是直接将杂环作为一个完整的结构单元引入目标分子；另一种则是将杂环作为切断的目标，选择该杂环中的化学键作为切断位点，通过化学反应来合成组装这个杂环。前述的吉非替尼（**1**）中吗啉是直接引入的，喹唑啉杂环即是利用第二种方法合成的，下面将介绍的伊马替尼（**30**）中吡啶和哌嗪两个杂环采用引入的方法，而嘧啶环使用合成构建方法。

伊马替尼（imatinib, **30**）是一种小分子蛋白激酶抑制剂，由瑞士诺华（Novartis）公司研制并于 2001 年在美国上市，临床主要用于治疗各期慢性髓性白血病（CML），也用于治疗恶性胃肠道间质细胞瘤（GIST）。伊马替尼的化学名称是 4-[(4-甲基哌嗪-1-基)甲基]-*N*-{4-甲基-3-[(4-(吡啶-3-基)嘧啶-2-基)氨基]苯基}苯甲酰胺，是含有哌嗪、吡啶和嘧啶三个杂环的药物。从伊马替尼分子结构出发进行逆合成分析，吡啶和哌嗪环比较简单，一般采用直接引入的方法，首先选择断开分子中部的酰胺 C—N 键，这样可逆推得到 6-甲基-N^1-[4-(吡啶-3-基)嘧啶-2-基]苯-1,3-二胺（**31**）和 4-[(4-甲基哌嗪-1-基)甲基]苯甲酰氯（**32**）两个中间体分子。中间体化合物 **31** 中的氨基可看作由硝基还原得到从而推到 *N*-(2-甲基-5-硝基苯基)-4-(吡啶-3-基)嘧啶-2-胺（**33**）。然后，切断化合物 **33** 中嘧啶环 3、4 位间的 C—N 键和 5、6 位间的 C—N 双键，可逆推到 3-二甲氨基-1-(3-吡啶基)-2-丙烯-1-酮（**34**）和 1-(2-甲基-5-硝基苯基)胍（**35**）。将中间体 **34** 再切断 C=N 键，可逆推到原料 3-乙酰基吡啶（**36**）和 1,1-二甲氧基-*N*,*N*-二甲基甲胺（**37**）。最后将中间体 **35** 再切断两个 C—N 键可逆推出便宜的原料 2-氨基甲苯（**38**）和氨基腈。将 4-[(4-甲基哌嗪-1-基)甲基]苯甲酰氯（**32**）再切断 C—N 键，可逆推得到(4-溴甲基)苯甲酸甲酯（**39**）和 4-甲基哌嗪，化合物 **39** 可由最简单起始原料对甲基苯甲酸（**40**）制备。

根据上述逆合成分析，按推导的起始原料设计出下面这条合成路线：以 2-氨基甲苯（**38**）为起始原料，在乙醇中用硝酸硝化得到 2-氨基-4-硝基甲苯，随后其与氨基腈缩合得到 1-(2-甲基-5-硝基苯基)胍（**35**），化合物 **35** 与 3-二甲氨基-1-(3-吡啶基)-2-丙烯-1-酮（**34**）在碱性条件下缩合成环得 *N*-(2-甲基-5-硝基苯基)-4-(吡啶-3-基)嘧啶-2-胺（**33**），中间体 **33** 经催化氢化把硝基还原为氨基得到 6-甲基-*N*¹-[4-(吡啶-3-基)嘧啶-2-基]苯-1,3-二胺（**31**），最后化合物 **31** 和 4-[(4-甲基哌嗪-1-基)甲基]苯甲酰氯（**32**）发生酰化反应得到伊马替尼（**30**）。

而 3-二甲氨基-1-(3-吡啶基)-2-丙烯-1-酮（**34**）可以由 3-乙酰基吡啶（**36**）和 1,1-二甲氧基-*N*,*N*-二甲基甲胺（**37**）缩合制备。中间体 4-[(4-甲基哌嗪-1-基)甲基]苯甲酰氯（**32**）可以由对甲基苯甲酸经酯化、溴化、亲核取代、水解、酰氯化反应制得。

（3）对于手性药物，利用逆合成分析法设计合成路线时，除了要考虑官能团引入及转换、目标分子骨架的构建，还要考虑手性中心如何引入或构建形成。外消旋体的拆分是工业上常用的制备手性化合物的方法，先用常规方法合成外消旋体，再用拆分剂拆分获得单一对映异构体。另一种途径是通过直接合成来构建单一对映异构体，包括使用手性源合成和不对称合成技术。

以廉价易得的天然或人工合成的手性化合物为基本原料通过化学反应修饰转化为手性产物的方法称为手性源（chiral pool）合成。利用手性源合成时，产物的手性中心构型可以得到保持，也可以发生翻转或转移。在设计合成路线时需仔细考虑完成手性中心构建后的反应以及后处理过程，要确保手性中心的构型不被破坏如发生消旋化，这样才能获得预期的高光学纯手性产物。

利伐沙班（rivaroxaban，41）是由拜耳和强生公司共同研制开发的一种口服、具有生物利用度的 Xa 因子抑制剂，于 2008 年在欧盟和加拿大上市，2011 年获得美国 FDA 批准。利伐沙班选择性地阻断 Xa 因子的活性位点，且不需要辅因子（例如抗凝血酶Ⅲ）以发挥活性。目前常用于心房颤动患者静脉血栓的预防及髋关节置换后静脉血栓的预防。利伐沙班是具有一个手性中心的手性药物，化学名称为(S)-5-氯-N-{[2-氧代-3-[4-(3-氧代吗啉基)苯基]噁唑啉-5-基]甲基}噻吩-2-甲酰胺。在利伐沙班的逆合成分析过程中，第一切断位点选择在酰胺的 C—N 键，逆推得到中间体 5-氯噻吩-2-甲酰氯（42）和(S)-4-{4-[5-(氨甲基)-2-氧代噁唑啉-3-基]苯基}吗啉-3-酮（43），5-氯噻吩-2-甲酸可作为 5-氯噻吩-2-甲酰氯（42）的起始原料。中间体化合物 43 中有伯胺，为避免合成中发生副反应，可看作邻苯二甲酰亚胺水解释放出伯胺，这样逆推到中间体(S)-2-{[2-氧代-3-[4-(3-氧代吗啉基)苯基]噁唑啉-5-基]甲基}异吲哚啉-1,3-二酮（44）。选择断开化合物 44 中噁唑啉环羰基旁边的 C—N 键和 C—O 键，可逆推得到中间体(R)-2-{2-羟基-3-[[4-(3-氧代吗啉基)苯基]氨基]丙基}异吲哚啉-1,3-二酮（45）。选择切断中间体化合物 45 分子中的 C—N 键，相应的合成反应是取代苯胺与环氧化合物的亲核开环反应，这样可逆推得到 4-(4-氨基苯基)吗啉-3-酮（46）和(S)-2-(环氧乙烷-2-基甲基)异吲哚啉-1,3-二酮（47）两个中间体。4-(4-氨基苯基)吗啉-3-酮（46）可由 4-(4-硝基苯基)吗啉-3-酮（48）的硝基被还原得到，随后再切断化合物 48 分子中的 C—N 键和 C—O 键，逆推得到 2-[(4-硝基苯基)氨基]乙醇（49），最后切断 2-[(4-硝基苯基)氨基]乙醇（49）的 C—N 键得到价廉易得的原料 4-硝基苯胺（50）。

4-硝基苯胺（**50**）与环氧乙烷反应可得到中间体 2-[(4-硝基苯基)氨基]乙醇（**49**），中间体 **49** 在碱性条件下与溴乙酰溴反应可得到中间体 4-(4-硝基苯基)吗啉-3-酮（**48**）。化合物 **48** 与铁粉和氯化铵发生还原反应得到 4-(4-氨基苯基)吗啉-3-酮（**46**）。化合物 **47** 也称为(S)-N-缩水甘油邻苯二甲酰亚胺，由(R)-2-(氯甲基)环氧乙烷与邻苯二甲酰亚胺在碱性条件下发生取代反应制备手性中间体(S)-2-(环氧乙烷-2-基甲基)异吲哚啉-1,3-二酮（**47**），4-(4-氨基苯基)吗啉-3-酮（**46**）与中间体（**47**）发生亲核取代反应得到(R)-2-{2-羟基-3-[[4-(3-氧代吗啉基)苯基]氨基]丙基}异吲哚啉-1,3-二酮（**45**）。中间体 **45** 与 N,N'-羰基二咪唑（CDI）发生缩合闭环反应得到(S)-2-{[2-氧代-3-[4-(3-氧代吗啉基)苯基]噁唑啉-5-基]甲基}异吲哚啉-1,3-二酮（**44**）。化合物 **44** 经甲胺氨解得到(S)-4-{4-[5-(氨甲基)-2-氧代噁唑啉-3-基]苯基}吗啉-3-酮（**43**）。5-氯噻吩-2-甲酸与草酰氯反应可原位制备 5-氯噻吩-2-甲酰氯（**42**），然

后与中间体化合物 **43** 发生酰胺化反应制备得到利伐沙班（**41**）。在整个合成反应过程中，环氧乙烷虽然经历开环反应，但其中的手性碳原子并未受到影响，该手性碳原子构型在产物中得到保持。

不对称合成是合成手性药物的新技术，近年来发展比较迅速。不对称合成是指在反应剂的作用下，反应底物分子中的前手性单元转化为手性单元，并产生不等量的立体异构体产物的合成方法。常用的不对称合成方法主要有四种类型：手性底物控制法、手性辅助试剂控制法、手性试剂控制法和手性催化剂控制法。在手性药物的合成中，根据手性中心的具体结构特征、原料来源以及合成步骤的难易,可灵活运用这四种不同的方法来构建手性中心。在四种不对称合成法中手性催化剂控制法使用的手性物质的量最少,更加经济实用和高效。

依非韦伦(Efavirenz,**51**)是由默沙东公司研发的一种非核苷类逆转录酶抑制剂,于1998年经美国 FDA 批准上市。依非韦伦属人免疫缺陷病毒-1 型(HIV-1)的选择性非核苷反转录酶抑制剂(NNRTIS),通过非竞争性结合并抑制 HIV-1 逆转录酶(RT)活性,作用于模板、引物或三磷酸核苷,兼有小部分竞争性的抑制作用,从而阻止病毒转录和复制。依非韦伦(**51**)化学名称为(S)-6-氯-4-(环丙基乙炔基)-4-(三氟甲基)-1H-苯并[d][1,3]噁嗪-2(4H)-酮,是含有一个手性中心的手性药物。文献报道该药物的合成路线有外消旋体拆分和不对称合成两种方法,现仅选择一个以手性试剂介导的合成路线,关注这个手性中心的构建方法。

以对氯苯胺(**52**)为原料,首先与特戊酰氯反应得到 N-(4-氯苯基)特戊酰胺(**53**),化合物 **53** 先与正丁基锂作用,再加入三氟乙酰乙酯进行反应,然后加入盐酸水解得到 1-(2-氨基-5-氯苯基)-2,2,2-三氟乙酮(**54**)。化合物 **54** 与 1-氯甲基-4-甲氧基苯(**55**)在碱性氧化铝条件下反应得到对甲氧基苄基(PMB)保护的产物 1-{5-氯-2-[(4-甲氧基苄基)氨基]苯基}-2,2,2-三氟乙酮(**56**)。化合物 **56** 在(1R,2S)-1-苯基-2-(吡咯烷-1-基)丙醇锂(**58**)的诱导下,与环丙乙炔基锂(**57**)加成得到化合物(S)-2-{5-氯-2-[(4-甲氧基苄基)氨基]苯基}-4-环丙基-1,1,1-三氟丁-3-炔-2-醇(**59**),这样在手性试剂 **58** 的诱导控制下产生手性中心。化合物 **59** 再与光气(碳酰氯)发生缩合闭环得到化合物(S)-6-氯-4-(环丙基乙炔基)-1-(4-甲氧基苄基)-4-(三氟甲基)-1H-苯并[d][1,3]噁嗪-2(4H)-酮(**60**)。化合物 **60** 最后经硝酸铈铵氧化脱除 PMB 保护基得到依非韦伦(**51**)。该路线中手性中心的构建采用手性试剂控制的方法,所采用的手性试剂(1R,2S)-1-苯基-2-(吡咯烷-1-基)丙醇的用量是剂量的,其与正丁基锂作用原位形成锂盐,起手性诱导作用。

二、分子对称法

在化学合成药物工艺路线设计的实践中，对一些药物或者药物中间体结构进行剖析时，有时会发现其含有若干相同原子或基团从而存在某种分子对称性（molecular symmetry）。具有分子对称性的化合物通常可以由两个或几个相同的分子经化学反应合成制备，或可以在同一步反应中将分子中的相同部分同时构建起来，这种合成路线设计方法称为分子对称法。分子对称法属于逆合成分析法的特例，使用分子对称法进行药物合成工艺路线设计，逆合成分析时可巧妙利用分子对称性或潜在对称性，选择适当的化学键进行切断，可以设计出简捷、高效的合成路线。切断部位通常选择在分子的对称元素如对称中心、对称轴和对称面，从而将分子切断为对称的结构单元。

对于具有结构对称性的药物分子，通常可采用双分子汇聚法或对称双向合成法进行逆合成分析来设计合成路线。

1. 双分子汇聚法

双分子汇聚法适用于由两个完全相同的亚结构单元组成的分子。对于直线结构的药物分子，切断位点一般选择在两个亚结构单元的化学键，即该分子的对称元素所在位置。例如，骨骼肌松弛药肌安松（paramyon，**61**），化学名称为内消旋-4,4'-(1,2-二乙基-1,2-乙烷二基)双(*N*,*N*,*N*-三甲基苯胺)二碘化物，是一个线性的对称药物分子，对其进行逆合成分析时，化合物 **61** 可看作由相应的双苯胺 **62** 合成得到的，化合物 **62** 的氨基可由硝基还原得到，通过官能基转换逆推至二硝基化合物 **63**，再通过官能基去除逆推至 3,4-二苯基己烷（**64**），切断位点应选择在化合物 **64** 分子骨架的对称中心，从而可逆推得到两分子的溴代苯丙烷（**65**）为起始原料。

利用双分子汇聚法，两分子溴代苯丙烷 **65** 在铁/盐酸条件下发生还原偶联反应形成碳-碳键，合成得到 3,4-二苯基己烷（**64**），构建出目标分子的基本骨架。然后经过混酸硝化引入硝基，经铁/盐酸将硝基还原，再经与碘甲烷发生 *N*-甲基化形成季铵盐，顺利完成肌安松（**61**）的制备。

如果目标药物分子是头尾相连的环状结构，切断位点通常应选择在两个头尾相连的化学键，逆推得到两个相同的单体分子或合成等价物。例如番木瓜碱（carpaine，**66**）是环状对称药物分子，可根据它的环状对称性将首尾两个内酯 C—O 键切断，逆推得到两个相同的单体分子 8-[(2*R*,5*S*,6*S*)-5-羟基-6-甲基哌啶-2-基]辛酸（**67**）。

2. 对称双向合成法

对称双向合成法适用于由对称性结构单元构成的药物分子。如果分子是直线形的，切断位点可选择在对称性双官能团结构单元与两个相同的分子结构片段的连接键。如司替碘铵

（**68**）是具有 C_2 对称性的季铵盐类化合物，化学名称为 1-乙基-2,6-双[(E)-2-(4-吡咯烷-1-基苯基)乙烯基]吡啶碘化物，临床对蛲虫感染疗效较强，其疗效优于哌嗪。司替碘铵（**68**）的逆合成分析可首先选择切断两个 C=C 双键，逆推得到 1-乙基-2,6-二甲基吡啶碘化物（**69**）和两分子 4-(吡咯烷-1-基)苯甲醛（**70**）。4-(吡咯烷-1-基)苯甲醛（**70**）可由 1-苯基吡咯烷（**71**）的甲酰化得到，1-苯基吡咯烷（**71**）可以逆推至由 1,4-二溴丁烷与苯胺的亲核取代环化得到。

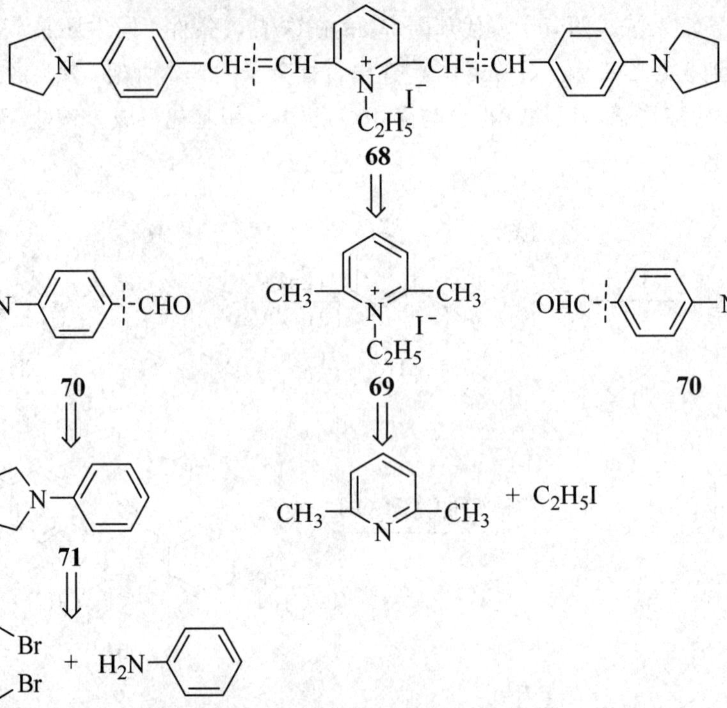

根据上面的逆合成分析，可设计出它的简便合成路线，首先利用四氢呋喃与 HBr 反应合成 1,4-二溴丁烷，苯胺与 1,4-二溴丁烷反应成环得到 1-苯基吡咯烷（**71**），利用 Vilsmeier-Hack 甲酰化反应在化合物 71 中引进一个甲酰基，再在碱性条件下与 1-乙基-2,6-二甲基吡啶碘化物（**69**）双向缩合可以合成司替碘铵（**68**）。

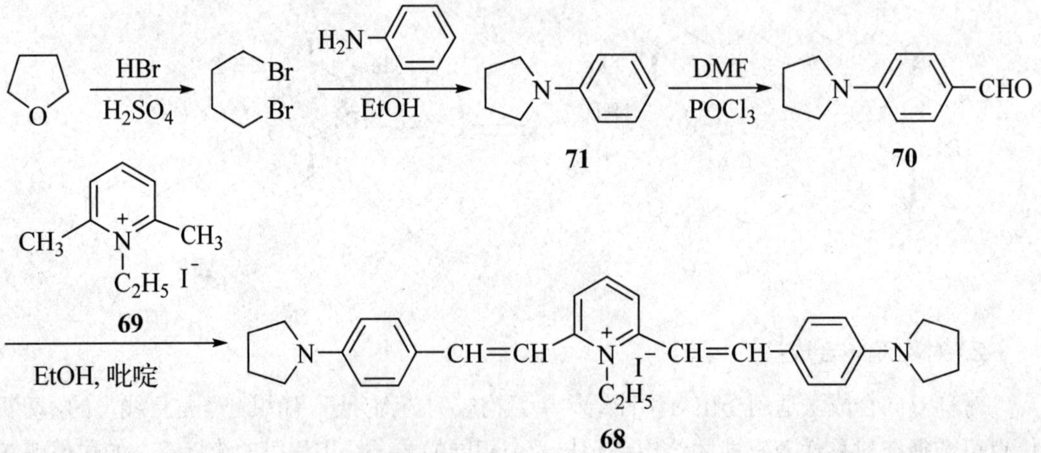

还有很多类似这样对称性的分子，如溴化双吡己胺（**72**）和双贝特（**73**）均可以按照类似的逆合成分析方法，采用对称双向合成法设计简便的合成路线。

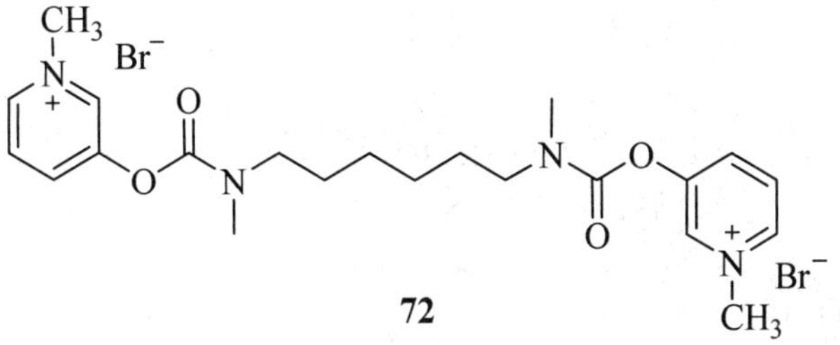

72

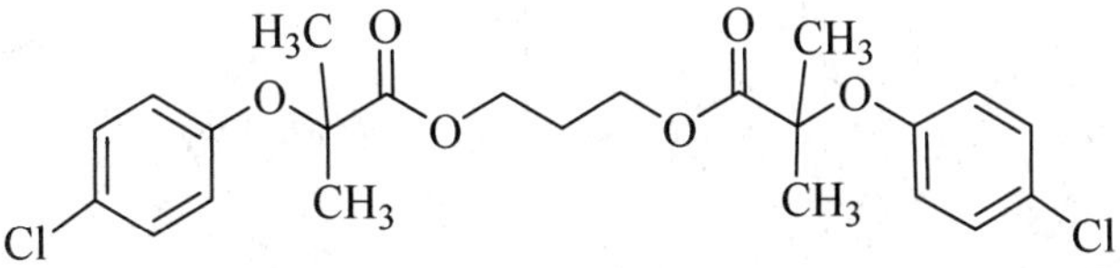

73

如果是具有环状结构的药物分子，进行逆合成分析时选择的切断位点应为两个双官能团分子结构单元的连接键，然后逆推至两个不同的对称双官能团合成等价物。例如，(−)-司巴丁，也称为(−)-鹰爪豆碱[(−)-sparteine，(−)-**74**]，在临床上用作抗心律失常药，治疗室性心动过速和功能性心悸。司巴丁的旋光异构体及外消旋体都具有分子对称性，根据司巴丁外消旋体 **74** 分子结构中具有的对称性进行逆合成分析，首先在中间的亚甲基上引入一个羰基官能团逆推得到化合物 **75**，依据逆 Mannich 反应，然后在两侧对称性地切断两个 C—C 键，可推得化合物 **76**。化合物 **76** 可看作由化合物 **77** 氧化得到。化合物 **77** 也是对称分子结构，对化合物 **77** 再对称性利用逆 Mannich 反应切断两对 C—C 和 C—N 键，可推出合成的基本原料丙酮、哌啶和甲醛，由此可以设计出司巴丁的简便合成路线。

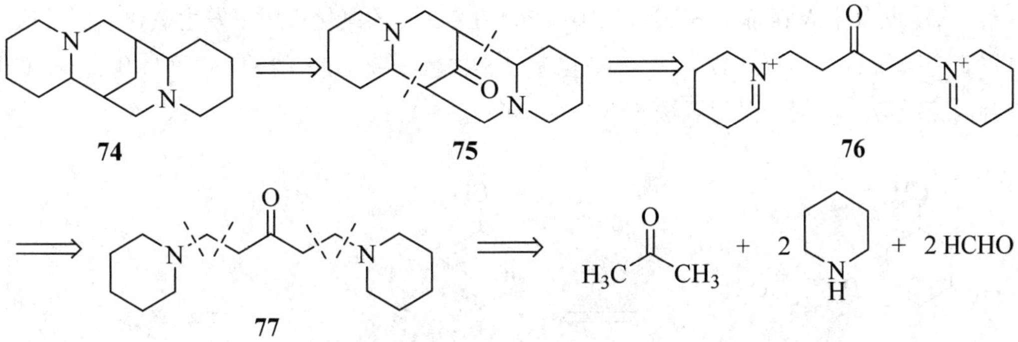

74 **75** **76**

77

按照上面的分析，利用丙酮、哌啶和甲醛在乙酸催化下发生双向 Mannich 反应，得到 1,5-二(哌啶-1-基)戊-3-酮(**77**)，用乙酸汞氧化化合物 **77** 得到相应的亚胺中间体化合物 **76**。化合物 **76** 随后即发生第二次双向的 Mannich 反应得到外消旋化合物十四氢-7,14-亚甲基二吡啶并[1,2-*a*:1',2'-*e*][1,5]二氮辛-15-酮（**75**），顺利完成多环桥环分子骨架的构建。最后化合物 **75** 与肼在氢氧化钾溶液中发生还原将分子中的羰基还原为亚甲基，从而制备得到司巴丁外消旋体 **74**。

3. 潜在的对称性分析

有些药物或药物中间体可能表面上看不出具有分子对称性因素，但经过仔细的结构剖析可以发现其存在潜在的对称性，通过设计将分子中某一部分接上或者去除一部分，可以逆推得到对称性的中间体分子，这样也可以简化制药工艺路线设计。例如，抗麻风病药物氯法齐明（clofazimine，**78**），它的分子结构复杂且没有明显的对称性，但如果仔细剖析可发现它存在一定对称性因素。从化合物 **78** 的异丙氨基中的 C=N 键断开，可逆推得到 *N*-5-双(4-氯苯基)-3-亚氨基-3,5-二氢酚嗪-2-胺（**79**），然后切断中间体 **79** 分子中的 C—N 键和 C=N 键，可逆推得到两分子的 *N*-(4-氯苯基)邻苯二胺（**80**）。这样，通过以上逆合成分析可知，两分子 *N*-(4-氯苯基)邻苯二胺（**80**）在 $FeCl_3$ 的氧化作用下发生氧化偶联反应，可以高产率得到 *N*-5-双(4-氯苯基)-3-亚氨基-3,5-二氢酚嗪-2-胺（**79**），中间体化合物 **79** 再与异丙胺反应即可制备得到氯法齐明（**78**）。

需要注意的是，有些表面看起来具有分子对称性的药物分子，不能采用上述的对称性逆合成分析方式，在合成时也不一定能够利用对称性来进行合成。根据具体的药物分子结构特点，可设计更加合理的路线。如双(3,4-二甲氧基苯乙基)胺（**81**），如果根据分子对称性进行拆分，应按 a 途径，但实际上需要先添加一个官能团按 b 途径逆合成分析拆分更合适。

由于伯胺可以同时与两分子溴代烃反应连接上两个烃基，得到叔胺衍生物副产物，因此，为避免副产物生成，实际采用下面这个经济实用的合成方法：

三、模拟类推法

1. 模拟类推法的概念与方法

在化学合成药物工艺路线设计的实践中,除了常用的逆合成分析法,也经常用到模拟类推法。模拟类推法由"模拟"和"类推"两个过程组成。在"模拟"过程中,通过对药物分子的结构进行仔细的剖析,发现它关键的结构特点;通过文献调研,获得与目标药物分子结构近似的类似化合物的结构和合成信息,对类似化合物的合成路线进行归纳总结分析。在"类推"过程中,从类似化合物的合成路线中挑选可适用于目标药物分子的合成工艺路线,再根据目标药物分子与类似化合物结构特征的相同和差别之处,参考类似化合物的合成路线,综合考虑设计出目标药物分子的合成工艺路线。

药物分子与其类似化合物在化学结构上具有类似的结构特征是使用模拟类推法进行化学制药工艺路线设计的基础。对于作用同一个靶点并且化学结构很类似的系列药物分子,使用模拟类推法进行合成工艺路线设计是简捷、高效的。例如,沙坦类血管紧张素Ⅱ受体拮抗剂药物具有相似的分子骨架结构,联苯四氮唑类的洛沙坦(losartan,**88**)、缬沙坦(valsartan,**89**)、依贝沙坦(irbesartan,**90**)、坎地沙坦酯(candesartan cilexetil,**91**)和奥美沙坦(olmesartan,**92**)。洛沙坦(**88**)是第一个上市的血管紧张素Ⅱ的 AT_1 型受体拮抗剂,化学名称为{1-[[2'-(1H-四唑-5-基)-(1,1'-联苯)-4-基]甲基]-2-丁基-4-氯-1H-咪唑-5-基}甲醇。洛沙坦(**88**)可阻断循环和局部组织中血管紧张素Ⅱ所产生的促使动脉血管收缩、交感神经兴奋和压力感受器敏感性增加等效应,可强力和持久性地降低血压,适用于治疗原发性高血压。通过对洛沙坦的结构修饰改造,可得到一系列沙坦类 AⅡ受体拮抗剂,它们的合成路线可以用模拟类推法设计。

洛沙坦（**88**）的一条合成路线是以 2-丁基-5-氯-1H-咪唑-4-甲醛（**93**）为原料，首先与对溴苄溴（**94**）反应得到 1-(4-溴苄基)-2-丁基-4-氯-1H-咪唑-5-甲醛（**95**），然后化合物 **95** 用硼氢化钠还原得到[1-(4-溴苄基)-2-丁基-4-氯-1H-咪唑-5-基]甲醇（**96**）。中间体 **96** 与 2-(1-三苯甲基-1H-四唑-5-苯基)硼酸（**97**）在 Pd(PPh$_3$)$_4$ 催化下发生 Suzuki 偶联反应得到{2-丁基-4-氯-1-[[2'-(1-三苯甲基-1H-四唑-5-基)-(1,1'-联苯)-4-基]甲基]-1H-咪唑-5-基}甲醇（**98**），化合物 **98** 在酸性条件下去除三苯甲基保护基得到洛沙坦（**88**）。合成过程中所需的 2-(1-三苯甲基-1H-四唑-5-苯基)硼酸（**97**）可以 5-苯基-1H-四唑为原料方便制得。首先利用三苯基氯甲烷保护 5-苯基-1H-四唑得到化合物 **99**，然后用正丁基锂金属化，再与硼酸三异丙酯反应即可制备得到化合物 **97**。

奥美沙坦（**92**）的化学名为 1-{[2'-(1H-四唑-5-基)-(1,1'-联苯)-4-基]甲基}-4-(2-羟基丙烷-2-基)-2-丙基-1H-咪唑-5-羧酸，是一种强效和特异性血管紧张素Ⅱ受体拮抗剂，选择性作用于 AT_1 受体，阻止血管紧张素Ⅱ与 AT_1 受体结合，使血管平滑肌松弛，从而使血压降低。奥美沙坦（**92**）分子骨架结构与洛沙坦（**88**）完全一致，只是咪唑环上的三个取代基不同。以洛沙坦（**88**）的合成路线为参考，利用模拟类推法可以很方便地设计奥美沙坦（**92**）的合成工艺路线。合成化合物 **92** 的起始原料为 2-丙基-1H-咪唑-4,5-二羧酸（**100**），其经酯化反应、与 CH_3MgI 进行格氏反应得到 4-(2-羟基丙烷-2-基)-2-丙基-1H-咪唑-5-羧酸乙酯（**102**）。中间体 **102** 与对溴苄溴（**94**）反应得到 1-(4-溴苄基)-4-(2-羟基丙烷-2-基)-2-丙基-1H-咪唑-5-羧酸乙酯（**103**），中间体化合物 **103** 与 2-(1-三苯甲基-1H-四唑-5-苯基)硼酸（**97**）在 $Pd(PPh_3)_4$ 催化下发生 Suzuki 偶联反应得到 4-(2-羟基丙烷-2-基)-2-丙基-1-{[2'-(1-三苯甲基-1H-四唑-5-基)-(1,1'-联苯基)-4-基]甲基}-1H-咪唑-5-羧酸（**104**），化合物 **104** 先用 LiOH 水解再用乙酸酸化，使酯基水解为羧基并脱除三苯甲基保护基得到奥美沙坦（**92**）。

2. 使用模拟类推法的注意事项

在应用模拟类推法设计药物合成工艺路线时，需要注意比较类似化学结构、化学活性的差异。有些药物分子，虽然它们的分子结构很相似，但由于分子结构如取代基或官能团的细微差别，在设计合成路线时也需要坚持具体问题具体分析的原则。

喹诺酮类抗菌药物是一类具有 1,4-二氢-4-氧代喹啉-3-羧酸基本骨架的杂环化合物，它们的合成路线大都是以多取代苯胺或卤代苯为原料，构建喹诺酮羧酸骨架结构。其构建方法是在第一个氟喹诺酮类抗菌药诺氟沙星（norfloxacin，**105**）和第二个氟喹诺酮类抗菌药环丙沙星（ciprofloxacin，**106**）等喹诺酮类抗菌药品的合成经验基础上发展起来的，也是典型的应用模拟类推法的实例。如氟罗沙星（fleroxacin，**108**）、加替沙星（gatifloxacin，**109**）和芦氟沙星（rufloxacin，**110**）的合成工艺路线分别模拟诺氟沙星（**105**）、环丙沙星（**106**）和氧氟沙星（ofloxacin，**107**）的合成路线设计，但这三类模拟药物之间的合成工艺路线仍存在明显的差异，下面举例说明。

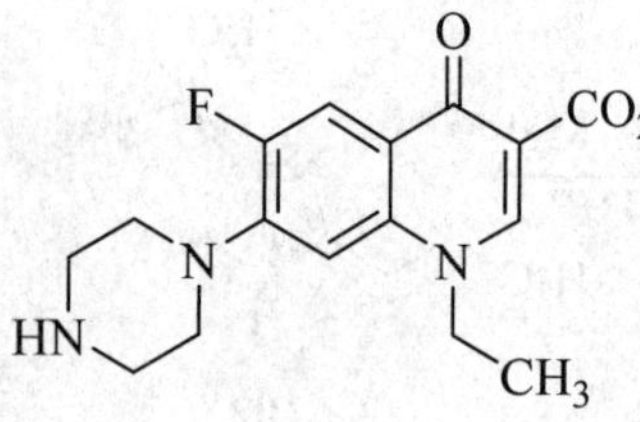

诺氟沙星（**105**）是第一个氟喹诺酮类抗菌药物，对革兰氏阴性、阳性菌均有较高活性，主要用于治疗泌尿道、消化道细菌感染。诺氟沙星（**105**）的逆合成分析的第一个切断位点选择在哌嗪与苯环之间的 C—N 键，逆推得到哌嗪和 7-氯-1-乙基-6-氟-4-氧代-1,4-二氢喹啉-3-羧酸（**111**），中间体化合物 **111** 分子中的 1 位所连接的 C—N 键再断开，逆推至 7-氯-6-氟-4-氧代-1,4-二氢喹啉-3-羧酸（**112**），化合物 **112** 经互变异构，羧基酯化逆推至 7-氯-6-氟-4-羟基喹啉-3-羧酸乙酯（**113**）。在化合物 **113** 中再切断 4 位旁的 C—C 键可逆推至 2-{[(3-氯-4-氟苯基)氨基]亚甲基}丙二酸二乙酯（**114**），最后一步切断化合物 **114** 中的 C—N 键逆推出 3-氯-4-氟苯胺（**115**）和(2-乙氧基亚甲基)丙二酸二乙酯（EMME，**116**）。

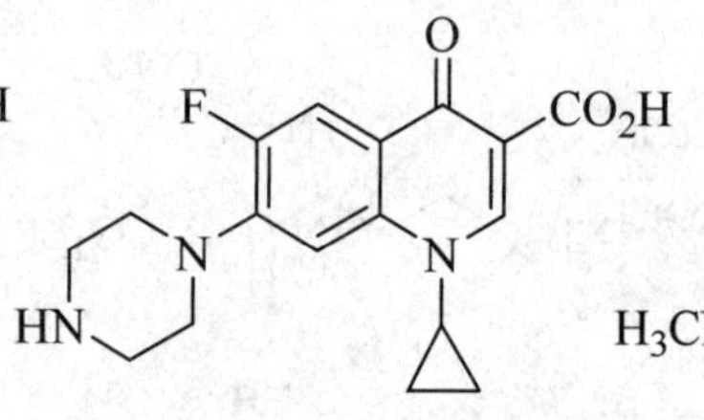

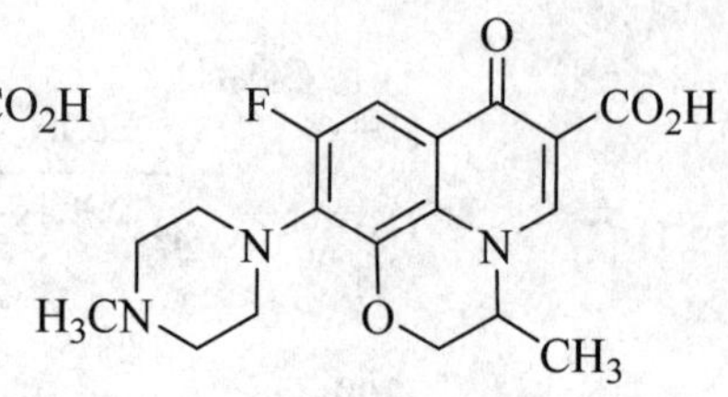

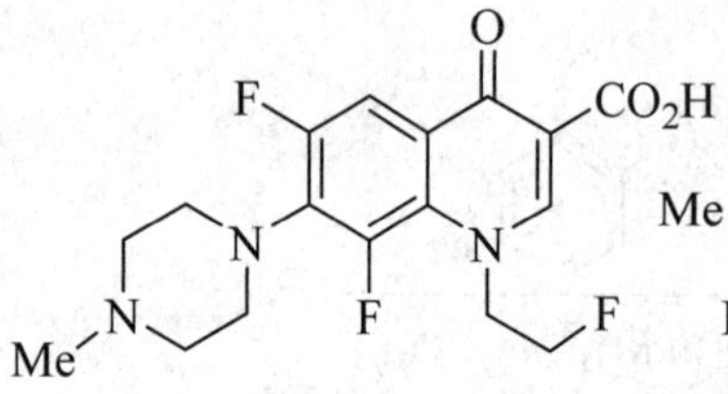

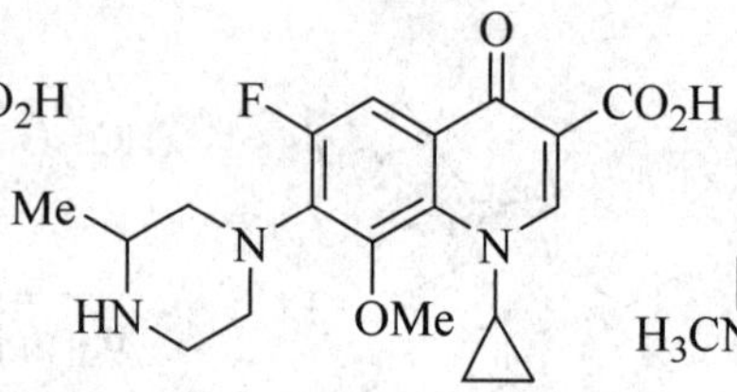

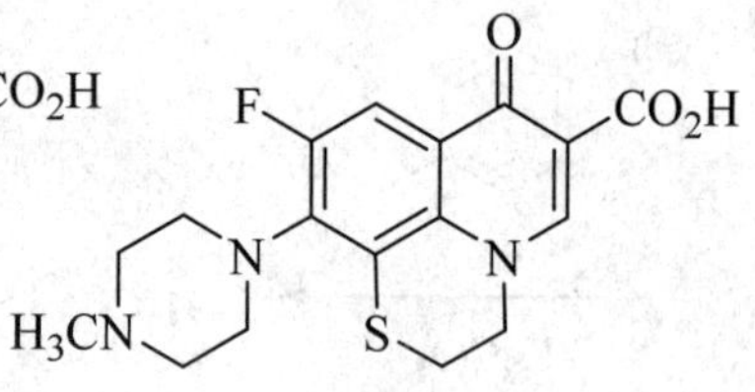

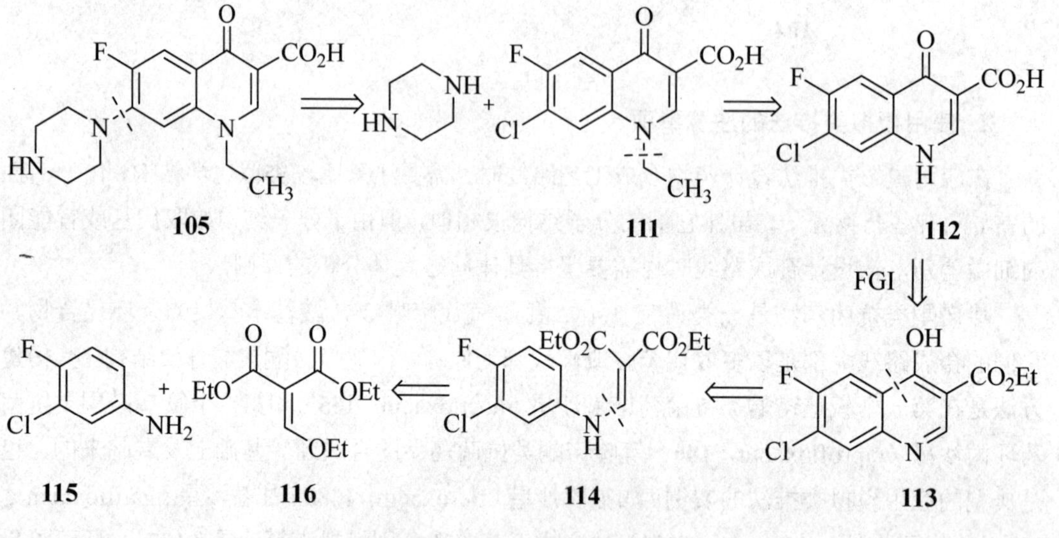

诺氟沙星（**105**）的合成工艺路线为以 3-氯-4-氟苯胺（**115**）为原料，先与(2-乙氧基亚甲基)丙二酸二乙酯（**116**）发生加成-消除反应，脱去乙醇生成中间体 2-{[(3-氯-4-氟苯基)氨基]亚甲基}丙二酸二乙酯（**114**）。中间体化合物 **114** 在高沸点溶剂二苯醚中加热，发

生分子内的 Friedel-Crafts 酰基化反应，环合形成吡酮酸结构，互变生成喹啉衍生物 7-氯-6-氟-4-羟基喹啉-3-羧酸乙酯（**113**）。化合物 **113** 在 K_2CO_3 碱性条件下与溴乙烷发生亲核取代反应，然后再经酯水解反应，得到 N-乙基化产物 7-氯-1-乙基-6-氟-4-氧代-1,4-二氢喹啉-3-羧酸（**111**）。化合物 **111** 在吡啶碱存在下与哌嗪发生芳香族的亲核取代反应（S_NAr2），完成诺氟沙星（**105**）的合成。该路线特征是利用取代芳胺与(2-乙氧基亚甲基)丙二酸二乙酯（EMME）的缩合及随后的成环构建喹诺酮环骨架。

氟罗沙星（**108**），化学名称为 6,8-二氟-1-(2-氟乙基)-1,4-二氢-7-(4-甲基-1-哌嗪基)-4-氧代-3-喹啉羧酸，是日本杏林制药株式会社研制开发的氟喹诺酮类抗感染药，1992 年首次在瑞士上市，1994 年获美国 FDA 批准。具有抗菌谱广、生物利用度高和半衰期长等优点，可用于治疗呼吸道、泌尿生殖系统、皮肤软组织、骨和关节等的感染及伤寒等。氟罗沙星（**108**）的分子结构与诺氟沙星（**105**）的非常相似，可利用模拟类推法，根据诺氟沙星的合成路线，设计出氟罗沙星的合成工艺路线。该路线的起始原料为 2,3,4-三氟硝基苯（**117**），其经 Fe/HCl 还原得到 2,3,4-三氟苯胺（**118**），中间体化合物 **118** 与(2-乙氧基亚甲基)丙二酸二乙酯（**116**）发生加成-消除反应生成中间体 2-{[(2,3,4-三氟苯基)氨基]亚甲基}丙二酸二乙酯（**119**）。中间体化合物 **119** 在液体石蜡中加热至 300 ℃，发生分子内的 Friedel-Crafts 酰基化反应生成 6,7,8-三氟-4-羟基喹啉-3-羧酸乙酯（**120**）。化合物 **120** 在 K_2CO_3 和 KI 存在下与氟乙烷磺酸酯发生亲核取代反应，得到 6,7,8-三氟-1-(2-氟乙基)-4-氧代-1,4-二氢喹啉-3-羧酸乙酯（**121**）。化合物 **121** 在 DMSO 中与 1-甲基哌嗪发生芳香亲核取代反应，生成 6,8-二氟-1-(2-氟乙基)-7-(4-甲基哌嗪-1-基)-4-氧代-1,4-二氢喹啉-3-羧酸乙酯（**122**），然后化合物 **122** 再经盐酸水解，完成氟罗沙星（**108**）的合成。

氧氟沙星（**107**），化学名称为(±)-9-氟-3-甲基-10-(4-甲基哌嗪-1-基)-7-氧代-3,7-二氢-2*H*-[1,4]噁嗪并[2,3,4-*ij*]喹啉-6-羧酸，是由日本第一制药株式会社开发并于1990年上市的广谱合成抗菌药，用于治疗细菌引起的多种感染。其特点是抗菌谱广、抗菌活性强、生物利用度高、毒副作用小和无耐药性。氧氟沙星（**107**）逆合成分析的第一个切断位点也选择在哌嗪与苯环之间的 C—N 键，逆推得 1-甲基哌嗪和 9,10-二氟-3-甲基-7-氧代-3,7-二氢-2*H*-[1,4]噁嗪并[2,3,4-*ij*]喹啉-6-羧酸（**123**），化合物 **123** 需将官能基转换至酯的形式，即推得化合物 **124**。在化合物 **124** 中切断羰基与苯环间的 C—C 键，逆推至 2-{[7,8-二氟-3-甲基-2*H*-苯并[*b*][1,4]噁嗪-4(3*H*)-基]亚甲基}丙二酸二乙酯（**125**）。从化合物 **125** 分子结构中切断噁嗪 4 位上的 N—C 键，逆推得(2-乙氧基亚甲基)丙二酸二乙酯（**116**）和 7,8-二氟-3-甲基-3,4-二氢-2*H*-苯并[*b*][1,4]噁嗪（**126**）。断开化合物 **126** 分子中二氢噁嗪环上的 C—N 键，然后经过官能团转换逆推至 1-(2,3-二氟-6-硝基苯氧基)丙烷-2-酮（**127**）。最后，在化合物 **127** 分子中断开侧链上的 C—O 键，推得基本原料 2,3-二氟-6-硝基苯酚（**128**）和 1-氯丙酮。

按照上面的逆合成分析,氧氟沙星(**107**)的合成工艺路线以 2,3-二氟-6-硝基苯酚(**128**)为原料,其先与 1-氯丙酮在 K_2CO_3 和 KI 存在下发生亲核取代反应,生成中间体 1-(2,3-二氟-6-硝基苯氧基)丙烷-2-酮(**127**)。中间体化合物 **127** 在 Raney-Ni 的催化下发生串联反应,硝基被还原为氨基,然后氨基与羰基缩合成亚胺,亚胺的双键再被催化加氢还原为单键,得到 7,8-二氟-3-甲基-3,4-二氢-2H-苯并[b][1,4]噁嗪(**126**)。化合物 **126** 与(2-乙氧基亚甲基)丙二酸二乙酯(**116**)发生加成-消除反应生成噁嗪衍生物 2-{[7,8-二氟-3-甲基-2H-苯并[b][1,4]噁嗪-4(3H)-基]亚甲基}丙二酸二甲酯(**125**),化合物 **125** 在多聚磷酸(PPA)的催化下发生分子内的 Friedel-Crafts 酰基化反应,得到环化合产物 9,10-二氟-3-甲基-7-氧代-3,7-二氢-2H-[1,4]噁嗪并[2,3,4-ij]喹啉-6-羧酸乙酯(**124**)。中间体化合物 **124** 在盐酸作用下发生水解得到 9,10-二氟-3-甲基-7-氧代-3,7-二氢-2H-[1,4]噁嗪并[2,3,4-ij]喹啉-6-羧酸(**123**),中间体化合物 **123** 在 DMSO 溶液中与 1-甲基哌嗪发生芳香亲核取代反应,完成氧氟沙星(**107**)的制备。该路线特征是先构建二氢噁嗪环,再利用胺与(2-乙氧基亚甲基)丙二酸二乙酯(EMME)的缩合及随后的成环构建喹诺酮环骨架。

芦氟沙星（110），化学名称为 9-氟-10-(4-甲基哌嗪-1-基)-7-氧代-3,7-二氢-2H-[1,4]噻嗪并[2,3,4-ij]喹啉-6-羧酸，为 1992 年上市的长效喹诺酮类抗菌药，对革兰氏阳性和阴性菌，尤其对肠杆菌有显著的抗菌活性，临床上主要用于治疗呼吸道感染和泌尿道感染等。芦氟沙星（110）与氧氟沙星（107）的分子结构很相近，芦氟沙星（110）是以二噻嗪环代替氧氟沙星（107）中的甲基二氢噁嗪环。芦氟沙星（110）的合成工艺路线可按照氧氟沙星（107）的合成路线用模拟类推法方便地设计。芦氟沙星（110）的合成以 2,3,4-三氟硝基苯（129）为原料，化合物 129 在三乙胺存在下与 2-巯基乙醇发生芳香亲核取代反应生成 2-[(2,3-二氟-6-硝基苯基)硫代]乙醇（130）。中间体 130 用 Fe/HCl 将硝基还原为氨基，得到 2-[(6-氨基-2,3-二氟苯基)硫代]乙醇（131）。中间体化合物 131 在氢溴酸作用下分子中的羟基发生溴化反应得到 2-[(2-溴乙基)硫代]-3,4-二氟苯胺（132），中间体化合物 132 在 NaOH 溶液中进行分子内的亲核取代反应，发生 N-烷基化环合得到 7,8-二氟-3,4-二氢-2H-苯并[b][1,4]噻嗪（133）。化合物 133 与(2-乙氧基亚甲基)丙二酸二乙酯（116）发生加成-消除反应生成噻嗪衍生物 2-[(7,8-二氟-2H-苯并[b][1,4]噻嗪-4(3H)-基)亚甲基]丙二酸二甲酯（134），化合物 134 在多聚磷酸（PPA）的催化下发生分子内的 Friedel-Crafts 酰基化反应，得到环合产物 9,10-二氟-7-氧代-3,7-二氢-2H-[1,4]噻嗪并[2,3,4-ij]喹啉-6-羧酸乙酯（135）。化合物 135 中 10 位 F 原子邻位 S 原子的存在降低了 F 被取代的反应活性，为了活化 10 位的 C—F 键，提高亲核取代反应的选择性，化合物 135 与氟硼酸反应形成螯合物（136），化合物 136 与 1-甲基哌嗪发生芳香亲核取代反应，可高收率得到化合物 137。最后化合物 137 先在 NaOH 溶液中进行碱性水解，再用盐酸酸化，可以顺利完成芦氟沙星（110）的制备。

环丙沙星（**106**），化学名称为 1-环丙烷基-6-氟-4-氧代-7-(哌嗪-1-基)-1,4-二氢喹啉-3-羧酸，为德国 Bayer 公司开发的第三代喹诺酮类抗菌药物，具广谱抗菌活性，对革兰氏阳性和阴性细菌作用极强。环丙沙星（**106**）与诺氟沙星（**105**）的结构差异仅在于 1 位取代基分别为环丙基和乙基，但其合成路线却存在很大差异性。这是因为环丙基碳正离子不稳定，不能应用合成诺氟沙星（**105**）相似方法即利用卤代环丙烷的亲核取代反应引入环丙基，必须另辟蹊径。环丙沙星（**106**）的逆合成分析：首先断开哌嗪与苯环连接的 C—N 键，逆推得哌嗪和 1-环丙基-6-氟-7-氯-4-氧代-1,4-二氢喹啉-3-羧酸（**138**），经官能基转换得到相应的 1-环丙基-6-氟-7-氯-4-氧代-1,4-二氢喹啉-3-羧酸甲酯（**139**）。在化合物 **139** 中切断苯环连接的 C—N 键，逆推得到 3-(环丙基氨基)-2-(2,4-二氯-5-氟苯甲酰基)丙烯酸甲酯（**140**）。将化合物 **140** 中的 C—N 键切断逆推得到环丙胺和 2-(2,4-二氯-5-氟苯甲酰基)-3-乙氧基丙烯酸甲酯（**141**）。然后切断化合物 **141** 中的 C—C 双键，可逆推出相应的合成试剂原甲酸三乙酯、乙酸酐和中间体 3-(2,4-二氯-5-氟苯基)-3-氧代丙酸甲酯（**142**）。最后，断开化合物 **142** 中羧基与α位碳之间的 C—C 键，逆推出原料 1-(2,4-二氯-5-氟苯基)乙酮（**143**）和碳酸二甲酯。

环丙沙星（**106**）的合成工艺路线以 1-(2,4-二氯-5-氟苯基)乙酮（**143**）为原料，在 NaOMe 的作用下与碳酸二甲酯发生 Claisen 酯缩合反应，生成中间体 3-(2,4-二氯-5-氟苯基)-3-氧代丙酸甲酯（**142**）。化合物 **142** 与原甲酸三乙酯在乙酸酐存在下发生缩合反应，生成 2-(2,4-二氯-5-氟苯甲酰基)-3-乙氧基丙烯酸甲酯（**141**）。中间体化合物 **141** 与环丙胺一起加热发生加成-消除反应得到 3-(环丙基氨基)-2-(2,4-二氯-5-氟苯甲酰基)丙烯酸甲酯（**140**），中间体化合物 **140** 在 DMF 溶剂、K_2CO_3 碱性条件下发生分子内的芳香亲核取代闭环构建喹诺酮，生成 1-环丙基-6-氟-7-氯-4-氧代-1,4-二氢喹啉-3-羧酸甲酯（**139**）。化合物 **139** 再经 NaOH 水解，然后酸化得到 1-环丙基-6-氟-7-氯-4-氧代-1,4-二氢喹啉-3-羧酸（**138**），化合物 **138** 与哌嗪发生亲核取代完成环丙沙星（**106**）的合成。该路线特征是利用胺与卤代芳烃的分子内芳香亲核取代反应成环构建喹诺酮环骨架。

加替沙星（**109**），化学名称为 1-环丙基-6-氟-8-甲氧基-7-(3-甲基哌嗪-1-基)-4-氧代-1,4-二氢喹啉-3-羧酸，是一种合成喹诺酮类抗菌药，不仅具有广谱高效的优点，而且光毒性低。加替沙星（**109**）的合成路线可模拟环丙沙星（**106**）的合成工艺路线设计，以 2,4,5-三氟-3-甲氧基苯甲酸（**144**）为起始原料，经与二氯亚砜或草酰氯反应生成 2,4,5-三氟-3-甲氧基苯甲酰氯（**145**），酰氯化合物 **145** 与 3-(二甲基氨基)丙烯酸乙酯反应，然后再与环丙胺发生置换反应得到中间体化合物 3-(环丙基氨基)-2-(2,4,5-三氟-3-甲氧基苯甲酰基)丙烯酸乙酯（**146**）。化合物 **146** 在 NaH 作用下发生分子内的亲核取代反应，闭环得到关键的中间体 1-环丙基-6,7-二氟-8-甲氧基-4-氧代-1,4-二氢喹啉-3-羧酸乙酯（**147**）。如果化合物 **147** 水解后直接与 2-甲基哌嗪缩合，8-位甲氧基的强推电子作用，使得 7-位 F 作为亲核取代反应的离去基团活性大大降低，取代反应收率降低。因此，化合物 **147** 先与硼酸和乙酸酐反应生成螯合物 **148**，由于喹诺酮 4-位羰基上氧原子的孤对 p 电子向硼原子的空轨道发生转移，化合物 **148** 中 4-位羰基的吸电子能力增强，从而提高了 7-位 F 对亲核试剂的反应活性，与 2-甲基哌嗪（**149**）缩合以高产率得到化合物 **150**，然后将化合物 **150** 水解即可完成加替沙星（**109**）的合成。

150 → (Et₃N, EtOH) → 109

第三节 化学制药工艺路线的评价与选择

对于化学药物的合成，文献报道或自行设计的合成工艺路线可能有很多条，它们各有自己的优缺点。化学制药工艺路线的评价与选择是对化学药物的多条合成路线进行综合比较和分析后选择出具有良好的工业化前景的工艺路线的过程。在综合化学药物合成领域大量实验数据的基础上，归纳总结出评价合成路线的基本原则，对合成路线的评价与选择有一定的指导意义。本节就化学制药合成工艺路线的评价标准和选择方法的有关问题加以讨论。

一、化学制药工艺路线的评价标准

一条具有良好的工业化前景的化学制药工艺路线必须具备化学技术可靠、生产过程安全、产品质量高、生产成本低、环境友好等基本特征。理想的合成工艺路线应具有如下的特点：化学合成途径简捷、汇聚式合成、原辅材料来源稳定、化学技术可行、生产设备可靠、后处理过程简单、环境影响最小等。以上特征也是评价化学制药工艺路线的主要指标。

1. 化学合成途径简捷

合成反应步骤较少的合成工艺路线一般具有总产率较高、生产周期较短、成本较低等优点，所以合成工艺路线的简捷性是评价化学制药工艺路线最直观的指标。在设计合成路线时，在一步反应中实现两个或多个化学转化是减少反应步骤的常用策略。例如"双反应"是常见的可利用的反应策略，所谓"双反应"策略，是指在相同的反应条件下，同一反应物的两个官能团或活性位点分别发生反应。乙酰胆碱酯酶抑制剂毒扁豆碱(physostigmine, 151)的全合成中两次巧妙地使用了"双反应"策略。在用 LiAlH₄ 还原化合物 155 的这一步反应中，酯基的还原、噁唑烷酮中的内酯开环及后续还原反应一次完成。在用 Raney-Ni 脱除化合物 156 中羟亚甲基的反应中，同时脱去两个反应位点的羟亚甲基得到去氧毒扁豆碱（157）。

另外，通过合理巧妙地设计一些串联反应（tandem reaction）或多米诺反应（domino reaction），也可显著减少反应步骤，缩短合成路线。将两个或多个不同类型的反应串联进行，在一锅内完成的反应称为串联反应。例如，杜大明等以3-苯亚甲基-2-氧代环戊烷羧酸甲酯（**159**）、1-[(三氟甲基)硫代]吡咯烷-2,5-二酮（**160**）和2-巯基苯甲醛（**161**）为原料，用D-吡喃葡萄糖和氢化奎宁衍生的方酰胺催化剂**162**催化合成环戊酮螺硫色满衍生物**163**的反应就是典型的串联反应。方酰胺催化剂先催化 3-苯甲亚基-2-氧代环戊烷羧酸甲酯（**159**）与 1-[(三氟甲基)硫代]吡咯烷-2,5-二酮（**160**）的不对称亲电三氟甲基硫化反应生成中间体(*S*)-3-苯亚甲基-2-氧代-1-[(三氟甲基)硫代]环戊烷羧酸甲酯（**164**），然后再原位催化中间体 **164** 与 2-巯基苯甲醛（**161**）的不对称 sulfa-Michael/aldol 串联反应，以较高的产率及良好的对映选择性生成具有四个手性中心的环戊酮螺硫色满衍生物 **163**。

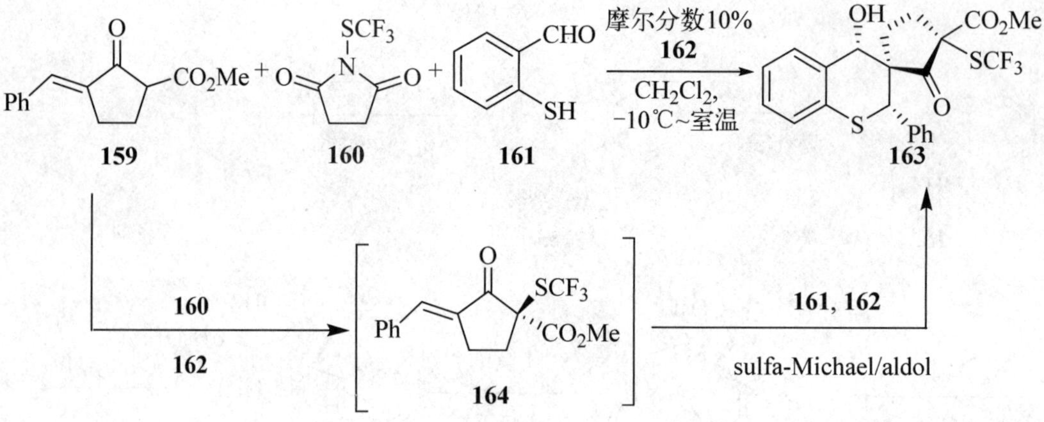

多米诺反应是指一个反应的发生可以引发另一个反应，使多步反应连续进行，反应中形成多个化学键（还可能形成多个环）。黄体酮（**165**）的仿生合成就是采用了典型的多米诺反应合成路线。1,3-二甲基-2-[(3*E*,7*E*)-7-甲基十三碳-3,7-二烯-11-炔-1-基]环戊-2-烯醇（**166**）在三氟乙酸催化作用下三级醇质子化脱水产生叔碳正离子；碳正离子与环戊烯中双键发生 p-π 共轭，环外链上 3-位的双键电子可以进攻此烯丙基正离子两端的碳，随后链上不饱和键上的电子进攻新产生的碳正离子，连续关闭三个环，最后碳酸酯中羰基氧的亲核进攻产生稳定的正离子。第一步形成碳正离子反应启动后，后续四步反应连续自动进行。这个多米诺反应过程中产生的手性碳的相对构型与反应过程的优势构象有关。随后将反应产物在 K_2CO_3 碱性条件下水解，烯醇互变为酮式后生成甲基酮化合物 **167**。用臭氧将化合物 **167** 分子中的双键氧化为两个羰基，随后在 KOH 溶液的催化作用下发生分子内的羟醛缩合，脱水后完成黄体酮（**165**）的合成。从上面两个例子中可以看到，巧妙设计串联反应和多米诺反应可以极大缩短合成路线。

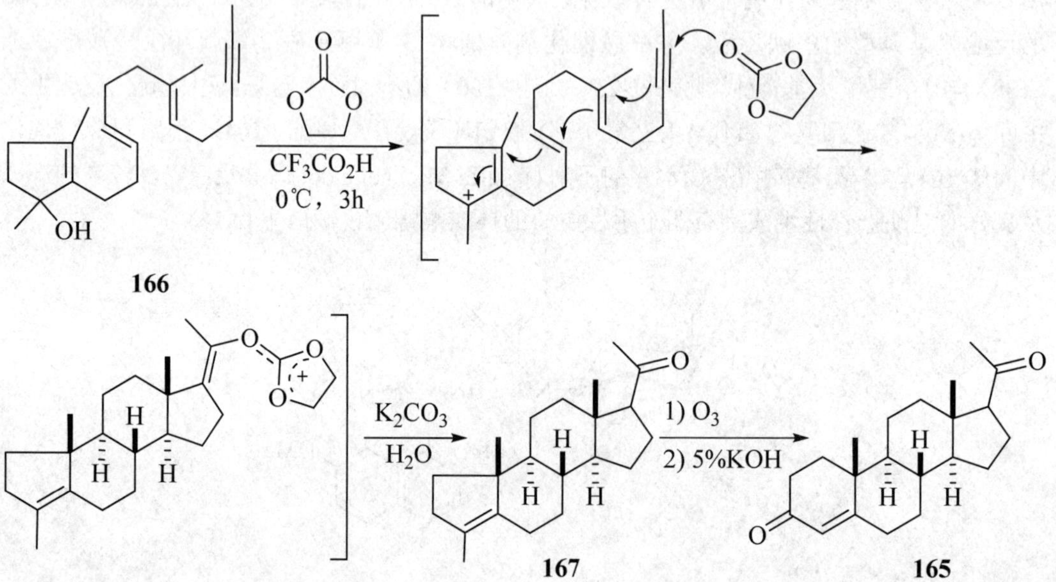

2. 汇聚式合成法

对于多步骤的化学制药合成路线，通常有两种合成方法，即"直线式合成法"（linear synthesis）和"汇聚式合成法"（convergent synthesis）。在"直线式合成法"中，合成工艺路线是一步一步地进行反应，每一步增加一个新的单元，循环下去，直到完成整个分子的合成。而在"汇聚式合成法"中，首先分别合成目标分子的各个主要结构片段，再将这些结构片段在最后阶段连接在一起完成目标药物分子的合成。

由于有机合成反应的各步产率很少能达到100%，总产率又是各步反应产率的连乘积，对于反应步骤比较多的直线式合成法，即使使用大量的起始原料，总产率也很低。例如，以八个结构单元合成的药物分子为例，直线式合成法中的第一个结构单元需要经过7步反应，如果每步反应的产率按80%计算，这条合成路线的总产率为 $0.8^7 \times 100\% = 21\%$。然而，如果采用如图2-1所示的汇聚式合成法进行合成，反应步骤总数虽然没有变化，但是每一个起始原料只经过3步反应，如果每步产率仍按照80%来计算，这条汇聚路线的总产率为 $0.8^3 \times 100\% = 51.2\%$。由此分析可见，汇聚式合成法比直线式合成法具有明显的优势：目标药物合成所需的原料和试剂总量减少，成本降低；合成所需的反应容器较小，提高了设备使用的灵活性；如在生产过程中某一步出现差错，不至于对整个路线造成严重的损失，降低了中间体的合成成本；有效提高了目标药物的合成总产率，同时也可将产率高的步骤放在最后，经济效益好。

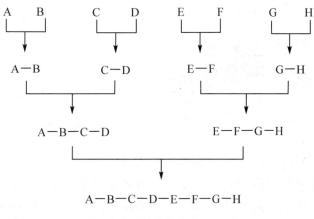

图 2-1 汇聚式合成法示意图

3. 原辅材料来源稳定

在药物的工业生产过程中，原辅材料的稳定供应是正常生产进行的保障。由于药品是特殊的商品，其质量必须满足药品监管法规的要求，因此对原料的要求高于一般的有机化工产品。因此，在对化学制药工艺路线进行评价时，应对采用的原辅材料进行全面的评估和了解。不仅要了解每条路线所用的各种原辅材料的来源、规格和供应情况，同时还要考虑原辅材料的质量。此外，还需要列出拟选择的合成工艺路线所需各种原辅材料的名称、规格及单价，计算所需原辅材料的单耗、成本以及产品的总成本，用于比较各路线的经济成本。一般在保证原辅材料稳定供应的前提下，考虑原辅材料的成本、安全性、毒性、腐蚀性，以及其对于最终产物产率的影响，最终确定最佳原辅材料。

氯霉素的生产有几条技术路线，不同的起始原料路线各有各的特点。通用的起始原料有三种，即乙苯法、苯乙烯法、肉桂醇法三种不同工艺路线原料，但乙苯、苯乙烯要比肉桂醇来源稳定，价格便宜。镇痛药奈福泮（nefopam，168）的合成中间体的羰基还原反应中，2-苯甲酰基-*N*-(2-羟基乙基)-*N*-甲基苯甲酰胺（169）的还原采用 LiAlH$_4$ 效果好，但价格高且安全性差。可用硼氢化钠替代价格昂贵的氢化铝锂还原制备 2-{[2-(羟基(苯基)甲基)苄基](甲基)氨基}乙醇（170），化合物 170 经环合后得到奈福泮（168）。一般酰胺羰基不能直接被硼氢化钠或硼氢化钾还原，可使用其衍生物乙酸硼氢化钠或加入三氯化铝、氯化镍等 Lewis 酸作催化剂，还原能力大大增强。硼氢化钠的价格较低廉，并且不易吸湿，在空气中也比较稳定。

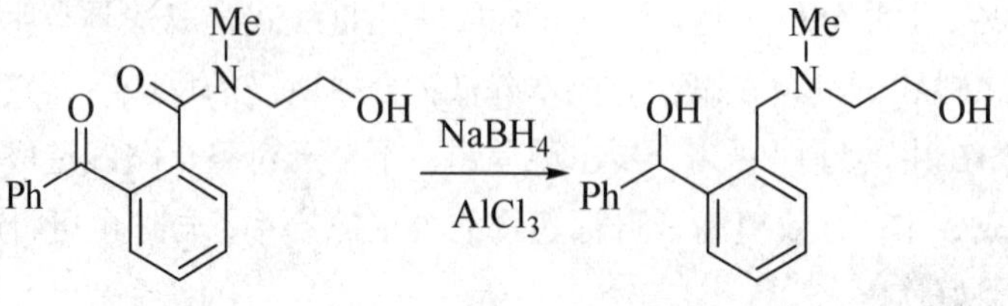

4. 化学技术可行

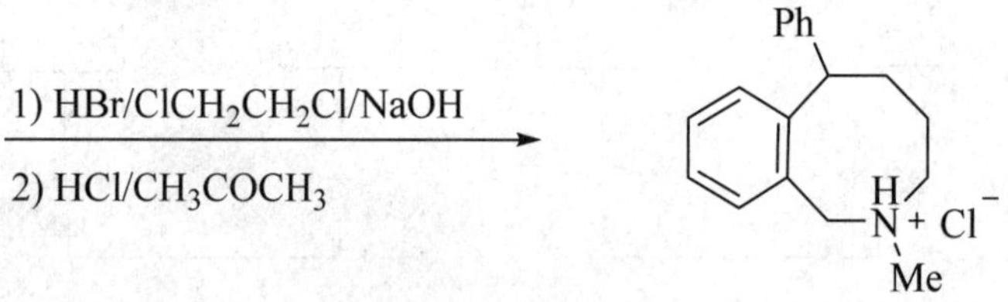

在评价化学制药工艺路线时，化学技术可行是指工艺路线反应条件温和、容易实现、易于控制，要尽量避免高温、高压或超低温等极端条件；工艺路线各步反应都稳定可靠，发生意外事件的概率低，产品的产率和质量均有很好的重现性，最好是平顶型反应。平顶型反应是指优化条件范围较宽的反应，工艺操作条件要求不甚严格，稍有差异也不会于严重影响产品质量和收益，可减轻操作人员的劳动强度。相应地，尖顶型反应是指优化条件范围较窄的反应，反应条件要求苛刻，条件稍有变化就会使收率和质量下降，往往与安全生产技术、"三废"防治、设备条件等密切相关。如图 2-2。在制定工艺研究方案时，需要进行必要的反应适用范围的条件实验考察，设计极端性或破坏性试验以确定化学反应类型，为工艺设备设计和岗位操作积累必要的实验数据。例如，Duff 反应是用六亚甲基四胺在活泼芳环上引入甲酰基的常用反应，该反应条件温和易于控制，操作简便，产物较纯净，是一个典型的平顶型反应。而 Gattermann-Koch 甲酰化反应，则属于尖顶型反应，该反应使用毒性较大的 CO 和 HCl 为原料，对设备要求高，反应条件控制难度大。氯霉素的生产工艺中，对硝基乙苯催化氧化制备对硝基苯乙酮的反应也属于尖顶型反应。

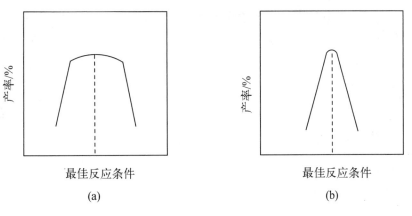

图 2-2　平顶型反应（a）和尖顶型反应（b）示意图

5. 生产设备可靠

生产设备的选用与工艺条件密切相关，实用的工艺路线应尽量使用常规设备，最大限度地避免使用特殊种类、特殊材质、特殊型号的设备，如高温高压设备、耐腐蚀性设备、超低温设备等。在工艺路线的设计中尽量避免超声、微波、光化学、高温、低温、高度无水、超强酸碱、超高压力等反应条件，从而避免使用特殊的设备，这样也可以降低生产成本。例如，工业生产中降低反应温度时需要使用大功率的制冷设备，需要长时间降温，会导致生产成本显著增加。

6. 后处理过程简单

分离和纯化等后处理过程在工业生产中约占 50% 的人工时间和 75% 的设备支持。因此在工艺路线选择时，一般尽量考虑后处理过程比较简单的路线。减少后处理的次数或简化后处理过程可以有效减少中间体或终产品的损失、节约工时、减少污染物排放、节约设备和降低劳动强度。压缩后处理过程的常用方法是"一锅煮"工艺：反应结束后产物不经分离、纯化，直接进行下一步反应，将几个反应连续操作。采用"一锅煮"工艺的前提条件是：上一步所使用的溶剂和试剂以及产生的副产物对下一步反应的影响不大，不会导致产物和关键中间体纯度的下降。一锅煮工艺的优点包括：①简化操作；②减少设备投资；③大幅度提升整个反应路线的总产率；④降低成本。

例如，在抗菌药甲氧苄啶（trimethoprim，**171**）的合成工艺中，3-二甲氨基丙腈（**172**）与 3,4,5-三甲氧基苯甲醛（**173**）在 KOH 的催化下发生 Knoevenagel 缩合反应生成 2-[(二甲氨基)甲基]-3-(3,4,5-三甲氧基苯基)丙烯腈（**174**），化合物 174 在反应过程中迅速发生双键重排生成稳定的烯胺中间体 **175**，随后调节体系的酸性后烯胺中间体与苯胺发生加成-消除反应，制备得到关键中间体 3-(苯基氨基)-2-(3,4,5-三甲氧基苄基)丙烯腈（**176**），以上三步反应可连续在一锅内进行，反应收率较高，分离纯化也较方便。

7. 环境影响最小

传统的化学制药工业会产生大量的废弃物，虽然经过无害化处理，但依然会对环境产生不良的影响。解决化学制药工业污染的关键是要采用绿色工艺，使其对环境的影响趋于最小化，从源头上减少污染物的产生（这也是绿色化学的核心原则）。评价制药合成工艺路线的"绿色度"（greenness），可以从整条路线的原子经济性、各步反应的效率、所用试剂的安全性、废弃物的数量以及对环境的影响等方面进行综合考虑。各步反应的效率包括产物的产率和反应的选择性。从原子经济性考虑，加成反应最为可取，取代反应次之，消除反应尽量避免，保护基策略不可避免产生大量废物，催化剂在反应过程中不消耗并且用量低，故催化反应是优选。只有提高反应效率，才有可能减少过程中产生的废弃物。试剂的安全性主要强调合成工艺路线中所涉及的各种试剂、溶剂大多应该是毒性小或者易回收的物质，最大限度地避免使用易燃、易爆、剧毒、强腐蚀性的化学品。

必嗽平（盐酸溴己新，**177**），化学名为2,4-二溴-6-{[环己基(甲基)氨基]甲基}苯胺盐酸盐，适用于支气管炎、哮喘性支气管炎的祛痰，效果较好，副作用小。原来必嗽平的制备采用下列的工艺路线：以邻氨基甲苯（**178**）为原料，经溴化、酰化、溴化、缩合、水解和成盐六步得到目标产品。生产过程中需要使用四氯化碳、氯仿、乙酸酐等有机溶剂，严重污染环境，影响工人身体健康。同时这条工艺存在工序多、生产周期长、产品质量差、收率低（仅27%左右）等问题。

后来经过路线优化进行工艺改革，采用了如下的新工艺路线：以邻氨基苯甲酸甲酯（**184**）为原料，经溴化、还原、缩合/成盐三步得到目标产品。新工艺缩短了工序，革除了四氯化碳、氯仿、乙酸酐等有害溶剂，提高产率20%，成本下降60%，并提高了成品质量。

二、化学制药工艺路线的选择

通过文献调研可以查到关于一个药物的多条合成路线，研究人员也可参照上一节所述的原则和方法进行路线设计。要从众多的路线中挑选出最合理的具有工业化生产前景的合成工艺路线，则必须通过细致的综合比较和分析论证。根据评价路线的主要标准，首先对每条路线的优势和缺点作出准确合理的评价分析，然后对每条路线进行全面的权衡比较，挑选具有工业化前景的工艺路线。

1. 综合考虑产率、成本和经济效益

化学制药工艺路线的产率和原料成本直接影响化学药品的成本。而经济效益则由药品价格和成本决定。药品成本还与环保、能源消耗、质量控制、设备、人工、安全措施等多种因素有关。药品价格与药品自身的品质（纯度、杂质成分）有关。因此，在选择和评价工艺路线时要统筹兼顾产率、成本和药品的质量，在保证环保、质量和安全达标的情况下，

尽量保证经济效益最大化。

盐酸雷洛昔芬（raloxifene hydrochloride，**187**），化学名为[6-羟基-2-(4-羟基苯基)苯并[*b*]噻吩-3-基]{4-[2-(哌啶-1-基)乙氧基]苯基}甲酮盐酸盐，是美国 Eli Lilly 公司首先开发的选择性雌激素受体调节剂，于 1998 年 1 月在美国上市，用于绝经期后妇女预防骨质疏松症。Lilly 公司 Jones 等报道的盐酸雷洛昔芬（**187**）的合成路线为以 3-甲氧基苯硫酚（**188**）和 4-甲氧基-α-溴代苯乙酮（**189**）为起始原料，在 KOH 碱性条件下发生取代反应，然后在 PPA 酸性条件下发生环合重排得到 6-甲氧基-2-(4-甲氧基苯基)苯并[*b*]噻吩（**191**）。4-[2-(哌啶-1-基)乙氧基]苯甲酸盐酸盐（**192**）与 SOCl$_2$ 在 DMF 催化下反应形成酰氯，然后与化合物 **191** 发生 Friedel-Crafts 酰基化反应，得到[6-甲氧基-2-(4-甲氧基苯基)苯并[*b*]噻吩-3-基]{4-[2-(哌啶-1-基)乙氧基]苯基}甲酮盐酸盐(**193**)。化合物 **193** 随后在 AlCl$_3$/EtSH 条件下脱去甲基，经盐酸酸化得到盐酸雷洛昔芬（**187**），总收率为 28.2%。该工艺路线原料易得，酰氯形成和 Friedel-Crafts 酰基化反应一锅内完成，步骤简捷；缺点是 EtSH 价格稍贵。

随后由 Godfrey 报道的另一个盐酸雷洛昔芬（**187**）的合成路线为以对甲氧基苯甲醛（**197**）为原料，经氰化、亚胺酯化、再硫化及氨解得到 2-羟基-2-(4-甲氧基苯基)-N,N-二甲基乙烷硫代酰胺（**200**），化合物 **200** 经甲烷磺酸催化闭环得到 6-甲氧基-N,N-二甲基苯并[b]噻吩-2-胺（**201**），化合物 **201** 与 4-[2-(哌啶-1-基)乙氧基]苯甲酰氯盐酸盐（**202**）发生 Friedel-Crafts 酰基化反应得到[2-(二甲基氨基)-6-甲氧基苯并[b]噻吩-3-基]{4-[2-(哌啶-1-基)乙氧基]苯基}甲酮盐酸盐（**203**），中间体化合物 **203** 与格氏试剂 4-甲氧基苯基溴化镁（**204**）发生偶联取代反应得到[6-甲氧基-2-(4-甲氧基苯基)苯并[b]噻吩-3-基]{4-[2-(哌啶-1-基)乙氧基]苯基}甲酮盐酸盐（**193**）。化合物 **193** 在 AlCl$_3$/n-PrSH 条件下脱去甲基，经盐酸酸化得到盐酸雷洛昔芬（**187**）。这条路线的特征是最后在苯并[b]噻吩环的 2-位上通过格氏试剂引入需要的取代基，路线较长，总产率低，只有 16.5%，并且中间体 **203** 的纯度只有 74%，中间体 **193** 的纯度只有 85%。该路线中需要使用格氏试剂及剧毒试剂氰化钠和毒性气体 H$_2$S，因而工业生产上操作不便和环保及劳动保护成本高，同时 n-PrSH 的价格较高，不适合用于工业生产。

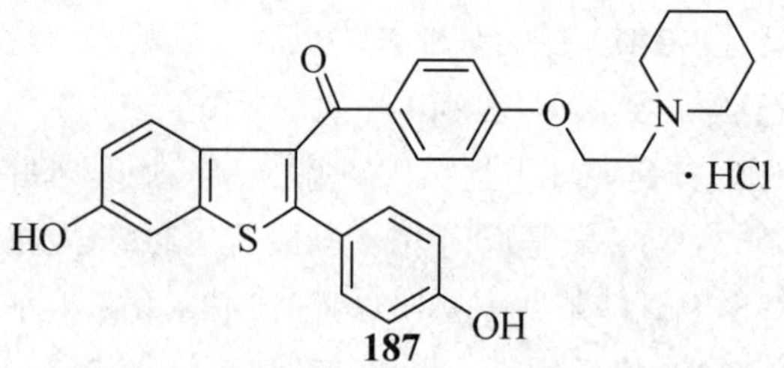

Schmid 等又报道了另外一条合成路线,特征是通过芳环上的亲核取代反应引入 2-(哌啶-1-基)乙氧基。所用原料与第一条路线相同,首先通过取代、环合反应得到化合物 **191**,然后化合物 **191** 与 4-氟苯甲酰氯(**205**)通过 Friedel-Crafts 酰基化反应在化合物 **191** 上引入 4-氟苯甲酰基,得到化合物(4-氟苯基)[6-甲氧基-2-(4-甲氧基苯基)苯并[*b*]噻吩-3-基]甲酮(**206**)。化合物 **206** 在 BBr$_3$ 作用下脱去两个甲基得到(4-氟苯基)[6-羟基-2-(4-羟基苯基)苯并[*b*]噻吩-3-基]甲酮(**207**),最后化合物 **207** 与 2-(哌啶-1-基)乙醇(**208**)在 NaH 作用下发生亲核取代反应得到雷洛昔芬(**209**)。这条合成路线采用直线式合成法共有 5 步,路线步骤比第一种路线稍长,总产率为 28.5%。此路线的优点是中间体比第一条路线少,可以方便地在噻吩 3-位引入各种取代基;缺点是使用强腐蚀的 BBr$_3$,对设备要求高,另外使用易燃的 NaH,工业生产上操作不便。

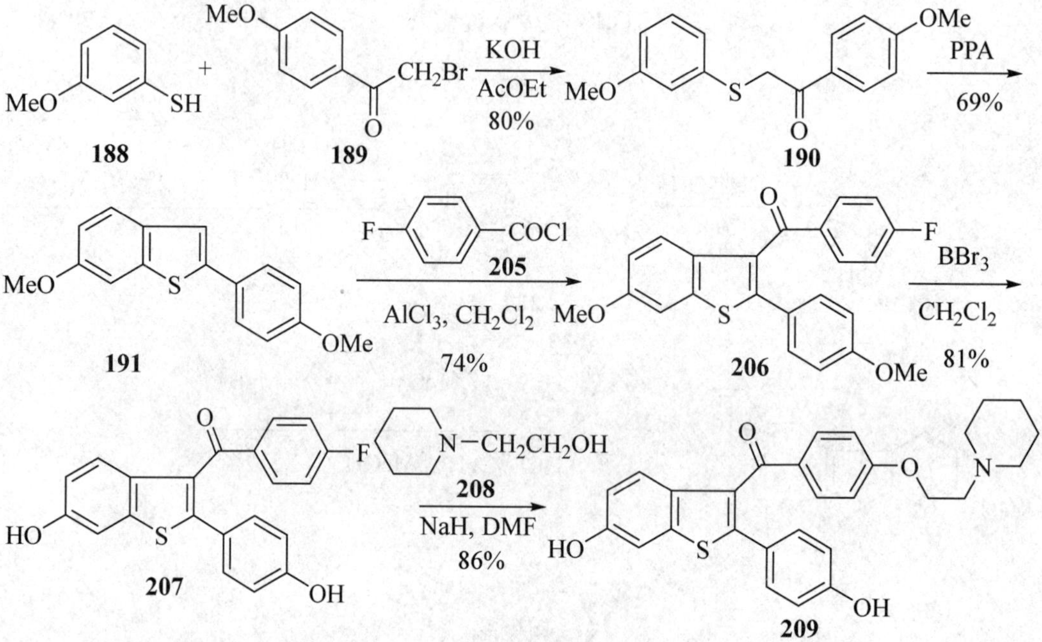

宋艳玲等报道了按 Jones 第一条路线的改进合成工艺,以 3-甲氧基苯硫酚(**188**)和 4-甲氧基-α-溴代苯乙酮(**189**)为起始原料,经取代反应、环合重排反应得到 6-甲氧基-2-(4-甲氧基苯基)苯并[*b*]噻吩(**191**)。4-[2-(1-哌啶基)乙氧基]苯甲酰氯盐酸盐(**202**)的制备过程为以对羟基苯甲酸甲酯(**194**)和 1-(2-氯乙基)哌啶盐酸盐(**195**)为原料,反应生成 4-[2-(哌啶-1-基)乙氧基]苯甲酸甲酯(**196**),然后发生水解反应和氯代反应。这三步反应采用"一锅煮"完成,每步反应的中间体不需纯化精制,直接进行下一步反应,简化了反应操作,并且提高了收率。化合物 **191** 与酰氯中间体 **202** 在 AlCl₃ 催化下发生 Friedel-Crafts 酰基化反应,继而原位一锅与氢溴酸和乙酸共热脱去甲基保护得到雷洛昔芬(**209**)。最后将雷洛昔芬溶于四氢呋喃中,通入氯化氢气体制得盐酸雷洛昔芬(**187**)。原工艺在巯基乙醇作用下脱去甲基,价格较昂贵,而通过实验研究发现用溴化氢/乙酸回流反应,收率较好,最后选用此方法进行脱甲基反应,成本降低。该汇聚式合成法工艺路线简捷,总产率为41%,具有工业化生产前景。

布洛芬(ibuprofen,**210**),化学名称为 2-(4-异丁基苯基)丙酸,是解热镇痛类非甾体抗炎药。布洛芬通过抑制环氧化酶,减少前列腺素的合成,从而产生镇痛、抗炎作用;通过下丘脑体温调节中枢而起解热作用。布洛芬(**210**)由英国 Boots 公司开发,其合成路线有二十多条。经典的合成路线，即 Boots 路线，是以异丁基苯（**211**）为原料，在 $AlCl_3$ 催化下与乙酸酐发生 Friedel-Crafts 酰基化反应得到 4-异丁基苯乙酮（**212**），4-异丁基苯乙酮与氯乙酸乙酯经 Darzens 缩合反应生成 3-(4-异丁基苯基)-3-甲基环氧乙烷-2-羧酸乙酯（**213**）。环氧羧酸酯 **213** 在酸性条件下水解并脱羧得到 2-(4-异丁基苯基)丙醛（**214**），丙醛 **214** 再与盐酸羟胺缩合得到 2-(4-异丁基苯基)丙醛肟（**215**），化合物 **215** 经脱水形成 2-(4-异丁基苯基)丙腈（**216**）。将丙腈化合物 **216** 水解为羧酸，完成布洛芬（**210**）的制备。上述路线的优点是原料易得、反应经典可靠，缺点是反应路线较长、成品精制复杂、原料利用率低（40%）、生产成本高。

为了优化工艺，Hoechst-Celanese 公司与 Boots 公司合作开发了一条新的三步工艺路线，即 HCB 路线。这条路线也是以异丁基苯为原料，在氟化氢的催化下与乙酸酐发生 Friedel-Crafts 酰基化反应得到 4-异丁基苯乙酮（**212**），中间体 **212** 在 Raney-Ni 的催化下发生氢化反应，得到 4-异丁基苯乙醇（**217**）。化合物 **217** 在 $PdCl_2(PPh_3)_2$ 催化下与 CO 发生插入反应，完成布洛芬（**210**）的制备。与经典的 Boots 路线相比，HCB 路线反应途径具有明显的优点：反应步骤少，总产率高，原子经济性好（原子利用率 77.4%），其他原料和试剂种类减少，催化剂可循环使用产生废物少，对环境造成的污染小。HCB 路线的后两步也是典型的原子经济性反应，该工艺路线的研发获得 1997 年度美国"总统绿色化学挑战奖"的变更合成路线奖。

2. 工艺路线选择中的专利策略

研究开发一类新药需要花费大量的时间和经费,而如果新药开发成功又会带来巨大的经济效益,如降血脂药物阿托伐他汀、抗精神失常药物阿立哌啶、糖尿病类治疗药物西他列汀、血管紧张素Ⅱ受体拮抗剂缬沙坦、质子泵抑制剂埃索美拉唑等都是年销售额超过几十亿美元的"重磅炸弹"。因此药物合成工艺路线的专利保护是最严格的。

专利是受法律保护的发明创造,具有时限性,并有国界。一般专利的保护期为20年(从申请日算起)。专利权具有独占的排他性,非专利权人要使用他人的专利必须依法征得专利权人的许可,未经过专利人的允许其他人不得使用该专利。只有专利到期以后,其他国家和制药厂才可生产仿制药。具有新型性、创造性和实用性的药物合成工艺路线可以申请专利保护。在我国,专利分为发明、实用新型和外观设计三种类型。选择工业化路线时必须要注意所选择的工艺方法是否涉及专利的问题。工艺路线超出了已被授权的发明专利保护范畴,或超出了专利的保护期限,则可在生产中使用该路线。反之,必须依法征得专利权人的同意或许可。

对于同一种化学结构类型的药物,可以通过改变原材料,规避专利问题,开创具有独立知识产权的药物生产工艺。例如噻唑烷二酮类抗糖尿病药物,属胰岛素增敏剂,代表性药物有史克(Smithkline-Beecham)公司的马来酸罗格列酮(**218**)和日本武田(Takeda)公司的盐酸吡格列酮(**219**)。这两种药物的结构基本相同,但是合成方法却各有特点,避免了专利侵权问题。

马来酸罗格列酮(rosiglitazone maleate,**218**),化学名为 5-{4-[2-(甲基(吡啶-2-基)氨基)乙氧基]苄基}噻唑烷-2,4-二酮马来酸盐,由 Smithkline-Beecham 公司于 1999 年 5 月在美国首次上市。该药可单独或与二甲双胍联合用于治疗Ⅱ型糖尿病。罗格列酮的合成以 2-氯吡啶(**220**)为原料,其与 2-(甲氨基)乙醇(**221**)发生亲核取代制得 2-[甲基(吡啶-2-基)氨基]乙醇(**222**),化合物 222 在 NaH 作用下与 4-氟苯甲醛(**223**)反应得到 4-{2-[甲基(吡啶-2-基)氨基]乙氧基}苯甲醛(**224**),化合物 224 与噻唑烷-2,4-二酮(**225**)在哌啶催化下发生缩合反应得到 5-{4-[2-(甲基(吡啶-2-基)氨基)乙氧基]苯亚甲基}噻唑烷-2,4-二酮(**226**),然后经 Pd/C 催化氢化合成罗格列酮(**227**),最后与马来酸成盐制备得到马来酸罗格列酮(**218**)。

盐酸吡格列酮（pioglitazone hydrochloride，**219**），化学名称为 5-{4-[2-(5-乙基吡啶-2-基)乙氧基]苄基}噻唑烷-2,4-二酮盐酸盐，是由日本武田和美国礼来（Eli Lilly）公司联合开发的噻唑烷二酮类胰岛素增敏剂，1999 年 7 月被美国 FDA 批准在美国上市。吡格列酮的合成以 2-羟乙基-5-乙基吡啶（**228**）为起始原料，其与对氟硝基苯（**229**）发生芳香亲核取代反应得到 5-乙基-2-[2-(4-硝基苯氧基)乙基]吡啶（**230**），然后经 Pd/C 催化氢化还原得到 4-[2-(5-乙基吡啶-2-基)乙氧基]苯胺（**231**）。再经重氮化/偶联/亲电加成串联反应得到 2-溴-3-{4-[2-(5-乙基吡啶-2-基)乙氧基]苯基}丙酸甲酯（**232**），化合物 232 与硫脲在 NaOAc 存在下发生环化反应生成 5-{4-[2-(5-乙基吡啶-2-基)乙氧基]苄基}-2-亚氨基噻唑烷-4-酮（**233**），然后经盐酸水解得到吡格列酮（**234**），再与盐酸成盐制备得到盐酸吡格列酮（**219**）。

思考题

1. 化学制药工艺路线设计有几种方法？各有何特点？如何应用？
2. 采用逆合成分析法，尝试设计新颖的吉非替尼合成路线，并对路线的可行性进行分析。
3. 选择含有杂环结构的药物，采用逆合成分析法，设计多条合成路线并进行可行性的比较分析。
4. 检索文献，查找一个通过模拟类推法设计药物合成路线的实例，分析此方法的特点。
5. 化学制药工艺评价的标准是什么？
6. 如何进行工艺路线的选择？

参考文献

[1] 赵临襄. 化学制药工艺学. 5版. 北京：中国医药科技出版社，2019.
[2] 元英进. 制药工艺学. 2版. 北京：化学工业出版社，2017.
[3] 孙铁民. 药物化学. 北京：人民卫生出版社，2014.
[4] 王亚楼. 化学制药工艺学. 北京：化学工业出版社，2008.
[5] 肖华玲，王鹏，王玉杰，等. 吉非替尼合成方法改进. 中国海洋大学学报，2010，40（8）：103-106.
[6] 苏曼，刘伟，孙庆伟. 利伐沙班的合成. 药学研究，2016，25（5）：308-310.
[7] 唐琰，丁雁，刘嵘，等. 喹诺酮类抗菌药物的合成研究进展. 药学进展，2012，36（10）：433-444.
[8] 马明华，纪秀贞，沈佰林，等. 盐酸环丙沙星合成工艺改进. 药学进展，1997，21（2）：109-111.
[9] 王尔华，朱雄，刘嵘. 盐酸芦氟沙星合成工艺研究. 中国药科大学学报，1997，28（1）：5-8.
[10] Zhao B L，Du D M. Enantioselective squaramide-catalyzed trifluoromethylthiolation-sulfur-Michael/aldol cascade reaction：One-pot synthesis of CF_3S-containing spiro cyclopentanone-thiochromanes. Organic Letters，2017，19（5）：1036-1039.
[11] 宋艳玲，赵燕芳，孟艳秋，等. 盐酸雷洛昔芬的合成改进. 中国新药杂志，2005，14（7）：882-884.
[12] 付晔，王绍杰，张为革，等. 马来酸罗格列酮的合成工艺改进. 沈阳药科大学学报，2001，18（1），18-19.
[13] 楼晨光，高丽梅，宋丹青. 盐酸吡格列酮的合成. 中国新药杂志，2005，14（10）：1187-1189.

第三章 化学制药的工艺研究

第一节 概　述

化学合成药物的工艺路线确定之后,接下来要进行工艺条件的研究与优化。化学制药的工艺研究是对影响化学合成反应的因素进行分析,通过改变各种反应条件,实现产物产量和质量最优化的过程。工艺研究的目标是提高反应效率、提高产品产率和质量、降低生产成本和减少对环境的污染。工艺研究的主要内容是反应试剂、反应溶剂和催化剂等反应物料的选择,配料比、反应温度和反应压力等反应条件的优化,反应后处理与分离纯化方法的选择与优化。

化学制药的合成工艺通常由若干个合成工序组成,每个合成工序包含若干个化学单元反应,通常需要经过实验室小试、中试放大和工业生产验证等阶段,最终得到最优的生产工艺条件。深入了解化学药物合成反应的机制并对影响合成反应的因素进行深入的探究,为选择合适的反应试剂、溶剂和催化剂,优化各步反应条件,选择和优化反应后处理与分离纯化方法,以及化学制药的工艺研究提供重要的理论基础。

化学制药的工艺研究主要是对影响化学反应的因素进行探索研究和优化,影响化学反应的因素有如下十余种:

1. 反应试剂

反应试剂是指除反应物外被加入反应体系中以促进反应发生的物质。如氧化剂、还原剂、碱、缩合剂等。

2. 溶剂

溶剂分为反应溶剂和后处理溶剂两类。反应溶剂是化学反应的介质,它的用量和性质会影响反应物的浓度、加料顺序、反应温度、压力和溶剂化作用等方面。后处理溶剂的选择会对中间体和最终产品的产量和纯度产生影响。

3. 催化剂

在化学制药工艺中,大部分反应是催化反应,使用催化剂以促进反应,提高反应效率,缩短生产周期，提高产品的产率和质量。使用比较广泛的催化剂有酸碱催化剂、金属催化剂和相转移催化剂等。

4. 配料比与反应物浓度

配料比是指参加化学反应的各种物料之间物质的量的比例。反应物浓度由反应物、反应试剂在反应溶剂中的溶解度决定，也会受到反应温度的影响。

5. 加料顺序与方法

加料顺序是指反应底物、反应试剂、溶剂和催化剂等加入反应体系的顺序。加料方法指固体物料是直接加料，还是配成溶液加入液体物料；物料是一次性全部加入，还是分批次加入或者采用滴加的方式等。

6. 反应温度

反应温度对化学反应有很大的影响，一方面会影响反应物的溶解度，另一方面会影响反应的进程。一般提高反应温度可以提高反应速率、缩短反应时间、提高生产效率，但这样也会降低反应的选择性，甚至可能影响产品的质量。

7. 反应压力

压力对气体或挥发性试剂参与的化学反应有较大的影响。加压可以使挥发性试剂保持一定的浓度，保证反应顺利进行。

8. 酸碱度（pH 值）

pH 值对制药生产中的某些反应结果也有较大的影响，如果高于或低于规定的 pH 值，那么可能使反应停止或产生较多的副产物或导致主产物分解破坏。

9. 搅拌与搅拌方式

搅拌有助于反应物质的均匀混合和热量的传输。合适的搅拌速度与搅拌方式可以使反应物料高度混合、反应体系温度趋于均匀，从而有利于促化学反应的进行。

10. 反应时间与终点监控

在一定的反应条件下，反应物需要一定的时间才能转变为产物。通过监控反应终点可以确定合理的反应时间，有效地控制反应终点以高产率获得高纯度的产物。

11. 后处理与分离纯化方法

由于药物合成反应常伴随着副反应，因此反应完成后，需要从副产物和未反应的原辅材料及溶剂中分离出主要产物。分离方法基本上与实验室所用的方法类似，如蒸馏、过滤、萃取、干燥等技术。

配料比与反应物浓度、加料顺序与方法、反应温度、反应压力、酸碱度、搅拌与搅拌方式和反应时间等统称为反应条件。在化学制药的工艺研究中，要注意化学反应各种条件之间的相互影响。通常采用数理统计学中的正交设计和均匀设计法来安排实验和处理实验数据，目的是用最少实验次数，得出最佳的合成药物工艺条件，进而进行中试放大。

第二节　反应物料的选择

反应试剂、反应溶剂和催化剂是加入反应体系中参与反应的物料,对它们的工艺研究实际上是依据不同的化学反应进行合理选择反应物料的过程。

一、反应试剂的选择

（一）反应试剂的选择标准

1. 反应试剂活性高与选择性好

反应试剂活性高,则反应速率快,但反应的选择性会降低。因此,多数情况下,活性高与选择性好两者之间是不可兼得的。在选择反应试剂时,需要统筹兼顾反应活性和选择性。一般要尽量选择在室温条件下对空气和水分稳定的反应试剂,稳定性好则不需要额外的保护措施,操作简便,也可节省成本。

2. 廉价、易得

反应试剂的价格会影响最终产品的生产成本,因此在功能相同的试剂中一般选择廉价的试剂。有些试剂价格可能受市场供需影响较大,一些特殊试剂还可能存在是否有稳定供货来源等问题,这些特殊情况在选择反应试剂时都需要统筹考虑。例如,一般形成酰胺常由二氯亚砜或草酰氯先制备羧酸的酰氯,二氯亚砜和草酰氯都非常便宜。而在多肽合成中形成酰胺键通常不能用二氯亚砜或草酰氯,需要用特殊的缩合试剂以避免消旋化。常用的缩合试剂 N,N-二环己基碳二亚胺（DCC,**1**）、1-乙基-(3-二甲基氨基丙基)碳二亚胺盐酸盐（EDC·HCl,**2**）价格相对较便宜,而 O-(7-氮杂-1H-苯并三唑-1-基)-N,N,N',N'-四甲基脲六氟磷酸盐（HATU,**3**）和卡特缩合剂苯并三氮唑-1-基氧基三(二甲基氨基)磷鎓六氟磷酸盐（BOP,**4**）的价格比前两个缩合试剂高很多。

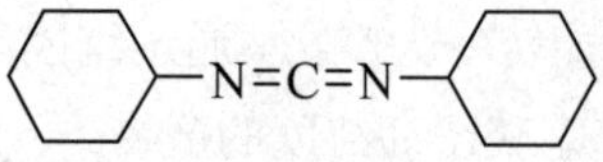

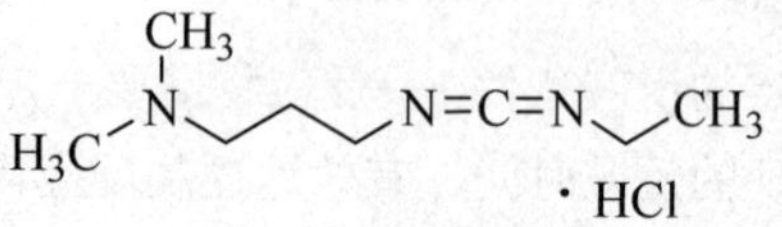

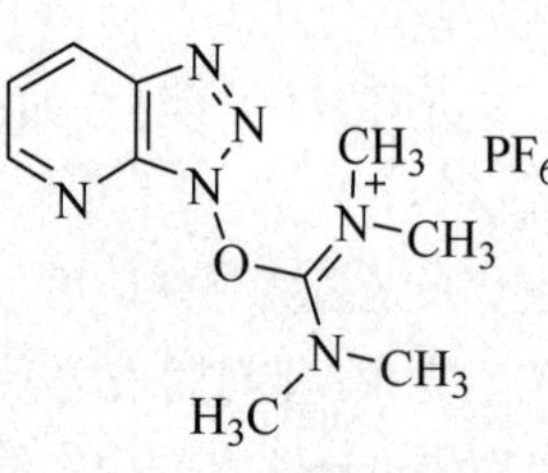

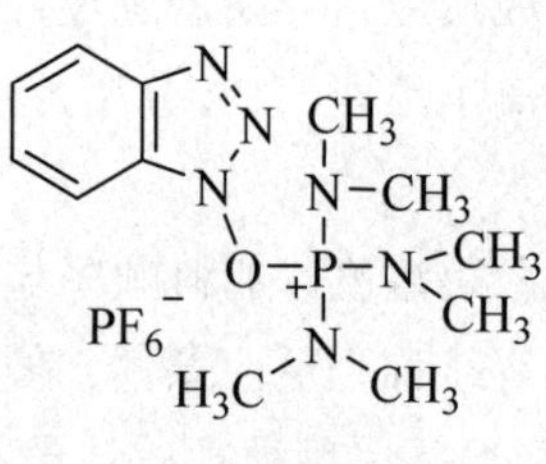

3. 安全无毒害

反应试剂最好是安全无毒害的。试剂不仅对使用人员的身体无毒害，而且不对生产设备产生腐蚀性危害，也不对周围环境产生化学危害等。

4. 原子经济性高

为提高反应试剂的利用率，降低废物的产生，减少对环境的污染，可以利用原子经济性（原子的利用率）来选择化学试剂。一般选择原子经济性高的化学试剂。例如，转移氢化还原反应中，还原剂 HCO_2H 的原子利用率为 2%，而用 Hantzsch 酯 2,6-二甲基-1,4-二氢吡啶-3,5-二羧酸乙酯进行转移氢化反应时原子的利用率很低，只有 0.4%，而且有 2,6-二甲基吡啶-3,5-二羧酸乙酯副产物产生。H_2 作为催化氢化的还原剂时原子利用率 100%，但是需要加压设备。

5. 使用便捷、易操作、废物易处理

液体物料容易通过管道输送，在工业生产上加料方便，固体物料的加料相对困难，而粉尘物料容易对操作人员身体产生伤害和对环境造成污染。容易加料、方便后处理、没有毒害的副产物形成、易于回收循环利用等优点都是选择反应试剂的标准。

（二）典型反应试剂的选择

化学合成药物的种类比较多，结构也很复杂，药物及中间体的制备涉及的化学反应类型众多，所使用的反应试剂种类繁多。现仅选择典型的碱、氧化剂和还原剂作为示例，解释说明反应试剂选择时需关注的具体问题。

1. 碱的选择

在化学制药工艺中，碱的作用通常是从具有酸性氢的分子中夺取质子，然后形成活泼的碳负离子中间体，从而促进药物合成反应的发生。常用的去质子化试剂无机碱有碱金属氢氧化物、碳酸盐，如 NaOH、KOH、Na_2CO_3 和 K_2CO_3 等。常用的有机胺碱有三乙胺、二异丙胺、二异丙基乙基胺、哌啶、吡啶、4-二甲氨基吡啶（DMAP）、1,8-二氮杂双环[5.4.0]十一-7-烯（DBU）、1,5-二氮杂双环[4.3.0]-5-壬烯（DBN）和 1,4-二氮杂双环[2.2.2]辛烷（DABCO）等。甲醇钠、乙醇钠和叔丁醇钾是中等强度的碱，叔丁醇钾在有机溶剂中溶解度较低，而叔戊醇钠和叔戊醇钾溶解度较好，可以作为替代物。常用的强碱性有机金属化合物有氢化钠、甲基锂、丁基锂、苯基锂、三苯甲基钠等，氢化钠的副产物氢气易燃，正丁基锂及它的副产物丁烷也都是易燃的，制药工艺研究中可以使用正己基锂和正辛基锂，因正己基锂和正辛基锂不易着火，可以在室温储存和使用。氨基钠、二异丙基胺锂（LDA）和六甲基二硅烷胺的碱金属盐[如 $(Me_3Si)_2NLi$(LHMDS)、$(Me_3Si)_2NK$(KHMDS)]也是常用的氨基金属化合物强碱，六甲基二硅烷铵盐的后处理过程产生的六甲基硅醚比较容易回收。Me^-、NH_2^- 等碱负离子有亲核性，因此发生夺质子反应时易发生亲核加成等副反应，而 $t\text{-}BuO^-$、H^- 的亲核性较弱。$(i\text{-}Pr)_2N^-$、$(Me_3Si)_2N^-$ 空间障碍大，无亲核性，称为非亲核性碱，

在制药合成工艺中可根据不同需求合理选用。

药物合成反应过程中产生酸的反应，如酰卤作为酰化试剂发生酰化反应，反应中常需加入有机胺碱进行中和，经常使用的是三乙胺和吡啶等比较廉价的有机碱。反应溶剂的溶剂化作用可改变碱性的强度，比如在水中由于氢键作用仲胺的碱性比相应的叔胺强；在气相和不产生氢键的溶剂中，碱性与各取代胺的诱导效应基本上是一致的，在气相或在甲苯中的碱性强弱顺序是 $Et_3N > Et_2NH > EtNH_2$。在选择有机胺碱时，要统筹考虑其碱性和生成的铵盐的溶解度，这样可以充分利用铵盐与目标产物溶解度的差异进行分离提纯。

2. 氧化剂的选择

氧化反应是制药合成工艺中很重要的一类反应。由于氧化剂种类多、特点各异，很多氧化剂具有毒性、危险性大，氧化反应也不容易控制，含重金属的氧化剂处理费用高，因此合理选择氧化剂是制药工艺研究中需重点关注的问题。常用的氧化剂可分为高价态的过渡金属类氧化剂和非过渡金属氧化剂两大类。

（1）高价态的过渡金属类氧化剂

① 高锰酸钾（$KMnO_4$） 是强氧化剂，廉价易得，水溶液中的 $KMnO_4$ 具有很强的氧化能力。

② 活性二氧化锰（MnO_2） 为中等氧化能力的氧化剂，有非常好的氧化反应选择性，可将伯醇氧化为醛、仲醇氧化为酮而不发生过度氧化。

③ Jones 试剂（Cr_2O_3/H_2SO_4/丙酮） 能在温和条件下氧化伯醇生成羧酸，氧化仲醇生成酮。

④ Collins 试剂（$CrO_3 \cdot 2$ 吡啶） 用于氧化伯醇生成醛、氧化仲醇生成酮，尤其适用于分子中含有对酸敏感基团的醇的氧化。

⑤ 氯铬酸吡啶（PCC） 是一种温和的氧化剂，可在温和条件下高效地氧化伯醇、不饱和醇、仲醇生成相应的醛、酮。

⑥ 重铬酸吡啶（PDC） 是一种中性氧化剂，可在温和条件下氧化醇，并且氧化能力与反应溶剂有关。

⑦ 四乙酸铅[$Pb(OAc)_4$] 是一种选择性较好的氧化剂，但有毒性和存在污染环境问题，在制药工艺中使用受限制。

⑧ 四氧化锇（OsO_4） 主要用于烯烃的双羟基化反应，但价格昂贵，有剧毒和高挥发性，使用也受限。

⑨ 氧化银（Ag_2O） 是反应温和、高选择性氧化剂，但价格高，实用性受限。

⑩ 碳酸银（Ag_2CO_3） 是反应温和、高选择性氧化剂，可以高效地氧化伯醇、仲醇生成相应的醛、酮。

⑪ 氧化铜的碱性溶液（Fehling 试剂） 常用于将不饱和醛氧化为不饱和羧酸。

⑫ 硝酸铈铵[$Ce(NH_4)_2(NO_3)_6$] 是一种单电子强氧化剂，在酸性条件下氧化能力更强。

⑬ 铁氰化钾[$K_3Fe(CN)_6$] 是在碱性条件下使用的温和氧化剂。

含铬氧化剂、四氧化锇、四乙酸铅等易对化学药物和环境产生重金属污染，因此制药工艺中需谨慎选择此类氧化剂。

（2）非过渡金属氧化剂

① 硝酸（HNO_3） 是一种强氧化剂，廉价易得，选择性不高，可以氧化醇、醛、芳烃环的侧链为羧酸。

② 次氯酸钠（NaClO） 是常用的氧化剂，可在温和条件下选择性地氧化伯羟基生成醛，而仲羟基不受影响。

③ 高碘酸钠（$NaIO_4$） 是常用的氧化剂，可以选择性断裂邻二醇生成二羰基化合物。

④ 氯气（Cl_2） 可将伯醇、仲醇氧化为相应的羰基化合物，也可将二硫化合物、硫醇、硫化合物等氧化为磺酰氯。

⑤ 2-碘酰苯甲酸（IBX） 在 DMSO 溶剂中，室温下可高产率氧化伯醇和仲醇生成相应的醛和酮，也可氧化肟和对甲苯磺腙得到相应的羰基化合物。

⑥ 1,1,1-三乙酰氧-1,1-二氧-1,2-苯碘酸-3(1H)-酮（Dess-Martin 试剂，DMP） 是一种温和的、高选择性氧化剂，主要用于高产率地氧化醇生成相应醛、酮，而不会发生过度氧化。

⑦ 二氧化硒（SeO_2） 可用于氧化有机化合物分子中的活性甲基、亚甲基和次甲基，如可将酮羰基α-位或烯丙位的甲基氧化为醛。

⑧ 二甲亚砜（DMSO） 需要在草酰氯或三氟乙酸酐（TFAA）等活化下使用（Swern 氧化），可在温和条件下高选择性氧化醇得到相应的醛、酮。

⑨ 醌类 常用的醌类氧化剂主要有苯醌、四氯苯醌和 2,3-二氯-5,6-二氰基对苯醌（DDQ），在制药工艺中主要作为脱氢试剂。

⑩ 过氧化氢（H_2O_2） 30%过氧化氢是常用的一种绿色氧化剂，其副产物是水，不会污染环境。

⑪ 有机过氧酸 是常用的氧化剂和环氧化试剂，常用的过氧酸有过氧甲酸、过氧乙酸、过氧三氟乙酸、间氯过氧苯甲酸（m-CPBA）等。

⑫ 烃基过氧化物 过氧叔丁醇（TBHP）是一种烃基过氧化物氧化剂，在制药合成中应用广泛，如可将醇氧化成醛、酮，氧化硫醚生成亚砜，也可作为 SeO_2 和 OsO_4 的共氧化剂使用。

⑬ 臭氧（O_3） 用于在低温惰性溶剂中进行 C═C 双键的氧化断裂，具有价格便宜和环境友好的特点。

⑭ 分子氧（O_2） 分子氧，尤其是空气，廉价易得，因其对环境不造成有毒害的污染，可作为绿色环保的氧化剂。分子氧需在过渡金属及其洛合物或 TEMPO、Br_2 等非金属催化剂作用下活化，才能启动氧化反应。

非过渡金属氧化剂避免了重金属的污染，氧化体系更绿色环保。例如，在有机碱存在下 DMSO-$(COCl)_2$（Swern 氧化）可将伯醇 **5** 氧化为醛 **6**，不会发生过度氧化。该反应条件温和、底物官能团耐受性好、产率高，在制药工艺中有良好的应用前景。

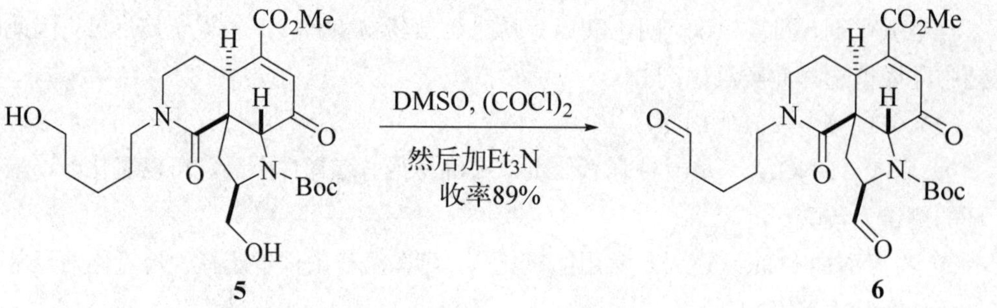

化合物 7 中的伯醇可通过 TEMPO/NaClO/NaClO$_2$ 氧化体系先被氧化成醛，醛再进一步被氧化成酸 8，与过渡金属氧化剂相比，该体系是一种清洁、环境友好的氧化方法。

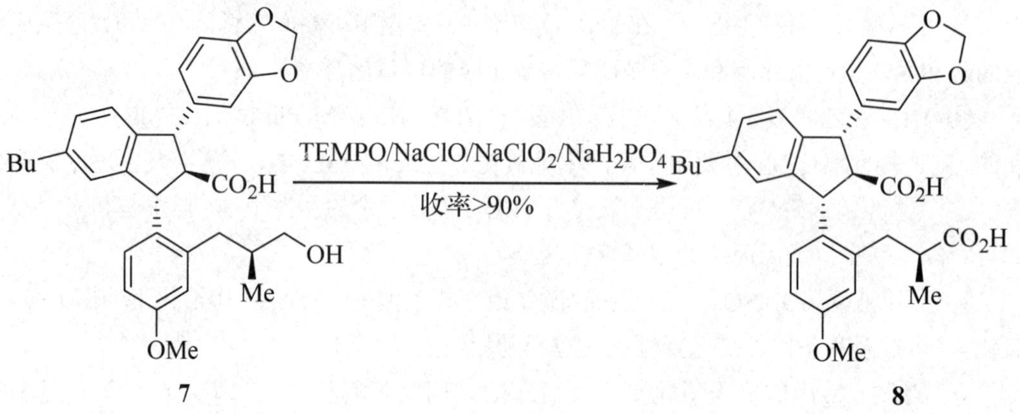

3. 还原剂的选择

还原反应也是制药合成工艺中很常用的一类反应。由于还原剂种类繁多，对于还原剂的选择，首先要根据还原的目标官能团性质考虑还原剂的活性和选择性。然后考虑反应是否使用氢气或产生氢气，如果使用氢气或产生氢气及其他可燃气体等，需注意生产安全和选用特殊的设备。最后还要考虑还原剂的后处理问题，比如反应结束后，如何安全淬灭残余的还原剂，贵金属催化剂如何回收或循环套用，金属还原剂还原后形成的废渣带来的环境污染如何解决，等。

工业生产中常用的还原剂：

（1）H$_2$/催化剂　是绿色原子经济的还原剂，不仅可还原双键、三键、羰基、硝基、氰基、酰氯，而且用于醛、酮与胺的还原胺化反应，应用范围广泛，但使用氢气需要高压釜等特殊的设备。

（2）转移催化氢化还原剂　在金属催化剂存在下，用某种有机物作为供氢体以代替 H$_2$ 的还原，供氢体如 HCO$_2$H、HCO$_2$NH$_4$、环己烯、四氢化萘、乙醇、异丙醇、水合肼、二氮烯等，主要用于双键、三键的氢化，也可用于硝基、偶氮基、亚胺、氰基的还原，以及碳-卤键、苄基、烯丙基的氢解等。

（3）LiAlH$_4$　还原能力强，可还原官能团的范围广泛，但选择性差。另外，副产物铝盐后处理比较麻烦，处理成本比较高。

（4）$NaBH_4$ 和 KBH_4　还原能力比 $LiAlH_4$ 弱，反应温和，选择性好。KBH_4 价格比 $NaBH_4$ 低，是还原醛、酮生成醇的优选试剂，如果与 Lewis 酸同时使用可增强还原能力，可以还原酯、酰胺和羧酸。

（5）$Al(Oi\text{-}Pr)_3$/异丙醇（Meerwein-Ponndorf-Verley 还原）　可选择性地还原醛、酮为相应的醇，反应速率快，产率高，副反应少，尤其适合不饱和醛酮的还原。烯键、炔键、硝基等官能团不受影响。

（6）Raney-Ni　还原能力强，适用范围也比较广泛，但镍和铝盐的后处理费用也比较高。

（7）硼烷　在比较温和条件下可将羧酸、醛、酮、环氧化物、酰胺、腈、烯胺、肟和叠氮还原成相应的醇和胺，通常使用硼烷的稳定络合物，如 $Me_2S \cdot BH_3$ 和 $BH_3 \cdot THF$。

（8）Na/醇　可用于羧酸酯、醛、酮、腈、肟和杂环化合物的还原。

（9）Fe/酸　可将芳香族或脂肪族的硝基、亚硝基、羟胺基还原成相应的氨基，一般对羰基、卤素、双键无影响。

（10）Zn/酸　可将羰基还原成亚甲基，分子中的羧酸、酯、酰胺等羰基不受影响。

（11）Sn(或 $SnCl_2$)/盐酸　还原能力强，主要用于将硝基还原为氨基，也可用于双键、磺酰氯、偶氮化合物的还原。

（12）肼　水合肼在碱性条件下还原醛、酮羰基成甲基或亚甲基（Wolff-Kishner-黄鸣龙反应）。

（13）Na_2S、$(NH_4)_2S$ 和 $Na_2S_2O_4$ 等含硫还原剂　常用来将芳烃中的硝基还原成氨基，试剂和副产物都有特殊的气味。

二、反应溶剂的选择

在化学制药工艺中大部分反应都是在溶剂中进行的。溶剂可以使参与反应的物料均匀分布，增加分子间碰撞的机会，加速反应的进行。溶剂可通过溶剂化作用影响反应的速率或反应的平衡等。同时，溶剂还可通过稀释与扩散作用帮助反应散热或传热。因此，合理选择溶剂是化学制药工艺研究中的重要环节，良好的反应溶剂不仅可以提高反应速率，保证反应操作的简便性，也可以保证目标产物的产率和质量。

1. 溶剂的分类

溶剂的分类方法有很多种，如根据化学结构、物理常数、酸碱性或者极性等进行分类。溶剂的极性常用偶极矩（μ）、介电常数（ε）和溶剂极性参数 $E_T(30)$ 等参数表示。按溶剂的结构特征和极性，可分为以下三大类。

（1）质子溶剂（protic solvent）　分子中含有氢键给体的溶剂，介电常数（ε）>15F/m。质子溶剂有水、醇类、乙酸、三氟乙酸、硫酸、磷酸以及氨或胺类化合物等。质子溶剂可与含负离子的反应物发生氢键结合，发生溶剂化作用，也可与正离子的孤对电子进行配位结合，或与中性分子中的氧原子或氮原子形成氢键，或由于偶极矩的相互作用而产生溶剂化作用。质子溶剂对离子的溶剂化能力比对分子强,特别是对负离子有较强的稳定化作用。

(2) 极性非质子溶剂（polar aprotic solvent） 具有高介电常数（$\varepsilon>15F/m$）、大偶极矩（$\mu>2D$），极性非质子溶剂有丙酮、甲乙酮、硝基甲烷、硝基苯、吡啶、乙腈、二甲基亚砜、甲酰胺、N,N-二甲基甲酰胺、N-甲基吡咯烷酮、N,N-二甲基乙酰胺等。

(3) 非极性非质子溶剂（nonpolar aprotic solvent） 又被称为惰性溶剂，介电常数低（$\varepsilon<15F/m$），偶极矩小（$\mu<2D$），如乙醚、四氢呋喃、二氧六环、二氯甲烷、氯仿、四氯化碳、苯、二甲苯、氯苯、正己烷、正庚烷、环己烷和石油醚等。

非质子溶剂，不含易取代的氢原子，主要由偶极矩或范德瓦耳斯力的相互作用而产生溶剂化作用。非质子溶剂对负离子的溶剂化程度很小，对亲核试剂的活性影响极小。在非质子性非极性溶剂中，离子化合物将以离子对形式存在。

2. 溶剂效应

有机合成反应大多在溶剂中进行，溶剂对化学反应的影响总称为溶剂效应（solvent effect），实质是指溶剂与溶质间的相互作用。溶质和溶剂分子间的相互作用，导致溶质被溶剂层疏密程度不同地包围起来，这种现象称为溶剂化（solvation）。溶剂效应具体表现为对化学平衡及反应速率的影响。

(1) 溶剂对反应平衡的影响

反应平衡属于热力学范畴，不同的溶剂对化合物的酸碱性有重要的影响。因此溶剂对酸碱平衡和互变异构平衡等均有影响。例如，在不同极性的溶剂中，1,3-二羰基化合物酮型-烯醇型互变异构体系中两种异构体的含量是不同的，这将会影响以 1,3-二羰基化合物为反应物的相应合成反应的产率。

(2) 溶剂对反应速率的影响

有机合成反应大多属动力学控制，其反应速率取决于反应物和它的活化络合物间的活化自由能。反应物和它的活化络合物的结构不同、电荷分布不同，则它们与溶剂发生的溶剂化作用有所不同，如下反应：

$$A + B \rightleftharpoons [A\text{---}B]^{\neq} \longrightarrow C$$

当溶剂对过渡态或活化络合物有利时，活化自由能减小，反应速率加快；相反，则减慢反应速率。同时，溶剂对反应物也有不同的溶剂化作用。

E. D. Hughes 和 C. K. Ingold 系统研究了溶剂对亲核取代反应的影响，根据反应物和极性溶剂分子在反应的起始状态和过渡状态时相互间静电作用力的关系，提出了溶剂化作用的定性解释，即 Hughes-Ingold 规律，Hughes-Ingold 规律主要包括两方面。

溶剂化程度随物质的电荷不同而不同：溶剂化程序随物质的电荷增加而增强；溶剂化程序随物质的电荷分散而减弱；物质电荷消失比电荷分散使溶剂化程度减弱得更严重。

溶剂对不同反应类型的影响：过渡态的电荷密度大于起始原料时，溶剂的极性增加有利于过渡态的形成，使反应速率增大；过渡态的电荷密度小于起始原料时，溶剂的极性增加不利于过渡态的形成，使反应速率减小；过渡态和起始原料的电荷密度相差不大的反应，改变溶剂的极性对反应速率影响不大。

3. 反应溶剂的选择依据

由于大多数化学药物的合成是在溶液中进行的,因此反应溶剂的选择对于化学制药工艺的研究是一个重要的环节。溶剂选择一般遵循"相似相溶"的规则,即根据反应物、反应试剂、催化剂以及产物、副产物的极性进行溶剂选择。若反应物料及产物等极性大,则容易溶解在极性大的溶剂中;若反应物料及产物等是非极性的,则易溶解在非极性的溶剂中。因此,反应物料和产物的极性是影响溶剂选择的一个非常重要的因素。溶剂不仅为化学反应提供了反应进行的溶媒场所,而且也会直接影响化学反应的反应速率、反应方向、转化率和产物构型等。因此,为具体的化学反应选择反应溶剂时,应该统筹考虑反应本身的性质、溶剂的极性等多种因素。选择溶剂时,首先要考虑在该溶剂中反应能成功地按预定方向进行,反应后处理及产物纯化简便,产物能够直接从反应溶剂中析出的溶剂为最佳溶剂;其次要考虑溶剂对反应速率的影响。

(1) 根据反应物料性质选择溶剂

如果参与反应的物料中有固体,通常需要选择合适的溶剂使其溶解,使它在溶液中均匀分散,这样可以加快反应进程。固体反应原料和试剂会减慢反应速率甚至不发生反应,有的可能会使副反应加快。如果反应物料是液体,选择合适的溶剂加以稀释,可以避免因液体黏度大而影响反应或反应局部过于剧烈等情况,从而保证反应可以平稳进行。选择合适溶剂使反应在均相溶液中进行不仅可以增大反应速率,而且可以减少副产物的生成。

(2) 根据反应类型选择溶剂

从前述的 Hughes-Ingold 规律可知,溶剂会影响反应的速率,过渡态的电荷密度大于起始原料时,溶剂的极性增加有利于过渡态的形成,使反应速率增大。在 S_N1 反应中,形成碳正离子中间体。质子溶剂中的质子,可以与反应中产生的负离子通过氢键溶剂化分散负电荷,使负离子稳定,因此有利于反应进行。由于亲核试剂与正碳离子的反应不是决速步骤,使用质子溶剂虽然可以降低亲核试剂的亲核性,但不能减小反应速率。在 S_N1 反应中,过渡态的电荷密度大,极性大的溶剂对反应有利,极性溶剂能够使带正电荷的过渡态溶剂化,稳定过渡态,从而增大反应速率。例如,Me_3CCl 的水解速率在 25℃ 水中比乙醇中大 3.35×10^4 倍。

对于 S_N2 反应,在质子溶剂中,亲核试剂可以被溶剂分子所包围,从而降低其亲核性,减小其反应速率。在极性非质子溶剂中,负离子亲核试剂很难被溶剂化,亲核试剂一般可以不受偶极溶剂分子包围,因此 S_N2 反应在极性非质子溶剂中进行比在质子溶剂中反应速率大 $10^3 \sim 10^4$ 倍。例如,在 0 ℃ 时,CH_3I 与 N_3^- 发生 S_N2 反应,其反应速率在极性非质子溶剂 DMSO 中比质子溶剂 CH_3OH 中增大 4.5×10^4 倍。增加溶剂的极性对 S_N2 反应中亲核试剂是负离子的反应不利。因为在 S_N2 反应机制中,形成过渡态时,亲核试剂由原来电荷较集中变为较分散,过渡态的极性不如亲核试剂大,增加溶剂的极性,不利于 S_N2 过渡态的形成。

反应溶剂对消除反应也会有类似的影响,但溶剂对极性变化不大的自由基反应的影响不是很明显。

此外,对于一些平行反应,也可通过选择溶剂促使其中一种反应的速率变快,相应产物的产率提高。如乙酸苯酯（**9**）在 AlCl$_3$ 催化下进行 Fries 重排反应，若选用硝基苯作为溶剂，主要得到对位产物 4-羟基苯乙酮（**10**），而选用 CS$_2$ 作为溶剂时主要产品为邻位产物 2-羟基苯乙酮（**11**）。

（3）根据产物分离或纯化需求选择溶剂

有些反应需将产物及时移出反应体系以促使原料完全转化，同时也可防止产物进一步发生其他副反应，导致产率降低。通过比较反应物和产物的极性，可以选择对反应物溶解度大而对产物溶解度小或不溶的溶剂，这样产物可以沉淀的形式析出，避免进一步发生反应，也方便反应完成后产物的分离纯化。

例如，(S)-3-(叔丁氧基)-2-[(叔丁氧羰基)氨基]丙酸叔丁酯（**12**）结构中有两个对酸不稳定的保护基，为选择性地脱去 N 原子上的叔丁氧羰基，可以向化合物 **12** 的乙酸乙酯溶液中通入干燥的 HCl 气体，在此溶剂体系中可以得到高产率的化合物(S)-2-氨基-3-(叔丁氧基)丙酸叔丁酯盐酸盐（**13**）。胺的盐酸盐在乙酸乙酯中的溶解度小，生成沉淀析出，这样可避免产物的进一步反应。

在化学制药工业生产中应尽可能选用价廉易得的溶剂，尽量减少溶剂的用量。溶剂用量减少，既有利于安全生产，也可节省溶剂回收或废液处理的成本。工业化生产上为节省成本必须进行溶剂的回收套用，一般选用水洗、分液，然后蒸馏回收的办法。若选择的溶剂沸点过高则难以回收，如 DMSO 难以回收，反应完后只能进行废液处理。若选择的溶剂在水中溶解度小，容易分离回收，则可减轻废水处理的压力。使用水或超临界流体 CO$_2$ 代替有机溶剂作为反应溶剂均是绿色化学发展的方向。

三、催化剂的选择

在化学药物合成中，很多化学反应需要使用催化剂，如缩合、脱水、酰化、烷基化、氢化、脱氢、氧化、还原、脱卤、环合等反应都要使用催化剂，酸碱催化、金属络合物催化、相转移催化、酶催化等技术都已广泛应用于化学制药工艺。在化学药物的工业生产中越来越多的新型、高效和高选择性催化剂呈现出很高的实用价值。

在化学反应中能改变化学反应速率而不改变化学平衡，且本身的质量、组成和化学性质在化学反应前后都没有发生改变的物质称为催化剂（catalyst）。有催化剂参与的反应称为催化反应，当催化剂的作用是加快反应速率时，称为正催化作用。工业上对催化剂的要求主要涉及催化剂的活性、选择性和稳定性。催化剂的活性是指催化剂的催化能力，是评价催化剂好坏的一个重要指标。催化剂的活性通常用转化数（turnover number）表示，即一定时间内单位质量的催化剂在指定条件下转化底物的质量。影响催化剂活性的因素主要有温度、助催化剂（或促进剂）、载体（担体）和催化毒物。催化剂具有特殊的选择性，主要表现在：不同类型的化学反应各有其适宜的催化剂；对于同样的反应物体系，使用不同的催化剂可制备得到不同的产物。催化剂的稳定性是指其活性和选择性随时间变化的情况。

下面仅以普遍使用的酸碱催化剂、过渡金属络合物催化剂、催化氢化催化剂和相转移催化剂作为例子，介绍催化剂选择中的有关问题。

（一）酸碱催化剂的选择

1. 酸碱催化剂

化学药物合成反应大多数是在溶剂中进行的，溶剂系统的酸碱性对反应的影响很大。但很多反应也需要酸或碱进行催化才能进行，因此合理选择酸碱催化剂也是重要的环节。酸碱催化剂的作用常用 Brønsted 酸碱理论和 Lewis 酸碱理论等酸碱理论来解释说明。

按照 Brønsted 酸碱理论，凡是能给出质子的物质是酸，能接受质子的物质是碱。若 Brønsted 酸作催化剂，则反应物中必须有一个容易接受质子的原子或基团，先结合质子形成一个中间络合物，再进一步生成正离子或活化分子，最后得到产物。大多数含氧化合物如醇、醚、酮、酯、糖以及一些含氮化合物参与的反应，常常被酸所催化。例如，亲核试剂对羰基亲核进攻的反应常常被酸催化加速。羰基化合物与催化剂 H^+ 结合，生成碳正离子，增加了羰基碳的电正性，然后与亲核试剂作用，最后从生成的中间体中再释放出中性分子和质子转变为产物。若没有酸催化，羰基碳原子的亲电能力弱，与亲核能力弱的试剂无法形成加成物，相应的反应难以进行。

Lewis 酸碱理论认为凡是含有空轨道能接受外来电子对的物质为酸，凡是能够给出电子对的物质为碱。接受电子能力越强的物质酸性越强，给出电子能力越强的物质碱性越强。质子酸的质子具有 s 空轨道，可以接受电子，属于路易斯酸；具有未完全填满的价电子层，并能与另一个具有未共用电子对的原子发生结合，形成配位化合物的分子或离子，也属于 Lewis 酸，如中性分子 ZnX_2、FeX_3、AlX_3、InX_3、SnX_4、TiX_4、BX_3 和 SbX_5 等，正离子 Zn^{2+}、Ca^{2+}、Mg^{2+}、Al^{3+}、Fe^{3+} 和 Hg^{2+} 等。具有未配对电子的负离子 HO^-、RO^-、$RCOO^-$ 和 X^- 等属于 Lewis 碱；中性分子若具有未共用的孤电子对，且能与缺电子的原子或分子以配位键相结合，也属于 Lewis 碱，如 H_2O、ROR' 和 RNH_2 等。对于 MX_n（X 为卤原子或无机酸根）式的 Lewis 酸的酸性，有下面的近似顺序：

$$BX_3 > AlX_3 > FeX_3 > CaX_2 > SbX_5 > InX_3 > AsX_3 > ZnX_2 > HgX_2$$

例如，在苯的 Friedel-Crafts 酰基化反应中，酰卤在 AlX_3 的作用下形成酰基正离子，向苯环亲电进攻，形成带正电荷的 σ-络合物，正电荷在苯环的五个碳原子上得到分散，最后失去质子，得到苯基酮。若没有 Lewis 酸的催化，酰卤的碳原子的亲电能力较弱，难以与苯环反应形成中间络合物，酰基化反应不能进行。

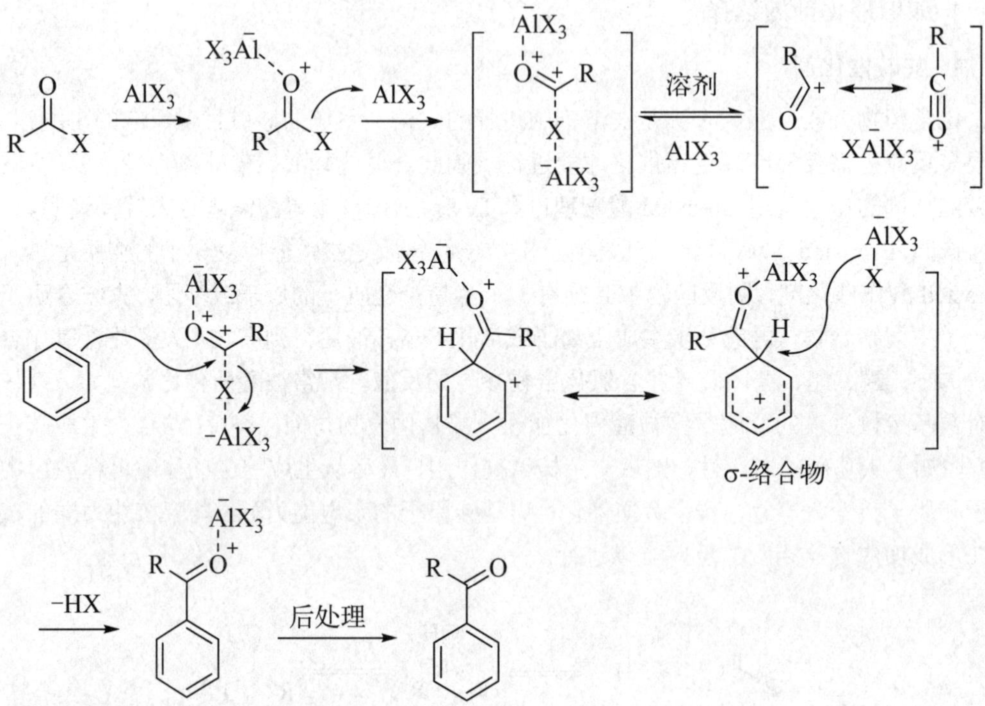

酸碱催化反应的速率常数与酸（碱）浓度有关。

$$k = k_a[H^+] \text{ 或 } k = k_{HA}[HA]$$
$$k = k_{OH}[HO^-] \text{ 或 } k = k_B[B]$$

式中，k_a 或 k_{HA} 为酸催化剂的催化常数；k_{OH} 或 k_B 为碱催化剂的催化常数。

催化常数用来表示催化剂的催化能力，催化常数的大小取决于酸（碱）的电离常数，电离常数表示酸或碱给予或接受质子的能力。酸（碱）越强，催化常数越大，催化作用也越强。

（1）常用的酸性催化剂

① 无机酸　如盐酸、氢溴酸、氢碘酸、硫酸和磷酸等。浓硫酸在使用时常伴有脱水和氧化的副反应，选用时需谨慎处理。

② 强酸弱碱盐　如氯化铵、硫酸铵、吡啶盐酸盐等。

③ 有机酸　如乙酸、三氟乙酸、三氟甲磺酸、对甲苯磺酸、草酸和水杨酸等。其中对甲苯磺酸的催化性能温和、副反应较少，工业生产上普遍使用。

④ 卤化物　如三氯化铁、三氯化铝、二氯化锌、四氯化锡、三氟化硼和四氯化钛等，这类催化剂通常需要在无水条件下进行反应。

（2）常用的碱性催化剂

① 金属氢氧化物　如氢氧化钠、氢氧化钾和氢氧化钙等。

② 金属氧化物　如氧化镁、氧化铝、氧化钙、氧化锌等。

③ 强碱弱酸盐　如碳酸钠、碳酸钾、碳酸氢钠、碳酸铯和乙酸钠等。

④ 有机碱　如吡啶、哌啶、4-二甲氨基吡啶、三乙胺和 N,N-二甲基苯胺等。

⑤ 醇钠（钾）和氨基钠　常用的醇钠（钾）有甲醇钠、乙醇钠和叔丁醇钠（钾）等，其中叔丁醇钠（钾）的催化能力最强。氨基钠的碱性和催化能力均比醇钠强。

⑥ 有机金属化合物　常用的有机金属化合物包括氢化钠、甲基锂、丁基锂、三苯甲基钠、苯基钠、苯基锂等，它们的碱性强，且与含活泼氢的化合物作用时反应往往是不可逆的。

2. 酸碱催化剂的选择原则

前面介绍的各类酸碱催化剂，工业生产上均可以合理地选择使用，选择时一般遵循下述的基本原则。

（1）一般首先选用强酸强碱以保证反应可以顺利进行。例如 Claisen 酯缩合反应，通常用醇钠作为催化剂，而当羧酸酯的 α-H 酸性更弱时，则需要使用更强的碱，如氨基钠、二异丙基胺锂（LDA）和三苯基甲基钠等。

（2）选用酸碱催化剂时要考虑其在反应溶剂中的溶解性，因为溶解性决定了反应体系中酸碱的浓度和 pH 值。如 NaOH 和 K_2CO_3 等无机碱在有机溶剂中的溶解度很小，可以考虑用有机胺碱或者醇钠替代。

（3）在选择酸碱催化剂时要考虑催化剂自身的性质，以避免反应中出现不必要的副产物和安全问题。如使用硫酸时会伴有脱水和氧化的过程，许多金属卤化物和锂试剂需要无水的反应条件，有些试剂如 NaH、$LiAlH_4$、MeLi 和 BuLi 易燃易爆等。

（4）在保证同样反应效率的条件下，优先考虑酸碱性较弱的催化剂，且尽量减少催化剂的使用量，以减少环境污染以及设备腐蚀等问题。

（5）统筹考虑反应效率和生产成本的问题。

（二）过渡金属络合物催化剂的选择

近年来过渡金属催化剂发展迅速，应用越来越广泛，已有多种类型的过渡金属催化剂。

过渡金属络合物催化剂在碳-碳键形成、氧化、还原、交叉偶联等反应中都表现出了优异的催化性能，因此它们在化学制药工业化生产中有着广泛的应用。过渡金属络合物催化剂通常由中心金属原子和配体构成，常用的过渡金属是ⅧB族元素Fe、Ru、Os、Co、Rh、Ir、Ni、Pd和Pt以及ⅠB、ⅡB族元素Cu、Ag、Au和Zn等。这些过渡金属的价电子层中有9个轨道，它们可以直接或经杂化后接受来自其他原子或基团的电子，形成离子键或配位键。

与过渡金属配位结合的离子和分子称为配体，配体的种类很多，根据配体的电性，可将其分为离子型配体和中性配体。离子型配体如H^-、X^-、HO^-、CN^-、R^-、MeO^-和Ar^-等；中性配体如CO、H_2O、CH_3CN、烯烃、炔烃、PR_3、HPR_2、$P(OR)_3$、R_3N和吡啶等。在过渡金属络合物催化剂中配体发挥的作用包括：稳定中心金属原子；调节催化体系的催化活性或选择性；增大催化剂在反应溶剂中的溶解度；在不对称催化反应中提供手性环境。

过渡金属络合物催化剂的选择需要考虑的因素包括反应效率、催化剂的制备成本、可回收利用性、毒性、反应后的金属残留以及后处理等。通过对金属络合物催化剂中金属和配体的选择可以提高反应的产率或选择性等。

1. 过渡金属的选择

过渡金属络合物催化剂的配体相同而金属中心不同时，催化剂的活性不同，有时甚至可能得到不同的产物。例如，在α-酮酸酯的不对称Henry反应中，采用含二苯胺骨架的双噁唑啉配体**14**的络合物催化剂进行催化反应时，采用$Cu(OTf)_2$-**14**/Et_3N催化体系主要得到S构型的产物**15**（61%产率，对映体过量56%），而采用二乙基锌-**14**催化剂体系主要得到R构型的产物**16**（97%产率，对映体过量84%），即用同一个手性配体与不同Lewis酸中心[由Cu(Ⅱ)到Zn(Ⅱ)]形成的络合物，可以实现不对称Henry反应的高对映选择性反转。原因在于含二苯胺骨架的双噁唑啉配体**14**与二乙基锌形成了一个双锌络合物催化剂，α-酮酸酯和硝基甲烷负离子分别被两个锌原子活化和导向，而配体**14**与$Cu(OTf)_2$形成的是单金属铜络合物。另外，配体中的—NH—基团在两个体系也发挥不同的作用。

2. 配体的选择

过渡金属络合物催化剂的配体不同，催化剂的活性不同。很多催化反应具有高度特异性，一般都是在大量的配体筛选工作基础选择出高效的催化合成工艺。例如，在雄激素受体拮抗剂的中间体化合物 **19** 的合成中，氯代喹啉化合物 **17** 与化合物 **18** 的 C—O 偶联反应，以乙酸钯为催化剂，对七种膦配体进行了高通量筛选研究，发现最佳的偶联配体是 rac-BINAP，产率为 92%，CyPF-*t*-Bu 次之，产率为 50%，其他的膦配体催化效果较差。

金属中心相同而仅改变配体，同样也可以改变反应的选择性，可以得到不同的产物。例如，在钯催化的不对称烯丙基的不对称烷基化反应中，使用手性骨架中含有(*R*)-BINOL 的手性双膦配体 **20**，当与 P 原子结合的取代基是苯基时，可以 95%的产率和对映体过量 80%得到 *R* 构型产物，当取代基为环己基，可以大于 99%产率和对映体过量 87%获得 *S* 构型的产物。

(三) 催化氢化催化剂的选择

催化氢化反应（catalytic hydrogenation）包括催化加氢和催化氢解反应，副产物少，具有很好的原子经济性。催化氢化反应在化学制药工艺中应用也比较广泛，催化氢化催化剂的选择也是一个重要问题，因为催化剂的种类和制备方法不同，催化剂的活性不同，反应产物的结构或选择性则不同。

（1）镍催化剂　根据其制备方法和活性不同，可分为多种类型，主要有 Raney-Ni 和硼化镍（Ni_2B）。Raney-Ni 在中性和弱碱性条件下，用于烯键、炔键、硝基、氰基、羰基、芳杂环和芳稠环的氢化以及 C—X、C—S 键的氢解。硼化镍的优点是：活性高，不自燃，选择性好，还原烯类化合物不导致双键的异构化。

（2）贵金属钯和铂催化剂　钯催化剂常用的有钯黑、钯碳（Pd/C）和 Lindlar 催化剂，铂催化剂常用的有铂黑、铂碳（Pt/C）和 PbO_2 三类。这类催化剂的特点是催化剂用量少、催化活性高，适用于大部分加氢反应。一般催化剂活性大，则选择性差。

（3）金属氧化物催化剂　三氧化铬、氧化锌、氧化铜、氧化镍和氧化钼等可单独或混合使用。如氧化铜-亚铬酸铜、氧化铝-氧化锌-氧化铬催化剂等是价廉的，其对羰基的催化特别有效，对酯基、酰胺、酰亚胺等也有较强的催化能力，对双键和三键则活性比较低。

（4）均相催化剂　主要是铑、钌和铱的各种配位络合物，这些过渡金属络合物能溶于有机溶剂。常用的均相催化剂有氯化三(三苯基膦)合铑[$Rh(Ph_3P)_3Cl$]、氯氢化三(三苯基膦)合钌[$Ru(Ph_3P)_3ClH$]、氢化三(三苯基膦)合铱[$Ir(Ph_3P)_3H$]等。均相催化剂的优点是催化活性较高，选择性好，条件温和，可在常温、常压下进行催化氢化反应而不引起双键的异构化。缺点是催化剂与产物难以分离。

(四) 相转移催化剂的选择

相转移催化剂（phase transfer catalyst，PTC）是使一种反应物从一相转移到能够发生反应的另一相中，从而加快两相系统反应速率的一类催化剂。对于在有机相和水相之间进行的各类反应，使用各种不同的相转移催化剂可以大大增大反应速率。相转移催化反应不仅能够增大反应速率，并且具有反应方法简单、后处理方便、使用的试剂价格廉价等优点。

1. 相转移催化剂的分类

常用的相转移催化剂根据结构可分为鎓盐类、冠醚类及非环多醚类等三类。

（1）鎓盐类　鎓盐类相转移催化剂由中心原子、中心原子上的取代基和负离子三部分组成，中心原子一般为 N、P、As 和 S 等原子，它们的催化活性顺序为 $RP^+>>RN^+>RAs^+>RS^+$。鎓盐类相转移催化剂在有机溶剂中可以各种比例混合，制备工艺简单，价格便宜，是最常用的相转移催化剂。

（2）冠醚类　冠醚的结构特点是分子中具有$(X—CH_2CH_2—)_n$重复单元，其中的 X 为氧、氮或其他杂原子，形状似皇冠。冠醚根据环碳原子数和所含氧原子数目不同命名，如

18-冠醚-6（18 是环碳原子个数，6 是氧原子个数）、二苯基-18-冠-6 和二环己基-18-冠-6 等。冠醚根据其环的大小通过与金属正离子形成络合物，从而将无机盐带入有机相。冠醚类相转移催化剂适用于固-液相转移催化，可用于氧化、还原、取代等的相转移催化反应。但由于冠醚在有机溶剂中的溶解度较小、价格比较贵且有毒性，所以在工业生产中应用较少。

21　　　　　22　　　　　23

（3）非环多醚类　又称为非环聚氧乙烯衍生物类或开链聚醚类相转移催化剂，是一类非离子型表面活性剂。主要类型有聚乙二醇、聚乙二醇脂肪醚和聚乙二醇烷基苯醚等。非环多醚可以折叠成不同大小的螺旋型结构，可以与不同直径的金属离子络合。非环多醚具有价格低、稳定性好、合成比较方便、无毒、蒸气压低等特点，具有实际应用价值。如聚乙二醇本身既可以作溶剂，又可以利用醚键与阳离子结合，提高无机盐或者有机反应物的溶解性，因此可以促进多种反应的进行，如亲核取代、氧化、还原等反应。

相转移催化剂的用量一般在 0.01%～10%之间，用量过大会产生副产物，同时导致后处理困难。相转移催化剂通常在室温下比较稳定，在高温条件下可能会发生分解反应，所以使用时应注意避免温度过高。相转移催化反应中整个反应体系是非均相的，所以搅拌方式和搅拌速度是影响反应物料混合的重要因素。

2. 相转移催化剂的应用

相转移催化剂在化学制药中得到广泛应用，例如，咳必清中间体α-环戊基苯乙腈（**24**）的合成，原生产工艺是苯乙腈与 1,4-二溴丁烷以固体氢氧化钠为催化剂在无水条件下进行，在反应过程中 NaOH 的黏性导致极易发生冲料、固罐事故。改为相转移催化剂 TEBA 催化反应后，不需无水操作，环合物可省去减压分馏，反应平稳，消除了冲料、固罐等事故，环合水解产率由 66%提高到 90%，反应物料以氯代溴成本大大下降。

除虫菊酯是一种高效低毒、广谱性的杀虫剂。在除虫菊酯中间体合成的第一步腈化和第二步烷基化反应中，均采用相转移催化反应，2-(4-氯苯基)乙腈（**26**）和 2-(4-氯苯基)-3-甲基丁腈（**27**）的产率均可高达 90%以上。

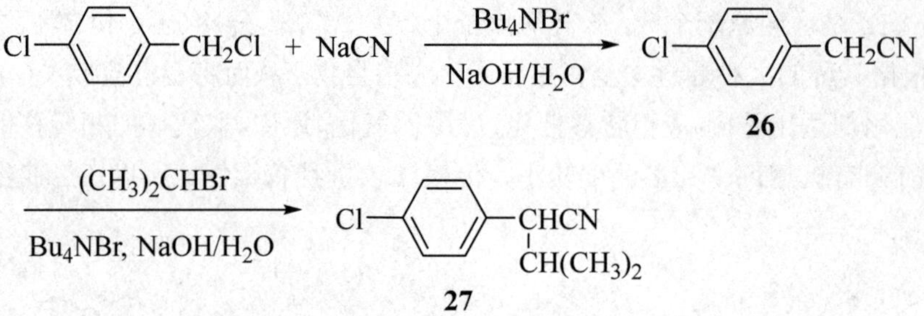

手性的相转移催化剂除了可以加速反应外,还具有良好的手性诱导作用,在手性制药工艺中具有重要应用。例如,在手性季铵盐 **28** 的催化作用下,3-[4-溴-2-(氯甲基)苄基]-1-叔丁基-1*H*-吡咯并[2,3-*b*]吡啶-2(3*H*)-酮(**29**)发生分子内不对称烷基化反应,一步反应得到螺环产物(*S*)-3-溴-1'-叔丁基-5,7-二氢螺(环戊烷并[*b*]吡啶-6,3'-吡咯并[2,3-*b*]吡啶)-2'(1'*H*)-酮(**30**),化合物 **30** 是治疗偏头痛的降钙素基因相关肽(CGRP)拮抗剂候选药物 **MK-8825** 的重要中间体。相转移催化反应在 0.3mol/L NaOH 水溶液和甲苯两相体系中进行,在-2~1℃下反应 3h,催化剂用量仅需 1%(摩尔分数),反应产率为 99%,对映选择性为 94% ee。该反应条件温和高效,操作比较简单。若在常规条件下,需要化学计量的手性助剂,且经多步反应才能得到中间体产物 **30**。

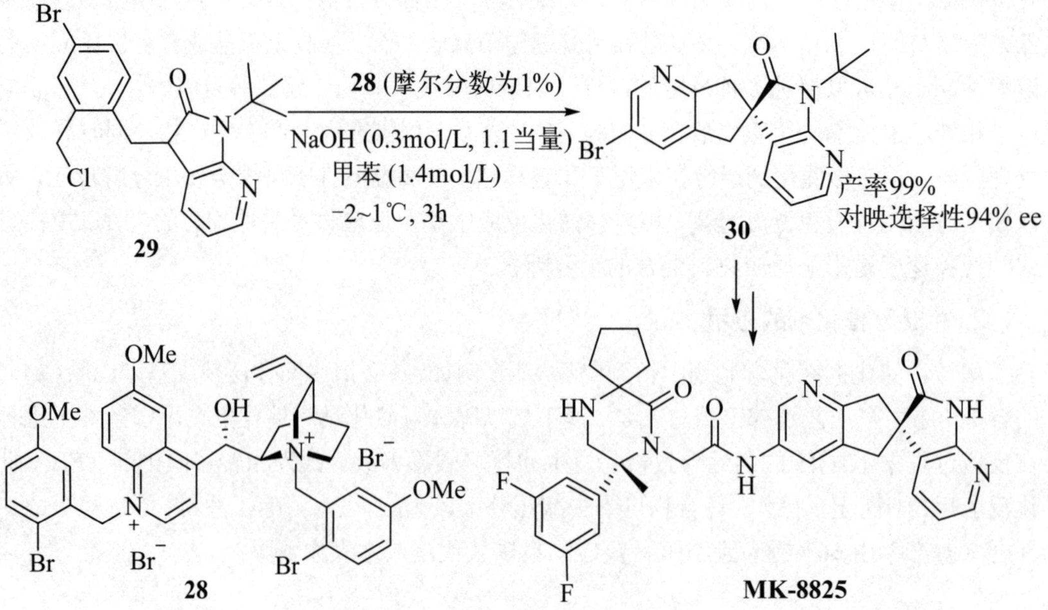

第三节 反应条件的优化

在前一节,介绍了反应试剂、反应溶剂和催化剂的性质及选择方法,本节主要讨论配料比与反应物浓度、加料顺序与方法、反应温度、反应压力、酸碱度、搅拌与搅拌方式以及反应时间与终点监控等反应条件的优化方法。通过深入了解各种反应条件对反应物、反应试剂性质以及反应进程的影响,才能综合考虑并获得经济、高效、安全的合成工艺条件。

一、配料比与反应物浓度

化学制药中的合成反应很少是按理论值定量完成的,也很少是按照理论配料比进行反应的,因为有些反应是可逆反应,有些反应可能伴随着平行或串联的副反应,有些反应物不稳定,还有的反应以反应物作为溶剂,等,因此需要调整反应物料之间的配料比。反应物的配料比是指起始反应物料之间的物质的量之比,通常用摩尔比表示。在化学制药工艺中选择合适的反应物配料比是提高反应速率和选择性、提高产物产率、减少副产物和控制成本的有效方法。选择配料比和反应物浓度时,要综合考虑化学反应的类型、反应物料与产物及副产物的关系、反应物料成本、后处理方法以及安全环保等因素。

选择配料比与反应物浓度遵循的一般原则:

(1) 在保证良好的搅拌效果和合理的时间内完成反应的基础上,实现加入反应体系的反应物、辅助试剂和溶剂用量最小化。最大限度地减少加料总量,可以降低加料、后处理等过程所需要的时间和经济成本,提高生产效率。为了达到适当的反应速率,一般可以加入 1.02~1.2 倍用量的反应试剂。如果某个试剂价格便宜且增加的废料容易处理,可增加其配料比。

(2) 对于可逆的反应,可以通过增加某一个反应物的浓度,即通过增加反应物配料比的方式使平衡向正反应方向移动,以增大反应速率和提高产物的产率。

(3) 若反应体系中存在某种反应物不稳定,则可增加其用量,以保证有足够量的反应物参与主反应。例如,催眠药苯巴比妥(**31**)的生产工艺中,最后一步反应是 2-苯基-2-乙基丙二酸二乙酯与尿素的缩合反应,反应在碱性条件下进行。由于尿素在碱性条件下加热易于分解,所以需加入过量的尿素以保证反应的进行。

(4) 当参与主、副反应的反应物不相同时,可通过增加或控制某一反应物的浓度和用量抑制副反应的发生,以增加主反应的竞争力,提高主产物产率。例如氟哌啶醇(haloperidol,**32**)的中间体 4-(4-氯苯基)-1,2,3,6-四氢吡啶(**33**),可由对氯-α-甲基苯乙烯与甲醛、氯化铵作用生成噁嗪中间体,再经酸性重排制得。这里副反应之一是对氯-α-甲基苯乙烯单独与甲醛反应,生成 4-(4-氯苯基)-4-甲基-1,3-二氧六环(**34**),该副反应可看作正反应的一个平行反应。为了抑制此副反应,可适当增加氯化铵用量,生产上氯化铵的用量是理论量的两倍。

脑梗死治疗药物依达拉奉（**35**）可由中间体 3-(2-苯基肼基)丁酸乙酯（**36**）经分子内成环制得，若将苯肼浓度增加较多，会引起两分子苯肼与乙酰乙酸乙酯发生缩合反应得到副产物 3,3-双(2-苯肼基)丁酸乙酯（**37**）。为了提高主反应产物 **35** 的产率，反应过程中要严格控制苯肼的浓度和用量。苯肼的反应浓度应控制在较低水平，一方面保证主反应的正常进行，另一方面避免副反应的发生。

（5）为了防止连续反应和副反应的发生，有些反应的配料比小于理论配比，使反应进行到一定程度后停止。如在三氯化铝的催化下，将乙烯通入苯中制备乙苯。由于乙基的给电子作用，苯环活化而极易引进第二个乙基。如不控制乙烯的通入量，就会生成二乙苯和多乙基苯。在工业生产上控制乙烯与苯的配料比（摩尔比）为 0.4：1.0 左右，按这个配料比乙苯的产率较高，过量的苯可以回收、循环套用。

（6）综合考虑反应机理和反应物的特性以确定合适的配料比。例如，Friedel-Crafts 酰化反应，在无水三氯化铝作用下，与酰氯先形成羰基碳正离子，然后生成 σ-络合物，再水解生成相应的产物。反应中催化剂无水三氯化铝的用量要略大于 1∶1 的摩尔比，有时甚至为 1∶2，这是因为 $AlCl_3$ 不仅与酰氯的羰基形成配价络合，促进酰氯离解成羰基碳正离子，与芳环发生取代反应，而且它还可以与生成的产物酮羰基发生配价络合。而 Friedel-Crafts 烷基化反应使用催化量的 $AlCl_3$ 即可，因其原料及产物中无羰基配价络合。

二、加料顺序与方法

（一）加料顺序

加料顺序指反应底物、反应试剂、催化剂和反应溶剂的加入顺序。加料顺序不同会对反应浓度、反应自身特征、溶剂、热效应、反应是否平稳等方面造成影响，进而导致对反应的产率、选择性和安全性产生不同程度的影响。因此确定合理的加料顺序也是化学药物合成工艺优化的一个重要环节。

确定加料顺序时一般要从反应底物和反应试剂的反应活性、溶解性、反应的热效应、加料的便捷性、反应物或反应试剂的毒害性等方面综合考虑。若溶剂易燃易挥发，可以最后加入以减少溶剂蒸发损失，也比较安全，但有时可能会造成搅拌困难；也可先加入溶剂，再加入其他反应物料，但要注意有些情况下可能会造成溶剂飞溅。对于放热反应，往往最后加入反应底物。对于有毒有害的试剂，一般选择先加入反应体系。

1. 加料顺序不同，反应的热效应不同

热效应较大的反应，一般也是容易发生副反应的反应。反应热较大时，反应温度则比较难以控制，温度升高会促进副反应发生，从而影响主产物的产率。例如，维生素 C（**39**）生产中的缩酮化反应，加料顺序是：在反应釜内先加入丙酮，冷却至 5 ℃，再缓慢加入发烟硫酸，最后加入山梨醇（**38**）。加料次序不能颠倒，否则糖容易碳化。

2. 加料顺序不同，可导致主要产物不同

某些化学反应要求物料按一定的先后次序加入，否则会导致副反应发生，得到不同的产物。例如，氯霉素生产工艺中，N-[2-(4-硝基苯基)-2-氧代乙基]乙酰胺（**41**）的制备是由 2-氨基-1-(4-硝基苯基)乙酮盐酸盐（**40**）在乙酸钠存在下与乙酸酐发生酰化反应完成的。加料顺序是先加 2-氨基-1-(4-硝基苯基)乙酮盐酸盐（**40**）和乙酸酐，然后滴加乙酸钠溶液，顺序不能颠倒,在整个反应过程中必须始终保证有过量的乙酸酐存在。如果顺序颠倒,2-氨基-1-(4-硝基苯基)乙酮盐酸盐(**40**)在乙酸钠作用下得到游离的 2-氨基-1-(4-硝基苯基)乙酮(**42**),化合物 **42** 容易发生双分子缩合,再被空气氧化生成紫红色的2,5-双(4-硝基苯基)吡嗪(**44**),从而影响主产物的产率和质量。

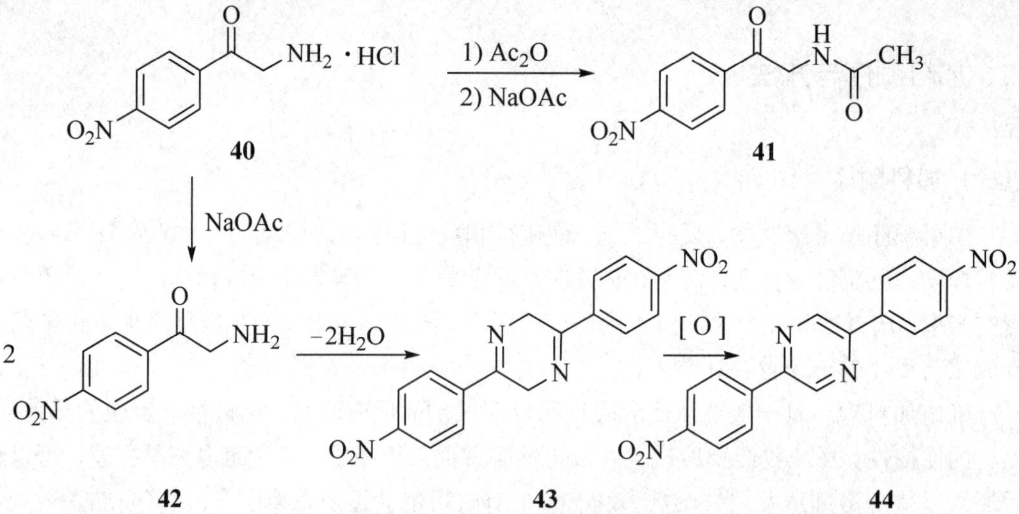

5-甲基异噁唑-4-甲酰肼(**46**)的合成中,将 5-甲基异噁唑-4-甲酰氯(**45**)滴加入水合肼中主要得到 5-甲基异噁唑-4-甲酰肼(**46**),大量水合肼的存在,有利于酰氯与水合肼分子中的单个氮原子反应而形成目标产物。相反,如将水合肼滴加入酰氯 **45** 中则主要得到 5-甲基-N'-(5-甲基异噁唑-4-羰基)异噁唑-4-甲酰肼(**47**)。

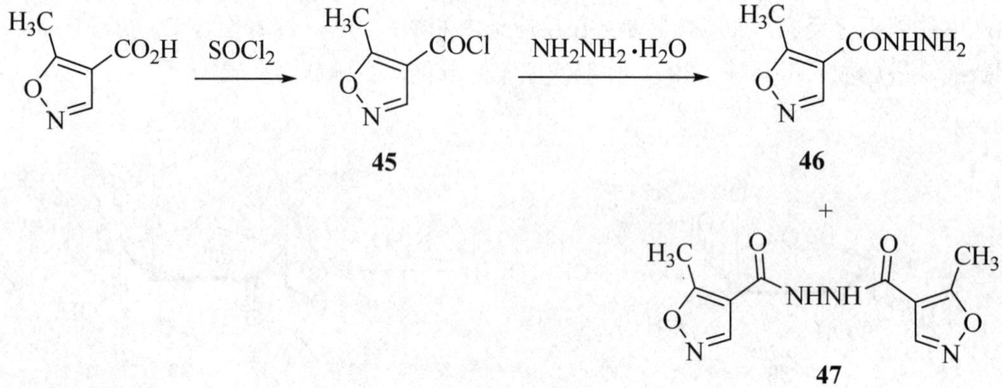

3. 加料顺序不同,可引起反应产率的变化

在制备蛋白酶抑制剂沙奎那韦中间体(*S*)-4-氨基-4-氧代-2-(喹啉-2-甲酰胺)丁酸(**48**)时,如果将特戊酰氯加入喹啉-2-羧酸的乙酸乙酯溶液中,随后加入三乙胺,得到混合酸酐(**49**),混合酸酐 **49** 与 L-天冬酰胺(**50**)反应生成化合物 **48**,产率为 90%;而先将喹啉-2-羧酸与三乙胺溶解,然后再加入特戊酰氯,不仅可以生成混合酸酐(**49**),而且也会生成

喹啉-2-羧酸自身缩合的酸酐（**51**），虽然酸酐 **49** 和 **51** 都能与 L-天冬酰胺（**50**）反应，但这种加料顺序导致产物 **48** 的产率显著降低。

（二）加料方法

对于固体物料，直接加入，或将固体物料配成溶液形成液体物料加料；对于液体物料，直接加入或采用控速逐步滴加的方式。在化学制药工业生产中，加入液体物料比加入固体物料更方便、更安全。可以将固体反应物或反应试剂配成溶液，形成液体物料，使用机械泵泵入或利用加压压入反应釜中，或通过减压抽吸入反应釜中。

有些物料在加料时可一次加入，有些则要分批慢慢加入。对投料方法进行优化，通过延长反应底物或反应试剂的滴加时间，增大反应底物与反应试剂的有效摩尔比，有利于提高反应的选择性，这对于催化反应尤其是不对称催化反应获得高选择性是很有必要的。

三、反应温度

反应温度对化学反应速率有很大影响，反应温度的选择和控制是化学制药工艺的重要研究内容。一般情况下，提高反应温度可以增大反应速率、缩短反应时间、提高药物生产效率，但提高反应温度也会降低反应的选择性。

大多数化学反应，其反应速率随温度升高而增大，实验表明，对于均相热化学反应，反应温度每升高 10 ℃，其反应速率变为原来的 2～4 倍，这个规律称为范特霍夫规则。但在实际过程中，温度对化学反应速率的影响是复杂的，随反应机制不同而有很大差异。有的反应随温度升高，反应速率反而是减小的。理想的反应温度是在可接受的反应时间内可以获得高产率、高质量的产物的温度。

理论上,室温是最佳的反应温度。室温或接近室温下的反应有以下优点:大量的化学试剂和设备不需要加热或冷却,易于扩大反应规模;避免超高温或超低温操作所导致的能源损耗;避免高温反应可能产生的副产物,包括一些难以除去的杂质。反应温度在-20~150℃之间的反应在化学制药生产中很容易实现,超出此反应温度范围则需要专门的低温或高温设备,增加生产成本。

1. 升高反应温度,可以增大反应速率,缩短反应时间

例如,磺胺甲氧嗪生产工艺中,中间体磺胺甲氧嗪钠(**52**)由 4-氨基-*N*-(6-氯哒嗪-3-基)苯磺酰胺(**53**)经甲氧基化制备而成。对于这步反应,当反应温度为 80℃时,反应需要进行 40h;而当反应温度为 110~125℃时,反应仅需要 8h 即可完成。可见升高反应温度可以有效缩短反应时间。

2. 反应温度影响反应的选择性和产率,可能得到不同的产物

例如,乙酸间甲基苯酚酯(**54**)和 Friedel-Crafts 反应的催化剂 $AlCl_3$ 一起加热,发生 Fries 重排主要得到邻位和对位产物。邻、对位产物之间的比例与反应温度、溶剂及催化剂用量有关,低温有利于形成对位产物 1-(4-羟基-2-甲基苯基)乙酮(**55**),高温有利于形成邻位产物 1-(2-羟基-4-甲基苯基)乙酮(**56**),这是因为对位产物的生成速率较大(动力学控制),而邻位产物能形成分子内氢键,比对位稳定(热力学控制)。

萘的磺化反应,在低温反应时,逆反应不显著,以磺化反应为主。磺酸基进攻 α-位形成的活性中间体正离子比进攻 β-位形成的中间体稳定,因为前者能生成两个完整的带苯环结构的碳正离子共振式,后者只有一个带苯环结构的碳正离子共振式,因此反应在 α-位进行反应速率快,产物主要是 α-取代物 **57**。但反应是可逆的,在高温反应时为热力学控制的过程,α-取代物中磺酸基和 5 位上的 H 之间有一定位阻张力,所以不如 β-取代物 **58** 稳定。这样,在 165℃反应时,β-取代物 **58** 的比例达到 85%,在 80℃反应时,α-取代物 **57** 的比例达到 93%。

[反应式:萘在 H_2SO_4、80℃下生成 1-萘磺酸(57),产率93%;萘在 H_2SO_4、165℃下生成 2-萘磺酸(58),产率85%]

四、反应压力

化学制药合成反应大多数是在常压下进行的。从生产工艺的便捷性出发,应尽可能在常压下进行化学反应,但有些反应要在加压下才能进行或提高产率。压力对于液相或液-固相反应一般影响不大,而对气相、气-固相或气-液相反应的平衡、反应速率以及产率影响比较显著。对于反应物或反应溶剂具有挥发性或沸点较低的反应,提高温度,有利于反应进行,但反应物或反应溶剂可能成为气相而受到压力的影响。

对于反应物是气体,在反应过程中体积缩小的反应,加压有利于反应的完成,一般在密封的反应釜中进行反应。对于反应物之一为气体,该气体在反应时必须溶于溶剂中或吸附于催化剂上的反应,加压能够增加气体在溶剂或催化剂表面上的浓度而促进反应的进行。对于气体或挥发性试剂参与的反应,保持适当压力,使有毒或刺激性的成分不能溢出,保护操作人员和环境。化学制药工艺中常用的气体或挥发性试剂包括 H_2、Cl_2、Br_2、NH_3、HCl、HBr、低分子量胺和硫醇等。例如,催化氢化反应在制药工业生产上是常用的反应,催化氢化反应中加压能增加氢气在反应溶液中的溶解度和催化剂表面上氢的浓度,从而促进反应的进行。通常需要用专门的加压设备提供一定的压力,使 H_2 安全有效地进入反应体系并维持足够高的浓度参与反应。

反应在液相进行,如所需反应温度超过反应物或溶剂的沸点,加压可以升高反应温度,从而可以增大反应速率,缩短反应时间。例如,在抗菌药磺胺嘧啶(**59**)的制备工艺中,Vilsmeier 试剂(**60**)与磺胺脒(**61**)的缩合反应是在甲醇溶剂中进行的,如果在常压下进行反应,需要 12h 才能完成;而在 294MPa 的高压条件下进行,2h 即可反应完全,产率也得到提高。

[反应式:乙烯基乙醚与 $POCl_3$/DMF 反应生成 Vilsmeier 试剂 60;化合物 61 (磺胺脒)在 MeONa、MeOH 条件下与 60 反应生成磺胺嘧啶 59]

在广谱抗生素磺胺甲噁唑(**62**)的合成中,中间体 3-氨基-5-甲基异噁唑(**63**)由 5-甲基异噁唑-3-甲酰胺（**64**）经 Hoffmann 降解反应制备。这一步反应如在常压下进行产率小于 70%，而加压到 7~8kgf/cm² （0.69~0.78MPa）时，产率可达到 90%。

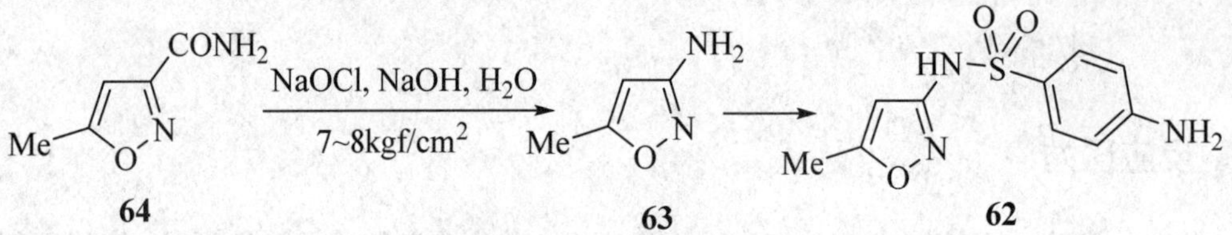

五、酸碱度（pH 值）

化学制药生产中的某些反应，必须按照工艺要求严格控制酸碱度（pH 值）。高于或低于规定的 pH 值，都可能使反应停止或产生较多的副产物或导致主产物分解破坏，因此，化学制药工艺中 pH 值也是一个重要的影响因素。

例如，在水解、酯化等反应中，反应的速率受 pH 值的影响较大。在抗菌药物氯霉素的生产工艺中，由中间体 N-[2-(4-硝基苯基)-2-氧代乙基]乙酰胺（**41**）的羟甲基化反应制备 N-[3-羟基-1-(4-硝基苯基)-1-氧代丙烷-2-基]乙酰胺（**65**），pH 值控制是工艺的关键。这步反应必须保持在弱碱性条件下进行，严格控制在 pH=7.5~8.0 的条件下进行反应。如 pH 值过低，反应介质呈酸性，甲醛与化合物 **41** 不发生反应；如果 pH 值过高，碱性太强，则会发生双缩合的副反应得到双羟甲基化产物（**66**）。

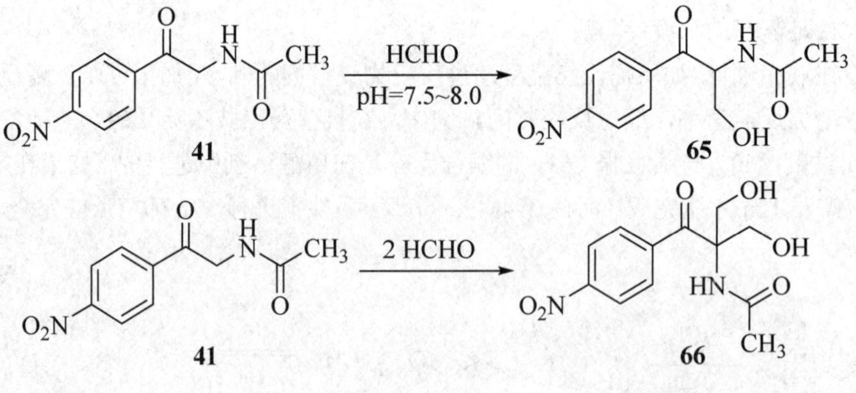

六、搅拌与搅拌方式

搅拌可使反应混合物更加均匀，保持反应体系温度均匀，从而有利于反应的进行。通过搅拌加速了传热和传质，而良好的传热和传质是保证化学反应平稳进行的必要条件。良好的搅拌不仅可以增大反应速率和缩短反应时间，还可以避免或减少因局部浓度过高或局部温度过高引起的副反应。磁力搅拌使用方便，但对于黏性较大的液体或者含固体较多的反应体系搅拌效果较差，此时应该选用机械搅拌。

对于均相反应，搅拌与搅拌方式通常对反应的进行影响不大，随着反应进行，适当的搅拌便可以使反应组分达到良好的混合，只需在关键反应试剂加料时注意考虑搅拌方式和搅拌速率。可选用的搅拌器的类型有螺旋桨式、涡轮式和桨式等。

对于黏稠的反应体系或者对于互不混合的液-液相反应、液-固相反应、固-固相反应以及固-液-气三相反应体系，搅拌尤为重要，是影响传质的重要因素，搅拌的效率直接影响反应速率。可根据反应体系的性质，选择涡轮式、锚式、耙齿式或螺带式搅拌器。例如局部麻醉药盐酸普鲁卡因中间体硝基卡因的硝基还原反应中，用铁粉作还原剂，若无良好的搅拌装置，铁粉将沉淀在反应器的底部，反应无法顺利进行。工业生产中可选用硅铁或铸铁制造的耙齿式、快浆式搅拌器等高效搅拌设备。其他类似的如 Raney-Ni、钯碳、铂碳等催化剂的催化氢化反应都需要良好的搅拌设备。此外，在结晶、浆式物料转移以及萃取分离等后处理操作中搅拌也很重要。

七、反应时间与终点监控

对于许多化学反应，反应完成后必须及时停止反应，并将产物立即从反应系统中分离出来，否则反应继续进行可能使反应产物分解破坏、副产物增多或发生其他复杂变化，从而使产率降低，产品质量下降。每一个反应都有一个最适宜的反应时间，反应时间太长或者太短都会影响反应的选择性。在考察确定反应时间时，要统筹考虑反应的高效率和后续放大生产时反应设备的占用时间。

确定适宜的反应时间需要进行合理的反应终点控制。一般主要控制主反应的完成，测定反应体系中是否还有未反应的反应原料（或反应试剂）存在，或者残存物是否达到规定的限量。在制药工艺研究中，常使用薄层色谱（TLC）、气相色谱（GC）和高效液相色谱（HPLC）等方法来监测反应，也可以采用简单快速的化学或物理方法，如测定反应体系的显色、沉淀、酸碱度、折射率和相对密度等进行反应终点监控。有些反应也可根据化学反应现象或者反应产物的物理性质（如溶解度、结晶形态和色泽等）来判定反应终点，以达到控制反应终点的目的。

例如，在由水杨酸制备阿司匹林的乙酰化反应中，是利用快速的化学测定法来确定反应终点的。当测定反应系统中原料水杨酸的含量达到 0.02%以下，方可停止反应，这即是反应终点。对于重氮化反应，可利用淀粉-碘化钾试液（或试纸）来检查反应液中是否有过剩的亚硝酸存在以控制反应终点。在氯霉素合成中，成盐反应根据对硝基-α-溴代苯乙酮与成盐物在不同溶剂中的溶解度来判定反应终点。催化氢化反应，一般以吸氢量控制反应终点，当氢气吸收到理论量时，氢气压力不再下降或下降速度很慢时，表示反应已到达终点。通入氯气的氯化反应，常常以反应液的相对密度变化来控制其反应终点。

第四节　后处理与产物纯化方法

化学合成反应完成后，目标主产物可能以离子对、烯醇盐或络合物等活性或缔合状态存在，并且与剩余的反应底物和反应试剂、反应生成的副产物、催化剂以及溶剂等多种物质混合在一起。从终止反应到从反应体系中分离得到粗产物的工艺过程称为反应后处理；对粗产物进行提纯，得到质量合格产物的过程称为产物纯化。反应后处理与产物纯化的工艺设计，需要根据反应机理对中间体的活性、产物和副产物的理化性质及稳定性进行科学合理的分析来确定。后处理与纯化过程应具备以下特点：在保证产品纯度的前提下，实现产物的产率最大化；尽可能实现反应原料、催化剂、中间体及溶剂的回收利用；操作步骤简捷，所用设备和人力消耗少；"三废"少，处理容易。

一、反应后处理方法

反应后处理是反应完成后，从终止反应到从反应体系中分离得到粗产物所进行的操作过程。后处理操作包括终止反应、除去反应杂质以及安全处理反应废液等基本过程。常用的反应后处理方法有淬灭、萃取、除去金属和金属离子、活性炭处理、过滤、溶剂浓缩和溶剂替换等。

（一）淬灭

通过反应终点监控确认反应完成后，一般需要对反应体系进行淬灭（quench）处理。淬灭是指向反应体系中加入某些物质，或者将反应液转移到另外体系中使反应终止的过程。淬灭的目的是防止或减少副反应的发生，除去反应杂质，为后续产物纯化操作提供安全保障。

淬灭操作的注意事项：

（1）应充分考虑产物的稳定性以及后处理的难易程度，选择合适的淬灭试剂。例如 $LiAlH_4$ 还原剂的淬灭，反应结束一般先加乙酸乙酯进行淬灭，再加入饱和氯化铵溶液，这样将混合液分为有机相和含惰性无机固体的无机相；格氏试剂常用饱和 NH_4Cl 和 $NaHCO_3$ 溶液淬灭；金属钠和锂一般用乙醇淬灭，金属钾用叔丁醇淬灭；氢化钠先用烃如庚烷稀释，再用叔丁醇淬灭；硼烷可用醇、丙酮、酸性水溶液淬灭；Cl_2、Br_2、I_2、NBS 和 NCS 等卤化试剂常用 $Na_2S_2O_3$ 或 $NaHSO_3$ 溶液淬灭。

（2）如果淬灭过程放热，需注意控制热量的释放，必要时在冷却下进行。最简单的淬灭操作方法是向反应体系中直接加入淬灭试剂或淬灭试剂的溶液，当淬灭操作放热时，应注意控制热量的释放。常规操作方法是缓慢加入淬灭试剂，边加边快速搅拌，以避免产物分解。对于高活性试剂，可采用分步淬灭的办法，也可采用"逆淬灭"的办法，即将反应液加到淬灭试剂溶液中。预先冷却淬灭试剂的溶液、在淬灭过程中采取冷却措施、控制加入反应液的速度等操作可以控制淬灭的速度和温度，有利于控制热量的释放。

（3）如果利用酸碱中和反应进行淬灭，需要考虑中和过程中生成的盐的溶解性。钠盐比相应的锂盐和钾盐在水中的溶解性差，而锂盐在醇中的溶解度比相应的钠盐和钾盐大。例如，对于 NaOH 参与的反应，可以用酸来淬灭，生成相应酸的钠盐。如果使用浓 H_2SO_4 淬灭反应，生成的 Na_2SO_4 在水中的溶解度相对较小，大部分 Na_2SO_4 会以沉淀析出。如果反应产物溶于水，则可通过抽滤部分除去 Na_2SO_4，实现产物与无机盐杂质的分离。如果产物在酸性条件下会以结晶析出，使用浓 HCl 比浓 H_2SO_4 好，因为 NaCl 的水溶性比 Na_2SO_4 好，NaCl 在产物晶体中残存的可能性较小。

（二）萃取

反应淬灭后，应尽快进行其他后处理操作，萃取是常用的初步去除杂质的方法。萃取是指利用不同组分在互不相溶（微溶）的溶剂中溶解度不同或分配比不同，分离不同组分的操作过程。萃取操作是一个物理过程，可以分为液-液萃取和固-液萃取。化学制药工艺后处理常用液-液萃取，而天然产物提取一般为固-液萃取。

1. 液-液酸碱萃取

大部分液-液萃取过程是将离子化的产物或杂质转移到水相，而非离子化的杂质或其他组分留在有机相。对于具有酸碱性的产物，可以通过酸碱化处理，使其进入水相，分离出不溶于水相的杂质，进一步的中和操作则可以实现产物与水相杂质的分离。这种方法具有操作简单、成本低、产率高等优点，在化学制药工艺中广泛应用。这类酸碱萃取操作可分以下两种情况。

（1）含有碱性官能团的产物可以先用有机溶剂和酸性水溶液处理，将其转移到水相，分液除去有机相中的杂质，然后将水相碱化并用有机溶剂萃取或过滤得到产物。

（2）含有酸性官能团的产物可以先用有机溶剂和碱性水溶液处理，将其转移到水相，分液除去有机相中的杂质，然后将水相酸化并用有机溶剂萃取或过滤得到产物。

例如，在中枢神经系统疾病的治疗药物合成中，其中间体 7-溴-3-吲哚羧酸（**67**）的合成及分离纯化就是利用酸性实现与其他杂质的分离。化合物 **67** 是在 NaOH 溶液中反应合成得到的，以钠盐 **68** 的形式存在，可溶于水，用乙醚萃取洗涤，可除去其他不溶于水的杂质。然后用 5mol/L 盐酸将水相酸化至 pH＝1 析出沉淀，过滤、水洗、干燥后得到纯的 7-溴-3-吲哚羧酸（**67**）。

2. 萃取溶剂的选择

萃取溶剂的选择主要依据被提取物质的溶解性和溶剂的极性。根据相似相溶原则，通常选用极性溶剂从水溶液中提取极性物质，选用非极性溶剂提取极性小的物质。

萃取溶剂选择的基本原则如下：

（1）萃取溶剂与水相不能互溶，容易分液；

（2）萃取溶剂对被提取物有较大的溶解能力，萃取效果好；

（3）萃取溶剂与被提取物质不发生化学反应；

（4）尽量选择沸点较低的萃取溶剂，易与被提取物质分离；

（5）价格低廉，不易燃、毒性低，使用安全。

极性较大、易溶于水的极性物质常使用乙酸乙酯萃取；极性较小、在水中溶解度小的物质常用石油醚（己烷）类溶剂萃取。正丁醇极性较大，对大部分有机物溶解性好，且在水中溶解度很小，适用于极性较大的有机物的萃取。但它的缺点是沸点较高，毒性也较大。乙酸丁酯的性质和极性与乙酸乙酯相当，在水中的溶解度更小，常用于萃取头孢菌素、青霉素类化合物，如青霉素 G（**69**）。

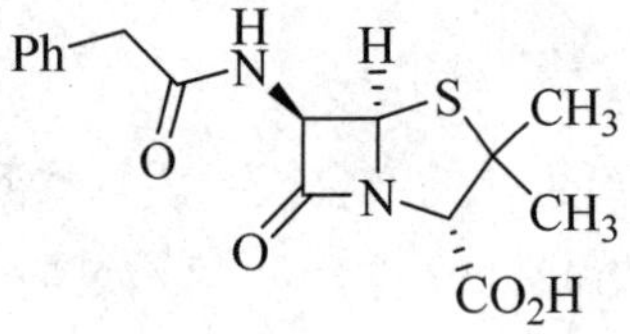

69

3. 萃取次数和温度

对于萃取的次数，原则上是“少量多次”，通常三次萃取操作即可获得满意的效果。为了提高操作效率和获得高的反应产率，应尽量减少萃取次数和总的萃取液体积。如果需要萃取多次并且需要大量的溶剂，可以考虑使用其他溶剂或者混合溶剂。通过实验可以确定萃取所需的最少量及实际有效的溶剂量。

萃取一般在室温条件下进行。提高温度可以提高萃取物的溶解性，减少溶剂用量，适合于萃取对热稳定的物质。对于不稳定的萃取物需要低温萃取，如用乙酸丁酯萃取青霉素的过程需要在低温冷冻条件下进行。

4. 乳化现象

萃取过程中有时会出现乳化现象，即液-液萃取的两相以极微小的液滴均匀分散在另一相中。乳化产生的原因包括：溶质改变了溶液的表面张力；含有两相溶剂均不溶的微粒；两相溶剂的密度相近；酸性或碱性过强；振摇剧烈；等。乳化现象发生后，要分析乳化产生的具体原因然后进行“破乳”，否则两相分液比较困难，产品损失较大。

破坏乳化的方法包括：溶液静置；向水层加入无机盐以增大两相溶剂密度差；加入适量的酸或碱以调整 pH 值；加入少量电解质，利用盐析作用使两相分离；过滤除去固体颗粒；离心萃取；冷冻萃取；适当加热；向有机溶剂中加入少量极性溶剂以改善两相间的表面张力；等。这些方法都能有效地破除乳化现象。

（三）除去金属和金属离子

原料药中金属残留尤其是重金属残留需要进行严格控制（原料药中重金属的残留量应低于 10mg/kg），因此除去原料药及其中间体中的金属和金属离子十分重要。如 Al、Cu、Fe、Mn、Cd、Cr、Ni 和 Zn 等金属的离子可与 NaOH 反应形成不溶于水的沉淀，可以通过过滤除去。不同的金属离子有不同的适宜 pH 值范围，从沉淀开始到沉淀完全结束，Fe^{3+}、

Mg^{2+}、Zn^{2+} 和 Al^{3+} 的 pH 值范围分别为 1.9～3.3、8.1～9.4、8.0～11.1 和 3.3～5.2。

固态的金属盐和金属络合物可通过过滤除去，使用助滤剂有助于过滤。氨基酸、羟基羧酸和有机多元酸可与金属离子配位结合，在酸性条件下溶于水相。离子交换树脂和聚苯乙烯形成的络合物可以吸附金属离子。金属吸附树脂可选择性吸附特定金属离子，不溶于酸碱和有机溶剂，易于分离和回收利用。

（四）催化剂的后处理

从反应产物中除去残留催化剂同样十分重要。必须选择合适的催化剂以及后处理方法，以避免它们在产品中的微量残留。催化剂后处理的理想方法是经过简单的过滤即可实现固体催化剂的分离，或通过重结晶提纯得到产物，而所用的可溶解性催化剂留在结晶母液中。常见的催化剂及去除方法如下。

1. 有机催化剂

有机相转移催化剂（PTC）、氨基酸（如脯氨酸衍生物）、对甲苯磺酸、DMAP、DBU 和 DABCO 等，可用稀释、萃取、结晶等方法除去。

2. 无机催化剂

硫酸、盐酸等质子酸，三氟化硼，NaOH，Na_2CO_3 和 NaOAc 等，可用中和、水洗的方法除去。

3. 过渡金属催化剂

钯、铂、钌、铑、锆、铜等及其相关配体络合物，可用助滤剂过滤、活性炭吸附、萃取、沉淀或重结晶等方法除去。

4. 可溶性聚合物固载的催化剂

聚乙二醇（PEG）接枝修饰催化剂，可以通过不良溶剂稀释、沉淀和过滤方法除去。

5. 不溶性聚合物固载的催化剂

离子交换树脂和聚乙烯基吡啶等，可以通过直接过滤除去。

（五）其他后处理方法

1. 活性炭处理

活性炭处理的目的是吸附杂质和除色。使用极性溶剂比非极性溶剂更有利于吸附，黏性大的溶剂会减小极性分子进入活性炭的速度。同时要注意活性炭吸附时溶剂的 pH 可能发生变化。活性炭吸附是基于负载均衡的吸附，因此要保证足够的吸附时间。

2. 溶剂浓缩和溶剂替换

溶剂浓缩和溶剂替换也是一种常用的后处理方法。溶剂浓缩是利用加热等方法使溶剂汽化除去，提高溶质浓度。若反应溶剂与水混溶，需要将反应混合物浓缩，替换成与水不互溶的溶剂才能进行萃取操作。萃取液也需要浓缩，为进行产物纯化做准备。常压浓缩时间长、温度高、产品变质的可能性大，因此浓缩通常是在减压条件下进行的。在浓缩形成的溶液或者悬浮液中加入高沸点的溶剂继续浓缩，可以方便地替换成高沸点溶剂，实现溶剂替换。

3. 过滤和离心分离

过滤和离心分离可以除去少量的不溶性杂质。为了提高过滤效率，可以增加过滤器的表面积或者添加助滤剂如硅藻土。过滤时微小的颗粒可能会堵塞过滤器，固体颗粒较小时也可采用离心的方式分离。

二、产物纯化方法

反应后处理得到粗产物，对粗产物进行提纯得到质量合格的产物的过程称为产物的纯化。对热比较稳定的液体产物一般通过蒸馏、精馏纯化，但规模化的蒸馏通常需要特殊的设备。固体产物的纯化通常使用结晶和重结晶技术，通过控制和提高中间体和产物的质量，可降低终产物纯化的难度。通过控制结晶条件，可获得纯度及晶型符合要求的产品。柱色谱技术是实验室常用的分离纯化方法，但规模化工业生产中很少采用，除非常用的提纯方法无法得到符合质量要求的产品。工业生产中采用较多的方法是结晶和打浆纯化。

（一）蒸馏与分馏

蒸馏是一种热力学分离工艺，它是利用液体混合物中各组分沸点不同，使低沸点组分蒸发、再冷凝以分离整个组分的操作过程。蒸馏可分为常压蒸馏、减压蒸馏、水蒸气蒸馏和分子蒸馏。蒸馏时要充分考虑加热的温度、时间长短对产物的影响，根据待分离组分的理化性质，选择合适的蒸馏方法。

1. 常压蒸馏

常压蒸馏温度高、时间长，一般只适合于与杂质沸点相差较大且热稳定性较高的产物的分离提纯。

2. 减压蒸馏

为了蒸馏分离高沸点的液体化合物或化合物的热稳定性较差时，可采用减压蒸馏，即通过降低压力以降低化合物的沸点，在一定的真空度下进行蒸馏。减压蒸馏是提纯高沸点液体或低熔点固体化合物的常用方法。实验室中的旋转蒸发器就是一个减压蒸馏装置。减压蒸馏提纯产物的回产率相对较低，产物不可能全部蒸出，蒸馏完毕后通常会存在残留组分。对空气不稳定的产物，一般需要在惰性气体保护的条件下进行蒸馏。

3. 分子蒸馏

分子蒸馏是一种在高度真空下操作的蒸馏方法，是利用不同种类分子逸出蒸发表面后的平均自由程不同的性质而实现分离的。一般情况下，轻分子的平均自由程大，重分子的平均自由程小。若在小于轻分子的平均自由程而大于重分子平均自由程处设置一冷凝表面，轻分子蒸发落在冷凝表面上被冷凝，而重分子因达不到冷凝表面则返回原来液面，从而使混合物得到了分离。分子蒸馏过程中，不存在蒸发和冷凝的可逆过程，从蒸发表面逸出的分子直接飞射到冷凝面上，理论上没有返回蒸发面的可能性，该过程是不可逆的。

4. 分馏

分馏是分离几种不同沸点的混合物的一种方法。分馏是对某一混合物进行加热，根据混合物中各成分的沸点不同进行冷却分离获得相对纯净的单一物质的过程。混合液沸腾后蒸气进入分馏柱中被部分冷凝，冷凝液在下降途中与继续上升的蒸气接触，二者进行热交换，蒸气中高沸点组分被冷凝，低沸点组分仍呈蒸气上升，而冷凝液中低沸点组分受热汽化，高沸点组分仍呈液态下降。结果是上升的蒸气中低沸点组分增多，下降的冷凝液中高沸点组分增多。如此经过多次热交换，相当于进行了连续多次普通蒸馏。以致低沸点组分的蒸气不断上升被蒸馏出来，高沸点组分则不断流回蒸馏瓶中，从而将它们分离。分馏实际上是多次蒸馏，它更适合于分离提纯沸点相差不大的液体有机混合物。当物质的沸点十分接近时，约相差 25℃，则无法使用简单蒸馏法，可改用分馏法。进行分馏可以解决蒸馏分离不彻底、多次蒸馏操作烦琐、费时、浪费极大的问题。

（二）柱色谱

柱色谱技术是色谱法中使用最广泛的一种分离提纯方法。柱色谱能够根据化合物对吸附剂的差异吸附来分离物质。柱色谱可用于分离从微克到千克的规模，柱色谱的主要优点是该方法中使用的固定相成本较低且容易处理。但与其他纯化方法（如蒸馏、重结晶、打浆纯化等）相比，色谱柱的分离效率不高，并不适用于大规模的工业生产。在化学制药反应后处理操作中常利用硅胶短柱实现快速过滤，可以除去粗产品中极性很大（无机盐等）或者极性很小的物质。

柱色谱由两相组成，在圆柱形管中填充不溶性基质，形成固定相，洗脱剂为流动相。当两相相对运动时，利用混合物中所含各组分分配平衡能力的差异，经反复多次分配，最终达到彼此分离的目的。固定相填料不同，分离机制不尽相同。

1. 吸附色谱

吸附色谱利用吸附剂对混合物中各组分吸附能力的差异，实现对组分的分离。在吸附柱色谱中，吸附剂是固定相，洗脱剂是流动相。混合物在吸附色谱柱中的移动速度和分离效果取决于固定相对混合物中各组分的吸附能力和洗脱剂对各组分的解吸能力的大小。在进行柱色谱吸附分离的过程中，混合样品一般加在色谱柱的顶端，流动相从色谱柱顶端流经色谱柱，并不断地从柱中流出。由于混合样品中各组分与吸附剂的吸附作用强弱不同，因此各组分随流动相在柱中的移动速度也不同，最终导致各组分按顺序从色谱柱中流出。如果分步接收流出的洗脱液，便可达到将混合物分离的目的。一般与吸附剂作用较弱的成分先流出，与吸附剂作用较强的成分后流出。物质与固定相之间的吸附能力与吸附剂的活性以及物质的分子极性相关。

（1）固定相

固定相应具有良好的吸附性能并满足以下条件：颗粒大小均匀；具有较好的机械稳定性；化学惰性，不与待分离物质和溶剂发生化学反应；无色、无毒，价廉易得；流动相可以在其中自由流动；适合分离各种化合物的混合物。

硅胶和氧化铝是最为常见的固定相吸附剂，其吸附活性一般分为5级，Ⅱ级和Ⅲ级吸附剂是最常应用的。吸附剂的活性受含水量影响，含水量最小的吸附剂活性最强，含水量越高，吸附活性越弱。

（2）流动相

流动相可以将样品化合物引入色谱柱中，分离样品中的组分以形成条带，并最终从色谱柱上移出。流动相的洗脱作用实质上是洗脱剂分子与样品组分竞争占据吸附剂表面活性中心的过程。常用作流动相的溶剂有石油醚、环己烷、二氯甲烷、甲醇、乙醇、丙酮、乙酸乙酯和水等。溶剂的极性大小顺序为：石油醚＜环己烷＜二氯甲烷＜乙醚＜乙酸乙酯＜丙酮＜乙醇＜甲醇＜水。

（3）吸附剂和洗脱剂的选择

吸附剂和洗脱剂的选择需要综合考虑被分离物质的极性、吸附剂的活性和洗脱剂的极性三个方面的影响因素。通常的选择原则是：以活性较低的吸附剂分离极性较强的样品，选用极性较大的洗脱剂进行洗脱；若被分离组分极性较弱，则选择活性高的吸附剂，以较弱极性的洗脱剂进行洗脱。一般情况，被分离物质分子中所含极性基团越多、极性基团越大，化合物极性越强，吸附能力越强。一些常见基团的吸附能力大致顺序：—X＜—C=C—＜—OMe＜—CO_2R＜—CO—＜—CHO＜—SH＜—NH_2＜—OH＜—CO_2H。

2. 离子交换色谱

离子交换色谱是以离子交换树脂或化学键合离子交换剂为固定相，利用被分离组分与固定相之间离子交换能力的差别而实现分离纯化的色谱方法。离子交换色谱主要用来分离离子或可离解的化合物，它不仅广泛地应用于无机离子的分离，也广泛地应用于有机和生物物质，如氨基酸、核酸、蛋白质等的分离。

离子交换色谱法的固定相为离子交换剂，常用的有离子交换树脂和化学键合离子交换剂。离子交换色谱法的流动相是具有一定pH值和离子强度的缓冲溶剂，或含有少量有机溶剂，如乙醇、四氢呋喃、乙腈等，以提高色谱选择性。离子交换树脂分子结构中含有大量可解离的活性中心，被分离组分中的离子与这些活性中心可发生离子交换，达到离子交换平衡，并在固定相与流动相之间达到平衡，随着流动相流动而移动，实现离子的分离纯化。

离子交换色谱法在工业上应用最多的是去除水中的各种阴、阳离子及制备抗生素纯品时去除各种离子。化学制药生产的不同阶段对水中的离子浓度要求不同，因此，制药生产中水处理领域需要大量的离子交换树脂。

随着柱色谱技术的不断发展，已出现多种提高制备色谱产能的新技术，如模拟移动床色谱（SMB，色谱柱以连续的环形方式连接）和循环色谱（流动相在柱内循环以增加组分的分离效率）等。

（三）重结晶

1. 重结晶原理

重结晶是将物质溶于溶剂或熔融后，又重新从溶液或熔融体中结晶的过程。重结晶纯化是利用不同物质在某一种溶剂中的溶解度不同,且产物的溶解度随着温度的变化而变化的性质,达到产物与其他杂质分离纯化的目的。固体有机化合物在溶剂中的溶解度与温度有关,一般随温度升高,溶解度增大。若把固体溶解在热的溶剂中达到饱和,冷却时由于溶解度减小,溶液过饱和而析出晶体。利用溶剂对被提纯物质及杂质的溶解度不同,可以使被提纯物质从过饱和溶液中析出,而杂质全部或大部分仍留在溶液中,达到纯化的目的。重结晶是化学制药企业最常用的固体产物纯化方法。

2. 结晶势

晶体形成是分子在晶体重复单元中有规律地排列,其他化合物分子被排除在晶格外的过程。结晶势是产物晶体形成的趋势,控制结晶势就是调节条件至产物溶解度减小,使产物分子从溶剂中析出并结晶的过程。

增加结晶势的方法:将热溶液冷却,降低溶液温度;增加溶液浓度、减小溶剂体积;增加反相溶剂的比例;增加溶剂的离子强度;减小有机物的溶解度;调节 pH 值。增加结晶势的目的是尽量减少母液中残留的产品量,提高重结晶的产率。

3. 重结晶溶剂的选择

在选择重结晶溶剂时,应仔细分析被提纯物质和杂质的化学结构,根据"相似相溶"的原理,极性物质易溶于极性溶剂,而难溶于非极性溶剂中;非极性物质易溶于非极性溶剂,而难溶于极性溶剂中。选择重结晶溶剂时,应综合考虑产物和杂质在溶剂中的溶解度,溶剂的安全性、市场供应和价格、回收的难易等因素。

重结晶溶剂选择的基本原则:

(1)选择的溶剂不能与产物发生化学反应。

(2)选择的溶剂对被提纯物质在温度较高时溶解度较大,而在温度较低时溶解很小。

(3)选择的溶剂对产品中杂质溶解度很大,温度降低时也不随晶体析出而留在母液中;或是杂质溶解度很小,可在热过滤时除去。

(4)选择低沸点、易挥发的溶剂,低沸点的溶剂易于回收,且析晶后残留在晶体上的溶剂易于除去。

(5)选择的溶剂成本低、安全、低毒。

4. 常用的重结晶溶剂

常用于结晶和重结晶的溶剂有水、甲醇、乙醇、异丙醇、石油醚、丙酮、乙酸乙酯、乙酸、三氯甲烷、四氯化碳、硝基甲烷、苯、甲苯、二氧六环、DMF 和 DMSO 等。其中 DMF 和 DMSO 的溶解能力大,通常不易从此类溶剂中析出晶体,且它们沸点较高,晶体上吸附的溶剂也不易除去,一般在其他溶剂不能溶解时才使用。乙醚也是常用的溶剂,但乙醚的沸点低极易挥发,被纯化的产物在瓶壁上易析出而影响结晶的纯度,此外它易燃、易爆,工业生产上很少使用。

实际操作中,如用单一溶剂对产物进行重结晶不能取得好的结果,可采用混合溶剂进行重结晶。混合溶剂由良溶剂和不良溶剂混合组成。被提纯产品在良溶剂中加热溶解,然后加入不良溶剂增加体系饱和度使其结晶析出。

由于化学药物质量关系到大众的健康，其所含的溶剂残留必须符合相关法律法规的规定。根据人用药物注册技术要求国际协调会（ICH）颁布的残留溶剂研究指导原则，2005年国家食品药品监督管理总局药品审评中心颁布了《化学药物残留溶剂研究的技术指导原则》，将有机溶剂分为四种类型。第一类溶剂指人体致癌物、疑为人体致癌物或环境危害物的有机溶剂，在化学药物合成工艺中应避免使用；第二类溶剂指有非遗传毒性致癌物（动物实验）、或可能导致其他不可逆毒性（如神经毒性或致畸性）、或可能具有其他严重的但可逆毒性的有机溶剂，建议限制使用，以防止对病人产生潜在的不良影响；第三类是GMP或其他质量要求限制使用，对人体低毒的溶剂，对人体或环境影响的危害小，建议可仅对在终产品精制过程中使用的第三类溶剂进行残留量研究；第四类溶剂属于在药物生产过程中可能用到的溶剂，但目前尚无足够的毒理学研究资料，建议研发人员根据生产工艺和溶剂特点，必要时进行残留量研究。选择溶剂时要关注溶剂对临床用药安全性和药物质量的影响。

5. 重结晶操作步骤

重结晶法一般包括以下步骤：
（1）选择适宜重结晶溶剂，制成热的饱和溶液，如有色，可加入活性炭脱色；
（2）热过滤除去不溶性杂质及活性炭；
（3）静置或缓慢冷却，结晶析出；
（4）抽滤，洗涤滤饼；
（5）干燥，除去吸附溶剂等。

6. 控制晶体的粒径

原料药的颗粒大小影响原料药和药物的溶解度、流动性、溶出速度、生物利用度以及稳定性。药物颗粒越小，越容易快速溶解，也更容易分解。

控制晶体粒径的方法：
（1）控制冷却速度　缓慢冷却静置能产生颗粒较大的晶体；快速冷却则晶核多、颗粒小；通过逐步冷却，使非常小的晶体逐渐结晶在大晶体上。因此通过控制冷却方式可以控制结晶的大小和质量。
（2）加入晶种　将晶种加入饱和溶液中，以提供结晶表面，减少成核；通过控制冷却结晶过程，促进结晶长大。
（3）搅拌　快速搅拌可将晶核分散、晶体打散，得到小晶体。

（四）打浆纯化

打浆是指对固体产物在溶剂中没有完全溶解的状态下进行搅拌，然后过滤或离心分离，以除去杂质的纯化方法。打浆纯化可加热操作，也可不加热操作。打浆可以洗掉产物中夹杂的杂质或吸附在晶体表面的杂质，除去固体产品中一些高沸点、难挥发的溶剂。相比于重结晶，该纯化操作具有劳动强度低、设备要求简单、操作简便、成本低、产品损失少等优点。在化学药物合成的固体产物的纯化中，打浆纯化是重结晶操作最佳的替代方法。

阿哌沙班（**70**）是由辉瑞制药公司与百叶美-施贵宝公司共同研发的抗凝血药，直接作用于凝血因子 Xa，用于治疗包括深静脉血栓和肺血栓在内的静脉血栓疾病。将阿哌沙班粗品加入 *N*,*N*-二甲基甲酰胺（DMF）中，搅拌加热，进行一次降温析晶、过滤。所得固体用有机溶剂异丙醇回流打浆，进行二次降温析晶、过滤，固体鼓风干燥，得阿哌沙班纯品。

70
（粗品）

DMF → *i*-PrOH

70
（纯品）

（五）干燥

除去固体、液体或气体产物中所含水分或有机溶剂的操作过程称为干燥。常用的干燥方法主要分为物理干燥法和化学干燥法两类。物理干燥法包括：自然干燥、蒸馏/分馏、共沸蒸馏、真空干燥、冷冻干燥、吸附干燥（硅胶、分子筛、离子交换树脂等）等。化学干燥法可以分为两大类：一类是与水可逆地生成水合物，如使用氯化钙、无水硫酸钠、硫酸镁等干燥剂，其中无水硫酸钠是实验室对有机相干燥最常用的干燥剂。另一类是与水发生化学反应消耗掉水而使产物干燥，如使用金属钠、五氧化二磷等干燥剂，该类干燥剂与水反应剧烈，一般只用于除去液体中的少量水，如金属钠多用于无水有机溶剂的除水过程。

1. 液体产物的干燥

液体产物干燥最常用的方法是加入干燥剂除水。一般直接将干燥剂加入液体产物中。选择干燥剂时应注意：不能与被干燥物质发生不可逆的化学反应；不能溶解在溶剂中；考虑干燥剂的吸水容量、干燥速度和干燥效能。

吸水容量是指单位质量的干燥剂所吸收的水量。吸水容量越大，干燥剂吸收的水分越多。干燥效能是指达到平衡时液体的干燥程度。干燥剂吸水形成水合物是一个平衡过程，形成不同的水合物达到平衡时有不同的水蒸气压，水蒸气压越大，干燥效果越差。如无水硫酸钠吸水时可形成 $Na_2SO_4 \cdot 10H_2O$，吸水容量为 1.25，即 1g 无水硫酸钠最多能吸收 1.25g 水，但其水合物的蒸气压也较大（25℃下为 255.98Pa），因此其干燥效能较差。在实际操作中，用无水硫酸钠干燥有机物时一般会搅拌并放置一段时间，其目的是让硫酸钠吸水达到最终的平衡状态，达到脱水效果。

干燥含水量较多而又不易干燥的化合物时，常先用吸水容量较大的干燥剂除去大部分水分，再用干燥效能较强的干燥剂除去残留的微量水分。水分较多时，应避免使用与水反应比较剧烈的干燥剂（如金属钠），而需使用温和干燥剂（如氯化钙等），除去大部分水后再彻底干燥。对于形成水合物的干燥剂其在受热条件下会脱水，所以对已干燥液体在蒸馏之前必须把干燥剂滤除。

液体产物的干燥除了使用干燥剂外，也可以利用吸附干燥法进行干燥。例如，可将液体产物溶于少量溶剂中，然后通过一个短的硅胶柱色谱进行分离。该方法可以除去液体中的水（硅胶具有吸水性），同时也可以除去混合物中强极性的杂质以及不溶的杂质，以简化后处理操作。

2. 固体产物的干燥

固体产物的干燥方法包括自然干燥、加热烘干和真空干燥等。低沸点的少量残留溶剂一般可选择自然干燥；除去高沸点的溶剂一般用加热烘干；对热或空气不稳定的产物一般用真空干燥。工业生产上应用较多的是利用热空气作为干燥介质的直接加热干燥法（对流干燥）。

（1）箱式干燥　箱式干燥是一种常见的加热烘干方式。实验室内的烘箱即为小型箱式干燥设备。实际生产中常在烘房内进行箱式干燥，烘房内设有进风口和出风口，以增加对流，带走物料中的水分。箱式干燥在化学制药企业中应用广泛，优点是设备简单、投资少、物料破损小。缺点是箱式干燥过程中会产生大量粉尘，容易造成药品交叉污染。

（2）真空干燥　真空干燥适用于对热敏感、易被氧化的物料的干燥。一般是在箱式真空干燥器中间接加热，利用加热板与容器接触进行热传导以干燥产品，采用真空泵抽出残留在样品中的溶剂。优点是真空干燥不会产生过多粉尘，也不易氧化产品。该方法的缺点是需要真空设备（真空泵），运行成本高、规模小、产量低。

（3）冷冻干燥　冷冻干燥又称升华干燥，是指将含水物料冷冻到冰点以下，使水转变为冰，然后在较高真空下将冰升华为蒸气而除去的干燥方法，特别适宜于一些对热敏感和易挥发物质的干燥。该方法的优点是在冷冻干燥过程中物料的物理和分子结构变化小；物料内部形成多孔的海绵结构具有良好的复水性，可在短时间内恢复干燥前的状态；热敏性物质不会被氧化；脱水彻底，且干燥后的样品性质稳定。冷冻干燥的缺点是实际生产中设备投入大、能源消耗高、生产成本高，某些抗生素生产中的干燥必须使用冷冻干燥技术。

思考题

1. 影响化学反应的因素有哪些？哪些是反应条件？
2. 选择反应试剂的标准是什么？
3. 什么是手性相转移催化剂？手性相转移催化剂的作用有哪些？
4. 如何选择反应溶剂？
5. 反应结束后为何要淬灭？淬灭的基本方法有哪些？
6. 萃取过程中经常会有乳化现象，如何破除乳化？
7. 后处理过程中如何除去金属和金属离子？

8. 分子蒸馏与减压蒸馏有何不同之处？
9. 物理干燥和化学干燥各有哪些具体方法？
10. 如何选择重结晶溶剂？
11. 打浆纯化与重结晶纯化两种后处理方法有何不同？

参考文献

[1] 郭春. 药物合成反应. 北京：人民卫生出版社，2014.
[2] 赵临襄. 化学制药工艺学. 5版. 北京：中国医药科技出版社，2019.
[3] 王亚楼. 化学制药工艺学. 北京：化学工业出版社，2008.
[4] 李丽娟，叶昌伦. 药物合成反应技术与方法. 北京：化学工业出版社，2005.
[5] Du D M, Lu S F, Fang T, et al. Asymmetric Henry reaction catalyzed by C_2-symmetric tridentate bis (oxazoline) and bis (thiazoline) complexes: Metal-controlled reversal of enantioselectivity. The Journal of Organic Chemistry, 2005, 70 (9): 3712-3715.
[6] Clyne D S, Mermet-Bouvier Y C, Nomura N, et al. Substituent effects of ligands on asymmetric induction in a prototypical palladium-catalyzed allylation reaction: Making both enantiomers of a product in high optical purity using the same source of chirality. The Journal of Organic Chemistry, 1999, 64 (20): 7601-7611.
[7] Hager A, Guimond N, Grunenberg L, et al. Palladium-catalyzed C—O cross-coupling as a replacement for a Mitsunobu reaction in the development of an androgen receptor antagonis. Organic Process Research and Development, 2021, 25 (3): 654-660.
[8] Xiang B, Belyk K M, Reamer R A, et al. Discovery and application of boubly quaternized cinchona-alkaloid-based phase-transfer catalysts. Angewandte Chemie International Edition, 2014, 53 (32): 8375-8378.

第四章

手性药物的制备技术

第一节 手 性

一、概述

手性是自然界的基本属性之一,不仅广泛存在于宏观世界,而且从微观角度许多物质的分子也具有手性。手性也是生命现象基本特征之一,与生命起源、生命过程和生命健康等方面息息相关。例如,生物体中的蛋白质、核酸和多糖等生命基础物质都是手性的,构建它们的结构单元如氨基酸(甘氨酸除外)、核苷酸和单糖等也均为手性分子,而且几乎都以单一构型存在于生物体内,如氨基酸是 L-构型的,单糖均是 D-构型的。值得注意的是,手性化合物在生物体内通常有显著的手性识别作用,在多数情况下,对映异构体常表现出不同的生物活性。例如,(R)-香芹酮(**1**)有留兰香的香味,而(S)-香芹酮(**2**)却是芫荽香味的;天然的(R)-天冬酰胺(**3**)是甜味的,而(S)-天冬酰胺(**4**)却是苦味的;(R)-麝香烯酮(**5**)的香阈浓度为 0.027ng/L,而(S)-麝香烯酮(**6**)的香阈浓度却为 3ng/L,香味强度相差百倍;L-多巴(**7**)是一种用于治疗帕金森病的手性药物,其在人体内多巴脱羧酶的作用下产生活性成分多巴胺,起到治疗效果,而 D-多巴(**8**)不能与多巴脱羧酶作用产生多巴胺。

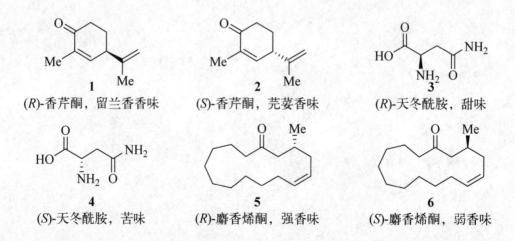

7 L-多巴，有活性

8 D-多巴，无活性

手性（chirality）是指实物与镜像对映而不能完全相重合的性质，就如同左手与右手的镜像关系一样。任何一个化合物分子不能和它的镜像完全重合称为手性分子，反之可以和镜像完全重合的分子称为非手性分子。互为实物与镜像关系而不可重合的一对异构体互称为对映异构体（enantiomer，简称为对映体）。在非手性环境下，对映体具有相同的物理性质（如熔点、沸点、溶解度、密度等）、热力学性质和化学性质；但在手性环境（如手性试剂、手性溶剂、生物体内）中，对映体在化学性质上相似，但反应速率有差异，在生物活性上通常表现明显差异。对映体都具有旋光性，可以旋转平面偏振光的方向，其中一个是左旋的，一个是右旋的，所以对映异构体又称为旋光异构体。虽然对映体对偏振光的作用不同，方向相反，但比旋光度数值相同。按顺时针方向旋转偏振光的叫作右旋分子，用 "(+)" 号或字母 "d"（dextrotatory）表示；按逆时针方向旋转偏振光的叫作左旋分子，用 "(−)" 号或字母 "l"（levorotatory）表示。例如，乳酸分子具有一个手性碳中心，有两个对映异构体，两者互为镜像关系，(−)-乳酸表示左旋分子，(+)-乳酸表示右旋分子。等摩尔的右旋分子和左旋分子的混合物称为外消旋体（racemate），没有旋光性，通常用 "(±)" 号或 "rac" 表示。当一个化合物分子含有两个或多个手性中心时，可能出现多个立体异构体的现象。

镜面

9 (−)-乳酸

10 (+)-乳酸

两个结构相同的化合物分子，由于具有构型不同的不对称原子，彼此又不呈实物与镜像的关系，这样的异构体互称为非对映异构体（diastereoisomer）。非对映异构体之间的旋光性、比旋光度、生物活性和物理性质可能都不一样；在化学性质上，虽然可以发生类似的反应，但反应速率通常也不一样。含有 n 个不相同手性碳原子的化合物，立体异构体的数目等于或小于 2^n 个。例如，3-氟-2-丁醇分子含有 2 个手性碳中心，立体异构体数目为 4 个，两对对映异构体，其中 **11** 和 **12** 互为对映异构体，**13** 和 **14** 互为对映异构体，**11**（**12**）和 **13**（**14**）互为非对映异构体。

11 对映异构体 **12**　　**13** 对映异构体 **14**

第四章　手性药物的制备技术

酒石酸分子含有 2 个手性碳中心，立体异构体数目为 3 个，一对对映体 **15** 和 **16** 以及一个内消旋体 **17**。分子中含有手性碳中心，但由分子的对称性造成分子本身无旋光性，这样的分子称为内消旋体，用 "*meso*" 表示。内消旋体的例子表明，含有手性碳中心的分子不一定是手性分子，或者不一定具有旋光活性。

15
(−)-酒石酸

16
(+)-酒石酸

17
meso-酒石酸

二、构型命名法则和手性类型

1. D/L 相对构型命名法

德国化学家赫尔曼·埃米尔·费歇尔（Hermann Emil Fischer）于 1891 年首次提出一种用二维图像和平面式子表示三维分子立体结构的重要方法——费歇尔（Fischer）投影式，使得书写含手性碳原子的有机物变得更为方便简洁，特别是对于含有多个手性碳原子的糖化物和氨基酸等有机分子。费歇尔投影式用两条交叉的线表示含碳化合物的四面体结构，相当于将球棍模型或透视式的 3D 结构分子经过扁平化处理，如此便可在纸平面上比较旋光异构体分子中的原子或基团在空间上的排列方式。其基本规则包括：①手性碳位于横线与竖线交叉处，用一个十字号的交点代表手性碳原子，一般总是将含碳原子的基团放在竖线相连的位置上；②将碳链放在竖线上或竖起来，把氧化态较高的碳原子或命名时编号最小的碳原子 C1 放在最上端；③与竖线相连的原子或基团（竖键）表示伸向纸面后方，与横线相连的原子或基团（横键）表示伸向纸面前方，即"横前竖后"规则。随后，费歇尔于 1951 年还提出了 D/L 相对构型命名法，采用(+)-甘油醛为标准物，在费歇尔投影式中，羧基在顶部，羟甲基在底部，人为地规定第 2 号碳原子 C2 上的羟基，位于右侧的为 D 构型，位于左侧的为 L 构型。但需要注意的是，手性化合物的构型标记是人为规定的，而旋光方向是化合物的固有性质，因此化合物的 D/L 构型与旋光方向（右旋/左旋）没有对应关系，如 D-甘油醛是右旋的，D-甘油酸却是左旋的。D/L 相对构型命名法适用于含一个手性碳原子的化合物，对于含有多个手性碳原子的化合物或结构与甘油醛很难关联的手性化合物存在明显的局限性。由于习惯，D/L 相对构型标记法目前仅在碳水化合物和氨基酸中还在使用。

18
D-(+)-甘油醛

19
L-(−)-甘油醛

2. R/S 绝对构型命名法

由于 D/L 相对构型标记法存在局限性，1970 年 IUPAC（国际纯粹与应用化学联合会）建议采用 R/S 构型标记法，这种方法是根据手性碳原子上所连的四个原子或原子团在空间的排列方式来标记的，可准确表达手性化合物分子的绝对构型。当连接到中心碳原子上的 a、b、c、d 是四个不同的原子或原子团时，中心碳原子是手性的。假设分子中四个取代基按 Cahn-Ingold-Prelog（CIP）命名法则的顺序规则以 a>b>c>d 顺序排列，如图 4-1 所示，如果将最小 d 基团置于距观察者最远的位置，按 a、b、c 的先后顺序观察其他三个基团，若观察到 a→b→c 是顺时针方向，则该手性碳中心的构型被定义为 R（源于拉丁文"*rectus*"，表示右）；若观察到 a→b→c 是逆时针方向，则其构型被定义为 S（源于拉丁文"*sinister*"，表示左）。若将 R/S 系统命名比喻为驾驶汽车的方向盘，可帮助理解。以这个规则来观察乳酸、丙氨酸、甘油醛，不难看出它们的绝对构型可认定如下：D 构型的甘油醛和乳酸为 R 构型，天然的 L-丙氨酸则是 S 构型。

判断 R/S 构型的步骤可归纳为：①按照 CIP 命名法则的顺序规则，确定原子或原子团的大小次序；②将最小的原子或原子团置于距观察者最远处；③观察其余三个原子或原子团由大到小的排列方式，顺时针方向为 R，逆时针方向为 S。

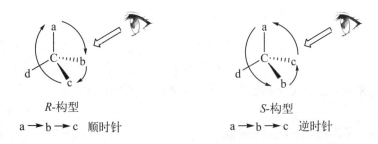

图 4-1　R/S 构型标记法

3. 手性类型

大多数旋光活性有机化合物通常含有一个或多个手性中心原子，这属于最普遍存在的手性类型，称为中心手性（central chirality）。它们的手性通常是由碳原子 sp^3 杂化中心与四个不相同的原子或基团相连而产生的，该中心原子被称为手性中心或不对称中心。手性碳原子是判断分子是否具有手性的重要依据之一，若一个分子仅含有一个手性碳原子，则一定是手性分子，如化合物 **20**。除了碳原子外，其他许多原子如 S、P、N、As、B、Pt 等与不同基团相连，也能形成手性中心，如化合物 **21**~**23**。这表明，具有手性的分子也不一定都含有手性碳原子，没有手性碳原子的分子也可能是手性分子。

23

其次比较常见的手性类型是轴手性，被认为是中心手性的延伸。对于四个基团分为两对围绕一个轴排列在平面之外的结构，若每对基团不同时，其结构具有手性，该手性类型称为轴手性（axial chirality）。轴手性化合物的构型可以用 R 和 S 表示，有时也用 aR 和 aS，或 M 和 P 来表示；其中 M 对应 R 或 aR，P 对应 S 或 aS。比较常见的轴手性结构有联芳烃类、丙二烯类和螺烷类等，如化合物 24～27。

24
S (aS, P)

25
R (aR, M)

26
R (aR, M)

27
S (aS, P)

除了中心手性和轴手性外，还存在其他的手性类型，如平面手性、螺旋手性、八面体手性等。如何判断一个分子是否是手性的？若一个分子不能与镜像重合，或分子结构中不存在对称面或对称中心，则分子是手性的；反之，则是非手性的。

三、对映体组成和绝对构型的测定

1. 对映体组成的测定

手性化合物使偏振光平面发生偏转的性质称为旋光性，也称为光学活性。对映体对偏振光的作用不同，它们的比旋光度数值相同但方向相反，等量对映体的混合物（即外消旋体）没有旋光性，而非等量对映体的混合物通常具有旋光性。测定对映体组成对于手性化合物的合成转化研究极为重要。手性化合物样品的对映体组成可用术语"对映体过量（enantiomeric excess）"或"ee 值"来描述，它表示一个对映体对另一个对映体的过量，通常用百分数表示。例如，某旋光性样品是由对映体(R)-异构体和(S)-异构体混合组成的，其中(R)-异构体含量为 90%，(S)-异构体的含量为 10%，根据下面的公式计算，(R)-异构体过量，其 ee 值为 80%，也可用 er 值（enantiomeric ratio）为 90∶10 来表示。同样，手性样品的非对映异构体组成可采用"非对映体过量（diastereomeric excess，de 值）"或"非对映体比值（diastereomeric ratio，dr 值）"描述。

$$\text{对映体过量} \quad ee = \frac{[R]-[S]}{[R]+[S]} \times 100\%$$

$$\text{非对映体过量} \qquad de = \frac{[R,R]-[R,S]}{[R,R]+[R,S]} \times 100\%$$

例如,某手性化合物含有两个手性中心,混合样品由四种异构体组成,其中(R,R)-异构体含量为 80%,(S,S)-异构体含量为 5%,(R,S)-异构体含量为 10%,(S,R)-异构体含量为 5%。根据上面公式计算,(R,R)-异构体过量,其 ee 值为 88%;(R,S)-异构体过量,其 ee 值为 33%;(R,R)-和(S,S)-型的非异构体过量,其 de 值为 70%,dr 值为 85:15。

若一个纯的光学活性物质是 100%的一种对映异构体,那么其外消旋体的光学纯度则为 0。若其光学纯度为 60%,样品中有多余 60%的 R-异构体,而样品中有 40%是外消旋体。

用比旋光度来测定对映体组成是一种传统和常规的方法,该方法简洁快速,但在多数情况下不是很精确。该方法的局限性是:①按上述光学活性测定的方法,必须知道在实验条件下纯对映体的比旋光度,以便与样品的测量结果进行比较;②比旋光度的测量或光学纯度的测定可能受到许多因素的影响,如偏振光波长、溶剂、溶液的浓度、温度等,最重要的是,测量值会受到具有大比旋光度杂质的显著影响;③需要相对多量的样品(在小分子化合物情况下,需用量 5~20mg),同时化合物的比旋光度必须足够大以获得可靠的数值;④必须得到纯产物以便测定比旋光度,在样品的处理过程中不应发生某一对映体的富集。

对于对映体组成(ee 值)的测定,目前普遍采用的是手性高效液相色谱分析法,该方法所需样品量极少,不易受少量杂质影响(杂质常常可在色谱上分开),测定结果可靠性高。与常规的液相色谱法相比,手性高效液相色谱分析法需要使用手性柱分离对映异构体,从而测定 ee 值,多数采用正相流动相体系(正己烷/异丙醇体系)。ee 值测定的一般步骤:①采用常规的非手性合成方法制备待测样品的外消旋体;②以外消旋体为分析样品,参照文献报道或多次尝试,摸索出合适的液相色谱分离条件(手性柱的型号、流动相的组成、流动相的流速、温度和检测器的波长),分开两个对映异构体,出现面积相同的两个峰,并记录其保留时间;③在相同的色谱分离条件下,分析待测样品,根据外消旋体的保留时间,找到两个对映异构体的出峰,两者面积百分比之差即 ee 值。对于不易溶解或暂无合适色谱条件分开的手性化合物,可以先进行常规的衍生化反应转化,再用手性高效液相色谱测定 ee 值;对于部分极性非常小且不易衍生化的手性化合物,手性高效液相色谱不可行时,可考虑采用手性气相色谱测定 ee 值。对于非对映异构体组成(dr 值)的测定,通常采用核磁共振氢谱(^{1}H NMR)手段,根据非对映异构体的核磁氢谱特征峰的积分面积比,可以计算出 dr 值,也有文献报道采用手性高效液相色谱测定。

2. 绝对构型的测定

手性中心绝对构型的测定是新手性化合物的合成研究中必须开展的工作,最常用且可靠的方法是采用单晶 X 射线衍射分析。该分析方法称为反常 X 射线散射法,X 射线的波长越长,反常散射越明显。单晶衍射仪通常采用钼靶(Mo K_α 0.71073×10^{-10}m)和铜靶(Cu K_α 1.5418×10^{-10}m),铜靶是钼靶波长的 2 倍,适用范围更广,更实用。对于钼靶,要求晶体结构中含有磷或更重的原子;对于铜靶,晶体含氧或更重的原子即可,多数手性化合物都能满足要求。对于不含重原子的分子，在不影响手性中心的情况下，可以通过衍生化反应引入重原子或已知绝对构型的手性分子，再测定其绝对构型。许多手性化合物不能或不易获得单晶，也常需要经衍生化反应转化为易获得单晶的手性化合物，再测定绝对构型；或转为已知手性化合物，通过比较旋光的方向确定绝对构型。

第二节　手性药物

一、概述

手性药物（chiral drug）是指药物的分子结构中存在手性因素，且由具有药理活性的手性化合物组成的注册药物，其中只含单一有效对映体或者以有效对映体为主。手性药物的研制是当今新药研究与开发的趋势，亦是全球各大制药公司追求利润的新目标和方向。随着合理药物设计思想的日趋深入和完善，研究和开发的药物分子结构趋于复杂，手性药物出现的可能性越来越大。例如，在 2022 年全球前 100 位畅销药物中，小分子药物有 45 个，其中手性药物有 25 个，占半数以上。因具有副作用小、使用剂量低和疗效高等优点，手性药物的临床用量日益上升，销量迅速增长，市场占有份额逐年扩大。

在多数情况下，手性药物的立体异构体在生物体内的药理活性、代谢过程、代谢速率及毒性等存在显著的差异，因为手性药物的药理作用是通过与生物体内大分子之间的手性识别和匹配而实现的。手性药物中不同立体异构体可能具有不同的生理活性，人类对此认识的历史并不长，其中最值得提起的一个经典案例是震惊全球的"反应停事件"。20 世纪 60 年代，德国制药公司开发了一种具有中枢神经镇静作用的药物——反应停（沙利度胺，thalidomide），能够显著抑制孕妇的妊娠反应（呕吐和失眠），且不具有成瘾性。反应停当时被认为是一种没有任何副作用的抗妊娠反应药物，成为"孕妇的理想选择"，在全球四十多个国家畅销，主要在欧洲、日本、澳大利亚、加拿大、非洲和拉丁美洲等地区。随后，陆续发现因孕妇服用反应停药物而导致出生一万多名畸形儿，这种婴儿多数手脚比正常人短小，有的甚至没有手脚，形状如海豹一样，被称为"海豹儿"，这也成为医药史上的重大悲剧事件。后来研究发现，沙利度胺药物分子含有两种异构体，它们具有完全不同的生理活性，其中 R-异构体 28 具有镇静作用，而 S-异构体 29 具有致畸性。

28
(R)-沙利度胺
镇静作用

29
(S)-沙利度胺
致畸性

随着人类对手性化合物光学异构体性质差异的认识不断加深，对手性药物的批准上市更加严格和慎重。1992年，美国食品药品监督管理局（FDA）公布了手性药物的发展纲要，要求所有在美国申请上市的外消旋体新药，药物开发商必须提供报告明确量化药物中每一种立体异构体的各自药理作用、毒性和临床效果；并且当异构体具有明显的药效和毒理作用差异时，必须以单一光学异构体的药品形式上市。2006年1月，我国国家食品药品监督管理总局（SFDA）也针对手性药物上市出台了类似的政策法规。这就是说，对于申请上市的新药，如果其化学分子结构中含有一个手性中心，药物开发商必须提供左旋体、右旋体和外消旋体三者各自的药效学、毒理学和临床效果等试验的报告。

二、手性药物的分类

随着手性化合物制备方法的不断发展，特别是手性拆分、不对称催化和手性色谱分离等技术的日益成熟，对手性药物对映体各自药理作用、毒性和临床效果的研究更加便利，也对其药效学和毒理学的性质差异有了更深入的认识。根据手性药物对映体之间药理活性和毒副作用的差异，以及与药效的关系，可将手性药物大致分为以下几类。

1. 对映体具有不同的药理活性

（1）一个对映体发挥药效起到治疗作用，而另一个对映体没有活性，或者具有毒性和副作用。手性药物中最常见的情况是只有一个对映体有药理活性，另一个对映体没有或具有极低的药理活性，或者具有毒性和副作用，表现出手性药物与靶标作用的立体选择性，因此在临床上采用单一对映体药物。例如，甲基多巴（methyldopa，30）是一种中枢性交感神经抑制类降压药，其中 S-型异构体具有降血压作用，但 R-型异构体无降血压作用。氯胺酮（ketamine，31）是一种麻醉镇痛药，早期以消旋体形式上市，但有明显的致幻副作用，后来研究表明致幻作用主要由 R-型异构体产生，因此后来以单一的 S-型异构体上市。氯霉素（chloramphenicol，32）是一种具有抑制细菌生长作用的广谱抗生素，是以 (1R,2R)-右旋体给药，而它的对映体(1S,2S)-左旋体无抗菌活性且有毒副作用。

（2）两个对映体具有截然相反的药理活性。依托唑啉（etozoline，33）是一种强有力的、作用时间长且起效快的排钾利尿药，R-型异构体具有利尿作用，而 S-型异构体的药理活性相反，具有抗利尿作用。MPPB（34）是一类作用于中枢神经系统的镇静剂，属于巴比妥酸的衍生物，S-型异构体具有抗惊厥活性，而 R-型异构体的药理活性相反，具有促惊厥活性。扎考必利（zacopride，35）是一种作用于拮抗 5-HT$_3$ 的抗精神病药物，研究表明 R-型异构体具有拮抗作用，而 S-型异构体具有激动作用，两个对映体的药理活性相反。

33 利尿作用   **34** 抗惊厥活性   **35** 拮抗作用

(3) 两个对映体药理活性不同，但相辅相成，需合并用药更有利。有些手性药物的两个对映体的药理活性不同，但彼此具有相辅相成的作用，合并用药比单一立体异构体更有利。例如，普萘洛尔（propranolol，**36**）是一种用于治疗心律失常的药物，S-型异构体对β-受体阻断作用比 R-型强约 100 倍，但 R-型异构体对钠通道有阻断作用，在治疗心律失常时，两种异构体有协同作用，外消旋体药物比单一立体异构体的治疗效果更好。多巴酚丁胺（dobutamine，**37**）是一种强心药物，临床上用于心排血量低和心率慢的心力衰竭患者，左旋体为α-受体激动剂，对β-受体激动作用轻微，而右旋体为β-受体激动剂，对α-受体激动作用轻微，两个对映异构体的药理作用互补，因此临床上采用外消旋体给药。镇痛药物曲马多（tramadol，**38**）也属于这种类型，以消旋体形式给药。

36   **37**   **38**

(4) 两个对映体具有完全不同的药理作用，开发为两种药物。两种对映异构体药物作用于不同的靶标，表现出完全不同的药理活性，开发为两种药物，在临床上用于不同的治疗目的。例如，右旋丙氧芬（dextropropoxyphene，**39**）具有镇痛作用，用作镇痛药，而其对映体左旋丙氧芬（levopropoxyphene，**40**）无镇痛作用，但却是有效的镇咳药；左旋咪唑（levamisole，**41**）具有驱虫和免疫刺激作用，是一种广谱驱肠虫药，主要用于驱蛔虫及钩虫，而其对映体右旋咪唑（dexamisole，**42**）具有抗抑郁作用。

39   **40**   **41**   **42**

2. 对映体具有相同的药理活性，但活性强度有差异

氯苯那敏（chlorpheniramine，**43**）是过敏性疾病常用的 H1 型抗组胺药，主要用于过敏性鼻炎和鼻窦炎及过敏性皮肤疾患如荨麻疹、过敏性药疹或湿疹、虫咬所致皮肤瘙痒等，右旋体的药理活性高于左旋体。氧氟沙星是一种广谱抗菌的氟喹诺酮类药物，主要用于革兰氏阴性菌所致的呼吸道、咽喉、扁桃体、泌尿道等部位的感染，S-氧氟沙星（levofloxacin，**44**）抑制细菌拓扑异构酶Ⅱ的活性是 R-型的 9.3 倍，是消旋体的 1.3 倍，对各种细菌的抑菌活性 S-型一般是 R-型的 8～128 倍，所以左氧氟沙星（S-氧氟沙星）已取代了早期市场上使用的消旋氧氟沙星。萘普生是一种重要的非甾体消炎镇痛药物，S-型萘普生（naproxen，**45**）的抗炎和解热镇痛活性是 R-型的 35 倍，因此，临床上采用单一的 S-型异构体用药。

3. 对映体具有相近的药理活性

部分手性药物的两个对映体的药理作用和强度相近，它们之间以及与消旋体之间的药理活性没有明显差别，那么从经济角度出发，无需开发单一的手性异构体药物。例如，抗心律失常药物氟卡尼（flecainide，**46**）和普罗帕酮（propafenone，**47**）属于这类，它们的 R-和 S-型异构体抗心律失常和对心肌钠通道的作用几乎相同，药物的吸收和代谢也无明显差异，同时与消旋体也差不多，因此临床上直接使用消旋体药物。

三、手性药物的制备方法

手性化合物在医药、农药、香料及材料等领域都具有非常广泛的应用。自20世纪发现对映异构体在生物体内可能存在显著差异以来，人们对光学纯手性化合物的需求开始不断增大，特别是手性药物及中间体，大大促进了对手性化合物制备方法的研究。

如图 4-2 所示，手性药物的制备方法可分为化学方法和生物方法，有时需要将两

种方法相结合。化学方法可分为外消旋体拆分（racemate resolution）、手性源合成（chiral pool synthesis）和不对称合成（asymmetric synthesis）三种方法。外消旋体拆分是目前工业上最常采用的方法，以潜手性化合物为原料，先采用常规化学合成方法获得外消旋体，再采用手性拆分技术拆开外消旋体制备手性化合物。外消旋体拆分方法又主要可分为结晶拆分法、动力学拆分法和色谱拆分法。手性源合成主要是指以价廉易得的天然手性化合物或其衍生物为原料，通过常规合成方法转化为目标手性化合物，该方法简单，但所得手性化合物的种类非常有限。不对称合成是指潜手性底物在手性环境下（手性试剂、催化剂或溶剂存在的条件下）选择性地转化为手性产物的过程，其包括手性辅剂、手性试剂或底物诱导合成（又称计量型不对称合成）和不对称催化合成。手性辅剂、手性试剂或底物诱导合成需要投入化学计量的手性化合物，不够经济；而不对称催化合成能以少量的手性催化剂将大量潜手性底物转化成手性产物，实现手性增值，是目前公认获得手性化合物最经济的方法。

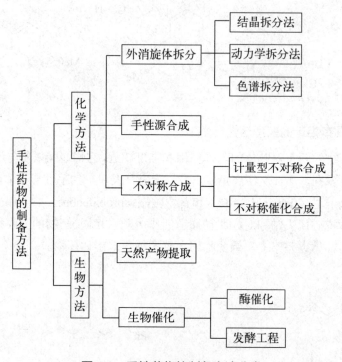

图4-2 手性药物的制备方法分类

生物方法主要分为天然产物提取和生物催化两种方法。天然产物提取是指采用分离技术直接从动植物体中获得天然的手性化合物，如糖类、萜类、生物碱等。生物催化是指利用酶或者生物有机体（细胞、细胞器、组织等）作为催化剂进行化学转化的过程，生物催化中常用的有机体主要是微生物，其本质是利用微生物细胞内的酶催化有机化合物的生物转化，又称微生物生物转化。在生物催化转化过程中，当采用游离酶或固定化酶为催化剂时称为酶催化，当采用活细胞（包括微生物、动物、植物细胞）为催化剂时称为发酵工程。

第三节 外消旋体拆分

外消旋体拆分（racemate resolution），也称为手性拆分（chiral resolution）或光学拆分（optical resolution），指通过物理、化学或生物等方法将外消旋体分离成为单一的对映异构体，是获得手性化合物的重要途径之一。在化学药物的合成工艺中，当采用非手性的常规化学合成方法制备药物及其中间体时，若分子结构中产生新的手性元素，只能得到由等量的左旋体和右旋体混合的外消旋体，通常需要采用外消旋体拆分才可得到光学纯异构体。外消旋体拆分应用于制备手性化合物的历史超百年，技术成熟，便于大规模工业生产；尽管有时操作烦琐，费时费力，且拆分产率常常不超过50%，但一直是制备手性化合物的主要方法之一。据报道，目前大约有65%非天然手性药物是通过外消旋体药物或中间体的手性拆分而制得，近十年新上市的手性药物中也有超过40%是通过手性拆分获得的，由此可见外消旋体拆分仍是目前制药工业中获得手性药物的主要手段。外消旋体拆分方法主要可分为结晶拆分法、动力学拆分法和色谱拆分法。

结晶拆分法是指采用结晶方式，使得外消旋体溶液中的某一种对映异构体结晶析出，而另一种对映异构体留在溶液中，从而达到手性拆分的目的。结晶法拆分法是最常用的外消旋体拆分方法，在手性药物生产中发挥重要的作用。结晶拆分法又分为直接结晶拆分法（direct crystallization resolution）和化学拆分法，直接结晶拆分法包括自发结晶法、优先结晶法和同时结晶法，适用于外消旋混合物的拆分，而化学拆分法主要为形成非对映异构体盐拆分法，一般用于外消旋化合物和外消旋固溶体的拆分。共晶拆分法和包结拆分法在广义上也属于化学拆分法。

一、直接结晶拆分法

（一）外消旋体的种类

在结晶状态下，由于对映体分子间的晶间力的相互作用有明显差别，外消旋体存在三种类型：外消旋混合物、外消旋化合物和外消旋固溶体。图4-3是其结晶形态示意图。

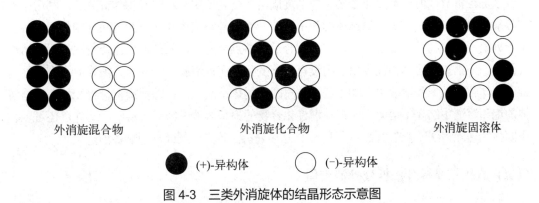

图4-3 三类外消旋体的结晶形态示意图

（1）外消旋混合物（racemic mixture）又称为聚集体（conglomerate），是等量的两种相反构型纯异构体晶体的机械混合物，相同构型的对映异构体分子因其间具有较大亲和力而进行结晶，每个晶核中仅包含一种对映异构体。该类型相对较少，占所有外消旋体的5%~10%。外消旋混合物的性质和一般混合物的性质相似，通常其熔点低于单一纯对映异构体［图4-4(a)］，溶解度大于单一纯对映异构体。

（2）外消旋化合物（racemic compound）是两种对映异构体以等量的形式共同存在晶格中而形成均一的结晶体，相反构型的对映异构体分子因其间具有较大亲和力而进行结晶，每个晶核包含等量的两种对映异构体。外消旋化合物是较为常见的类型，大约占所有外消旋体的90%。外消旋化合物的熔点通常比单一纯对映体高，处于熔点曲线的最高点［图4-4(b)］。当向外消旋化合物中加入一些纯的对映异构体时，会引起熔点下降。

（3）外消旋固溶体（racemic solid solution）又称为假外消旋体（pseudoracemate），是指两种对映异构体以非等量的形式共同存在晶格中而形成的一种固体溶液，属于外消旋化合物的一种特殊情况，比较少见。其产生的主要原因是相同构型分子之间与相反构型分子之间的亲和力差别不大，两种构型的分子以任意比例相互混杂析出。通常其熔点曲线是凸形或凹形的，理想的情况下是一条直线，假外消旋体的物理性质与纯对映异构体基本相同［图4-4(c)］。

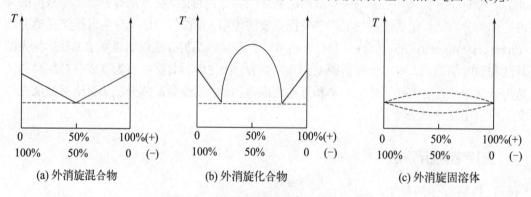

图 4-4　三类外消旋体的熔点示意图

判断外消旋体的类型对结晶拆分法非常重要，因为只有外消旋混合物才能利用直接结晶拆分法进行拆分，而外消旋化合物和外消旋固溶体需要使用非对映异构体拆分法。利用熔点和溶解度曲线是区分三类外消旋体的简单方法。当将外消旋体和任一纯对映异构体混合时，由于外消旋混合物具有混合物的性质，混合后的熔点会升高，而外消旋化合物混合后的熔点会降低，外消旋固溶体的混合熔点则没有显著变化。在外消旋化合物、外消旋混合物和外消旋固溶体各自的饱和溶液中，加入任一纯对映异构体结晶后，在外消旋混合物和外消旋固溶体的饱和溶液中结晶不溶解，而在外消旋化合物的饱和溶液中结晶会溶解。此外，还可以利用固体红外光谱法、粉末X射线衍射法和差热分析法等方法判断外消旋体的类型。

（二）直接结晶拆分法拆分外消旋体

1. 自发结晶法

自发结晶拆分（spontaneous resolution）是指在平衡的结晶过程中外消旋体自发地形成

聚集体，两种对映体以对映结晶的形式等量地自发析出，由于聚集体结晶是对映结晶，结晶体之间也是互为镜像的关系，用人工方法将两种对映体结晶体分开，从而实现拆分。1848年，Louis Pasteur 发现酒石酸盐在低温下可自发结晶得到两种互为镜像的结晶体，并在显微镜下用镊子成功将两种晶体分开，之后将两种晶体分别溶于水，发现其水溶液的旋光方向完全相反。该实验首次证明了手性分子的存在，也被认为是首次通过结晶操作完成的手性拆分。自发结晶法要求析出的结晶必须具有一定的形状以便于识别分离，且本身也不适合工业化规模，因此其应用有很大的局限性。

2. 优先结晶法

优先结晶法（preferential crystallization）也称诱导结晶法或晶种法，是指在饱和或过饱和的外消旋体溶液中加入其中一种对映体的晶种，使其按非平衡的结晶过程进行，诱导该对映体优先结晶析出，将其从外消旋体中分离出来，从而实现手性拆分。例如，将(R)-对映体的晶种加到外消旋体的饱和溶液中，通过降低温度等方法析出(R)-对映体结晶，就可收集得到一批纯的(R)-对映体，大约是加入晶种量的两倍。如果再取与得到的(R)-型产物等量的外消旋体，加热溶于滤液形成饱和溶液，加入(S)-对映体的晶种使其结晶析出，可收集得到(S)-构型产物。

优先结晶法是一种较为成熟的拆分方法，既适合实验室制备又适合工业生产。该方法的优点是不需要加入外源手性拆分剂，成本低，操作简单，易于实现规模化生产。优先结晶拆分的前提条件是底物具备外消旋混合物的性质，即同手性作用大于异手性作用。

本方法的缺点是拆分条件（如浓度、温度等）较难控制，所得异构体的光学纯度往往不太高；消旋体的溶解度一定要大于单一对映异构体的溶解度。在进行工艺考查时，需要仔细研究溶解度、平衡温度和过饱和度的测定，消旋体与单一对映异构体的比例，结晶速度，循环次数及母液的处理等问题，才能获得较理想的结果。

3. 同时结晶法

将外消旋混合物的过饱和溶液，同时通过含有不同对映体晶种的两个结晶室或两个流动床，同时得到两种对映体结晶。剩余溶液与新进入系统的外消旋混合物混合，加热形成过饱和溶液，循环通过结晶室或移动床，达到结晶室所要求的过饱和度，再得到两种对映体结晶，从而可以实现连续化生产。

二、化学拆分法

化学拆分法是利用手性拆分剂将外消旋体拆分为单一光学异构体的拆分方法。利用外消旋体与某一手性拆分剂进行反应所生成的两种非对映异构体盐或其他复合物在溶解性能方面的差异，实现非对映异构体的分离，最后采用化学方法将手性试剂移除，最终获得单一目标对映体。当外消旋体无可离子化的基团时，手性拆分剂可通过氢键与外消旋体形成非对映异构共晶，再根据理化性质差异实现拆分；或仅与某一对映体形成单一的共晶而实现拆分。包结拆分则是利用手性拆分剂（主体）形成具有手性空穴的笼状结构，主要通过氢键作用选择性包结某一对映体（客体）。化学拆分扩大了通过结晶方式拆分的底物范围，使该方法的应用范围更广。

（一）形成非对映异构体盐拆分法

外消旋体可通过与手性拆分剂形成非对映异构体盐，再根据溶解度等理化性质的差异，采用结晶方法实现拆分。通常将外消旋的酸（或碱）与旋光性的碱（或酸）反应，生成非对映体的盐，然后再利用非对映体盐的溶解度差异将它们分离，最后脱去拆分剂达到分离的目的。该方法也是经典的手性拆分方法，可用于工业化生产。

外消旋体的酸 [(dl)-A] 或碱 [(dl)-B] 与一个光学纯的拆分剂发生反应时，会生成两种非对映异构体盐的混合物。用 p 表示和拆分剂旋光性相同的对映体形成的盐，用 n 表示和拆分剂旋光性不同的对映体所形成的盐。

$$(dl)\text{-A} + (l)\text{-B} \longrightarrow (d)\text{-A} \cdot (l)\text{-B} + (l)\text{-A} \cdot (l)\text{-B}$$
$$\qquad\qquad\qquad\qquad\qquad\text{n盐}\qquad\qquad\text{p盐}$$

非对映异构体可形成低共熔混合物（eutectic mixture），也可形成固溶体。无论非对映异构体形成低共熔混合物还是固溶体，只有 p 盐和 n 盐之间的溶解度差异较大时，才有利于结晶法拆分。

（二）拆分剂及其选择原则

1. 常用拆分剂

利用形成非对映异构体盐进行拆分的关键是选择合适的拆分剂。合适的拆分剂应该容易与被拆分的对映体生成非对映异构体盐，而且反应后经拆分也容易再生出原来的对映体。常用的拆分剂包括天然拆分剂和合成拆分剂。天然存在的或通过发酵可规模化生产的各类手性酸或碱，以及容易合成的手性化合物、大规模生产的手性中间体等都是拆分剂的重要来源。常用的酸性拆分剂有酒石酸、樟脑-10-磺酸、苹果酸、扁桃酸、焦谷氨酸和苯甘氨酸等，如图4-5所示；常用的碱性拆分剂有奎宁、辛可尼丁、番木鳖碱、脱氢松香胺、假麻黄碱、α-苯乙胺等，如图4-6所示。

2. 拆分剂的选择原则

根据拆分非对映异构体盐的大量实验经验，总结得到如下选择拆分剂的基本原则。

（1）拆分剂的光学纯度要高，化学稳定性要好，在加热、强酸或强碱条件下，拆分剂化学性质稳定，不发生消旋化。

（2）在常用溶剂中，形成的两种非对映异构体的溶解度差别必须显著，并且至少其中之一能形成较好的结晶。

（3）一般情况下，强酸或强碱型拆分剂的拆分效果优于弱酸或弱碱型拆分剂，因为弱酸或弱碱型拆分剂和外消旋体容易形成极易解离的盐。

（4）拆分剂的来源要广泛，价格要便宜，拆分剂可回收，拆分后回收率要高，且回收方法简单易行。

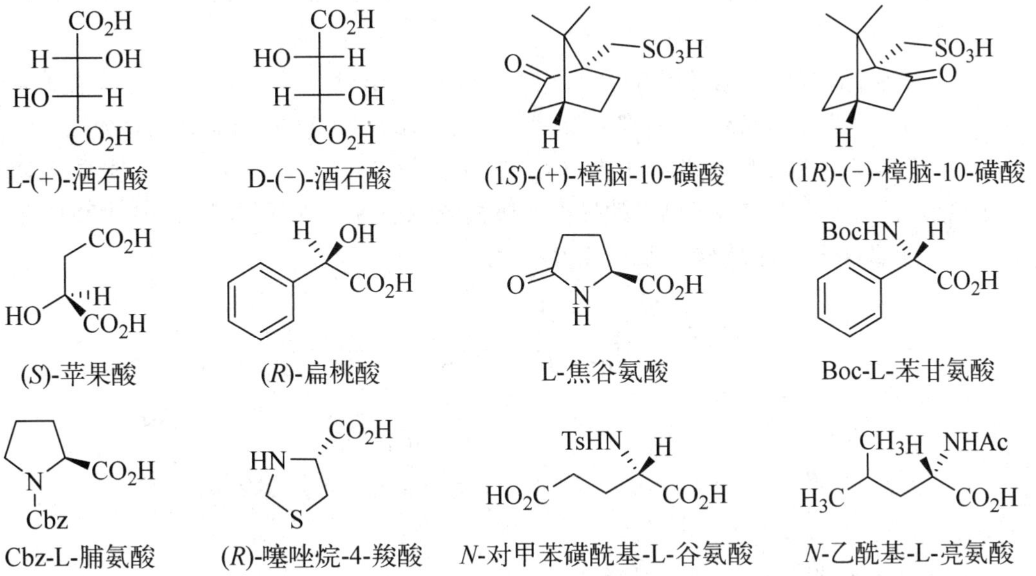

L-(+)-酒石酸　　D-(−)-酒石酸　　(1S)-(+)-樟脑-10-磺酸　　(1R)-(−)-樟脑-10-磺酸

(S)-苹果酸　　(R)-扁桃酸　　L-焦谷氨酸　　Boc-L-苯甘氨酸

Cbz-L-脯氨酸　　(R)-噻唑烷-4-羧酸　　N-对甲苯磺酰基-L-谷氨酸　　N-乙酰基-L-亮氨酸

图 4-5　常用的酸性拆分剂

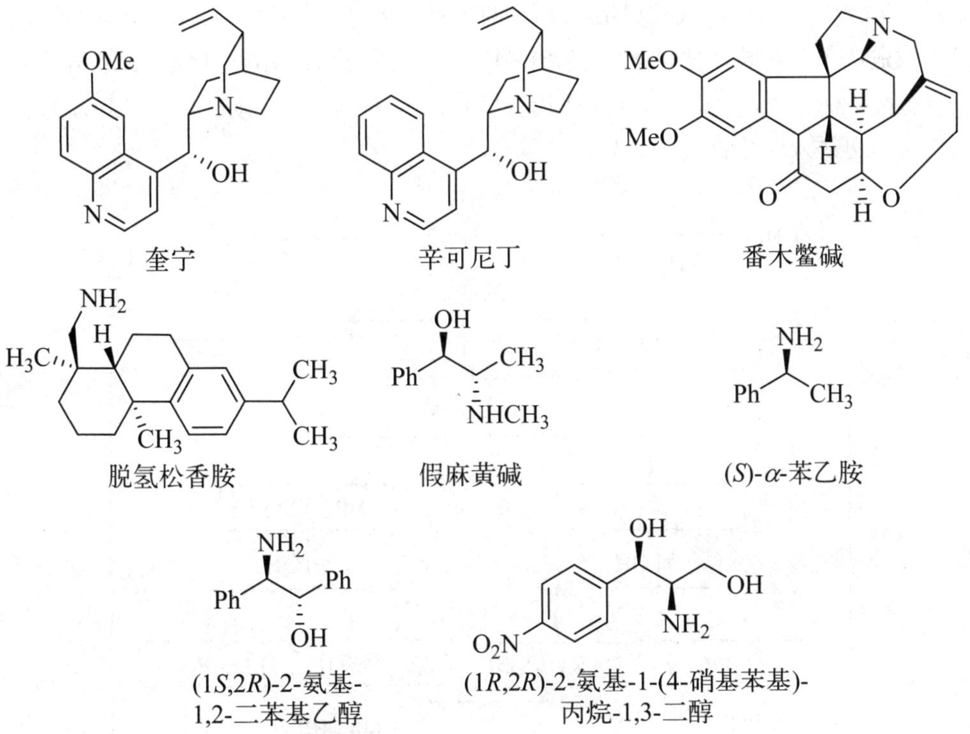

奎宁　　辛可尼丁　　番木鳖碱

脱氢松香胺　　假麻黄碱　　(S)-α-苯乙胺

(1S,2R)-2-氨基-1,2-二苯基乙醇　　(1R,2R)-2-氨基-1-(4-硝基苯基)-丙烷-1,3-二醇

图 4-6　常用的碱性拆分剂

(5) 拆分剂的手性碳原子距离成盐的官能团越近越好。

(6) 拆分剂结构中若含有可形成氢键的官能团，有利于相应的非对映异构体盐形成紧密的刚性结构。

(7) 同等条件下应优先考虑低分子量的拆分剂，因低分子量拆分剂的生产效率高。

在药物度洛西汀（duloxetine）的制备工艺中使用了形成非对映异构体盐拆分法，利用 *N,N*-二甲基-3-羟基-3-(2-噻吩基)-1-丙胺（**48**）与拆分剂(*S*)-扁桃酸（**49**）作用，形成非对映异构体盐，溶解度不同使易于结晶的异构体盐 **50** 分离出来，然后用碱 NaOH 中和分离出 (*S*)-*N,N*-二甲基-3-羟基-3-(2-噻吩基)-1-丙胺（**51**）。

工业生产中利用化学拆分法的另一个典型例子是抗生素中间体 D-苯甘氨酸（D-PG）的生产（图 4-7），DL-苯甘氨酸（DL-PG）的两个对映体分别与(*S*)-(+)-樟脑-10-磺酸（CAS）在水中形成两个非对映体盐，结晶分离出两个非对映体盐后，用碱处理进行水解可分别得到苯甘氨酸的两个对映体，同时可以回收再利用(*S*)-(+)-樟脑-10-磺酸，其中 L-苯甘氨酸经外消旋化后可进入体系再进行拆分。

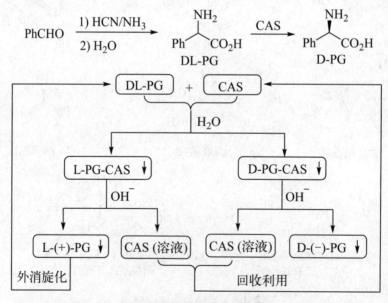

图 4-7 DL-苯甘氨酸的拆分

抗肥胖药物盐酸氯酪蛋白(**52**)的制备工艺中,先将外消旋的氯酪蛋白(**53**)与L-(+)-酒石酸在丙酮混合溶剂中进行成盐,得到单一构型的氯酪蛋白酒石酸盐(**54**),盐 **54** 再与氢氧化钠反应得到游离胺,最后用 HCl 饱和乙酸乙酯溶液处理得到盐酸氯酪蛋白(**52**)。

(三) 共晶拆分法

共晶拆分法是拆分剂通过氢键与某一对映体形成共晶而实现拆分,或与外消旋体形成一对非对映异构共晶,再根据理化性质差异实现拆分。共晶拆分法适用于拆分不具备离子化基团的外消旋体。共晶拆分中,拆分剂与底物的主要作用力是氢键,与离子键相比,氢键的作用力较弱且具有方向性。在溶液中进行共晶拆分一般只得到拆分剂与某一对映体组成的单一共晶。

溶液法是制备共晶最常用的方法,但是溶剂的介入,使问题变得复杂,必须考虑拆分剂和底物各种异构体的溶解度。由于拆分剂与底物之间的作用力较弱且具有方向性,在溶液体系中寻找适合共晶拆分的拆分剂和拆分条件通常需要大量的尝试。Springuel 等绘制了抗癫痫药左乙拉西坦及其对映体与(S)-扁桃酸组成的共晶拆分体系的四元相图,根据相图寻找和优化拆分条件,高效获得了光学纯的左乙拉西坦。

共晶也可以通过机械化学研磨(mechanochemical milling)方法得到。例如,外消旋体 DL-苹果酸(DL-MA)和 L-酒石酸(L-TA)通过研磨可以得到 D-MA:L-TA 和 L-MA:L-TA 两种共晶的混合物。通过它们之间溶解度的区别,找到合适的溶剂可以实现对它们的分离。而如果是 L-苹果酸,则不能和 DL-酒石酸通过研磨法得到共晶。这是因为 DL-酒石酸具有较高的熔点和最低的晶格能,因此不能向共晶转化。而 DL-苹果酸熔点较低,稳定性低于共晶,所以能够形成共晶。液体辅助研磨(liquid-assisted grinding,LAG)技术避免了在溶液体系中因拆分剂与底物溶解度的差异而无法得到热力学稳定的共晶,从而提高了寻找适合形成共晶的拆分剂的效率。

吡喹酮（praziquantel，PZQ）为一种用于人类及动物的驱虫药，专门治疗绦虫及吸虫，对血吸虫、中华肝吸虫、广节裂头绦虫特别有效。吡喹酮是一种手性药物，Sánchez-Guadarrama 及合作者利用液体辅助研磨技术发现外消旋吡喹酮（rac-PZQ）与 L-苹果酸（L-MA）可以形成一对非对映异构共晶。(R)-PZQ:L-MA 和 (S)-PZQ:L-MA 具有不同的溶解性，尤其在丙酮、乙酸乙酯和氯仿中它们的溶解度不同。将(RS)-PZQ 和 L-MA 加入沸腾的乙酸乙酯中，得到(R)-PZQ:L-MA 共晶。(R)-PZQ:L-MA 在水中打浆可以得到(R)-PZQ 的半水合物，从而将共晶中的 L-MA 移除，实现手性分离，并且 ee 值高达 99%，这为实现吡喹酮的手性拆分提供了新方法。

（四）包结拆分法

包结拆分法主要利用手性主体分子（包结拆分剂）与欲包结客体分子间存在的非共价键相互作用（包括氢键、π-π相互作用等），使手性主体分子选择性地与客体分子的对映异构体之一发生作用，形成包结复合物（inclusion complex），将该包结复合物用物理方法（结晶、过柱、蒸馏、置换等）分开得到所需的手性客体化合物。如 Vingradov 等以 TADDOL 的类似物(2S,3S)-1,4-二氧杂螺[4.5]癸-2,3-二基双(二苯基甲醇)（CYTOL，55）为包结拆分剂，实现了对甘油醛缩丙酮类化合物(2,2-二甲基-1,3-二氧五环-4-基)甲醇外消旋体(rac-56) 的拆分，拆分所得一种对映体产物(R)-56 的产率达到 60%，光学纯度达到 97% ee。

使用(S)-(−)-2,2′-二羟基-1,1′-联萘（**57**）的包结拆分法来拆分奥美拉唑（**58**），得到埃索美拉唑包结复合物（**59**），再用 NaOH 和 $MgCl_2$ 处理得到埃索美拉唑镁盐（**60**），ee 值高达 99.6%。

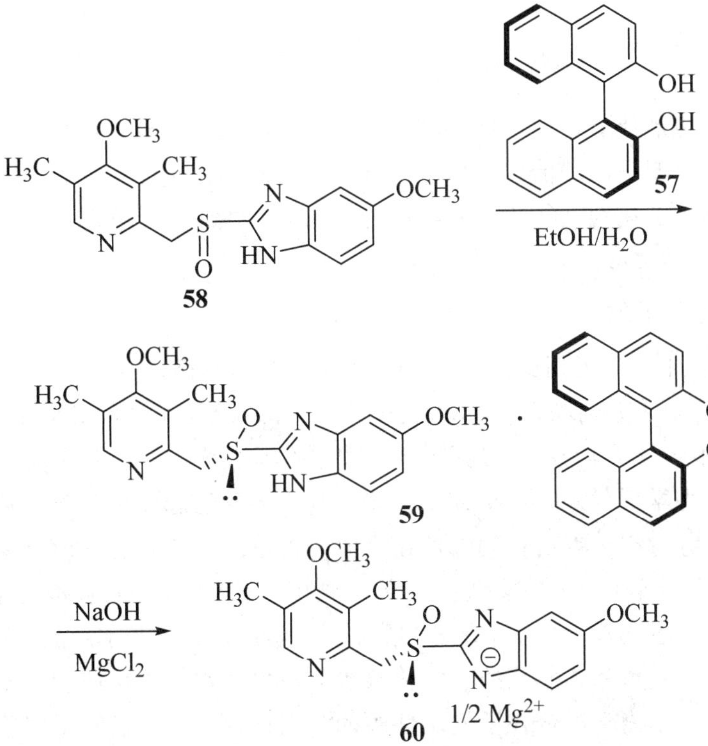

包结拆分中主体分子与客体分子间不发生任何化学反应，只是通过分子间作用力如氢键来实现拆分，因而主体很容易通过如过柱、溶剂交换以及逐级蒸馏等手段与客体分离并可循环使用。包结拆分法操作简单，易于规模生产，具有很高的工业应用价值。

三、动力学拆分法

动力学拆分（kinetic resolution）也是一种较常见的外消旋体拆分方法，主要利用两个对映异构体在手性环境（如手性试剂、手性催化剂或酶）作用下发生反应的反应速率差异而使其分离。外消旋的两个对映体 $A_{(S)}$ 和 $A_{(R)}$ 与手性试剂 B^* 反应，由于反应速率不同，会发生动力学拆分过程，反应速率差异越大，动力学拆分效果越好。反应前，对映体 $A_{(S)}$ 和 $A_{(R)}$ 的含量各占 50%，若对映体 $A_{(S)}$ 的反应速率远大于对映体 $A_{(R)}$ 的反应速率，即 $k_S \gg k_R$，则反应速率大的对映体 $A_{(S)}$ 优先完成反应得到产物 **C**，剩下反应速率小的对映体 $A_{(R)}$ 在未反应底物中占优势，再经分离纯化便可以得到对映体 $A_{(R)}$。手性试剂的选择性因数（selectivity factor）$s = k_S/k_R$，是判断其动力学拆分能力的重要参数，选择性因数 s 越大，动力学拆分效果越好。经典动力学拆分也存在一些问题，如只能得到一种对映体，得到的产物受反应程度的影响不易获得高的 ee 值，理论收率最高只有 50%。

$$A_{(S)} + B^* \xrightarrow{k_S} C$$

$$A_{(R)} + B^* \xrightarrow{k_R} C'$$

若用手性催化剂或酶替代手性试剂发生催化的动力学拆分，则可能更为实用。根据手性催化剂的来源不同，催化动力学拆分可分为两类：①生物催化动力学拆分，主要以酶或微生物为催化剂；②化学催化动力学拆分，主要以手性酸、碱或金属络合物为催化剂。

1. 生物催化动力学拆分

1858 年，法国科学家巴斯德（Pasteur）发现用灰绿青霉菌发酵消旋体酒石酸铵时，右旋对映体代谢速率比左旋对映体快，以此进行分离，得到光学活性的(S,S)-酒石酸，这被认为化学史上第一例动力学拆分，也是第一个生物催化动力学拆分的例子。

生物催化动力学拆分是采用酶或微生物（细胞内的酶起作用）作催化剂进行外消旋体的动力学拆分过程，也可称为酶催化动力学拆分。酶是具有高度立体特异性的生物催化剂，相比于化学催化剂，酶促反应条件温和、操作简便、对环境污染少。用于动力学拆分的酶目前主要是一些水解酶，如脂肪酶、酰胺酶、氰基水解酶、氨肽酶等；还有一些其他酶，如脱氢酶、脱氯酶、酰化酶等。随着非水相酶反应和固定化酶技术的日趋成熟，酶催化动力学拆分在手性工业中的应用日益广泛，已有很多手性药物及中间体被成功拆分的实例。

工业上采用酶催化动力学来拆分氨基酸，先将外消旋的氨基酸进行乙酰化反应，再利用特异性的 L-酰基转移酶催化水解 N-乙酰基氨基酸的外消旋体，其中 L 型 N-乙酰基氨基酸发生脱乙酰基反应得到 L-氨基酸，D 型 N-乙酰基氨基酸不反应，从而达到将氨基酸拆分的目的。

在化学-酶法生产钙拮抗剂地尔硫䓬（diltiazen，**61**）的制备工艺中，采用脂肪酶拆分消旋体反式 4-甲氧苯基缩水甘油酸甲酯（**62**），其中$(2S,3R)$-异构体在脂肪酶的作用下水解为$(2S,3R)$-甲氧苯基缩水甘油酸（**63**），其不稳定易发生脱羧生成 4-甲氧基苯乙醛；$(2R,3S)$-4-甲氧苯基缩水甘油酸甲酯（**64**）则不发生水解反应，被拆分获得，再以其作为原料与 2-氨基硫酚缩合，再经过环合、羟基乙酰化和氮原子的烷基化合成手性地尔硫䓬（**61**）。

在抗炎药物(S)-萘普生（**65**）的生产工艺中，采用念珠菌属酯酶（Candida cylindracea lipase，CCL）催化外消旋体萘普生甲酯的水解，在酶的作用下，(R)-萘普生甲酯不易发生水解，(S)-萘普生甲酯发生水解反应得到(S)-萘普生（**65**），转化率可以达到39%，对映体过量达到98%。

利用酯酶的催化作用，除了制备手性酸外，也可以制备手性醇。例如，在缩水甘油丁酯的水解反应中，采用猪胰腺酯酶（procine pancreas lipase，PPL）催化，在酶的作用下，(S)-缩水甘油丁酯发生水解反应生成(R)-缩水甘油醇，可进一步转化为(S)-缩水甘油芳香磺酸酯（**66**）；而(R)-缩水甘油丁酯不发生酶水解反应，后续可转化为(R)-缩水甘油芳香磺酸酯（**67**）。两种构型的缩水甘油芳香磺酸酯 **66** 和 **67** 均是合成β$_1$受体阻断剂类药物的关键手性中间体。

2. 化学催化动力学拆分

化学催化动力学拆分，也被称为非酶催化动力学拆分，是采用手性催化剂进行外消旋体动力学拆分的过程，手性催化剂包括有机金属络合物和有机小分子。有机金属络合物是金属与手性配体形成的络合物，选择性地催化某一种对映体发生反应而实现拆分过程。

周其林课题组采用手性铱络合物（**68**）作催化剂，通过动力学拆分外消旋体脂肪醇，选择性氢化脂肪醇的酯基，得到 S 构型的 δ-烷基-δ-羟基酯 **69** 和 R 构型的 1,5-二醇 **70**。当取代基 R 为甲基时，产率达到 46%，对映体过量达到 94%，立体选择性因数 s 达 120，其作为重要的手性中间体，经过四步简单反应可以约 50%的产率合成 I 型糖尿病治疗药物 (R)-利索茶碱（lisofylline，**71**）。

手性有机小分子催化剂可通过氢键、位阻等作用选择性地与某一对映体发生反应而实现拆分。邓力课题组采用金鸡纳碱衍生物(DHQD)$_2$AQN（**72**）作催化剂动力学拆分外消旋体氨基酸前体噁唑酮，在有机小分子催化剂 **72** 作用下，(R)-噁唑酮发生醇解得到(R)-氨基酸甲酯 **73**，(S)-噁唑酮不易发生醇解，可以分离后再水解得到(S)-氨基酸 **74**。通过这种拆分方法可以得到两种构型氨基酸，而且 ee 值很高，有一定的应用前景。手性氨基酸是天然产物合成的手性砌块，也可作为重要医药中间体。

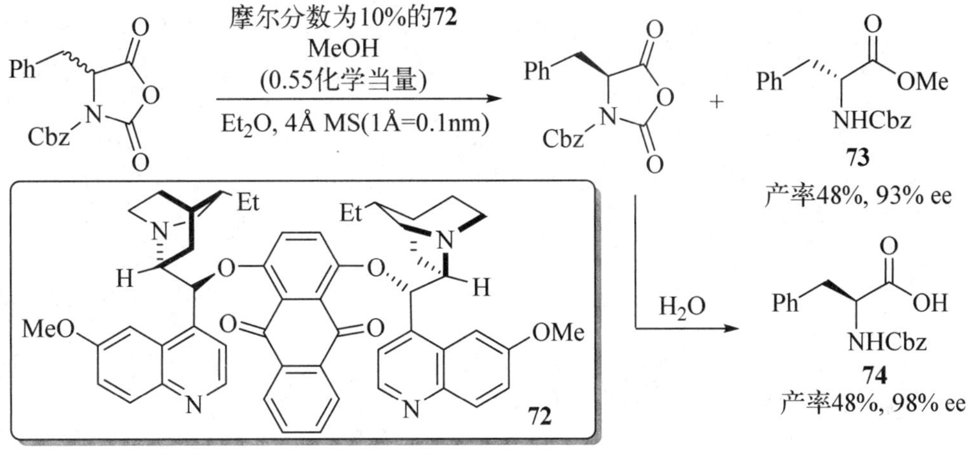

3. 动态动力学拆分

动态动力学拆分（dynamic kinetic resolution，DKR）是动力学拆分与手性位点外消旋化过程的结合，具有对映选择性高和产率高的特点，其理论产率可达 100%。与动力学拆分相比，动态动力学拆分多一个外消旋化的过程，手性位点外消旋化可采用过渡金属催化、酸碱催化等方法实现。动态动力学拆分需满足以下要求：①外消旋化的速率应大于手性催化的速率；②外消旋化试剂与手性催化剂具有化学相容性，即同时发挥作用而不抑制彼此的活性；③具有较高的转化率和对映选择性。

$$\begin{array}{lcccc} \mathbf{A}_{(\boldsymbol{S})} & + & \mathbf{B^*} & \xrightarrow{k_S} & \mathbf{C} \\ \boldsymbol{k}_{\text{inv}} \upharpoonleft\!\downharpoonright & & & & \\ \mathbf{A}_{(\boldsymbol{R})} & + & \mathbf{B^*} & \xrightarrow{k_R} & \mathbf{C'} \end{array}$$

对于抗炎止痛药物酮咯酸（ketorolac，**75**），其(*S*)-异构体 **76** 的药效比(*R*)-异构体强，可通过动态动力学拆分选择性得到(*S*)-异构体 **76**。采用从灰色链霉菌中提取的蛋白酶对酮咯酸乙酯进行拆分，其中(*S*)-酮咯酸乙酯在酶的作用下，发生水解生成(*S*)-酮咯酸（**76**）。而在碱性条件下（pH = 9.7），酮咯酸乙酯由于烯醇化作用容易发生消旋化，这样就可以发生动态动力学拆分，得到(*S*)-酮咯酸，产率达 92%，对映体过量达到 85%。

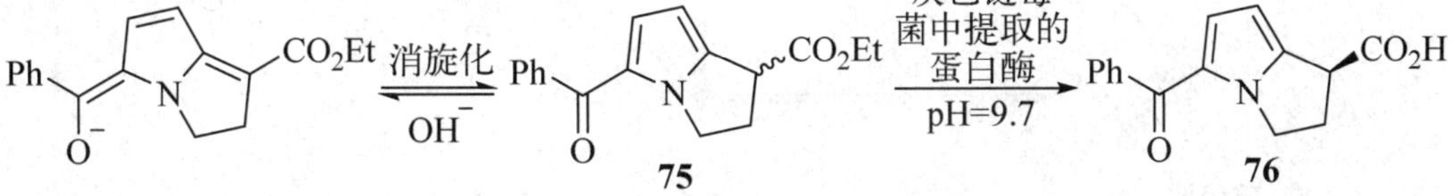

McErlean 课题组采用手性钌催化剂 **77** 对消旋的茚酮底物进行动力学拆分，实现了手性内酯的高对映选择性合成。在手性催化剂 **77** 作用下，以甲酸为氢源，消旋体中的(*R*)-异构体会发生不对称氢转移反应，得到手性醇，再在 PPTS 催化作用下闭环得到手性内酯 **78**；

而消旋体中的(S)-异构体会在碱（i-Pr₂NEt）的作用下，发生烯醇化而消旋化，可以实现动态动力学拆分。手性内酯作为关键的手性中间体可经简单两步反应合成天然产物(+)-GR24。

郭海明课题组采用手性有机小分子催化剂 DMAP 衍生物 **79** 对消旋的 α-芳基-α-甲基羧酸酯进行动态动力学拆分，其中(S)-异构体在催化剂的作用下发生酯交换反应，而(R)-异构体在三乙胺的条件下，发生外消旋化反应，从而实现动态动力学拆分获得(S)-α-芳基-α-甲基羧酸酯 **80**，其可以用于非甾体类抗炎药的制备，如(S)-布洛芬、(S)-萘普生、(S)-酮基布洛芬、(S)-菲诺洛芬和(S)-氟比洛芬等。

四、色谱拆分法

手性色谱法（chiral chromatography）是利用手性固定相（chiral stationary phase，CSP）或手性流动相（chiral mobile phase，CMP）以及手性衍生化试剂（chiral derivazation reagent，

CDR）分离分析手性化合物的对映异构体的色谱方法。其基本原理是对映异构体与手性固定相或手性流动相添加剂作用，形成瞬间非对映异构体"复合物"，由于两对对映异构体形成的"复合物"的稳定性不同，而得到分离。色谱拆分法因分离效果好、简便快捷的优点，在手性拆分方法中占有重要的地位，广泛应用于手性药物及中间体的制备分离和分析检测。色谱拆分法主要包括：高效液相色谱（HPLC）、气相色谱（GC）、超临界流体色谱（SFC）、毛细管电泳（CE）和薄层色谱（TLC）等。其中在手性色谱拆分方面，HPLC 是应用最普遍的色谱法，在此仅对其进行介绍。

在色谱分离技术中，高效液相色谱（HPLC）是最经典实用的分析测定方法。HPLC 手性分离技术具有高效、分离效果好、简单快捷的特点，且拆分适用对象广泛，对于非挥发性和热稳定性差的手性药物也适用。对一般手性样品的分离和测定可一次同时实现，对于更复杂的样品还可采用多维色谱技术，或与红外、质谱、核磁共振联用，进行快速的定性和定量分析。HPLC 不仅可以进行手性样品的纯度测定，而且可以对手性样品进行制备分离，如制备色谱和闭环循环色谱（CLRC）。HPLC 的缺点是需要消耗大量的有机溶剂，操作费用高。

采用 HPLC 拆分对映体可分为间接法和直接法。间接法，又称为手性试剂衍生化（CDR）法，是指将被拆分物先与高光学纯度衍生化试剂反应形成非对映异构体，再进行色谱分离测定。适用于不宜直接拆分的样品，其优点是衍生化后可用普通的色谱柱分离，无需使用价格昂贵的手性柱，而且可选择衍生化试剂引入发色团以提高检测灵敏度。直接法包括手性流动相添加剂（CMPA）法和手性固定相（CSP）法。CMPA 法是将手性选择剂添加到流动相中，利用手性选择剂与被拆分物中各对映体结合的稳定常数不同，以及被拆分物与结合物在固定相上分配的差异，实现对映体的分离。CMPA 法的优点是不需对样品进行衍生化，可采用普通的色谱柱，手性流动相添加剂可流出，也可更换，同时添加剂的可变范围较宽，使用比较方便。CSP 法是指先将具有光学活性的单体固定在硅胶或其他聚合物上制成手性固定相（CSP），在拆分中 CSP 直接与被拆分物对映体相互作用，生成不稳定的瞬间非对映体复合物，稳定性不同造成在色谱柱内的保留时间不同，从而达到分离目的。目前对手性药物的分离分析大多采用手性固定相高效液相色谱法直接分离，该方法具有操作简便、不需衍生化、不改变组分结构、便于收集等显著的优点。

此外，还有萃取拆分、膜拆分、吸附拆分等。相信随着科技的发展以及生物、化学、物理和材料等学科之间的交叉互补，高效、简便、实用的拆分方法将不断涌现。

第四节　手性源合成

手性源合成（chiral pool synthesis）是指以手性源化合物为合成原料，通过化学反应合成新的手性化合物，此过程中手性中心的构型可保持亦可翻转，或建立新的手性中心。手性源主要是自然界存在的天然手性化合物或以其为原料通过较简单方法转化获得的手性化合物，通常具有量大、价廉、易得等特点，如糖类、手性氨基酸类、手性羟基酸类、甾体类、生物碱类等。手性源合成是最传统最常用的制备手性化合物方法，以天然产物作为手性合成子（chiral synthon）在手性药物及中间体的制备方面有着广泛的应用。

一、糖类

糖类是自然界中最丰富的一类手性化合物，广泛存在生物体内，如淀粉、纤维素、甲壳素、脱氧核糖核酸（DNA）和核糖核酸（RNA）。从工业合成的角度看，单糖可作为理想的手性源，其具有来源广泛、可再生、价格低廉、含多手性中心等优点。单糖是指分子结构中含有 3～6 个碳原子的糖，如三碳糖的甘油醛，四碳糖的赤藓糖、苏力糖，五碳糖的阿拉伯糖、核糖、脱氧核糖、木糖、来苏糖，六碳糖的葡萄糖、甘露糖、果糖、半乳糖。单糖作为手性源在手性药物及中间体合成中的应用一直是糖化学的一个重要研究方向。

例如，以 D-葡萄糖为手性源合成米格鲁他（miglustat，81），其是葡萄糖神经酰胺合成酶抑制剂，主要用于治疗不易用酶替代疗法的轻中度 I 型戈谢病。首先，在钯/碳催化氢化作用下，D-葡萄糖 82 与正丁胺发生还原胺化反应生成 N-丁基葡糖胺盐酸盐 83，随后经氧化葡萄糖杆菌的微生物氧化获得 L-呋喃山梨糖衍生物 84，最后经钯/碳氢化作用合成米格鲁他（81）。

以 L-阿拉伯糖（85）为手性源可以合成克拉夫定（clevudine，86）。克拉夫定是一种抗病毒药物，用于治疗乙型肝炎。首先 L-阿拉伯糖经乙酰化和溴化反应得到溴代糖 87，再经锌粉作用生成 L-阿拉伯烯糖 88，随后经选择性氟试剂的氟羟基化和脱乙酰化获得化合物 89。化合物 89 再在硫酸/甲醇回流下生成甲基呋喃糖苷 90，最后经苯甲酰化和溴化反应得到关键中间体 91。5-甲基脲嘧啶在六甲基二硅氮烷（HMDS）和硫酸铵作用下生成化合物 92，然后与手性中间体 91 发生亲核取代反应，再脱苯甲酰保护基得到克拉夫定（86）。

二、手性氨基酸类

氨基酸（amino acid）广义上是指一类含有氨基和羧基的小分子有机化合物。目前自然界中发现 300 多种氨基酸，其中 α-氨基酸有 20 多种，是构成肽和蛋白质的基本单元分子，除甘氨酸外，都是手性的。手性氨基酸可通过分离提取、发酵等方法大量制备，是一类重要的手性源，可应用于多种手性药物及中间体的制备。

例如，以 Boc（叔丁氧羰基）保护的 D-丝氨酸为手性源，可以合成拉考沙胺（lacosamide，**93**）。拉考沙胺是一种抗癫痫药物，用于部分性发作癫痫成年患者和青少年患者（16～18 岁，有或没有继发全身性发作）的辅助疗法。首先 N-Boc-D-丝氨酸（**94**）经硫酸甲酯发生甲基化反应得到化合物 **95**，再与苄胺发生缩合反应得到酰胺 **96**，最后经脱 Boc 保护基、乙酰基保护得到拉考沙胺（**93**）。

以色氨酸甲酯为手性源，可合成他达那非（tadalafil，**98**），他达那非用于治疗勃起功能障碍及肺动脉高压。首先 D-色氨酸甲酯（**99**）与芳醛 **100** 发生 Pictet-Spengler 反应获得顺式四氢咔啉 **101** 和反式四氢咔啉 **102**。主要产物顺式四氢咔啉 **101** 与氯乙酰氯发生缩合得到酰胺 **103**，最后在甲胺作用下形成二酮哌嗪环得到他达那非（**98**）。

三、手性羟基酸类

羟基酸是指一类含有羟基和羧基的小分子有机化合物。羟基酸与氨基酸一样，也是自然界中一类重要的手性源，可通过分离提取、发酵等方法大量制备，常用的羟基酸有乳酸、酒石酸、扁桃酸、苹果酸等，可应用于手性药物及中间体的制备。

例如，以(*R*)-扁桃酸（**104**）为手性原料，合成头孢孟多甲酸酯钠（cefamandole nafate，**105**）。头孢孟多甲酸酯钠是一种杀菌作用强的第二代半合成头孢菌素，对 β-内酰胺酶较稳定，抗菌谱广。首先(R)-扁桃酸（**104**）依次与甲酸、草酰氯反应得到酰氯 **106**，再与头孢中间体 **107** 发生缩合反应得到头孢孟多甲酸酯钠（**105**）。

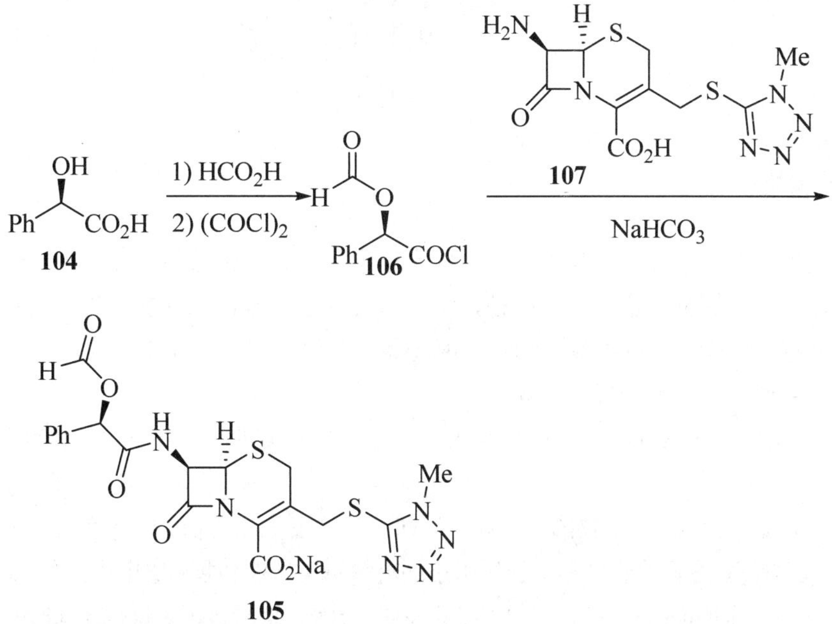

四、甾体类

甾体化合物（steroids）是一类含有环戊烷并多氢菲四元环系结构特征的有机化合物总称。甾体化合物在自然界中广泛存在，种类多、结构复杂、数量庞大、生物活性广泛，是一类重要的天然手性化合物。常见的甾体化合物有甾醇（胆固醇、豆甾醇、菜油甾醇等）、甾体激素（氢化可的松、醋酸可的松、醋酸地塞米松等）、抗早孕甾体（甲羟基孕酮、醋酸孕酮、氯地孕酮等）。甾体化合物的分离提取、合成以及应用研究是药物开发的重要领域。

例如，以孕烯醇酮（**107**）为手性原料，合成固醇别孕酮（brexanolone，**108**），用于治疗产后抑郁。孕烯醇酮（**107**）先经钯/碳催化氢化反应，再通过 Mitsunobu 反应和醇解反应翻转 3-位羟基构型获得别孕酮（**108**）。

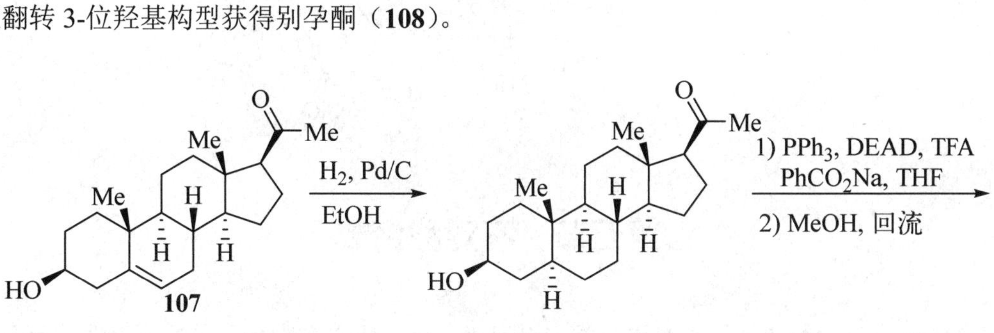

五、生物碱类

生物碱是一类广泛存在于自然界（主要为植物体内）中含氮的碱性有机化合物。生物碱种类极为丰富，目前已超过 10000 种，而且结构类型很多，没有统一的结构式。常见的手性生物碱有麻黄碱、金鸡纳碱、吗啡、阿托品、喜树碱等。生物碱及其衍生物通常具有显著的生物活性，与药物开发密切相关。

例如，喜树碱（camptothecin，**109**）是从喜树中提取得到的一种喹啉类生物碱，是一种重要的植物抗癌药物，能抑制 DNA 拓扑异构酶（TOPO Ⅰ），但因溶解性差、毒副作用大而应用受限。喜树碱衍生物和类似物的合成和应用研究是开发抗癌药物的一个重要研究方向，已开发出多种药效好、溶解性能好和毒副作用小的喜树碱类抗癌药物，如拓扑替康（topotecan，**110**）、依立替康（irinotecan）等。例如，以喜树碱（**109**）为原料，先氢化还原吡啶环得到四氢喜树碱，再氧化得到 10-羟基喜树碱，最后与甲醛和二甲胺反应生成拓扑替康（**110**）。

第五节　不对称合成

Morrison 和 Mosher 将不对称合成定义为"一个反应，底物分子中的非手性单元在反应剂作用下以不等量地生成立体异构产物的途径转化为手性单元"。也就是说不对称合成是这样一个过程，它将前手性单元转化为手性单元，并产生不等量的立体异构产物。反应剂可以是化学试剂、催化剂、溶剂或物理方法。进行不对称合成时，在反应剂的作用下两个对映异构体反应的过渡态成为非对映异构关系，反应活化能的差异决定着产物的对映体过量。通过不对称合成制备手性化合物常用的三种方式：①手性辅剂控制的不对称合成。起始反应物为非手性化合物，利用手性辅剂与反应物结合引入手性，再进行不对称合成反应，最后将引入的手性辅剂脱去。②手性试剂控制的不对称合成。利用手性试剂与非手性底物进行反应，控制产物手性中心的产生。③不对称催化合成。利用手性催化剂来控制诱导产物中手性中心的产生。手性辅剂控制和手性试剂控制的不对称合成，都需要使用化学计量的手性化合物，又称为化学计量的不对称合成。不对称催化合成使用催化量的手性催化剂，在手性化合物制备方法中更经济高效。不对称合成是制备手性药物的一个重要方法，本节主要介绍手性辅剂控制的不对称合成以及不对称催化合成。

一、手性辅剂控制的不对称合成

运用化学计量的手性辅剂（chiral auxiliary）诱导立体选择性合成是不对称合成的重要方法之一。该方法是将手性辅剂或基团连接在非手性底物上生成手性化合物，利用引入的手性辅剂或基团的手性诱导进行后续的不对称合成，在反应结束后再脱去并回收手性辅剂或基团以获得目标手性化合物。这种方法简单易行，又可通过选择不同构型的手性辅剂获得所需构型的目标产物，其应用广泛。手性辅剂种类也较多，其中美国哈佛大学 Evans 教授开发的手性噁唑烷酮和瑞士日内瓦大学 Oppolzer 教授开发的手性樟脑磺内酰胺是应用最广泛的两类手性辅剂。

1981 年，Evans 教授小组报道了两种手性噁唑烷-2-酮分子，一种 5-位修饰手性的异丙基（**A**），另一种 4-位、5-位为顺式（*syn*）的苯基与甲基（**B**），两者均能以优异的选择性（≥100∶1）诱导 Z-型烯醇化物的形成，结合烯醇化硼在不对称 Aldol 反应中的优势，最终可立体选择性地得到顺式（*syn*）的 β-羟基羰基化合物。羰基 α-位碳的绝对构型取决于 Evans 手性辅剂，借助两种手性噁唑烷-2-酮可以分别得到两种构型的产物。

手性噁唑烷酮的不对称 Aldol 反应是 Evans 手性辅剂的经典反应，多个小组尝试将 Evans 手性辅剂应用于氨基酸合成。例如，Vedras 和 Evans 研究小组分别报道了用 Evans 手性辅剂的 α-氨基化反应来制备手性氨基酸 **111** 和 **112**。

以樟脑为原料衍生出来的樟脑磺内酰胺（camphor sultam）可作为手性辅剂诱导多种不对称反应，比如 Bernardinelli 研究小组实现了以手性 α,β-不饱和 N-烯酰基樟脑磺内酰胺为亲双烯体，在 Lewis 酸 $EtAlCl_2$ 作用下，与环戊二烯发生 Diels-Alder 反应，表现出高的反应活性和立体选择性，以 98% de 得到手性产物 **113**。

Walther 研究小组实现了将樟脑磺内酰胺作为手性辅剂用于不对称羟醛缩合反应，以较好的立体选择性获得顺式产物，用 $n\text{-}Bu_2BOTf$ 和 DIPEA 处理 N-酰基樟脑磺内酰胺，于 $-78°C$ 下与脂肪族、芳基族或 α,β-不饱和醛发生反应，脱去手性辅剂生成羟醛缩合产物 β-羟基酯 **114**，而 N-酰基樟脑磺内酰胺在 $n\text{-}Bu_3SnCl$ 和 $n\text{-}BuLi$ 存在下与醛发生反应，脱去手性辅剂生成化合物 β-羟基酯 **115**。

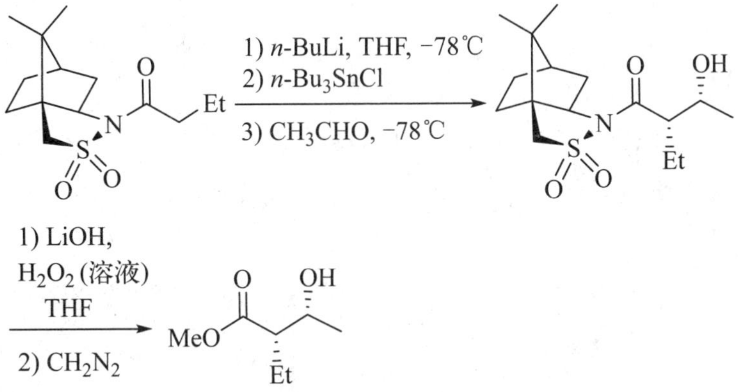

二、不对称催化合成

不对称催化合成是通过使用催化量的手性催化剂，立体选择性地诱导产生手性产物。不对称催化合成可以实现手性放大和手性增殖，从工业生产上来看，不对称催化合成作为获得光学纯化合物的一种重要方法，在众多方法中最有效，也最具挑战性。探索高效的不对称合成方法是合成化学家追求的目标，近年来已发展了许多不对称催化合成方法，一些已在制药工业得到了应用。下面主要介绍一些常见的不对称催化合成反应类型及相关的应用。

（一）不对称催化还原反应

1. 不对称催化氢化反应（C═C、C═O、C═N 双键还原）

不对称催化氢化反应是最经济、最清洁、最高效的不对称合成方法。20 世纪 70 年代 Knowles 等就利用不对称催化氢化方法实现了手性药物 L-多巴（levodopa，**116**）的工业合成，这开创了手性合成工业化应用的先河。Noyori 研发了手性双膦配体 BINAP 及其过渡金属催化剂 **118**，实现了多类不对称催化氢化反应，并将其应用于多种手性药物的工业合成中，比如利用不对称催化氢化合成具有抗炎、解热、镇痛作用的(*S*)-萘普生（naproxen，**117**）。这两位化学家因其在不对称催化氢化领域的卓越贡献荣获 2001 年诺贝尔化学奖。

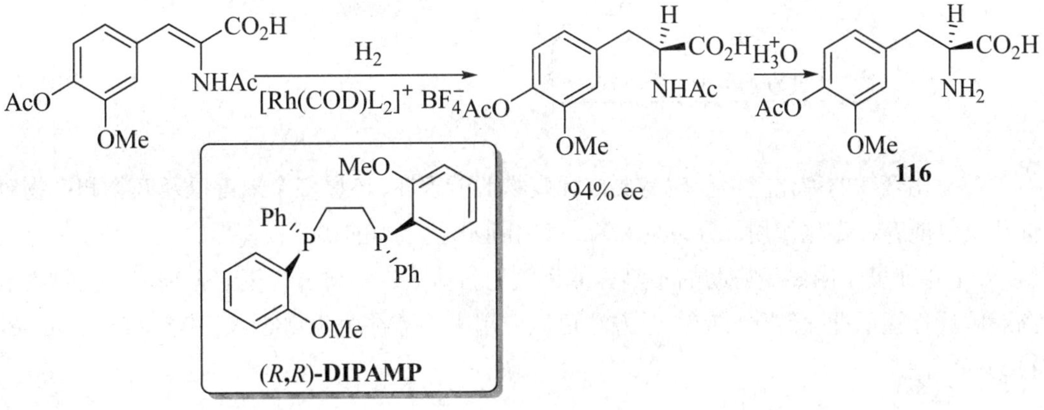

117

产率96%, 97% ee

118

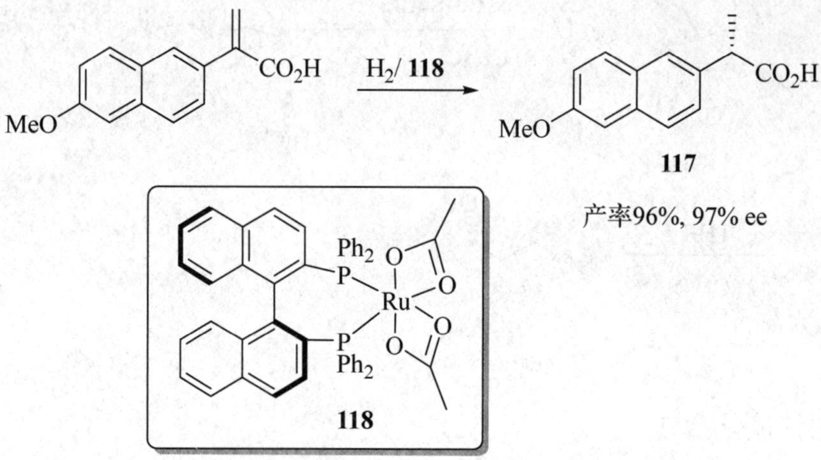

羰基化合物的不对称催化氢化还原反应是合成手性醇类化合物的重要方法之一，它在手性药物和天然产物的不对称合成中有着非常重要的用途。2013 年，谢建华课题组发展了一类高效手性螺环氨基膦铱催化剂 Ir-SpiroPAP，实现了酮的不对称催化氢化反应，获得了较高的对映选择性（>99% ee）和高达 455 万的转化数（TON），转化频率（TOF）也达到 33000h^{-1}。该方法已被浙江九洲制药有限公司成功应用于治疗轻、中度阿尔茨海默病的手性药物卡巴拉汀（rivastigmine，**119**）的生产。

产率96%, 97% ee

119

产率95%, >99% ee

Ir-(*S*)-SpiroPAP-3-Me

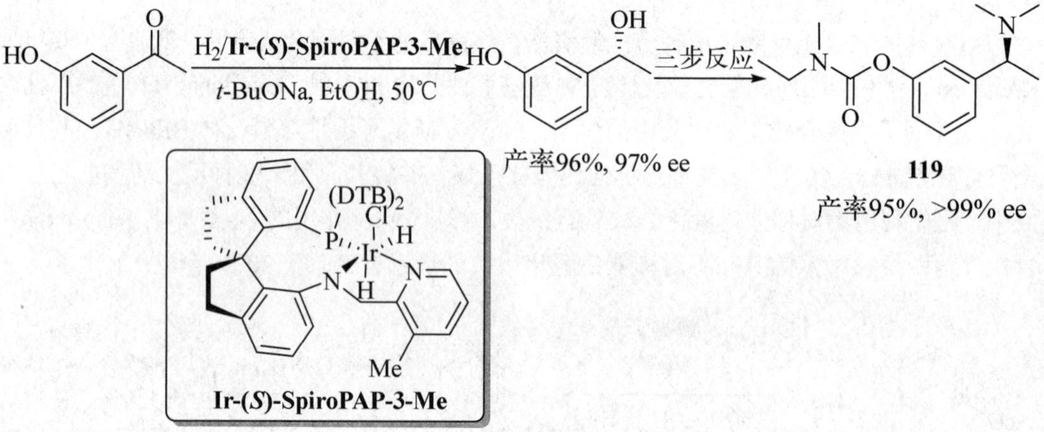

芳香化合物的催化氢化反应需要破坏底物的芳香性、还原多个双键以及底物和产物对催化剂可能存在毒化作用，因此被认为是均相催化领域中的挑战性课题之一。范青华课题组 2011 年研究了阴离子协助的不对称催化氢化新体系，实现了含氮芳香杂环化合物高效高对映选择性的催化氢化反应，该方法可以应用于广谱抗菌药物(*S*)-氟甲喹（flumequine，**120**）的合成。

2. 不对称催化转移氢化反应（HEH 还原）

2006 年，Rueping 课题组报道了由布朗斯特酸催化 2-取代喹啉的不对称转移氢化反应，以优异的对映选择性和良好的收率得到 2-芳基及 2-烷基取代的手性四氢喹啉 **122**。该方法反应条件温和，催化剂用量少且无需金属，操作简便，是制备手性四氢喹啉及其衍生物的重要方法。该方法可以用于生物活性四氢喹啉生物碱(+)-galipinine（**123**）、(+)-cuspareine（**124**）和(−)-angustureine（**125**）的合成。

2009 年，龚流柱课题组利用金络合物和手性磷酸接力催化，以优异的对映选择性将 2-(2-丙炔基)苯胺衍生物 **126** 直接转化为取代的手性四氢喹啉 **127**。该反应是一个连续的催化过程，由金催化的碳碳三键分子内加氢胺化反应和布朗斯特酸催化的对映选择性转移氢化反应组成，这一方法为取代的手性四氢喹啉的合成提供了一种新方向。

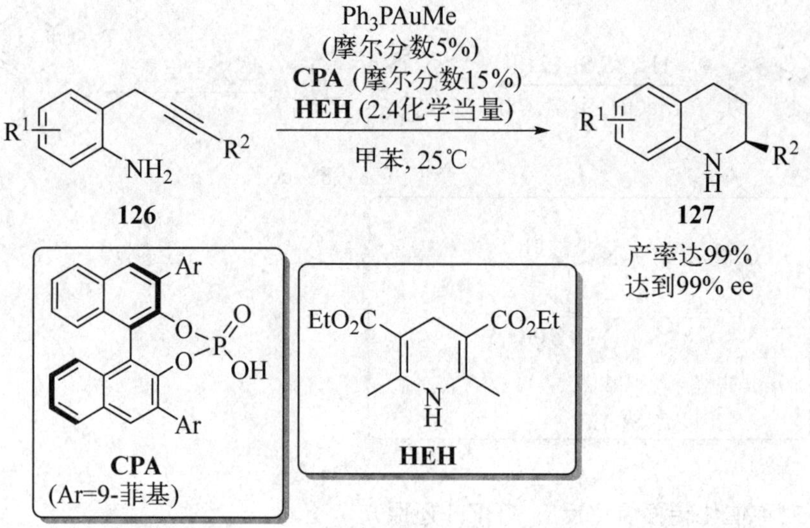

126 → **127**

试剂: Ph₃PAuMe (摩尔分数5%), CPA (摩尔分数15%), HEH (2.4化学当量), 甲苯, 25℃

产率达99%
达到99% ee

CPA (Ar=9-菲基)

HEH

（二）不对称催化氧化反应

1. Sharpless 不对称环氧化反应

Sharpless 不对称环氧化是指在手性酒石酸酯作用下，用烷氧化钛作催化剂、烷基过氧化氢作氧化剂，对烯丙醇类化合物的环氧化反应。早在 1980 年，Sharpless 和 Katsuki 报道了第一例实用的不对称环氧化反应。他们发现把钛酸四异丙酯、光学活性的酒石酸二乙酯和叔丁基过氧化氢（TBHP）混合起来，能够环氧化各种各样的烯丙醇类化合物，并且具有很高的产率和优异的对映选择性（>90% ee）。

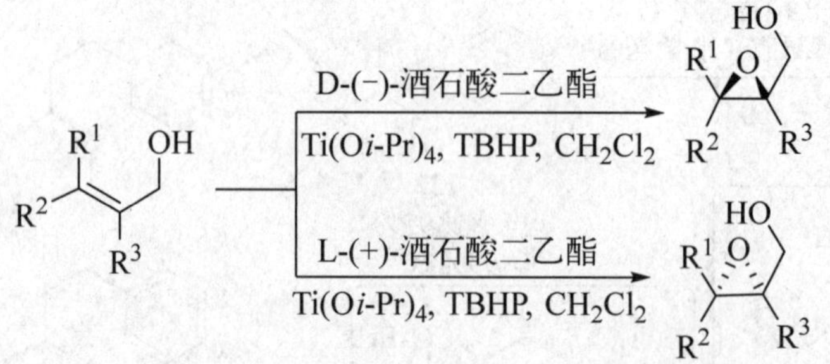

试剂: D-(−)-酒石酸二乙酯, Ti(Oi-Pr)₄, TBHP, CH₂Cl₂
试剂: L-(+)-酒石酸二乙酯, Ti(Oi-Pr)₄, TBHP, CH₂Cl₂

(S)-普萘洛尔（**128**）是非选择性β肾上腺素受体阻滞剂，用于治疗心律失常等疾病。Sharpless 不对称环氧化反应被应用到(S)-普萘洛尔的合成中，通过选择酒石酸二异丙酯（DIPT）的手性可以得到手性确定的 S 构型的环氧醇中间体。磺酸酯 **129** 中磺酰基是良好的离去基团，萘酚负离子进攻 **129**，选择性地得到中间体 **130**，中间体 **130** 经开环可制备β-肾上腺素受体阻滞剂(S)-普萘洛尔（**128**）。

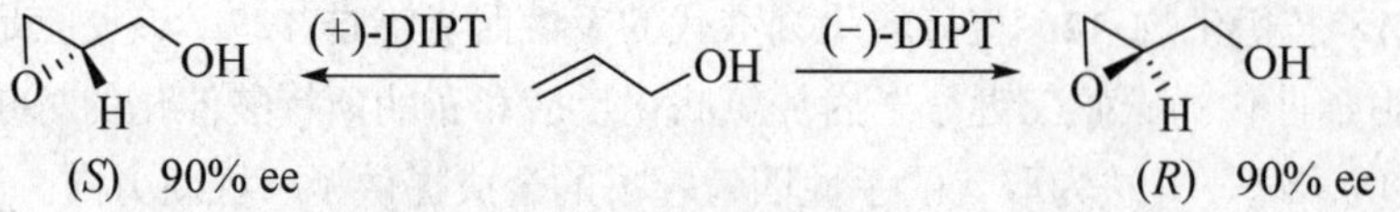

(S) 90% ee ←(+)-DIPT— OH —(−)-DIPT→ (R) 90% ee

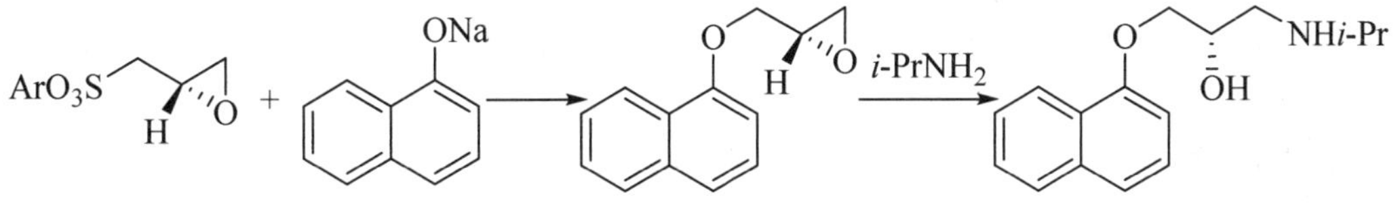

2. Sharpless 不对称双羟基化反应

1980 年，Sharpless 课题组首次报道了烯烃的不对称双羟基化，以高的产率和中等的对映选择性获得手性 1,2-邻二醇。反应过程采用化学当量的剧毒四氧化锇作催化剂和化学当量的手性奎宁衍生物 **131** 作为配体，最后用过量的危险化学试剂四氢铝锂进行下一步反应，从而得到手性双羟基产物。

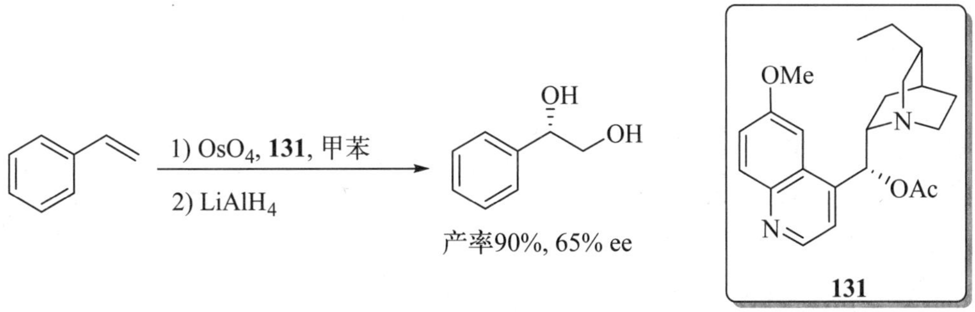

1992 年 Sharpless 课题组以二水合锇酸钾 $[K_2OsO_2(OH)_4]$ 作为催化剂、经过各种改进和修饰的奎宁类手性催化剂作为配体、铁氰化钾作为氧化剂，高对映选择性地实现了各种类型烯烃的不对称双羟基化反应。

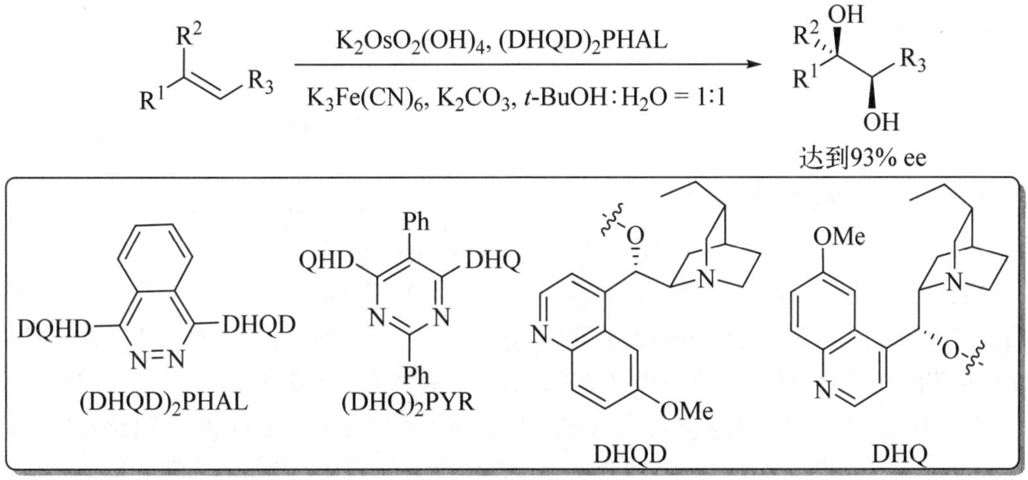

3. 史氏不对称环氧化反应

在以手性酮作为催化剂的不对称氧化反应中，酮和 Oxone（$2KHSO_5·KHSO_4·K_2SO_4$）反应后在原位置生成双氧环丙烷，新生成的双氧环丙烷是一种很好的氧化剂，其将氧原子传递给双键后可以再恢复到酮的状态,继续参与反应。1996 年,史一安课题组首次报道了一种果糖衍生的手性酮 **132**,可有效催化反式取代烯烃的环氧化反应,并以优异的对映选择性得到手性环氧化物。此外,史氏不对称环氧化反应可以应用于治疗肺动脉高血压药物(+)-(S)-安立生坦(**133**)的合成,手性酮可用于第一步手性环氧酯的构建。

4. Baeyer-Villiger 氧化反应

1899 年,化学家 Adolf von Baeyer 和 Victor Villiger 发现,开链酮和环状酮在过氧酸的作用下可分别转化成相应的酯和内酯化合物,即著名的 Baeyer-Villiger 氧化反应。2008 年,丁奎岭课题组利用手性 Brønsted 酸催化实现了首例有机催化的高对映选择性不对称 Baeyer-Villiger 氧化反应。他们利用 BINOL 衍生的手性磷酸 **135** 作催化剂、30% H_2O_2 作氧化剂,在氯仿溶剂中成功实现了芳基取代环丁酮的不对称 Baeyer-Villiger 氧化反应,以 91%~99%的产率和 82%~93% ee 得到具有光学活性的 γ-内酯。手性 γ-内酯结构单元是合成众多天然产物和具有生物活性化合物的核心骨架,例如 asteriscunolide(紫菀醇内酯)B 和 asteriscunolide D 对人类肺癌和结肠癌细胞均有抑制作用,研究还表明 asteriscunolide B 能诱导人类肿瘤细胞的凋亡。

$$\text{Ar}\underset{\triangle}{\square}=O + H_2O_2 \xrightarrow[CHCl_3, -40°C]{\text{摩尔分数}10\% \ 135} \text{Ar}\overset{H}{\underset{}{\triangle}}\!\!\!\!\!\!\!-\!\!\!\overset{O}{\underset{}{\square}}\!\!=\!O$$

产率达99%
达到93% ee

135
(Ar = 芘-1-基)

asteriscunolide B

asteriscunolide D

（三）不对称 Diels-Alder 反应

Diels-Alder 反应是合成环状化合物的有效方法，不对称 Diels-Alder 反应可以同时立体选择性地形成两个碳-碳键，高效地构建四个立体中心，在复杂天然产物合成及手性药物制备中都具有重要的应用。2000 年，MacMillan 课题组研究出了一种新的有机催化策略，实现了第一个高对映选择性的手性胺催化的不对称 Diels-Alder 反应，双烯与不饱和醛发生环加成反应可以方便地获得相应的手性桥环化合物。

$$\bigcirc + \diagdown\!\!\!\!\diagup\!\!\!\!\text{CHO} \xrightarrow[MeCN/H_2O, \text{室温}, 24h]{\text{摩尔分数}5\% \ 136} \text{(桥环)-CHO}$$

内型:外型 =14:1(摩尔比)
产率82%, 94% ee

136

1998 年，Jacobsen 课题组报道了手性 Cr(Ⅲ)-Salen 络合物 **137** 催化 Danishefsky 双烯和醛的不对称氧杂 Diels-Alder 反应，可以高产率获得相应的手性二氢吡喃酮衍生物。

产率达98%
达85% ee

137

1998年，Jørgensen课题组实现了手性BINAP-Cu(Ⅰ)络合物催化Danishefsky双烯和亚胺酯的不对称氮杂Diels-Alder反应，可以良好的收率和高的立体选择性得到手性四氢吡啶酮衍生物。

（四）不对称Friedel-Crafts反应

Friedel-Crafts反应是芳香环上的亲电取代反应，是有机合成中构建碳-碳键的重要方法之一，也是合成芳香衍生物的常用方法。2000年，Jørgensen课题组采用手性叔丁基噁唑啉配体和三氟甲磺酸铜形成的络合物作为催化剂，实现了三氟甲基丙酮酸甲酯和2-甲基呋喃的不对称Friedel-Crafts反应，以高对映选择性得到手性芳香扁桃酸酯衍生物。

2005年，Török和Prakash课题组采用金鸡纳碱催化剂140实现了吲哚与三氟甲基丙酮酸酯的不对称Friedel-Crafts反应，可以高产率和对映选择性得到手性吲哚羟烷基化产物。

2006 年，周其林课题组报道了 Cu(OTf)$_2$-Bn-BOX 催化剂催化吲哚与芳香 N-磺酰亚胺的不对称 Friedel-Crafts 反应，可以高对映选择性得到手性 3-吲哚甲基胺衍生物。

（五）不对称 Aldol 反应

Aldol 反应是合成 β-羟基羰基化合物的重要方法。2000 年，List 小组使用脯氨酸作为催化剂，实现了丙酮和芳香醛及脂肪醛的直接不对称 Aldol 反应，其中与对硝基苯甲醛反应可得到 76% ee 相应产物。

2001 年，Trost 小组使用二乙基锌和配体 **142** 形成的双核金属锌络合物作为催化剂，实现了丙酮和一系列醛的不对称 Aldol 反应，以高的产率和对映选择性获得手性 β-羟基羰基化合物。

（六）不对称 Henry 反应

Henry 反应也是构建碳-碳键的重要方法，产物 β-硝基醇是重要的有机合成中间体，可以进一步转化为许多重要的产物，如 β-氨基醇、硝基烯烃化合物、硝基羰基化合物及羟基酸等。不对称催化的 Henry 反应，可以很方便地得到手性硝基醇、氨基醇、羟基酸等，因而被广泛地应用于药物中间体和天然产物的合成。1992 年，Shibasaki 小组使用金属镧和(S)-BNOL 形成的金属络合物 **143** 作为催化剂，实现了硝基甲烷和醛的第一例不对称 Henry 反应。

$$RCHO + CH_3NO_2 \xrightarrow[\text{THF, }-42℃, 18h]{\text{摩尔分数}10\% \ 143} R\overset{*}{C}H(OH)CH_2NO_2 + La_3(O\text{-}t\text{-}Bu)_9$$

产率达91%
达90% ee

143

2006 年，邓力课题组采用 C6'—OH 金鸡纳生物碱衍生物 **144** 和 **145** 作催化剂，实现了 β-酮酸酯与硝基甲烷的不对称 Henry 反应，并获得了高的产率和对映选择性。

$$R\text{-CO-CO}_2Et + CH_3NO_2 \xrightarrow[CH_2Cl_2, -20℃]{\text{摩尔分数}5\% \ 144 \ (145)} \underset{R}{\overset{HO}{\underset{*}{C}}}(CH_2NO_2)(CO_2Et)$$

产率84%~99%
93%~97% ee

144 **145**

（七）不对称 Mannich 反应

含有活泼氢的化合物（通常为醛或酮）与一级或二级胺和不能烯醇化的醛或酮生成烷基胺衍生物的反应称为 Mannich（曼尼希）反应，是同时构建碳-碳和碳-氮键的重要方法。反应产物 β-氨基羰基化合物称为"Mannich 碱"，在合成上也具有重要的应用。很多生物碱都是通过 Mannich 反应合成的，如托品酮的合成是 Mannich 反应的经典例子，也是全合成中的经典反应。2000 年，List 课题组使用脯氨酸作为催化剂，首次实现了 L-脯氨酸催化的醛、酮和胺的不对称三组分 Mannich 反应，以 94% ee 获得相应 Mannich 产物。

$$4\text{-}O_2N\text{-}C_6H_4\text{-}CHO + CH_3COCH_3 + 4\text{-}MeO\text{-}C_6H_4\text{-}NH_2 \xrightarrow[\text{DMSO, 室温, 12h}]{\text{摩尔分数}35\%} \text{产物}$$

产率50%, 94% ee

2000年，Shibasaki课题组使用双金属Cu/Sm/Schiff碱络合物催化剂**146**实现了亚胺和硝基乙烷的不对称Mannich反应，以高立体选择性得到相应产物。

（八）不对称Michael加成反应

亲核试剂与各种共轭体系的Michael加成反应是有机合成中构建碳-碳和碳-杂键非常重要的方法之一，在药物合成中也具有非常广泛的应用。1999年，Ji和Bames等采用手性噁唑啉配体**147**和三氟甲磺酸镁形成的手性金属络合物作催化剂，实现了1,3-二羰基化合物与硝基烯烃的不对称Michael加成反应，催化反应以低催化剂负载和共轭受体处优异的面选择性进行，而且反应产物可方便转化为重要中间体手性4-取代-2-吡咯烷酮。

2005 年，Takemoto 小组研发一种双功能硫脲催化剂 **148**，可有效催化 1,3-二羰基化合物与硝基烯烃的不对称 Michael 反应，催化剂的硫脲部分和叔胺部分分别活化硝基烯烃和 1,3-二羰基化合物，以提供具有高对映选择性和非对映选择性的 Michael 加成产物。此外，以催化的不对称 Michael 加成反应为关键步骤，开发了(R)-(−)-巴氯芬的新合成路线。

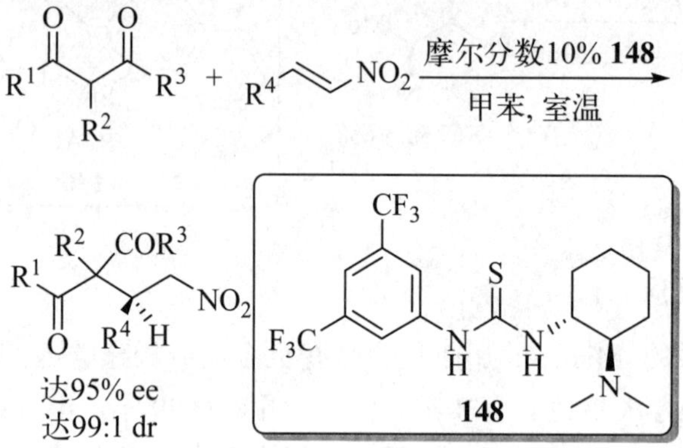

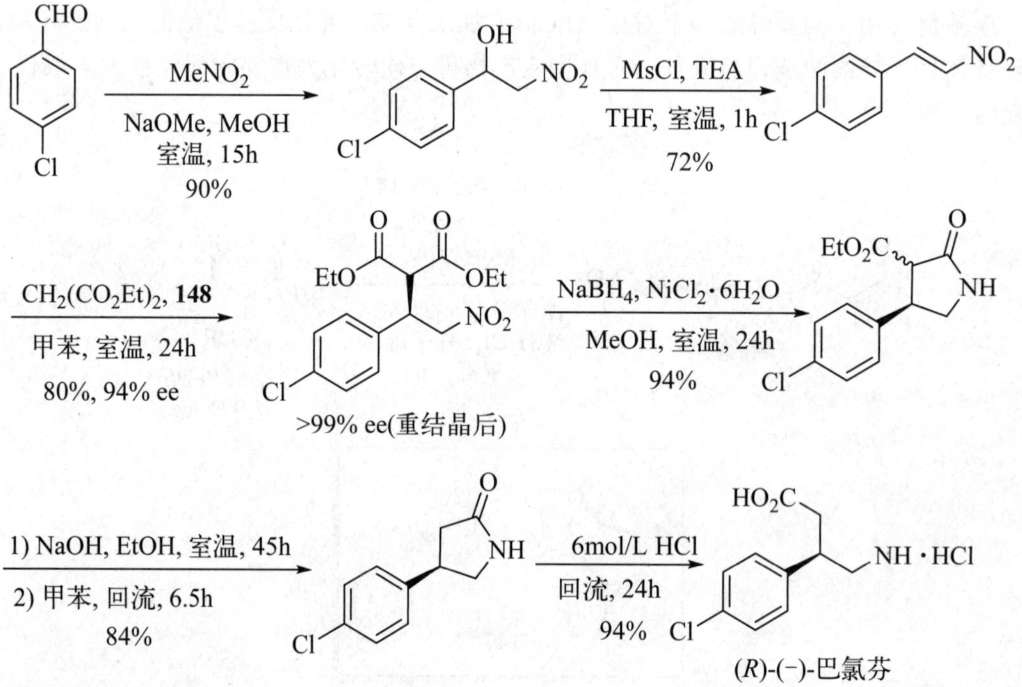

2000 年，Jorgensen 课题组实现了基于有机催化剂脯氨醇硅醚 **149** 催化(E)-苯甲醛肟和 α,β-不饱和醛分子间的不对称氧杂-Michael 加成反应，以高产率和极好对映选择性得到了相应的手性β-羰基肟醚。手性β-羰基肟醚可以高收率还原为相应的 1,3-二醇。手性β-羟基羰基化合物和 1,3-二醇是天然产物中普遍存在的单元，也是合成化学中重要的构筑模块。此外，手性β-羰基肟醚是非常有趣的生物活性化合物，其生物活性的一些应用见信息素类似物、高效抗炎剂以及青霉素和头孢菌素类似物。

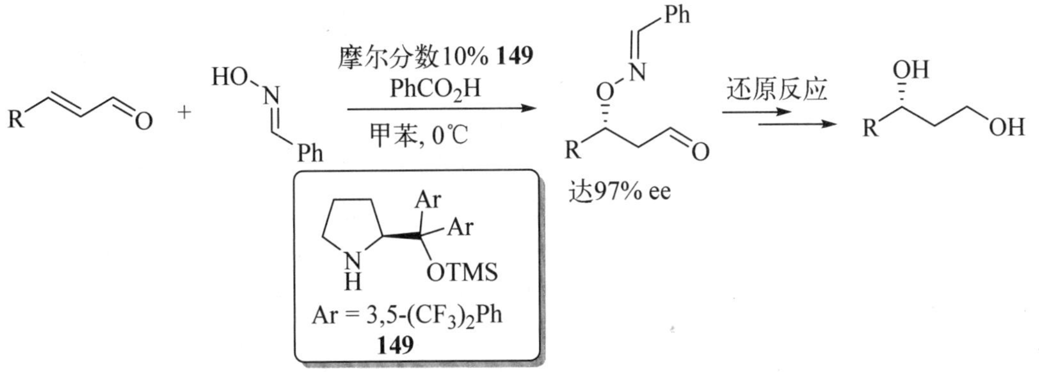

2006 年，MacMillan 首次报道了有机仲胺催化剂催化分子间的不对称氮杂-Michael 加成反应。LUMO-降低的亚胺催化使得一种合理设计的 N-硅烷氧基氨基甲酸酯亲核试剂（HOMO-升高）能够对 α,β-不饱和醛进行高度的化学和对映选择性 Michael 加成反应。发现通过咪唑啉酮·pTSA（**150**）催化各种 N-保护的硅烷氧基氨基甲酸酯亲核试剂与一系列 α,β-不饱和醛的加成反应，可得到 β-氨基醛中间体。该方法在"一锅"两步操作快速合成对映体富集的 β-氨基酸和三步操作合成 1,3-氨基醇衍生物中显示了其合成效用。

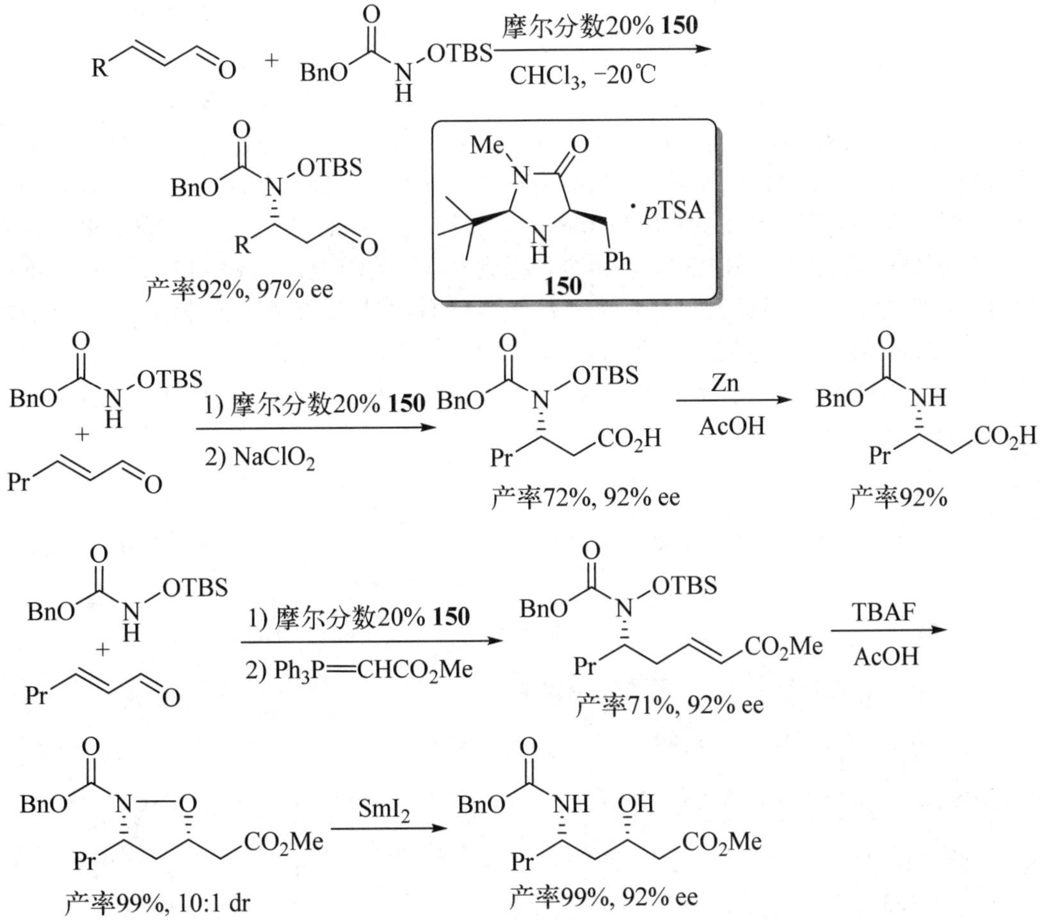

第六节 手性药物合成实例

前述介绍的手性药物制备方法各有不同的特点,可以前手性化合物为原料,通过一般化学合成方法得到外消旋体,再将外消旋体拆分制备手性药物或中间体。直接结晶拆分法简单经济,但适用范围有限,只适用于外消旋化合物。化学拆分法通过形成非对映体盐比较常用,但一般需要大量的拆分剂和溶剂,操作麻烦,需要进行拆分剂回收套用等。动力学拆分中非目标对映异构体的外消旋化提高了收率。手性源合成以易得的手性化合物为原料,比较经济,适用于有相似结构和手性中心药物的合成,但应用也受到一定限制。手性辅剂控制的不对称合成需要计量的手性辅剂,引入和脱去需要额外的步骤。不对称催化合成使用催化量手性催化剂,催化剂种类多,反应条件温和,催化反应高效,目标产物产率高,已成为合成手性药物的重要方法。生物催化和生物转化的专一性强,对有限的底物有效,但稳定性差,只能在接近中性的稀水溶液中进行反应,产物提纯困难,生产效率低。手性药物的制备需要根据相关化合物的性质、产品的质量标准、手性单元构建的成本等的具体情况,综合考虑并选择合适的制备方法。下面介绍一个实例,手性药物 **ABT-341** 的制备。

二肽基肽酶(dipeptidyl peptidase-Ⅳ,DPP-Ⅳ)抑制剂属于最新一代的抗糖尿病药物,是基于胰高血糖素样肽-1(GLP-1)的治疗药物,具有控制血糖而不增加体重,不会引起低血糖等优点。**ABT-341** 是由雅培公司(Abbott laboratories)开发的一类强效的口服 DPP-Ⅳ选择性抑制剂,用于治疗糖尿病。雅培的合成路线:首先通过硝基烯烃 **151** 和 2-三甲基硅氧基-1,3-丁二烯的 Diels-Alder 反应得到外消旋酮 **152**;酮 **152** 通过 Vilsmeier 溴甲酰化以中等产率得到溴醛 **153**;醛 **153** 被还原成醇 **154** 后,用锌还原 **154** 的硝基,并用 Boc 基团保护所得氨基得到 **155**,然后将其脱溴得到醇 **156**;通过 Dess-Martin 氧化 **156** 得到醛 **157**,再经 $NaClO_2$ 氧化制备得到羧酸 **158**;为了制备光学纯的抑制剂,将羧酸 **158** 转化为外消旋酯 **159**,通过手性 HPLC 将其拆分,得到光学纯的酯 **160**;酯 **160** 在碱性条件下水解得到手性酸 **161**,该手性酸与杂环仲胺 **162** 在 TBTU 作用下经酰胺化转化为光学纯的最终产物 **ABT-341**。在上述雅培的合成路线中,手性 **ABT-341** 需经十一步获得,该合成路线步骤多,总产率低,并且关键中间体手性环己烯甲酸甲酯(**160**)需要通过手性高压液相制备色谱拆分 **159** 来获得,生产成本较高。

2011 年，Hayashi 研究组在其报道的有机催化合成 Tamiflu 方法基础上发展了高效的合成新方法。以基乙烯 151 和乙醛为原料，在有机催化剂 TMS-二苯基脯氨醇（163）的催化下发生 Michael 加成反应得到中间体 164，164 不需分离，与试剂 165 发生多步级联反应得到关键环己烯中间体叔丁酯 166；中间体化合物 166 在碱性条件下异构化得到反式中间体 167，化合物 167 经 TFA 脱去叔丁基得到羧酸 168，然后与杂环仲胺 162 反应得到酰胺化合物 169，化合物 169 最后在锌/乙酸条件下还原硝基得到目标产物 ABT-341，总产率可以达到 63%。该药物合成路线仅需六步反应，"一锅"完成，操作简便，避免了反复分离纯化，是合成 ABT-341 非常高效的方法，易于实现 ABT-341 的工业化生产。

第四章　手性药物的制备技术

思考题

1. 手性药物制备技术中的化学和生物方法有哪些类型？
2. 外消旋混合物与外消旋化合物有何异同？
3. 外消旋体拆分法与不对称合成法各有何优缺点？
4. 拆分剂的选择标准是什么？
5. 动力学拆分法的原理是什么？
6. 手性源合成的手性源有哪些？各有何用途？
7. 举例说明不对称合成在手性药物制备中的应用。

参考文献

[1] 赵临襄. 化学制药工艺学. 5版. 北京：中国医药科技出版社，2019.

[2] 王亚楼. 化学制药工艺学. 北京：化学工业出版社，2008.

[3] Sánchez-Guadarrama O, Mendoza-Navarro F, Cedillo-Cruz A, et al. Chiral resolution of *RS*-praziquantel via diastereomeric co-crystal pair formation with L-malic acid. Crystal Growth Design，2015，16（1）：307-314.

[4] Zhu Q, Wang J, Bian X, et al. Novel synthesis of antiobesity drug lorcaserin hydrochloride. Organic Process Research & Development，2015，19（9）：1263-1267.

[5] Yang X H, Wang K, Zhu S F, et al. Remote ester group leads to efficient kinetic resolution of racemic aliphatic alcohols via asymmetric hydrogenation. Journal of the American Chemical Society, 2014, 136 (50): 17426-17429.

[6] Hang J, Tian S K, Tang L, et al. Asymmetric synthesis of α-amino acids via cinchona alkaloid-catalyzed kinetic resolution of urethane-protected α-amino acid N-carboxyanhydrides. Journal of the American Chemical Society, 2001, 123 (50): 12696-12697.

[7] Bromhead L J, Visser J, McErlean C S P. Enantioselective synthesis of the strigolactone mimic (+)-GR24. The Journal of Organic Chemistry, 2014, 79 (3): 1516-1520.

[8] Xie M S, Li N, Tian Y, et al. Dynamic kinetic resolution of carboxylic esters catalyzed by chiral PPY N-oxides: Synthesis of nonsteroidal anti-inflammatory drugs and mechanistic insights. ACS Catalysis, 2021, 11 (13): 8183-8196.

[9] Evans D A, Britton T C, Dorow R L, et al. A new approach to the asymmetric synthesis of α-hydrazino and α-amino acid derivatives. Journal of the American Chemical Society, 1986, 108 (20): 6395-6397.

[10] Trimble L A, Vedras J C. Amination of chiral enolates by dialkyl azodiformates. Synthesis of α-hydrazino acids and α-amino acids. Journal of the American Chemical Society, 1986, 108 (20): 6397-6399.

[11] Oppolzer W, Blagg J, Rodriguez I, et al. Bornanesultam-directed asymmetric synthesis of crystalline, enantiomerically pure *syn* aldols. Journal of the American Chemical Society, 1990, 112 (7): 2767-2772.

[12] Knowles W S. Asymmetric hydrogenations (Nobel Lecture). Angewandte Chemie International Edition, 2002, 41 (12): 1999-2007.

[13] Ohta T, Takaya H, Kitamura M, et al. Asymmetric hydrogenation of unsaturated carboxylic acids catalyzed by BINAP-ruthenium (II) complexes. The Journal of Organic Chemistry, 1987, 52 (14): 3174-3176.

[14] Yan P C, Zhu G L, Xie J H, et al. Industrial scale-up of enantioselective hydrogenation for the asymmetric synthesis of rivastigmine. Organic Process Research & Development, 2013, 17 (2): 307-312.

[15] Wang T, Zhuo L G, Li Z, et al. Highly enantioselective hydrogenation of quinolines using phosphine-free chiral cationic ruthenium catalysts: Scope, mechanism, and origin of enantioselectivity. Journal of the American Chemical Society, 2011, 133 (25): 9878-9891.

[16] Rueping M, Antonchick A P, Theissmann T. A highly enantioselective Brønsted acid catalyzed cscade reaction: Organocatalytic transfer hydrogenation of quinolines and their application in the synthesis of alkaloids. Angewandte Chemie International Edition, 2006, 45 (22): 3683-3686.

[17] Han Z Y, Xiao H, Chen X H, et al. Consecutive intramolecular hydroamination/asymmetric transfer hydrogenation under relay catalysis of an achiral gold complex/chiral Brønsted acid binary system. Journal of the American Chemical Society, 2009, 131 (26): 9182-9183.

[18] Katsuki T, Sharpless K B. The first practical method for asymmetric epoxidation. Journal of the American Chemical Society, 1980, 102 (18): 5974-5976.

[19] Klunder J M, Onami T, Sharpless K B. Arenesulfonate derivatives of homochiral glycidol: Versatile chiral building blocks for organic synthesis. The Journal of Organic Chemistry, 1989, 54 (6): 1295-1304.

[20] Hentges S G, Sharpless K B. Asymmetric induction in the reaction of osmium tetroxide with olefins. Journal of the American Chemical Society, 1980, 102 (12): 4263-4265.

[21] Morikawa K, Park J, Andersson P G, et al. Catalytic asymmetric dihydroxylation of tetrasubstituted olefins. Journal of the American Chemical Society, 1993, 115 (18): 8463-8464.

[22] Tu Y, Wang Z X, Shi Y A. An efficient asymmetric epoxidation method for *trans*-olefins mediated by a fructose-derived ketone. Journal of the American Chemical Society, 1996, 118 (40): 9806-9807.

[23] Peng X, Li P, Shi Y A. Synthesis of (+)-ambrisentan via chiral ketone-catalyzed asymmetric epoxidation. The Journal of Organic Chemistry, 2012, 77 (1): 701-703.

[24] Xu S, Wang Z, Zhang X, et al. Chiral Brønsted acid catalyzed asymmetric Baeyer-Villiger reaction of 3-substituted cyclobutanones by using aqueous H_2O_2. Angewandte Chemie International Edition, 2008, 47 (15): 2840-2843.

[25] Ahrendt K A, Borths C J, MacMillan D W C. New strategies for organic catalysis: The first highly enantioselective organocatalytic Diels-Alder reaction. Journal of the American Chemical Society, 2000, 122 (17): 4243-4244.

[26] Schaus S E, Branalt J, Jacobsen E N. Asymmetric hetero-Diels-Alder reactions catalyzed by chiral (Salen) chromium (III) complexes. The Journal of Organic Chemistry, 1998, 63 (2): 403-405.

[27] Nicholas G, Zhuang W, Jørgensen K A. Catalytic enantioselective Friedel-Crafts reactions of aromatic compounds with glyoxylate: A simple procedure for the synthesis of optically active aromatic mandelic acid esters. Journal of the American Chemical Society, 2000, 122 (50): 12517-12522.

[28] Török B, Abid M, London G, et al. Highly enantioselective organocatalytic hydroxyalkylation of indoles with ethyl trifluoropyruvate. Angewandte Chemie International Edition, 2005, 44 (20): 3086-3089.

[29] Jia Y X, Xie J H, Duan H F, et al. Asymmetric Friedel-Crafts addition of indoles to N-sulfonyl adimines: A simple approach to optically active 3-indolyl-methanamine derivatives. Organic Letters, 2006, 8 (8): 1621-1624.

[30] List B, Lerner R A, Barbas C F. Proline-catalyzed direct asymmetric Aldol reactions. Journal of the American Chemical Society, 2000, 122 (10): 2395-2396.

[31] Torst B M, Silcoff E R, Ito H. Direct asymmetric Aldol reactions of acetone using bimetallic zinc catalysts. Organic Letters, 2001, 3 (16): 2497-2500.

[32] Sasai H, Suzuki T, Arai S, et al. Basic character of rare earth metal alkoxides utilization in catalytic C-C bond-forming reactions and catalytic asymmetric nitroaldol reactions. Journal of the American Chemical Society, 1992, 114 (11): 4418-4420.

[33] Li H, Wang B, Deng L. Enantioselective nitroaldol reaction of α-ketoesters catalyzed by cinchona alkaloids. Journal of the American Chemical Society, 2006, 128 (3): 732-733.

[34] List B. The direct catalytic asymmetric three-component Mannich reaction. Journal of the American Chemical Society, 2000, 122 (38): 9336-9337.

[35] Handa S, Gnanadesikan V, Matsunaga S, et al. syn-Selective catalytic asymmetric nitro-Mannich reactions using a heterobimetallic Cu-Sm-Schiff base complex. Journal of the American Chemical Society, 2007, 129 (16): 4900-4901.

[36] Ji J, Bames D M, Zhang J, et al. Catalytic enantioselective conjugate addition of 1,3-dicarbonyl compounds to nitroalkenes. Journal of the American Chemical Society, 1999, 121 (43): 10215-10216.

[37] Okino T, Hoashi Y, Furukawa T, et al. Enantio-and diastereoselective Michael reaction of 1,3-dicarbonyl compounds to nitroolefins catalyzed by a bifunctional thiourea. Journal of the American Chemical Society, 2005, 127 (1): 119-125.

[38] Bertelsen S, Dinér P, Johansen R L, et al. Asymmetric organocatalytic β-hydroxylation of α,β-unsaturated aldehydes. Journal of the American Chemical Society, 2007, 129 (6): 1536-1537.

[39] Chen Y K, Yoshida M, MacMillan D W C. Enantioselective organocatalytic amine conjugate addition. Journal of the American Chemical Society, 2006, 128 (29): 9328-9329.

第五章 中试放大与生产工艺规程

中试放大（又称中间试验）是所有新药从实验室工艺（又称小试）到工业化生产的必经阶段。通过中试放大研究，可以得到更加先进、合理和完善的药品生产工艺，也为其工业化生产所需设备的结构、材质、安装以及车间布局等提供必要的技术参数。中试放大也为临床前和临床研究提供一定数量的药品，同时可获得较确切的消耗定额，为物料衡算、能量衡算、设备设计以及生产管理提供必要的数据。

生产工艺规程是在中试放大研究基础上制定的，就是把所有与生产有关的技术参数和经济核算参数、工艺流程、中间体和成品质量控制方法、主要设备需求、各生产岗位人员配置及岗位责任要求等内容进行归纳整理，并以文件的形式予以确定。中试放大和生产工艺规程是互相衔接、密不可分的两个部分。

第一节 中试放大研究

化学制药工业就是利用基本化工原料或天然物质，通过化学合成或生物合成等方法，制备化学结构明确，具有治疗、诊断、预防疾病或调节改善人体机能等作用的产品，即原料药（active pharmaceutical ingredient，API）和成品药。从简单原料到药物需要经过若干相互联系的过程，称之为生产过程。药物的生产过程还包括对原辅材料、中间体和产品的质量监控等。根据一个药品生产工序的繁杂程度和生产规模的大小等因素，生产过程可分为若干个生产岗位。

在生产过程中，直接关系药物化学合成或生物合成途径的工序及条件（如配料比、温度、加料方式、反应时间、搅拌形式、后处理方法和精制条件等）称为工艺过程。其他过程，如动力供应、包装、储运等，称为辅助过程。因原辅材料、中间体和产品的质量监控直接影响药品的质量，与工艺过程很难分割，通常也将其列入工艺过程的范畴。

一、中试放大的研究方法

中试放大其实就是小型生产的模拟试验，是从实验室小试到大规模工业化生产之间必不可少的一个重要环节。中试放大是在实验室小试工艺稳定后进一步研究在一定规模的装置中各步化学反应条件的变化规律，发现并解决实验室小试中未出现的问题，为工业化生产提供设计依据，最终确立可行的工业化方案。

从药物的实验室研究到工业化生产，虽然各步化学反应的本质不会因试验和生产的不同而发生改变，但每步化学反应的最佳反应工艺条件，则可能随小试、中试放大和大型生产的规模和设备等外部条件的不同而改变。因此，中试放大在化学合成药物工艺研究中占有相当重要的位置，起着承上启下的作用，是化学药品从研发到生产的必由之路。同时，中试放大也是降低产业化实施风险的有效措施，可为产业化生产积累必要的经验和试验数据，具有重要意义。

药品研发到什么阶段可以进行中试研究，目前尚无统一标准，但应该具备以下内容：①小试产率稳定，产品质量可靠；②工艺条件已经基本确定，产品、中间体和原料的分析检验方法已确定；③某些设备和管道材质的耐腐蚀实验已经进行，并能提出放大试验所需的一般设备；④进行了物料衡算，"三废"问题已有初步的处理方法；⑤能够提出原材料的规格和数量；⑥能够提出安全生产的要求。

常用的中试放大方法有经验放大法、相似放大法和数学模拟放大法。

（一）经验放大法

经验放大法是凭借经验通过逐级放大来摸索反应器的特征，实现从实验室小试装置到中间装置，再到中型装置，最后到大型装置的过渡和转变。经验放大法通常根据空时得率相等的原则，即虽然反应规模不同，但单位时间、单位体积反应器所生产的产品量（或处理的原料量）是相同的，通过物料衡算，求出为完成规定的生产任务所需处理的原料量后，再根据空时得率的经验数据，即可求得放大后所需反应器容积的大小。

采用经验放大法的前提是放大后的新反应装置必须与提供经验数据的装置具有完全相同的操作条件。经验放大法适用于反应器的搅拌形式、结构等反应条件相似的情况，而且放大倍数不宜过大。实际上，由于生产规模的改变要做到完全相同是比较困难的。如果希望通过改变反应条件或反应器的结构来改进反应器的设计或进一步寻求反应器的最优化设计与操作方案，经验放大法是无能为力的。

虽然经验放大法有以上局限性，但是由于化学合成药生产中的反应复杂，原料与中间体的种类繁多，对化学反应动力学方面的研究往往又不够充分，因此从理论上精确地对反应器进行计算也比较困难。而利用经验放大法能简便地估算出所需要的反应器容积，所以在化学合成药物的中试放大研究中，主要采用经验放大法。在对药物的实验室工艺进行充分研究的基础上，确定合理的放大系数是此法的关键要素。

（二）相似放大法

将模型设备的某些参数按比例放大，即按相似特征数相等的原则进行放大的方法称为相似放大法。相似放大法主要应用相似理论进行放大，例如，按设备几何尺寸成比例来放大称为几何相似放大,按 Re(雷诺数)相等的原则进行放大称为流体力学相似放大等。但是在化学制药的反应器中,化学反应与流体流动、传热及传质过程交织在一起,要同时保持几何相似、流体力学相似、传热相似、传质相似和反应相似是不可能的,只能保证最主要的相似特征数相等。因此,相似放大法亦有局限性,一般只适用于物理过程的放大,如反应器中的搅拌器与传热装置等的放大,而不宜用于化学反应过程的放大。

(三) 数学模拟放大法

数学模拟放大法是应用计算机技术的放大方法,因此又称为计算机控制下的工艺学研究,是利用数学模型来预计大设备行为,实现工程放大的放大法。近年来人工智能的兴起,为该领域的研究提供了良好的研究基础,它是今后中试放大技术的主要发展方向。

数学模拟放大法的关键和基础是建立数学模型,所谓数学模型是描述工业反应器中各参数之间关系的数学表达式。由于影响化学制药反应过程的因素太过复杂,要用数学形式来完整地、定量地描述过程的全部真实情况是不现实的,因此首先要对过程进行合理的简化,提出物理模型,以此来模拟实际的反应过程。再对物理模型进行数学描述,从而得到数学模型。有了数学模型,就可以在计算机上研究各参数的变化对过程的影响。数学模拟放大法以过程参数间的定量关系为基础,不仅可避免相似放大法中的盲目性与矛盾,而且能够较有把握地进行高倍数放大,缩短放大周期,提高放大工作效率。

采用数学模拟法进行工程放大,能否精确地预测大设备的行为,主要取决于数学模型的可靠性。因为简化后的模型与实际过程有不同程度的差别,所以要将模型计算的结果与中试放大或生产设备的数据进行比较,即模型检验,接下来再对模型进行修正,提高数学模型的可靠性。对一些规律性认识得比较充分、数学模型已经成熟的反应器,可以大幅度地增大放大倍数,甚至省去中试放大,而根据实验室小试数据直接进行工程放大。

近年来微型中间装置发展迅速,即用微型中间装置取代大型中间装置,为工业化装置提供精确的设计数据。其优点是费用低、建设速度快,一般情况下,不需做全工艺流程的中试放大,而只做其中某一关键环节的中试放大。目前,已有设备制造厂商设计并制造出了这类装置。总之,目前工业化中试放大方法的迅速发展,大大加快了中试放大的速度。

中试放大所采用的装置,可以根据化学反应条件和操作方法的不同等进行选择或设计,并按照工艺流程进行安装。可以在适应性很强的多功能车间进行中试放大研究,这种车间内通常有各种规格的中小型反应釜和后处理设备。各种规格的反应釜不仅配备搅拌器,可通蒸汽、冷却水或冷冻盐水的各种配管,而且还附有蒸馏装置,可以进行回流(部分回流)反应、边反应边分馏及减压分馏等。有的反应釜还配有中小型离心机等,液体过滤一般采用小型移动式压滤器。总之,能够适应一般化学反应的各种不同反应条件。此外,硝化反应、烃化反应、酯化反应、格氏反应、高压反应和氢化反应等,以及有机溶剂的回收和分馏精制也都有通用性设备。这种多功能车间适合多种产品的中试放大,进行新药样品的制备或进行多品种的小批量生产。在这种多功能车间中进行中试放大或生产试制,不需要按生产流程来布置生产设备,而是根据工艺过程的需要来选用反应设备。

二、中试放大的研究内容

中试放大是实验室小试的扩大,是工业化生产的缩影,应在工厂或专门的中试车间进行。中试放大要对已确定的药物合成工艺路线进行实践性审查,这就要求不仅要考察产品质量和经济效益,而且要考察工人的劳动强度和环境保护等。中试放大阶段对车间布置、车间面积、安全生产、设备投资、生产成本等也必须进行审慎的分析比较,最后审定工艺操作方法,划分和安排工序等。

(一) 生产工艺路线的复审

通常情况下,原料药的合成工艺路线和单元反应方法在实验室小试阶段已基本选定。在中试放大阶段,只是确定具体的反应条件和操作方法,使其适应工业化生产。但是,若选定的工艺路线和工艺过程在中试放大阶段暴露出难以解决的重大问题,就需要对实验室工艺路线进行复审,修改工艺过程,选择其他路线,再按新路线进行中试放大,从而实现降低产品成本及生产过程的最优化,且要保证产品质量,实现有效化的过程控制。同时也要满足安全生产(包括劳动保护和废弃物处理各环节的安全,保持环境的可持续发展等)的要求。如雷米普利(**1**)的合成,较为理想的工业化合成路线是以(2S,3aS,6aS)-八氢环戊并[b]吡咯-2-羧酸苄酯盐酸盐(**2**)和 N-[1-(S)-乙氧羰基-3-苯丙基]-L-丙氨酸(**3**)为起始物料,经 N,N'-二环己基碳二亚胺(DCC)/1-羟基苯并三唑(HOBt)作用发生酰胺化反应得到脱水化合物 **4**,中间体 **4** 进一步氢化还原得到 **1**。但在工艺放大时,催化脱水缩合反应中仍存在以下问题:缩合剂 DCC 反应后生成 N,N'-二环己基脲(DCU),此化合物难溶于水和大多数有机溶剂,难以去除,影响产品纯度;后处理过程中需要用不良溶剂(如乙酸乙酯)进行过夜冷冻析晶去除 DCU,增加了溶剂的种类,延长了工艺时长,并且清除效果差;中间体 **4** 的纯度不高(90%),含杂质较多,容易导致下一步氢化时所用钯炭催化剂失活。在修正工艺后的中试放大中,改用水溶性的 1-(3-二甲氨基丙基)-3-乙基碳二亚胺盐酸盐(EDC·HCl)代替 DCC 制备中间体 **4**,再用钯炭进一步催化氢化得 **1**。在改进后的合成工艺中,合成 **4** 时反应时间由 6h 缩短为 2h,化合物 **4** 的纯度由 90%提高到 96%;EDC 反应生成水溶性的脲,后处理可用稀盐酸水洗除去,解决了 DCC 的水解产物 DCU 难以去除的难题;由于 **4** 的纯度提高,在下一步氢化脱苄中钯炭使用量可减少至原来的 25%,降低了成本。优化后 **1** 的纯度达到 99.8%,总产率为 81%。

（二）设备材质考查与选型

在开始中试放大时，应考虑所需各种设备的材质和型式，并考查是否合适，对于接触腐蚀性物料的设备，在选择材质时尤其要注意。例如，含水量1%以下的二甲基亚砜（DMSO）对钢板的腐蚀作用极微，但当含水量达5%时，则对钢板有强的腐蚀作用。经中试放大发现含水5%的DMSO对铝材的作用极微弱，故可用铝板制作其容器。又如，邻氰基氯苄（5）是合成荧光增白剂ER的重要中间体，制备化合物5的过程中，涉及腐蚀性的气体如氯气、HCl和副产物邻氰基二氯苄，特别是邻氰基二氯苄化学性质活泼，易在金属离子存在下发生Friedel-Crafts反应或氯代反应。因此，反应混合物中不能有金属离子存在，所以反应设备和冷凝器应选择搪瓷材质的设备。此外，邻氰基甲苯的光氯化反应是气液相反应，为了增加氯气在反应混合物中的停留时间，使氯气充分反应，应选择细长形的搪瓷反应釜。

（三）搅拌器型式与搅拌速度的考查

搅拌器型式的选择在各种设备的考查与选型中尤为重要。由于大多数药物合成反应是非均相反应，因此这些反应热效应较大。在进行实验室小试时，由于物料总体积较小，搅拌效率较高，没有明显的传热、传质问题，但在中试放大时，反应体系增大，搅拌效率若不提高，传热、传质问题就会暴露出来。因此，中试放大时必须根据反应体系中物料性质和反应特点注意研究和选择合适的搅拌器，并考查搅拌速度对反应的影响规律，特别是在固-液、液-液非均相反应时，要选择符合反应要求的搅拌器型式和适宜的搅拌转速。搅拌器的选择一般要考虑三个方面：搅拌目的、物料黏度和搅拌器容积大小。除此之外，还应考虑搅拌器的功耗、操作费用、制造难度、维护和检修是否方便等因素。搅拌器的型式多种多样，有单层或多层等不同类型。常用的搅拌器类型包括涡轮式、桨式、推进式、布鲁马金式、锚式、螺带式和螺杆式等（表5-1）。其中，桨式搅拌器是结构最简单的一种搅拌器，主要用于流体的循环；推进式搅拌器常用于黏度低、流量大的液-液混合反应体系；而锚式搅拌器则适合于高黏度的介质体系。

表 5-1 搅拌器的类型和适用条件

搅拌器类型		涡轮式	桨式	推进式	布鲁马金式	锚式	螺带式	螺杆式
样图								
转速/(r/min)		10~300	10~300	100~500	0~300	1~100	0.5~50	0.5~50
搅拌目的	低黏度混合	√	√	√	√			
	高黏度混合					√	√	√
	分散	√		√				
	溶解	√	√	√	√		√	
	固体悬浮	√	√	√	√			
	气体吸收	√						
	结晶	√	√	√				
	传热	√	√	√	√			
	液相反应	√	√	√	√			

搅拌器的型式确定后，还要考查合适的搅拌速度，有时搅拌速度过大也不一定合适。例如由儿茶酚（**6**）与二氯甲烷在固体氢氧化钠和含有少量水分的二甲基亚砜存在下制备黄连素中间体胡椒环（**7**），在中试放大时，起初采用 180 r/min 的搅拌速度，因反应过于激烈而发生溢料现象。经考查，将搅拌速度降至 56 r/min，并控制反应温度为 90~100°C（实验室小试反应温度为 105°C），结果胡椒环的中试产率超过实验室的水平，达到 90% 以上。

$$\text{HO-C}_6\text{H}_4\text{-OH} + CH_2Cl_2 + 2NaOH \xrightarrow{DMSO} \text{胡椒环} + 2NaCl + 2H_2O$$

6　　　　　　　　　　　　　　　　　　　　**7**

（四）反应条件的进一步优化

在实验室阶段获得的最佳反应条件不一定能完全适用于中试放大。因此，应该针对主要的影响因素，如放热反应中的加料速度、反应器的传热面积与传热系数以及制冷剂等进行深入的探究，掌握它们在中试装置中的变化规律，从而进行适当的调整，以便得到更合适的反应条件。

例如，在实验室小试时，磺胺-5-甲氧嘧啶（**8**）合成过程中的中间体甲氧基乙醛缩二甲醇（**9**）由氯乙醛缩二甲醇（**10**）与甲醇钠反应制得，甲醇钠浓度约为20%，反应温度为140℃，需要加压到 10×10^5 Pa。此反应条件对设备要求过高，必须改进。中试时在反应器上面安装分馏塔，随着甲醇馏分流出，反应器内甲醇钠浓度逐渐增大，同时反应生成物沸点较高，反应物可在常压下顺利加热至 140℃进行反应，从而把原来要求在加压条件下进行的反应改为常压反应。

又如，瑞戈非尼(regorafenib, **11**)，是一种新型的口服多靶点磷酸激酶抑制剂，靶向作用于涉及肿瘤血管生成和肿瘤细胞增殖的多个蛋白激酶。瑞戈非尼合成的一个关键中间体是 4-(4-氨基-3-氟苯氧基)-*N*-甲基吡啶-2-甲酰胺（**12**）。文献报道以氢氧化钠为碱、THF 为溶剂，4-氯-*N*-甲基吡啶-2-甲酰胺（**13**）与 4-氨基-3-氟苯酚（**14**）回流反应得到中间体化合物 **12**，该法涉及溶剂蒸馏和重结晶，操作烦琐；以叔丁醇钾为碱，DMA、DMF 或 DMF 与 THF 的混合物为溶剂，化合物 **13** 和 **14** 于 80～110℃下反应得到中间体 **12**，后处理需要多次蒸馏，产品颜色深，溶剂难回收，产率只有 47%。通过对反应条件及后处理方法的探索，发现以 1,4-二氧六环代替 DMA、DMF 或 DMF 与 THF 的混合溶剂，用碳酸钾代替叔丁醇钾，以四丁基溴化铵为催化剂，反应时间从 16h 缩短至 3h；后处理时经过滤除去碳酸钾，加水析出固体，不需蒸馏溶剂，产率为 74%，纯度为 97.4%。

（五）工艺流程与操作方法的确定

在中试放大阶段，由于所需处理的物料量增加，因而需要充分考虑如何使反应及后处理的操作方法适应工业化生产的要求，特别要注意尽量缩短工序，简化操作。在加料方式和物料运输等方面应考虑尽可能采用自动加料和管线输送等新技术、新工艺以减轻劳动强度，提高生产效率。通过中试研究，提出整个合成路线的工艺流程、各个单元操作的工艺规程、安全操作要求及制度，从而最终确定生产工艺流程和操作方法。

例如，对氨基苯甲醛（**15**）可由对硝基甲苯氧化还原制得。实验室小试的后处理方法是将反应液中的乙醇蒸出后冷却，使对氨基苯甲醛（**15**）结晶析出。但是，产物本身易生成 Schiff 碱而呈胶状，在冰水冷却条件下，经过较长时间的放置才能使生成的 Schiff 碱重新分解为对氨基苯甲醛（**15**），析出结晶与母液分离。中试放大时，冷却较慢，结晶析出困难。经研究改进，将后处理成功地改为先回收乙醇，使 Schiff 碱浮在反应液上层，趁热将下层母液放出，反应罐内 Schiff 碱不经提纯可直接用于下一步反应。

$$O_2N-\underset{}{\underset{}{\bigcirc}}-CH_3 \xrightarrow[C_2H_5OH]{Na_2S+S} H_2N-\underset{}{\underset{}{\bigcirc}}-CHO$$
$$\textbf{15}$$

又如，用硫酸二甲酯使邻香兰醛（**16**）甲基化制备甲基邻香兰醛（**17**）的反应，在中试放大时先采用实验室小试时的工艺，将邻香兰醛和水加入反应釜中，加热升温至回流，然后交替滴加 18%氢氧化钠溶液和硫酸二甲酯。反应完毕，降温冷却，然后再冷冻，使产物结晶充分析出。再经过滤、水洗，所得滤饼自然干燥，然后加入蒸馏釜中，减压蒸出甲基邻香兰醛。这种操作方法比较繁杂，而且蒸馏时还需防止馏出物凝固堵塞管道而引起爆炸。曾经也采用过提取纯化的后处理方法，但是容易发生乳化，物料损失较大，小试产率为 83%，中试产率仅有 78%左右。后来改变工艺，采用相转移催化反应，在反应釜内一次性加入邻香兰醛、水、硫酸二甲酯和苯，并加入相转移催化剂。搅拌升温到 60~75℃，滴加 40%氢氧化钠溶液，碱与邻香兰醛反应首先生成钠盐，然后与硫酸二甲酯反应，产物随即转移到苯层，而甲基硫酸钠则留在水层。反应结束后分出苯层，蒸去苯后便得到产物甲基邻香兰醛，产率稳定在 90%以上。

$$\underset{\textbf{16}}{\underset{}{\bigcirc}\genfrac{}{}{0pt}{}{CHO}{OH}{OCH_3}} + (CH_3)_2SO_4 \xrightarrow{NaOH} \underset{\textbf{17}}{\underset{}{\bigcirc}\genfrac{}{}{0pt}{}{CHO}{OCH_3}{OCH_3}} + CH_3OSO_3Na + H_2O$$

（六）原辅材料和中间体的质量监控

为解决生产工艺和安全措施中可能出现的问题，需对某些物料的理化性质和化工常数进行测定，如比热容、黏度、闪点和爆炸极限等。另外，在实验室条件下，原辅材料、中间体的质量标准未制定或不够完善时，应根据中试放大阶段的实践进行制定或修改。

此外，在中试放大研究时，还要特别关注整个工艺过程可能带来的安全生产及"三废"和环境污染问题，并采取相应措施有效地防范、控制和治理（参见第六章）。

第二节 物料衡算

物料衡算（material balance）是确定化工生产过程中物料比例和物料转变的定量关系的过程，是以质量守恒定律为理论基础对物料平衡进行的计算。通过物料衡算，可得到进入与离开某一过程或设备的各种物料的数量、组分与组分的含量、产品的质量、原辅材料消耗量、副产物量、"三废"排放量以及水、电、蒸汽消耗量等。

物料衡算是化工工艺计算中最基本、最重要的内容之一。通过物料衡算，可深入分析并定量了解生产过程；可以知道原料消耗定额，揭示物料利用情况；了解产品产率是否达到最佳数值，设备生产能力还有多大潜力；明确各设备生产能力之间是否平衡；等。据此，可采取有效措施进一步改进生产工艺，提高产品的产率和产量。毫不夸张地说，一切化学工程的开发与放大都是以物料衡算为基础的。

一、物料衡算的理论基础

通常情况下，物料衡算有两种情况：一种是根据已有的生产设备和装置的实际测定数据，计算出不能直接测定的物料量。然后，根据计算结果，对生产情况进行分析并做出判断，进而提出改进措施。这也适用于检查原料利用率和"三废"处理情况。另一种是为了设计一种新的设备或装置，根据设计任务，先作物料衡算，求出每个主要设备的进、出物料量，再经能量衡算求出设备或过程的热负荷，从而确定设备尺寸及整个工艺流程。

物料衡算研究的是某一体系内进、出物料及组成的变化情况，即物料平衡。进行物料衡算时，必须首先确定衡算的体系，也就是物料衡算的范围。可以根据实际需要人为确定衡算的体系。这里所说的体系可以是独立的一个设备或几个设备，也可以是某一个单元操作或整个工艺过程。

根据物料衡算的理论基础——质量守恒定律，可得到物料衡算的基本关系式为：

输入反应器的物料量-流出反应器的物料量-反应器中的转化量=反应器中的积累量

在化学反应体系中，物质的转化服从化学反应规律，可以根据化学反应方程式求出物质转化的定量关系。

二、确定物料衡算的计算基准及每年设备操作时间

（一）物料衡算的基准

进行物料衡算时，必须选择一定的基准作为计算的基础。通常采用的基准有以下三种。

（1）以每批操作为基准　适用于间歇操作设备、标准或定型设备的物料衡算，化学制

药产品的生产以间歇操作为主。

2010年修订的《药品生产质量管理规范》(GMP)中第三百一十二条二十七分条明确规定了批的划分原则,即经一个或若干加工过程生产的、具有预期均一质量和特性的一定数量的原辅料、包装材料或成品。为完成某些生产操作步骤,可能有必要将一批产品分成若干亚批,最终合并成为一个均一的批。在连续生产情况下,批必须与生产中具有预期均一特性的确定数量的产品相对应,批量可以是固定数量或固定时间段内生产的产品量。

(2) 以单位时间为基准　适用于连续操作设备的物料衡算。

(3) 以单位质量产品为基准　适用于确定原辅材料的消耗定额。

(二) 每年设备操作时间

车间每年设备正常开工生产的天数通常以330天计算,余下的35或36天作为车间检修时间。对于工艺技术尚不成熟或腐蚀性强的车间,一般采用300天或更少一些天数计算。连续操作设备也有按每年8000~7000h为设计计算的基础。如果设备腐蚀严重或在催化反应中催化剂活化时间较长,寿命较短,所需停工时间较多的,则应视具体情况决定每年设备工作时间。

三、收集相关计算数据和物料衡算步骤

(一) 收集相关计算数据

为了便于进行物料衡算,应根据药厂操作记录和中间试验数据收集下列各项数据:反应物的配料比,原辅材料、半成品、成品及副产品等的浓度、纯度或组成,车间总产率,阶段产率,转化率,等。

1. 转化率

对化学反应中的某一组分来说,反应所消耗掉的量与投入反应的量之比简称该组分的转化率,一般以百分数表示。若用符号 X_A 表示A组分的转化率,则有以下关系式(5-1)。转化率高,说明在反应中该组分消耗的量多,但不一定全部都转化成所需的目标产物,也有可能生成了副产物及其他杂质。

$$X_A = \frac{\text{反应消耗A组分的量}}{\text{投入反应A组分的量}} \times 100\% \tag{5-1}$$

2. 产率

某一化学反应中主要产物实际得量与按投入原料量计算的理论产量之比值称为该产物的产率,也以百分数表示。若用符号 Y 表示,则得式(5-2)或式(5-3)。产率是衡量某一反应条件优劣的重要指标,产率越高,反应效率就越高。

$$Y = \frac{\text{产物实际得量}}{\text{按某一主要原料计算的理论产量}} \times 100\% \tag{5-2}$$

或
$$Y = \frac{产物获得量折算成原料量}{原料投入量} \times 100\% \tag{5-3}$$

3. **选择性**

各种主、副产物中，主产物所占比率称为该产物的选择性，可用符号 φ 表示，则得式 (5-4)。选择性越高，说明主产物越高，副产物越少。

$$\varphi = \frac{主产物生成量折算成原料量}{反应掉的原料量} \times 100\% \tag{5-4}$$

产率、转化率与选择性三者之间的关系可以式 (5-5) 表示：

$$Y = X\varphi \tag{5-5}$$

例 1. 在甲氧苄啶生产过程中，其中由没食子酸（3,4,5-三羟基苯甲酸，**18**）经甲基化反应制备三甲氧基苯甲酸（**19**）的工序中，没食子酸（**18**）投料量为 25.0kg，未反应的没食子酸（**18**）为 2.0kg，生成三甲氧基苯甲酸（**19**）24.0kg。化学反应式和分子量为

$$2 \underset{\substack{M_W = 188.1 \\ \mathbf{18}}}{\text{HO}\begin{smallmatrix}\text{OH}\\\text{OH}\end{smallmatrix}\text{C}_6\text{H}_2\text{CO}_2\text{H}} \cdot \text{H}_2\text{O} + 3(\text{CH}_3)_2\text{SO}_4 \xrightarrow{\text{NaOH}} 2 \underset{\substack{M_W = 212.2 \\ \mathbf{19}}}{\text{H}_3\text{CO}\begin{smallmatrix}\text{OCH}_3\\\text{OCH}_3\end{smallmatrix}\text{C}_6\text{H}_2\text{CO}_2\text{H}} + 3\text{CH}_3\text{OSO}_2\text{OH}$$

原料没食子酸（**18**）的转化率、产物三甲氧基苯甲酸（**19**）的产率以及选择性的计算分别为

$$X = \frac{25.0 - 2.0}{25.0} \times 100\% = 92\%$$

$$Y = \frac{24.0}{25.0 \times \frac{212.2}{188.1}} \times 100\% = 85.1\%$$

或

$$Y = \frac{24.0 \times \frac{188.1}{212.2}}{25.0} \times 100\% = 85.1\%$$

$$\varphi = \frac{24.0 \times \frac{188.1}{212.2}}{25.0 - 2.0} \times 100\% = 92.5\%$$

例 2. 甲苯经浓硫酸磺化制备对甲苯磺酸。已知甲苯的投料量为 1000 kg，反应产物

中含对甲苯磺酸 1460 kg，未反应的甲苯为 20 kg。试分别计算原料甲苯的转化率、产物对甲苯磺酸的产率和选择性。

解：化学反应方程式为

$$\underset{92}{C_6H_5CH_3} + \underset{98}{H_2SO_4} \xrightarrow{110\sim140\,^\circ\!C} \underset{172}{CH_3C_6H_4SO_3H} + \underset{18}{H_2O}$$

M_W

甲苯的转化率、对甲苯磺酸的产率和选择性的计算结果如下：

$$X = \frac{1000-20}{1000} \times 100\% = 98\%$$

$$Y = \frac{1460}{1000 \times \frac{172}{92}} \times 100\% = 78.1\%$$

或

$$Y = \frac{1460 \times \frac{92}{172}}{1000} \times 100\% = 78.1\%$$

$$\varphi = \frac{1460 \times \frac{92}{172}}{1000-20} \times 100\% = 79.7\%$$

在化学制药过程中，实际测得的转化率、产率和选择性等数据可作为设计工业反应器的依据。这些数据是评价这套生产装置效果优劣的重要指标。

4. 车间总产率

通常情况下，一种化学合成药物的生产过程是由若干个物理工序和化学反应工序所组成的。各工序都有其相应的产率，各工序的产率之积即为总产率。车间总产率与各工序产率的关系可表示为式（5-6）。其中，Y 为车间总产率，Y_n（$n=1,2,3,\cdots$）为不同工序产率。在计算产率时，还必须注意生产过程的质量监控，即对于各工序中间体和药品纯度要有质量分析数据。

$$Y = Y_1 Y_2 Y_3 \cdots \tag{5-6}$$

例3. 在伊布替尼（**20**）生产中，有氯化反应工序（$Y_1=93\%$）、肼化反应工序（$Y_2=93\%$）、环缩合反应工序（$Y_3=94\%$）、还原反应工序（$Y_4=94\%$）、取代反应工序（$Y_5=93\%$）、酰化反应工序（$Y_6=90\%$）等6种工序，求车间总产率。

$$Y = Y_1 Y_2 Y_3 Y_4 Y_5 Y_6$$
$$= 93\% \times 93\% \times 94\% \times 94\% \times 93\% \times 90\%$$
$$= 64\%$$

(二) 物料衡算的步骤

在进行较为复杂的物料衡算时,为了避免错误,建议采用下列计算步骤。

① 收集和计算所必需的基本数据。
② 列出化学反应方程式,包括主反应和副反应;根据给定条件画出流程简图。
③ 选择物料计算的基准。
④ 进行物料衡算。
⑤ 列出物料衡算表,包括:输入与输出的物料衡算表、"三废"排量表、计算原辅材料消耗定额。

在化学制药工艺研究中,特别需要注意产品的质量标准、原辅材料的质量和规格、各工序中间体的分析检测方法和监控、回收品处理等,这些都是影响物料衡算准确性的因素。

例4. 在间歇式反应釜中,用浓硫酸磺化甲苯生产对甲苯磺酸,试对该过程进行物料衡算。已知批投料量为：甲苯 1000 kg，纯度 99.9%（质量分数，下同）；浓硫酸 1100 kg，纯度 98%。甲苯的转化率为 98%，生成对甲苯磺酸的选择性为 82%，生成邻甲苯磺酸的选择性为 9.2%，生成间甲苯磺酸的选择性为 8.8%。物料中的水约 90%经连续脱水器排出。此外，为简化计算，假设原料中除纯品外都是水，且在磺化过程中无物料损失。

解： 以间歇式反应釜为衡算范围，绘出物料衡算示意图（图 5-1），取一个操作周期的投料量为基准。

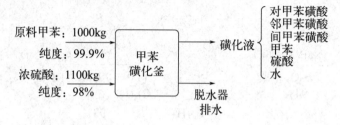

图 5-1 甲苯磺化物料衡算示意图

进料　原料甲苯中的甲苯量为：$1000 \times 99.9\% = 999$(kg)
　　　原料甲苯中的水量为：$1000 - 999 = 1$(kg)
　　　浓硫酸中的硫酸量为：$1100 \times 98\% = 1078$(kg)
　　　浓硫酸中的水量为：$1100 - 1078 = 22$(kg)
进料总量为：$1000+1100=2100$(kg)，其中含甲苯 999kg，硫酸 1078kg，水 23kg。
过程主反应和副反应：

主反应　 甲苯 + H_2SO_4 $\xrightarrow{110\sim140℃}$ 对甲苯磺酸 + H_2O

副反应1　 甲苯 + H_2SO_4 $\xrightarrow{110\sim140℃}$ 邻甲苯磺酸 + H_2O

副反应2　 甲苯 + H_2SO_4 $\xrightarrow{110\sim140℃}$ 间甲苯磺酸 + H_2O

M_W　　 92　　 98　　　　　　　　　　172　　　 18

出料　反应消耗的甲苯量为：$999 \times 98\% = 979$(kg)
　　　未反应的甲苯量为：$999 - 979 = 20$(kg)

反应生成的对甲苯磺酸量为：

$$\frac{N_{对甲苯磺酸} \times \frac{92}{172}}{N_{甲苯消耗}} = 82\%$$

$$N_{对甲苯磺酸} = 979 \times \frac{172}{92} \times 82\% = 1500.8 (\text{kg})$$

同理，反应生成的邻甲苯磺酸量为：

$$N_{邻甲苯磺酸} = 979 \times \frac{172}{92} \times 9.2\% = 168.4 (\text{kg})$$

反应生成的间甲苯磺酸量为：

$$N_{间甲苯磺酸} = 979 \times \frac{172}{92} \times 8.8\% = 161.1 (\text{kg})$$

反应生成的水量为：

$$N_{水} = 979 \times \frac{18}{92} = 191.5 (\text{kg})$$

经脱水器排出的水量为：（23 +191.5）× 90% = 193.1(kg)
磺化液中剩余的水量为：（23 +191.5）– 193.1 = 21.4(kg)
反应消耗的硫酸量为：

$$N_{硫酸消耗} = 979 \times \frac{98}{92} = 1042.8 (\text{kg})$$

未反应的硫酸量为：1078 – 1042.8 = 35.2(kg)
磺化液总量为：1500.8 + 168.4 + 161.1 + 20 + 35.2 + 21.4 = 1906.9(kg)
甲苯磺化过程的物料平衡表如下（表5-2）。

表5-2 甲苯磺化过程物料平衡表

项目	物料名称	质量/kg	质量组成/%		纯品量/kg
输入	原料甲苯	1000	甲苯	99.9	999
			水	0.1	1
	浓硫酸	1100	硫酸	98.0	1078
			水	2.0	22
	总计	2100			2100
输出	磺化液	1906.9	对甲苯磺酸	78.7	1500.8
			邻甲苯磺酸	8.83	168.4
			间甲苯磺酸	8.45	161.1
			甲苯	1.05	20.0
			硫酸	1.85	35.2
			水	1.12	21.4
	脱水器排水	193.1	水	100	193.1
	总计	2100			2100

第三节 药品生产工艺规程

当一种药物的中试放大阶段的研究任务完成后，就可依据生产任务进行基建设计，遴选和确定定型设备，设计、制作非定型设备。然后，按照施工图进行生产车间或工厂的厂房建设、设备和辅助设备的安装等。试车合格和短期试生产达到稳定后，即可开始制定工艺规程。

在我国，实施《药品生产质量管理规范》（GMP）是国家对药品生产企业进行监督检查的一种手段，是药品监督管理的重要内容，也是保证药品质量的科学先进的管理方法。药品生产工艺规程在 GMP 中规定为生产一定数量成品所需起始原料和包装材料的数量，以及工艺、加工说明、注意事项，包括生产过程控制的一个或一套文件。其内容包括：品名，剂型，处方，生产工艺的操作要求，物料、中间产品、成品的质量标准和技术参数及储存注意事项，物料平衡的计算方法，成品容器、包装材料的要求，等。药品生产工艺规程贯通于药品生产的全过程，药品生产必须严格遵守药品生产工艺规程，不得任意更改，如需更改时，应按制定时的程序办理修订、审批手续。

一种药物的生产虽然可以根据条件的不同等情况采用不同的工艺，但其中必有一条在特定条件下最为经济合理又最能保证产品质量的工艺适合相应的制药企业。不同药物的工艺规程在繁简程度上差别很大。工艺规程是一个企业指导生产的重要文件，也是组织管理生产的基本依据，更是制药企业进行质量管理的重要组成部分。工艺规程是在企业内工程技术人员、岗位工人和管理人员等生产实践的经验基础上总结和制定的，属于制药企业的核心机密。当然，工艺规程并不是一成不变的。随着科学的进步，工艺规程也将在履行严格的审批手续后不断地改进和完善，以便更好地指导生产。

一、生产工艺规程的主要作用

先进的工艺规程是依据科学理论和必要的生产工艺试验，在生产工人及技术人员生产实践经验基础上的总结。由此总结所制定的工艺规程，在生产企业中需经一定部门审核。经审定、批准的工艺规程，企业中的相关人员必须严格执行。此外，在生产车间，还应编写与工艺规程相应的岗位技术安全操作法。后者是生产岗位操作工人进行作业时的直接依据和对工人进行培训时的基本要求。工艺规程的作用如下。

（一）工艺规程是组织工业生产的指导性文件

在制药企业中，生产计划、调度只有遵照工艺规程进行安排，才能保持各个生产环节之间的相互协调和有序进行，才能按计划完成生产任务。如维生素 C 的生产工艺中既有化学合成过程（包括高压加氢、酮化、氧化等），又有生物合成过程（包括发酵、氧化和转化），还有精制后处理，以及镍催化剂制备、活化处理，菌种培育等，不同过程的操作工时和生产周期各不相同，原辅材料、中间体质量标准及各中间体和产品质量监控也不相同，还需注意安排设备及时检修等。只有严格按照工艺规程组织生产，才能保证药品质量，保证生产过程安全,提高生产效率,降低生产成本。

(二)工艺规程是生产准备工作的依据

制药企业在化学合成药物正式投产前需要做大量的准备工作。首先,应根据药物的生产工艺过程备齐原辅材料,还须有原辅材料、中间体和产品的质量标准,同时,要做好反应器和生产设备的调试、专用工艺设备的设计和制作等。如,维生素C生产工艺过程要求有无菌室、三级发酵种子罐、发酵罐、高压釜等特殊设备;制备次氯酸钠需用液碱和氯气;还有不少有毒、易爆的原辅材料。这些设备、原辅材料的准备工作都要以工艺规程为依据进行。

(三)工艺规程是新建和扩建生产车间或工厂的基本技术条件

在新建和扩建生产车间或工厂时,必须以工艺规程为依据。首先确定所要生产的品种的年产量;其次确定反应器、辅助设备的规模大小和布置安排;进而确定车间或工厂的面积,同时还有原辅材料的储运、成品的精制、包装等具体要求;最后确定生产工人的工种、等级、数量、岗位技术人员的配备,各个辅助部门如能源、动力供给等也都以工艺规程为依据逐项进行安排。

二、制定生产工艺规程的原始资料和基本内容

对于制药企业来说,制定生产工艺规程的目的是:保证药品质量与较高的劳动生产率,建立必要的安全生产和"三废"治理措施,减少人力和物力的消耗,降低生产成本,使之成为经济合理的生产工艺方案。药品质量、劳动生产率、产率、经济效益和社会效益,这五者相互联系,又相互制约。提高药品质量可提高药品竞争力,增加社会效益,但有时会影响劳动生产率和经济效益;采用先进生产设备虽可提高生产率,减轻劳动强度,但设备投资大,当产品产量不够大时,其经济效益可能较差;有时产率虽有提高,但药品质量会受影响;有时可能因原辅材料涨价或"三废"问题严重,生产成本受到影响或不能正常组织生产。

新版GMP(2010年修订)附录2规定原料药的生产工艺规程应包括:品名,剂型,处方,生产工艺的操作要求,物料、中间产品、成品的质量标准和技术参数及储存注意事项,物料衡算的计算,成品容器、包装材料的要求等。具体内容如下。

(一)产品概述

介绍产品的名称、化学结构和理化性质,概述质量标准、临床用途和包装规格与要求等。①名称,包括通用名、商品名、化学名称和英文名称;②化学结构式、分子式、分子量;③理化性质,包括性状、稳定性、溶解度;④质量标准及检验方法,质量标准指企业内控标准、优级品标准和出口品执行标准等系列标准,检验方法包括准确的定量分析方法、杂质检查方法和杂质最高限度检验方法等;⑤药理作用、不良反应、临床用途、适应证和用法,对于原料药,主要指药理作用和临床用途;⑥包装规格要求与贮藏条件。

(二) 原辅材料和包装材料质量标准及规格

化学原料编号、名称、项目（外观、含量和水分）、质量标准和规格，包装材料名称、材质、形状、规格等。

(三) 化学反应过程及生产工艺流程图

化学反应过程按化学合成顺序，分工序写出主反应、副反应、辅助反应（如催化剂的制备、副产物处理、回收套用等）的反应方程式及其反应原理，标明反应物和产物的中文名称和分子量。

以生产工艺过程中的化学反应为中心，用图解形式将物料前处理、反应、后处理等化学和物理过程加以描述，形成工艺流程图。

以丙炔醇和磺胺胍为原料制备磺胺嘧啶（sulfadiazine，SD，21）的生产工艺，由胺氧化反应生成β-二乙氨基丙烯醛（22）、β-二乙氨基丙烯醛（22）与磺胺胍（23）缩合生成磺胺嘧啶（21）粗品以及磺胺嘧啶成钙盐（24）精制三部分组成，反应方程式如下：

(1) 胺氧化反应

$$HC\equiv C-CH_2OH + (C_2H_5)_2NH \xrightarrow{O_2, MnO_2, CH_3OH} \underset{22}{(C_2H_5)_2N-CH=CH-CHO}$$

(2) 缩合反应

[结构式：磺胺胍(23)·H₂O + 22, CH₃ONa → 磺胺嘧啶钠盐 → HCl → 磺胺嘧啶(21)]

(3) 精制

[结构式：磺胺嘧啶(21) + Ca(OH)₂ → 磺胺嘧啶钙盐(24) + CH₃CO₂H → 磺胺嘧啶(21)]

关于工艺流程图的画法，用方框表示物理过程，圆框表示单元反应，箭头表示物料的流向，并用文字说明。图5-2是磺胺嘧啶（21）的生产工艺流程图，丙炔醇与二乙胺在二氧化锰催化下，发生胺氧化反应生成β-二乙氨基丙烯醛（22），简称氧化油。β-二乙氨基丙烯醛（22）与磺胺胍（23）在甲醇钠作用下缩合生成磺胺嘧啶（21）粗品。未反应的磺胺胍（23）回收套用，将甲醇与二乙胺的混合液酸化蒸馏，使两者分离，分别分馏提纯后套用。磺胺嘧啶（21）粗品与氢氧化钙反应成钙盐（24），经两次脱色提纯，酸化纯品析出，经两级旋风干燥成品，包装、入库，完成全部工艺过程。

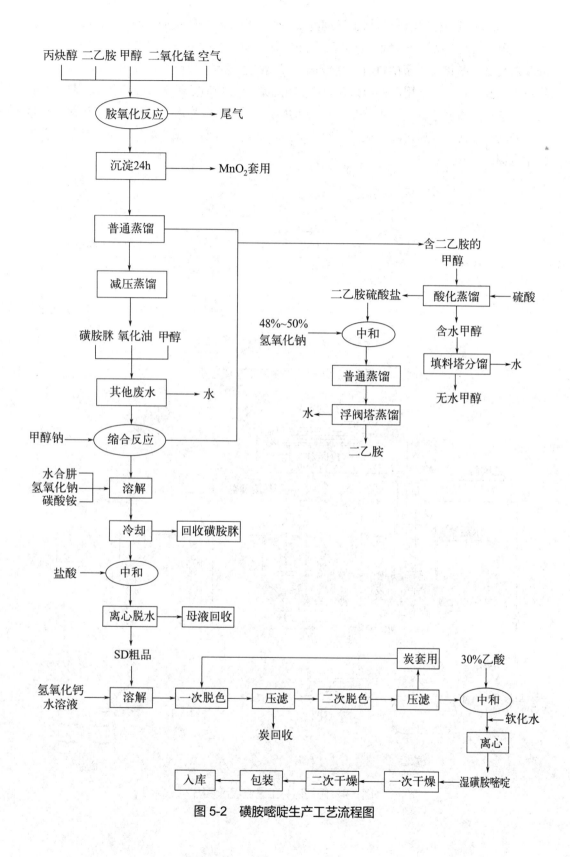

图 5-2 磺胺嘧啶生产工艺流程图

又如，阿司匹林原料药的制备过程涉及的单元操作有酰化反应、冷冻结晶、离心及洗涤、干燥（气流干燥）、分离和过筛等。图5-3是阿司匹林的生产工艺流程图，首先，水杨酸和乙酸酐在酰化反应釜中进行酰化反应生成乙酰水杨酸，停止反应后冷却至室温，将产物投入结晶釜内结晶，用离心机过滤，收集粗品。收集母液，供下批反应使用。将粗品投入结晶釜内，通过计量罐进入结晶釜内，加热搅拌，通入冷却水冷却至结晶，用离心机过滤，干燥、过筛后得阿司匹林成品。对废液进行处理并回收。图5-4是阿司匹林的工艺流程示意图。

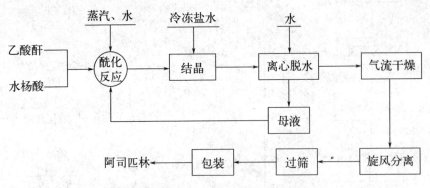

图5-3 阿司匹林生产工艺流程图

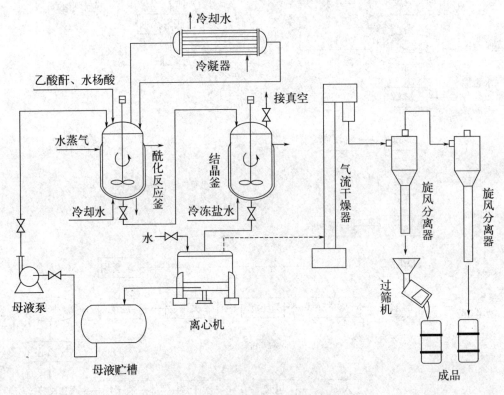

图5-4 阿司匹林工艺流程示意图

（四）工艺过程

在制定工艺规程时应深入生产现场进行调查研究，尤其要重视中试放大时的各个数据和各种现象，分析各种现象出现的原因并提出处理方法。生产工艺过程应包括：①原料配比（投料量、折纯、质量比和摩尔比）；②主要工艺条件及详细操作过程，包括反应液配制、反应、后处理、回收、精制和干燥等；③重点工艺控制点，如加料速度、反应温度、减压蒸馏时的真空度等；④异常现象的处理和有关注意事项，如停水、停电，产品质量不合格等异常现象。

同时，GMP（2010年修订）附录2第二十条规定，应当在工艺验证前确定产品的关键质量属性、影响产品关键质量属性的关键工艺参数、常规生产和工艺控制中的关键工艺参数范围，通过验证证明工艺操作的重现性。第二十一条规定，验证应当包括对原料药质量（尤其是纯度和杂质等）有重要影响的关键操作。

（五）中间体和半成品的质量标准和检验方法

由中间体生产岗位和车间共同商定或修改中间体和半成品的规格标准。以中间体和半成品名称为序，将外观、性状、含量指标、检验方法以及注意事项等内容列表，同时规定可能存在的杂质含量限度。

（六）安全技术与防火、防爆

1. 防毒、防化学烧伤和化学刺激、防辐射危害

制药企业在生产过程中经常使用具有腐蚀性、刺激性和剧毒性的物质，容易造成慢性中毒，损害操作人员的身体健康。必须了解原辅材料、中间体和产品的理化性质，分别列出它们的危害性、防护措施、急救与治疗方法。

2. 防火、防爆安全技术

化学制药工业中除一般化学合成反应外，还包括高温和高压反应，很多原料和溶剂是易燃、易爆物质，极易酿成火灾和爆炸。如Raney-Ni催化剂暴露于空气中发生急剧氧化而燃烧，应随用随制备，贮存期不得超过一个月。氢气是易燃易爆气体，氯气则是有窒息性的毒气，并能助燃。要明确车间和岗位的防爆级别，列出各种原料的危险性和防护措施，包括熔点、沸点、闪点、爆炸极限、危险特征和灭火剂。

3. 安全防火制度

建立明确而细致的安全防火制度。

（七）资源综合利用和"三废"处理

包括废弃物的处理和回收品的处理。废弃物的处理：按生产岗位、废弃物的名称及主要成分、排放情况（日排放量、排放系数和COD浓度）和处理方法等内容进行列表。回收品的处理：按生产岗位、回收品名称、主要成分及含量、日回收量和处理方法等内容进

行列表,载入生产工艺流程。

(八)生产操作与生产周期

列出各岗位的操作单元、操作时间和岗位生产周期,并由此计算出产品生产总周期。

GMP(2010年修订)附录2第二十八条生产操作规定:

① 原料应当在适宜的条件下称量,以免影响其适用性。称量的装置应当具有与使用目的相适应的精度。

② 如将物料分装后用于生产的,应当使用适当的分装容器。分装容器应当有标识并标明以下内容:物料的名称或代码;接收批号或流水号;分装容器中物料的重量或数量;必要时,标明复验或重新评估日期。

③ 关键的称量或分装操作应当有复核或有类似的控制手段。使用前,生产人员应当核实所用物料正确无误。

④ 应当将生产过程中指定步骤的实际收率与预期收率比较。预期收率的范围应当根据以前的实验室、中试或生产的数据来确定。应当对关键工艺步骤收率的偏差进行调查,确定偏差对相关批次产品质量的影响或潜在影响。

⑤ 应当遵循工艺规程中有关时限控制的规定。发生偏差时,应当作记录并进行评价。反应终点或加工步骤的完成是根据中间控制的取样和检验来确定的,则不适用时限控制。

(九)劳动组织与岗位定员

根据产品的工艺过程进行分组,每组由若干岗位组成,按照岗位需要确定人员职务和数量,如组长、技术员、班长、操作人员。

(十)设备一览表及主要设备的生产能力

设备一览表的内容包括编号、设备名称、材质、规格与型号(含容积、性能、电机容量)、数量和岗位名称等。

主要设备的生产能力以中间体为序,列出主要设备名称和数量、生产班次、每个批号的作用时间、投料量、批产量和折成品量、全年生产天数、成品生产能力(日生产能力和年生产能力)等。

(十一)原材料、能源消耗定额和生产技术经济指标

①原辅材料及中间体消耗定额;②动力消耗定额;③分步产率和成品总产率,产率计算方法,劳动生产率及原料成本。

(十二)物料衡算

以岗位为序,包括加入物料的名称、含量、用量、折纯量;收得物料的名称、得量及组分;计算各岗位原料利用率,计算公式如下:

$$原料利用率=(产品产量+回收品量+副产品量)/原料投入量×100\%$$

（十三）附录（有关常数及计算公式等）

所用酸、碱溶液的相对密度和质量分数，产率计算公式等。

三、药品生产工艺规程的制定和修订

药品的生产必须按照生产工艺规程进行。对于一种新产品来说，在试车阶段，一般先制定临时的工艺规程，经过一段时间生产稳定后，再制定正式的生产工艺规程。

药品的生产技术不断发展，人们的认识也在不断地深化，两者大大促进了工程技术人员对化学工艺和化学工程的研究。药品生产的特点是品种更新速度快、生产工艺改进完善的潜力大，随着新工艺、新技术和新材料的出现和采用，已制定的工艺规程在实践中也常常会出现新问题或遇到新挑战，因此必须对工艺规程进行及时修订，以反映经过实践考验的技术革新的新成果和国内外的先进经验。

根据新版GMP（2010年修订）第七章确认与验证中第一百四十四条，"确认和验证不是一次性的行为。首次确认或验证后，应当根据产品质量回顾分析情况进行再确认或再验证。关键的生产工艺和操作规程应当定期进行再验证，确保其能够达到预期结果。"验证同时还是质量计划、岗位等的基础。第八章文件管理中第一百六十九条规定，"工艺规程不得任意更改。如需修改，应当按照相关的操作规程修订、审核、批准。"总之，制定和修改工艺规程的要点和顺序如下：

① 生产工艺路线是拟定工艺规程的关键。在具体实施中，应该在充分调查研究的基础上多提出几个方案进行分析、比较和验证。

② 熟悉产品的性能、用途、工艺过程和反应原理；明确各步反应或各工序的技术要求，找出关键的技术问题。

③ 审查各项技术要求是否合理，原辅材料、设备材质等选用是否符合生产工艺要求。如发现问题，应会同有关设计人员共同研究，按规定手续进行修改与补充，或组织专家论证。

④ 规定各工序和岗位采用的设备流程和工艺流程，同时考虑现有车间平面布置和设备情况。

⑤ 确定和完善各工序或岗位技术要求及检验方法和产品。

⑥ 审定"三废"治理和安全技术措施。

⑦ 编写生产工艺规程。

思考题

1. 请比较中试放大研究与实验室小试研究的异同。
2. 请比较几种中试放大研究方法的使用条件和限制性。
3. 请说明原料药生产工艺规程与实验室小试合成步骤的区别。

参考文献

[1] 赵临襄. 化学制药工艺学. 5版，北京：中国医药科技出版社，2019.
[2] 王亚楼. 化学制药工艺学. 北京：化学工业出版社，2008.
[3] 孙国香，汪艺宁. 化学制药工艺. 北京：化学工业出版社，2018.
[4] 国家食品药品监督管理局. 药品生产质量管理规范（GMP）（2010年修订）.

第六章 化学制药与环境保护

第一节 概　述

一、环境保护的重要性

环境为人类生存和社会经济发展提供了空间和客观条件。然而，自二十世纪起，现代工业的高速发展也给环境带来严重的影响，环境保护问题已引起全世界的广泛关注。从二十世纪中叶起，一些国家因工业废弃物排放或化学品泄漏对环境造成污染，甚至引发严重的环境污染事件，直接威胁人类的生命健康和安全。同时，环境污染也制约着经济的可持续发展，成为亟待解决的社会问题。制药工业由于生产品种多、生产工序多、使用原料种类多且数量大、原材料利用率低等原因，其成为污染物排放的大户之一。制药工业也是国家环保规划要重点治理的行业之一。

近年来，由于我国国民经济的持续高速发展和世界工厂地位的确立，环境保护压力也达到了高峰。一些地区的空气、土壤和江河湖泊等都受到了不同程度的污染，甚至饮用水源受到威胁。松花江重大水污染事故、太湖蓝藻事件、云南滇池和淮河流域污染等环保问题给人们敲响了警钟。废气的大量排放导致空气质量下降，使得一些制造业密集城市居民患某些疾病的概率明显高于农村。面对日益严重的环境污染状况，人类对环境保护的重视程度也开始提高，许多国家先后成立了专门的环境保护管理机构，以加强对环境污染的防治工作，并制定了一系列相关的环境保护法规。我国在1973年建立了环境保护机构，自此各级环境保护部门开展污染的治理工作并采取了综合利用措施。几十年来，我国在环境保护方面不仅加强了立法，而且投入了大量资金，相继建成了大批污染治理设施，取得了比较显著的环境治理效益。今后，我们还要采取切实可行的措施，走高科技、低污染的产业发展之路，治理和保护好环境，促进我国经济的持续稳定发展。

二、我国防治污染的方针政策

如何保护和改善生活、生态环境，合理开发和利用自然环境和资源，制定有效的经济发展政策和实施相应的环境保护政策，是关系人类健康和社会经济可持续发展的重大问题。目前，保护环境已成为我国的一项基本国策。改革开放以来，我国先后完善和颁布了《中华人民共和国环境保护法》《中华人民共和国大气污染防治法》《中华人民共和国水污染防治法》《中华人民共和国海洋环境保护法》《固体废物污染环境防治法》《环境噪声污染防治法》等多部相关法律以及与之相配套的行政、经济法规和环境保护标准，基本形成了一套完整的环境保护法律体系，在我国的生态环境保护和改善中发挥了重要作用。

制药工业是我国国民经济的重要组成部分，在过去几十年，制药工业的迅猛发展对我国经济总量的高速增长做出了重要贡献，但同时也造成了比较严重的环境污染问题。环境保护是影响制药工业健康发展的重要因素。为此，2008年我国颁布了《制药工业水污染物排放标准》，该标准适用于化学合成类、提取类、发酵类、中药类、生物工程类和混装制剂类六个系列的药品生产企业，并且与国际先进的环境标准接轨，污染物排放限值大幅度加严，是国家强制性标准。为进一步贯彻《中华人民共和国环境保护法》等相关法律、法规，防治环境污染，确保生态安全，促进制药工业生产工艺和污染治理技术的进步，2012年我国又颁布了《制药工业污染防治技术政策》，该技术政策为指导性文件，适用于制药工业（包括兽药）。这些文件的颁布有利于制药工业走持续健康发展之路。

此外，对于污染问题，所有企业、单位和部门都要遵守国家和地方的环境保护法规，采取切实有效的措施限期解决。对于新建、扩建和改造项目，都必须按国家基本建设项目环境管理办法的规定，切实执行环境评价报告制度和"三同时"制度，做到先评价，后建设，环保设施与主体工程同时设计、同时施工、同时投产，防止发生新的环境污染。在完善"三同时"申报制度、环境影响评价制度和排污收费制度的基础上，我国还推行环境保护目标责任制、城市环境综合整治定量考核、污染物排放许可证制度、污染集中控制和污染限期治理等制度。这些制度是加强我国环境管理工作的有力保障。

党的二十大报告也指出："我们坚持绿水青山就是金山银山的理念，坚持山水林田湖草沙一体化保护和系统治理，全方位、全地域、全过程加强生态环境保护。"强调要"坚持精准治污、科学治污、依法治污"。这也为我国环境保护指明了方向。

三、化学制药厂污染的特点和现状

（一）化学制药厂污染的特点

由于化学制药工业具有产品种类多、更新速度快、涉及的化学反应复杂等特点，化学制药厂所排出的污染物通常具有毒性、刺激性和腐蚀性等工业污染的共同特征。此外，化学制药厂的污染物还具有组分多或变动大、数量大、间歇排放、pH值偏高或偏低、化学需氧量高等特点。这些特点与防治措施有直接关系。

（1）组分多、数量相对较大　制药工业中的原料药生产是引起环境污染的主要原因。尽管通常情况下原料药的生产规模较小，但排出的污染物的数量却相对较大。此外，化学原料药的生产过程往往具有反应多而复杂及工艺路线较长等特点，同时，所用原辅材料的种类较多，产生的副产物较多甚至难以确认其结构，使污染的综合治理难度加大。

（2）间歇排放　由于多数化学制药厂的药品生产规模通常不大，化学制药厂多采用间歇式生产方式，因而污染物的排放也是间歇性的。间歇排放是一种短时间内向环境集中排放高浓度污染物的方式，而且污染物的排放量、浓度、瞬时差异往往没有规律性，这种排放给环境带来的危害比连续排放更严重。同时，间歇排放也给污染的治理带来不少困难。例如，生物法处理废水时要求流入处理系统的废水的水质、水量均匀，若变动过大，会抑制微生物的生长，导致处理效果明显下降。

（3）pH 值不稳定　化学制药厂排放的废水的 pH 值往往变动大，很不稳定，有时呈强酸性，有时呈强碱性，这对水生生物、构筑物和农作物都有极大的危害。因此，在对废水进行生物处理或排放之前必须进行中和处理，以免影响处理效果或者造成环境污染。

（4）化学需氧量高　化学药物的生产通常需要多种原辅材料，生产过程中还会出现多种副产物。制药企业所排放的污染物一般以有机污染物为主，其中有些能被微生物降解，有些则难以被微生物降解。因此，制药厂废水的化学需氧量（chemical oxygen demand，COD）往往较高，但生化需氧量（biochemical oxygen demand，BOD）却不一定很高。对于那些浓度高而又不易被生物氧化的高 COD 废水需要另行处理，如用萃取、焚烧等方法处理。否则，经生物处理后废水的化学需氧量仍会高于排放标准。

（二）化学制药厂污染的现状

药物生产尤其是原料药生产通常具有反应步骤多、工艺复杂、副产物多等特点，致使制药工业成为环境污染较为严重的行业，制药行业的环保治理也成为公众关注的焦点之一。近几十年来，很多国家对环境保护的要求日益严格，一些发达国家逐渐将污染较为严重的原料药生产转移到发展中国家，这一方面给我国和其他一些国家的原料药企业带来了发展机遇，另一方面也给我们造成了较为严重的环境污染，给环保治理带来巨大挑战。近年来，制药行业在治理污染方面的投资逐年增加，各种治理污染的装置在各药厂也相继投入使用。然而，由于化学制药工业环境污染治理的难度较大，技术手段和治理力度不够，防治污染的速度远远落后于制药工业的发展速度。目前，从总体上看，我国化学制药行业的污染仍然十分严重，治理的形势相当严峻。全行业污染治理的水平和程度相差较大，条件好的制药企业已达二级处理水平，即大部分污染物得到了妥善的处理；但仍有相当数量的制药企业仅仅达到一级处理水平，甚至还有一些制药厂没能做到清污分流。个别制药企业的法治观念不强，环保意识淡薄，随意排放或处理污染物的现象时有发生，对环境造成了严重污染。在今后，随着人们对环境保护的重视，以牺牲环境为代价的重污染生产工艺、装备及企业将被加速淘汰。

第二节　防治污染的主要措施

制药工业的生产过程既是原料的消耗过程和产品的形成过程，也是污染物的产生过程。污染物的种类、数量和毒性主要取决于药品的生产工艺。因此，污染的防治首先应从生产工艺入手，尽量采用绿色生产工艺，改造或废除污染严重的落后生产工艺，从源头上减少或控制污染物的排放。其次，要积极开发污染物处理新技术，对于必须排放的污染物，要积极开展综合利用，尽可能化害为利、变废为宝。最后再考虑对污染物进行无害化处理。

一、绿色生产工艺的开发与利用

药品的绿色生产工艺（green production process）是在绿色化学的基础上开发的从源头上尽可能减少或消除污染的生产工艺。这类工艺将防止污染融于生产过程，其中最理想的方法是采用"原子经济（atom economy）反应"，即最大限度地使原料分子中的每一个原子都转化成产品，尽可能少地产生甚至不产生任何废弃物和副产品，以实现废物最低排放甚至零排放，原子经济反应有利于资源利用和环境保护。针对化学制药生产过程的主要环节和组分，可重新设计少污染或无污染的生产工艺，并通过优化工艺条件、改进操作方法等措施，实现制药过程节能减耗、消除或减少环境污染的目的。

（一）重新设计少污染或无污染的生产工艺

在重新设计药品的生产工艺时，应尽可能用无毒无害的原辅材料代替有毒有害的原辅材料，以降低或消除其对环境的污染。例如，以二苯基碳酸酯代替剧毒的光气与双酚 A 进行固态聚合；以碳酸二甲酯代替硫酸二甲酯进行选择性甲基化反应；在氯霉素的合成中，采用三氯化铝代替氯化高汞作催化剂制备异丙醇铝以解决汞污染问题；等。

由于很多药物的化学结构比较复杂，在药物合成中，常常需要多步反应才能得到。虽然有时单步反应的产率很高，但反应的总产率往往不高。在设计新的生产工艺时，简化合成步骤，就有可能减少污染物的种类和数量，从而减轻后处理系统的负担，有利于环境保护。例如布洛芬的生产就是一个很好的例子，传统生产工艺包括 6 步反应，原子的有效利用率为 40%。新工艺利用 3 步催化反应，原子的有效利用率为 77.4%。

传统生产工艺：

新工艺：

$$\underset{H_3C}{\overset{CH_3}{\diagdown}}CH-CH_2-\text{C}_6\text{H}_4 \xrightarrow[\text{HF}]{(AcO)_2O} \text{(对异丁基苯乙酮)} \xrightarrow[\text{Raney-Ni}]{H_2} \text{(对异丁基-α-甲基苄醇)}$$

$$\xrightarrow[\text{PdCl}_2(\text{PPh}_3)_2]{CO} \text{布洛芬}$$

此外，设计无污染的绿色生产工艺是消除环境污染的又一重要措施。如苯甲醛（**1**）的传统合成路线是以甲苯（**2**）为原料，通过二氯甲基苯（**3**）水解而得。在反应中，选择适当的条件将甲苯（**2**）进行侧链氯化，得到以二氯甲基苯（**3**）为主的产物。再经水解、精馏等步骤得到苯甲醛（**1**）。在生产过程中会产生大量需治理的废水，并且有伴随光和热的大量氯气参与反应，对周围的环境将造成严重的污染。

$$\underset{\mathbf{2}}{\text{C}_6\text{H}_5\text{CH}_3} \xrightarrow[\text{光和热}]{Cl_2} \underset{\mathbf{3}}{\text{C}_6\text{H}_5\text{CHCl}_2} \xrightarrow[\text{H}^+]{H_2O} \underset{\mathbf{1}}{\text{C}_6\text{H}_5\text{CHO}}$$

间接电氧化法制备苯甲醛的基本工艺过程是在电解槽中将 Mn^{2+} 电解氧化成 Mn^{3+}，然后将 Mn^{3+} 与甲苯在槽外反应器中反应定向生成苯甲醛，同时 Mn^{3+} 被还原成 Mn^{2+}。经油水分离后，水相返回电解槽电解氧化，油相则经精馏分出苯甲醛后返回反应器。由于油相和水相分别构成闭路循环，因此整个工艺过程无污染物排放，故是一条绿色生产工艺。

$$Mn^{2+} \xrightarrow{\text{电解氧化反应}} Mn^{3+} + e$$

$$\underset{\mathbf{2}}{\text{C}_6\text{H}_5\text{CH}_3} + 4Mn^{3+} + H_2O \longrightarrow \underset{\mathbf{1}}{\text{C}_6\text{H}_5\text{CHO}} + 4Mn^{2+} + 4H^+$$

（二）优化工艺条件

药物合成反应中的许多工艺条件，如原料纯度、投料比、反应时间、反应温度、反应压力、溶剂、催化剂、pH 值等，不仅会影响产品的产率，而且对污染物的种类和数量也会产生影响。对药物生产过程的工艺条件进行优化，获得最佳工艺条件，是减少或消除污染的又一重要方法。如在药物生产中,溶剂的选择是绿色生产工艺需要研究的重要反应条件之一。目前,药物合成反应中广泛使用的溶剂主要是挥发性有机物,其中,有些有机物会破坏臭氧层或污染水源。因此,要尽量减少这些有机溶剂的使用,用无毒无害的溶剂代替挥发性有机物已成为绿色化学的主要研究方向。一些非传统溶剂如水相体系、离子液体、固定化的溶剂及超临界流体等已被越来越多地用于药物合成反应中。此外,采用无溶剂的固相反应也是避免使用挥发性溶剂的一个研究动向,例如用微波来促进固-固相反应。

(三) 改进操作方法

在药物的生产工艺已经确定且不易更改的条件下,为减少或避免污染物的形成,也可从改进操作方法入手。例如,安乃近的生产工艺中有一步酸水解反应,排出的废物中含有甲酸、甲醇等污染物。热的甲酸蒸气对设备腐蚀很严重,若没有合适的冷凝设备,只能进行排空。根据在酸性条件下甲醇可与甲酸反应生成甲酸甲酯的原理,在生产操作中改用加入硫酸进行水解,先不蒸出反应中生成的甲醇和甲酸,而是让其在反应罐中于 98~100 ℃下回流 10~30 min 发生酯化反应生成甲酸甲酯,随后从回流冷凝管顶部将甲酸甲酯回收。这样操作既能使水解反应正常进行,又能减少甲酸、甲醇等有机污染物的排放并防止其腐蚀设备。同时,还可回收副产物甲酸甲酯。

(四) 采用新技术

在药物生产过程中,使用新技术不仅能显著提高生产技术水平,而且在有些情况下对污染物的防治也十分有利。例如,在药物中间体 4-氨基吡啶(**4**)的合成中,以前的工艺采用铁粉还原硝基氧化吡啶(**5**)制备 4-氨基吡啶(**4**),反应过程中要消耗大量的溶剂乙酸,同时会产生较多的废水和废渣。现采用 Raney-Ni 催化加氢还原技术,既简化了工艺操作,又消除了环境污染。

其他新技术,如在手性药物制备中使用化学控制技术、生物控制技术、相转移催化技术、超临界萃取技术和超临界色谱技术等,都能显著提高产品的质量和产率,减少原辅材料的消耗,提高资源和能源的利用率,同时可以避免使用许多有毒有害的化学试剂,也有利于减少污染物的种类和数量,减轻后处理过程的负担,有利于环境保护。

二、循环套用

药物合成反应往往不能进行得十分完全,且常存在副反应,反应产物也难以从反应混合物中完全分离出来,因此分离后的母液中会含有一定量的未反应的原料、副产物和产物。如果在某些药物合成中,通过合理的设计和安排可以实现反应液的循环套用或经适当处理后套用,这不仅可降低原辅材料的消耗,提高产品的产率,而且可减少环境污染物的产生。例如,在氯霉素合成中进行乙酰化反应时,原工艺是在反应后将母液蒸发浓缩回收乙酸钠,将残液废弃。经改进后的工艺将母液循环套用,即将母液按含量计算代替乙酸钠直接应用于下一批反应,从而省去了蒸发、结晶、过滤等操作步骤,减少了废水的处理量。此外,由于母液中也含有一些反应产物对硝基-α-乙酰氨基苯乙酮(**6**),循环使用母液还可以提高反应产率。

$$\text{对硝基-}\alpha\text{-氯乙酰氨基苯乙酮·HCl} + (CH_3CO)_2O + CH_3CO_2Na \xrightarrow{H_2O} \text{化合物 }\mathbf{6} + 2CH_3CO_2H + NaCl$$

又如,甲氧苄氨嘧啶(trimethoprim,TMP)生产中的氧化反应是将三甲氧基苯甲酰肼(**7**)在氨水及甲苯中用赤血盐钾(铁氰化钾,**8**)氧化,得到三甲氧基苯甲醛(**9**),同时副产物黄血盐钾铵(亚铁氰化钾铵,**10**)溶解在母液中。黄血盐钾铵(**10**)分子内含有氰基,需对其进行处理后才可随母液排放。经改进后,对含黄血盐钾铵(**10**)的母液进行适当处理,再用高锰酸钾氧化,使黄血盐钾铵(**10**)转化为原料赤血盐钾(**8**),再套用于氧化反应中。

$$\mathbf{7} + 2K_3Fe(CN)_6 + 2NH_4OH \xrightarrow{\text{甲苯}} \mathbf{9} +$$
$$2K_3(NH_4)Fe(CN)_6 + N_2\uparrow + 2H_2O$$
$$\mathbf{10}$$
$$3K_3(NH_4)Fe(CN)_6 + KMnO_4 + 2H_2O \xrightarrow{\Delta} 3K_3Fe(CN)_6 + MnO_2 + KOH + 3NH_4OH$$
$$\mathbf{10} \qquad\qquad\qquad\qquad\qquad\qquad\qquad \mathbf{8}$$

将反应母液循环套用,可显著减少环境污染物的产生。经合理设计构成一个闭路循环,是一种理想的药物绿色生产工艺。除母液可循环套用外,药物生产中大量使用的各种有机溶剂,均应考虑循环套用,以降低单耗,减少环境污染。如催化剂、活性炭等经过适当处理后也可考虑反复套用。

制药工业中用水量很大,其中冷却水的用量在总用水量中占有很大的比例,因而必须考虑水的循环使用,尽可能做到水的闭路循环。在设计排水系统时应考虑清污分流,把被严重污染的废水与间接冷却水分开,这样不但有利于水的循环使用,而且还可大幅度减少废水量。由生产系统排出的废水经处理后,也可采取闭路循环。水的重复利用和循环回用是保护水源、控制环境污染的重要技术措施。

三、综合利用

从一定意义上说,化学制药过程中产生的废弃物也是一种"资源",能否充分利用这种资源是一个企业生产技术水平高低的体现。对废弃物进行综合处理后再利用或从排放的废弃物中回收有价值的物料,开展综合利用,变废为宝,减少污染物的排放,是控制环境污染的一种积极措施。近年来,在化学制药工业的污染治理中,资源综合利用的成功例子很多。例如,氯霉素生产中的副产物邻硝基乙苯(**11**)会对环境产生严重污染,可将其制成杀草胺(**12**),杀草胺是一种优良的除草剂。

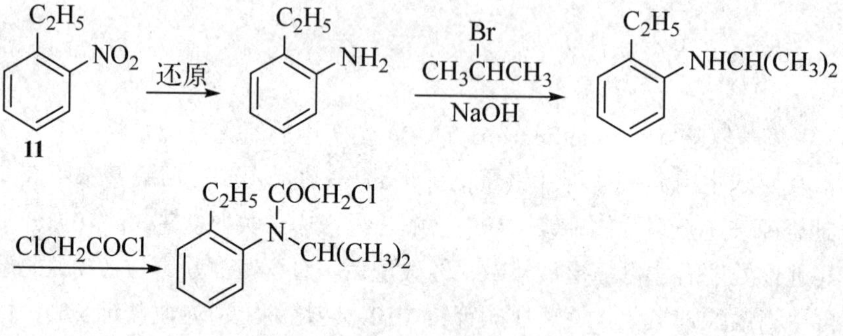

又如,制备降血脂药氯贝丁酯(clofibrate)的一种主要原料是对氯苯酚,生产过程中的副产物邻氯苯酚(**13**)是重要的污染物之一,将邻氯苯酚制成2,6-二氯苯酚(**14**),可用作解热镇痛药双氯芬酸钠(diclofenac sodium)的生产原料,实现变废为宝。

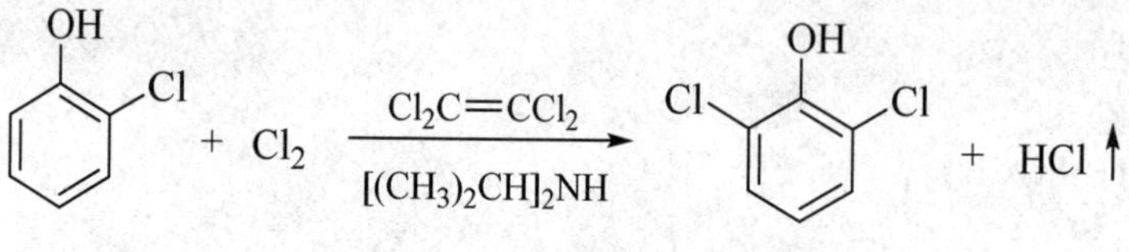

四、改进设备,加强管理

将生产设备进行适当改进,并加强设备管理是药品生产中控制污染源、减少环境污染的又一个重要手段。设备的选型合理与否、设计恰当与否,往往与污染物的数量和浓度有很大的关系。例如，在甲苯磺化反应中，用连续式自动脱水器代替人工操作的间歇式脱水器，可使甲苯的转化率显著提高，同时减少污染物的数量。又如，在直接冷凝器中，若用水直接冷凝含有机物的废气，将会产生大量的低浓度废水。若改用间壁式冷凝器，用水进行间接冷却，废水的产生量可以显著减少，废水中有机物的浓度也显著提高。数量少而有机物浓度高的废水便于回收处理。再如，用水吸收含氯化氢的废气可以获得一定浓度的盐酸，但水吸收塔的排出尾气中仍含有一定量的氯化氢气体，直接排放将对环境造成污染。实际设计时在水吸收塔后再增加一座碱液吸收塔，可使尾气中的氯化氢含量降至 $4mg/m^3$ 以下，低于国家排放标准。

制药工业中，设备系统的"跑、冒、滴、漏"往往是造成环境污染的一个重要原因，需要引起足够的重视。在药品生产中，从原料、中间体到终产物，以至排出的污染物，往往具有易燃、易爆、有毒性、有腐蚀性等特点。就整个生产工艺过程而言，提高设备、管道系统的严密性，使系统少排或不排污染物，是减少污染物产生的一个重要措施。因此，无论是设备或管道，从设计、选材到安装、操作和检修，以及生产管理的各个环节都必须重视，以杜绝"跑、冒、滴、漏"现象，减少环境污染。

第三节　废水的处理

在化学制药厂所产生的污染中，废水的数量是最大的，废水中的污染物量大且种类十分复杂，对环境危害最严重，对人类生活和生产可持续发展的影响也最大。因此，废水是化学制药厂污染物在排放之前进行无害化处理的重点和难点。

一、废水污染控制指标

（一）基本概念

1. 水质指标

水质指标是表征废水性质的参数，其中相对重要的指标有 pH 值、悬浮物（suspended substance, SS）、生化需氧量（BOD）、化学需氧量（COD）、氨氮、总氮（total nitrogen, TN）和总有机碳（total organic carbon, TOC）等。

pH 值是衡量废水酸碱性强弱的一个重要指标。pH 值的测定和控制，在维持废水处理设备的正常运行，防止废水处理及输送设备腐蚀，保护水生生物和水体自净化功能等方面都有非常重要的意义。经处理后的废水应呈中性或接近中性。

悬浮物（SS）是指废水中呈悬浮状态的固体，是反映水中固体物质含量的一个常用指标。悬浮物数量可用过滤法测定，单位为 mg/L。

生化需氧量（BOD）是指在一定条件下，微生物氧化分解水中的有机物时所需的溶解氧的量，单位为 mg/L。BOD 是反映废水中可被微生物分解的有机污染物含量的一个重要指标，BOD 值越大，表示水中的有机物越多，水体被污染的程度也就越高。另外，微生物分解有机物的速度和程度与时间长短直接相关。实际测量中，常在温度为 20 ℃ 的条件下，将废水培养 5 日，然后测定单位体积废水中溶解氧的减少量，即五日生化需氧量，作为生化需氧量的指标，以 BOD_5 表示。

化学需氧量（COD）是指在一定条件下，用强氧化剂氧化废水中的有机物所需氧的量，单位为 mg/L。通常废水的检验标准规定以重铬酸钾作氧化剂，测得值标记为 COD_{Cr}。COD 与 BOD 均可表征水被污染的程度，但 COD 能够更精确地表示废水中的有机物含量，而且测定时间短，不受水质限制，因此常被用作废水的污染指标。COD 和 BOD 之间的差值表示废水中没有被微生物分解的有机污染物的含量。

氨氮是指水中以游离氨（NH_3）和铵离子（NH_4^+）形式存在的氮。氨氮是水体中的营养物质，其含量过高可导致水体的富营养化，是水体中的主要耗氧污染物，可使鱼类及某些水生生物因缺氧而死亡。

总氮（TN）是水中各种形态的无机和有机氮的总量。包括 NO_3^-、NO_2^- 和 NH_4^+ 等无机氮和氨基酸、蛋白质以及有机胺等有机氮，TN 值以每升水中含氮毫克数计算，常被用来表示水体受营养物质污染的程度。

总有机碳（TOC）是指水体中溶解性和悬浮性有机物含碳的总量。因水中的有机物种类很多，目前尚不能对其全部进行分离和鉴定。TOC 以碳的数量表示水中所含有机物的总量，是一个可以快速检定的综合指标。总有机碳虽然通常作为评价水体有机物污染程度的重要依据，但由于其不能反映水中有机污染物的种类和组成，故不能反映总量相同的总有机碳所造成的不同污染后果。

2. 排水量与单位基准排水量

排水量是指在生产过程中直接用于工艺生产的水的排放量。不包括间接冷却水、锅炉排水、电站排水及厂区生活排水。

单位基准排水量是指用于核定水污染物排放浓度而规定的生产单位产品的废水排放量上限值。

3. 清污分流

清污分流是将高污染废水（如制药生产过程中排出的各种废水）与未污染或低污染水即所谓清水（如间接冷却用水、雨水和生活用水等）分别用各自不同的管路系统进行输送、排放或贮留，这样有利于清水的循环套用和高污染废水的处理。清污分流对制药工业废水的处理是非常重要的，通常情况下未污染或低污染水的量远大于高污染废水的量，采取清污分流，降低废水量，提高废水的浓度，不仅可大大减轻废水的输送负荷和治理负担，还可节约大量的清水。

除清污分流外，还应将制药过程所产生的某些特殊废水与一般废水分开，以有利于特殊废水的单独处理和一般废水的常规处理。例如，应将含剧毒物质（如某些重金属）的特殊废水与准备生物处理的废水分开；不能将含氰废水、含硫化合物废水以及酸性废水相互混合等。

4. 废水处理级别

根据废水处理程度的不同，废水处理可分为一级、二级和三级处理。

一级处理（preliminary or primary treatment）通常采用物理方法（如过滤、沉淀、离心等）或简单的化学方法除去水中的漂浮物和部分处于悬浮状态的污染物，以及调节酸性或碱性废水的 pH 值等。一级处理之后，废水的污染程度和后续处理的负荷均可减轻。一级处理的投资少、成本低，但在大多数情况下，废水经一级处理后仍达不到国家规定的排放标准，还需要进行再进一步的二级处理，甚至三级处理。因此，一级处理通常作为废水的预处理过程。

二级处理（secondary treatment）主要指废水的生物处理。经过一级处理后，再经过二级处理，废水中的大部分有机污染物可被除去，使废水得到进一步净化。二级处理适用于处理各种含有机污染物的废水。废水经二级处理后，BOD_5 可降至 20~30mg/L，水质可以得到大大改善，一般可达到规定的排放标准。

三级处理（tertiary or advanced treatment）又称深度处理，常以废水的回收和再利用为目标，是一种净化要求较高的处理，目的是除去二级处理中未能除去的污染物，包括不能被微生物分解的有机物、可导致水体富营养化的可溶性无机物（如氮、磷等）以及各种病原微生物等。三级处理所使用的方法很多，如过滤、活性炭吸附、臭氧氧化、离子交换、电渗析、反渗透以及生物法脱氮除磷等。根据三级处理后排出水的不同用途和去向，处理过程和组成单元也有所不同。废水经三级处理后，BOD_5 可从 20~30mg/L 降至 5mg/L 以下，可达到地面水和工业用水的水质要求。

（二）制药废水中污染物的控制指标

根据国家《污水综合排放标准》（GB 8978—1996），按照污染物对人体健康的影响程度，将污染物分为两类。第一类污染物指能在环境或动植物体内蓄积，对人体生理健康会产生长远不良影响的有害物质，此类污染物有 13 种。第二类污染物指长远影响小于第一类污染物的有害物质。对于含第二类污染物的污水，在排放单位的排污口取样，检测的指标主要包括 pH 值、色度、悬浮物、五日生化需氧量、化学需氧量等。

《化学合成类制药工业水污染物排放标准》（GB 21904—2008）分别针对发酵类、化学合成类、提取类、中药类、生物工程类和混装制剂类六个系列，制定了废水中污染物排放标准的控制指标。《化学合成类制药工业水污染物排放标准》规定了化学合成类制药工业废水中污染物的排放限值等控制指标。化学合成类制药工业废水中污染物的控制指标有以下三类。

1. 常规污染物

常规污染物控制指标包括 pH 值、色度、悬浮物（SS）、生化需氧量（BOD_5）、化学需氧量（COD_{Cr}）、氨氮（以 N 计）、总有机碳（TOC）、急性毒性（以 $HgCl_2$ 计）等。

2. 特征污染物

特征污染物控制指标包括总汞、烷基汞、总镉、六价铬、总砷、总铅、总镍、总铜、总锌、氰化物、硫化物、挥发酚、硝基苯类、苯胺类和二氯甲烷等。

3. 总量控制指标

总量控制指标是指单位产品基准排水量。

化学合成类制药企业水污染物排放限值必须符合表6-1中的规定。

表6-1 化学合成类企业水污染物排放限值

单位：mg/L（pH值、色度除外）

序号	污染物	排放限值		序号	污染物	排放限值	
		现有企业	新建企业			现有企业	新建企业
1	pH值	6~9	6~9	14	硝基苯类	2.0	2.0
2	色度	50	50	15	苯胺类	2.0	2.0
3	悬浮物（SS）	70	50	16	二氯甲烷	0.3	0.3
4	生化需氧量（BOD_5）	40 (35)	25 (20)	17	总锌	0.5	0.5
5	化学需氧量（COD_{Cr}）	200 (180)	120 (100)	18	总氰化物	0.5	0.5
6	氨氮（以N计）	40 (30)	25 (20)	19	总汞	0.05	0.05
7	总氮	50 (40)	35 (30)	20	烷基汞	不得检出	不得检出
8	总磷	2.0	1.0	21	总镉	0.1	0.1
9	总有机碳（TOC）	60 (50)	35 (30)	22	六价铬	0.5	0.5
10	急性毒性（以$HgCl_2$计）	0.07	0.07	23	总砷	0.5	0.5
11	总铜	0.5	0.5	24	总铅	1.0	1.0
12	挥发酚	0.5	0.5	25	总镍	1.0	1.0
13	硫化物	1.0	1.0				

注：1. 烷基汞检出限为10 ng/L。
2. 括号内排放限值适用于同时生产化学合成类原料药和混装制剂的生产企业。
3. 序号1~18污染物排放监控位置为企业废水总排放口，19~25为车间或生产设施废水排放口。
4. 现有企业是指在本标准实施之日（2008年7月1日）前建成投产或环境影响评价文件已通过审批的制药生产企业，新建企业是指自本标准实施之日起环境影响评价文件通过审批的新建、改建和扩建的制药生产企业。

另外，在国土开发密度已经较高、环境承载能力开始减弱，或环境容量较小、生态环境脆弱，容易发生严重环境污染问题而需要采取特别保护措施的地区，化学合成类制药企业所排放的废水中污染物应该按照先进控制技术限值严格控制。具体水污染物排放先进控制技术限值列于表6-2中。执行水污染物排放先进控制技术限值的地域范围、时间，由省级人民政府规定。

《化学合成类制药工业水污染物排放标准》不仅规定了水污染物的排放限值，而且还规定了单位产品的基准排水量。化学合成类制药工业单位产品的基准排水量列于表6-3中。

表6-2 化学合成类制药企业水污染物排放先进控制技术限值

单位：mg/L（pH值、色度除外）

序号	污染物	排放限值	序号	污染物	排放限值
1	pH值	6~9	14	硝基苯类	2.0
2	色度	30	15	苯胺类	1.0
3	悬浮物（SS）	10	16	二氯甲烷	0.2
4	生化需氧量（BOD_5）	10	17	总锌	0.5
5	化学需氧量（COD_{Cr}）	50	18	总氰化物	不得检出
6	氨氮（以N计）	5	19	总汞	0.05
7	总氮	15	20	烷基汞	不得检出
8	总磷	0.5	21	总镉	0.1
9	总有机碳（TOC）	15	22	六价铬	0.3
10	急性毒性（以$HgCl_2$计）	0.07	23	总砷	0.3
11	总铜	0.5	24	总铅	1.0
12	挥发酚	0.5	25	总镍	1.0
13	硫化物	1.0			

注：1. 总氰化物检出限为0.25mg/L，烷基汞检出限为10ng/L。
2. 序号1~18污染物排放监控位置为企业废水总排放口，19~25为车间或生产设施废水排放口。

表6-3 化学合成类制药工业单位产品的基准排水量 单位：m^3/t

药物种类	代表性药物	单位产品基准排水量
神经系统类	安乃近	88
	阿司匹林	30
	咖啡因	248
	布洛芬	120
抗微生物感染类	氯霉素	1000
	磺胺嘧啶	280
	呋喃唑酮	2400
	阿莫西林	240
	头孢拉定	1200
呼吸系统类	愈创木酚甘油醚	45
心血管系统类	辛伐他汀	240
激素及影响内分泌类	氢化可的松	4500
维生素类	维生素E	45
	维生素B_1	3400
氨基酸类	甘氨酸	401
其他类	盐酸赛庚啶	1894

注：排水量计量位置与污染物排放监控位置相同。

水污染物排放限值适用于单位产品实际排水量低于单位产品基准排水量的情况。若单位产品实际排水量高于单位产品基准排水量，则须按单位产品基准排水量将水污染物实测浓度换算为基准水量排放浓度，并以基准水量排放浓度作为判定排放是否达标的依据。产品产量和排水量统计周期为一个工作日。

二、废水处理的基本方法

实际上，废水处理的最终目的是利用各种技术，将废水中的污染物分离出来，或将其转化为无害物质，从而使废水得到净化。废水处理相当复杂，必须根据废水量和水质等选择合适的方法进行处理。废水处理方法很多，按作用原理一般可分为物理法、化学法、物理化学法和生物法。

（一）物理法

物理法是利用物理作用将废水中处于悬浮状态的污染物分离出来或将其回收，在采用物理法处理废水过程中不改变污染物的化学性质，常用的方法有沉降、气浮、过滤、离心、吸附、蒸发、浓缩、膜分离等。物理法常用于废水的一级处理，现选择其中几种重要方法加以介绍。

1. 气浮法

气浮法是向废水中通入空气，利用高度分散的微小气泡作为载体黏附于废水中的悬浮污染物上，使悬浮污染物随气泡升到水面再将其去除。气浮法的处理对象是乳化油以及疏水性细微固体悬浮物，通常包括充气气浮、溶气气浮、化学气浮和电解气浮等多种形式。气浮法的优点是气浮过程中增加了水中的溶解氧，水中浮渣含氧，不易腐化，有利于后续处理。气浮法的缺点是耗电多，运营费用较高；此外，废水悬浮物浓度高时，减压释放器容易堵塞，管理复杂。

2. 吸附法

吸附法是利用多孔性固体材料吸收分离水中污染物的处理过程，一般采用固定床吸附装置。废水处理过程中采用吸附法处理，可去除废水中的重金属离子（如汞、铬、银、镍、铅等），还可净化废水中低浓度有机废气，如含氟、硫化氢的废气等。影响吸附法废水处理效果的主要因素有吸附剂的理化性质、吸附质的理化性质、废水的pH值、废水的温度、共存物的影响和接触时间等，吸附法中常用的吸附剂有活性炭、活性煤、腐植酸类、吸附树脂等。

3. 膜分离法

膜分离法是利用经特殊制造而成的膜对混合物中各组分的选择渗透作用的差异，以外界能量或化学位差为推动力对混合气体或液体进行分离、分级、提纯和浓缩的技术。膜分离法是一种新的废水处理方法，它包含超滤膜分离技术、纳滤膜分离技术、电渗析技术、反渗透技术和液膜分离技术等。该技术的主要特点是设备简单、操作方便、无相变及化学变化、处理效率高和节约能源等。但仍需要开发和生产高强度、长寿命、耐污染、高通量、廉价的膜材料，使膜分离法在废水处理中得以广泛应用。

（二）化学法

化学法是利用化学反应改变废水中污染物的理化性质，使之发生化学或物理状态的变化，进而将其从废水中分离出来。化学法处理废水中污染物常用的化学反应有中和、化学沉淀、混凝、氧化和还原等。化学法常用于处理有毒、有害的废水，使废水达到不影响生物法处理的条件。

1. 中和法

中和法是利用酸碱中和作用处理废水，使之净化的方法。中和法的基本原理是使酸性废水中的 H^+ 与外加 OH^- 相互作用，或使碱性废水中的 OH^- 与外加的 H^+ 相互作用，生成水及可溶解或难溶解的其他盐类。中和法可用以调节酸性或碱性废水的 pH 值，处理并回收利用酸性废水和碱性废水。常用的方法有：酸、碱废水相互中和法，投药中和法和过滤中和法等。

含酸废水和含碱废水是两种主要的制药工业废液。通常情况下，将酸含量大于 3% 的高浓度废水称为废酸液，将碱含量大于 1% 的高浓度废水称为废碱液。这类废液首先要考虑采用特殊的方法回收其中的酸或碱。酸含量小于 3% 或碱含量小于 1% 的酸性废水与碱性废水，回收价值不大，常采用中和处理方法，使其 pH 值达到废水的排放标准。

2. 化学沉淀法

化学沉淀法是向废水中投加某些化学物质，使其与废水中的污染物发生直接的化学反应，生成难溶于水的物质沉淀析出，从而使污染物被分离除去的方法。化学沉淀法经常用于处理含有汞、铅、铜、锌、六价铬、硫、氰、氟、砷等金属或有毒化合物的废水。如向废水中投加氢氧化物、硫化物、碳酸盐、卤化物等生成金属盐沉淀去除废水中的金属离子；向废水中投入钡盐与六价铬生成铬酸盐沉淀处理含六价铬的废水；向废水中投加石灰生成氟化钙沉淀去除水中的氟化物；等。根据投加的沉淀剂不同，常见的化学沉淀法有氢氧化物沉淀法、硫化物沉淀法、碳酸盐沉淀法、钡盐沉淀法、卤化物沉淀法等。但是由于化学沉淀法通常要加入大量的化学物质，最终生成沉淀物析出，这就决定了其处理后会存在大量的二次污染，如大量废渣的产生。

3. 混凝法

混凝法是目前普遍采用的一种废水处理方法，被广泛用于制药废水预处理及后处理过程。该方法是通过向废水中加混凝剂，使废水中的胶粒物质发生凝聚和絮凝而分离出来，以达到净化废水的目的。混凝是凝聚作用与絮凝作用的总称。凝聚作用是因投加电解质，胶粒电动电势降低或消除，因而胶体颗粒失去稳定性，进而相互聚结而产生；絮凝作用是由高分子物质吸附搭桥，使胶体颗粒相互聚结而产生。混凝剂主要分为两类：①无机盐类，如铝盐、铁盐和碳酸镁等；②高分子物质，如聚合氯化铝、聚丙烯酰胺等。水温、pH 值、浊度、硬度及混凝剂的投放量等是影响混凝效果的主要因素，其中最关键的是恰当地选择和投加性能优良的混凝剂。近年来混凝剂的发展方向是由低分子向聚合高分子发展，由成分功能单一型向复合型发展。

4. 氧化还原法

氧化还原法是指废水中的污染物在处理过程中发生了氧化还原反应，污染物被氧化或者被还原，从而转变为无毒或微毒物质的处理方法。在废水处理中，有毒有害物质有时作为还原剂，这时需要外加氧化剂，最常用的氧化剂有空气、臭氧、漂白粉、氯气、次氯酸钠等。当有毒有害物质作为氧化剂时，需要外加还原剂，如硫酸亚铁、铁屑、氯化亚铁、锌粉等。

由于多数氧化还原反应速率较慢，因此，在用氧化还原法处理废水时，影响氧化还原反应速率的各种因素对实际处理能力有更为重要的意义，这些影响因素包括：①氧化剂和还原剂的性质。其影响很大，影响程度通常要由实验观察或经验来决定。②反应物的浓度。一般情况下浓度升高，反应速率加快，其定量关系与反应机理有关。③温度。一般情况下在一定范围内温度升高，反应速率加快。④催化剂及某些不纯物的存在。近年来异相催化剂（如活性炭、黏土、金属氧化物）等在水处理中的应用受到重视。⑤溶液的 pH 值。其影响很大，影响途径主要有 H^+ 或 OH^- 直接参与氧化还原反应、OH^- 或 H^+ 作为催化剂、溶液的 pH 值决定溶液中物质的存在状态及相对数量。

目前，随着技术的进步，高级氧化法被越来越多地应用于废水处理。20 世纪 80 年代开始，高级氧化技术逐步开始发展，其能够利用光、声、电、磁等物理和化学过程产生具有强氧化功能的羟基自由基（HO·），再进一步通过氧化反应去除或降解废水中的污染物。高级氧化技术反应速率快，可操作性强，主要用于将大分子难降解有机物氧化降解成低毒或无毒小分子物质的水处理过程，而这些难降解有机物采用常规氧化剂如氧气、臭氧或氯等时不能被氧化。目前的高级氧化技术主要包括化学氧化法、电化学氧化法、湿式氧化法、超临界水氧化法和光催化氧化法等。

（三）物理化学法

物理化学法是综合使用物理和化学方法分离或除去废水中的污染物，常用的物理化学法有离子交换、电渗析、电解和反渗透等。有时也将物理化学法归类于化学法。近年来，物理化学法处理废水的工艺流程已形成了一些固定的工艺单元，应用广泛。

（四）生物法

生物法是利用自然界中微生物的代谢作用，使废水中呈溶解和胶体状态的有机污染物转化为无害物质的方法。由于微生物具有氧化分解有机物的巨大能力，因此生物法能够去除废水中的大部分有机污染物，是废水二级处理的常用方法。

自然界中的大量微生物需要依靠有机物生活。事实证明，利用微生物氧化分解废水中的有机污染物十分有效，可以实现废水的净化。根据生物法处理过程所使用的微生物在发挥作用时对氧气需求的不同，废水的生物处理法可分为好氧生物处理法（aerobic biological treatment）和厌氧生物处理法（anaerobic biological treatment）两大类。其中，好氧生物处理法又可分为活性污泥法（activated-sludge process）和生物膜法（biofilm process），前者利用悬浮于水中的微生物群使有机物氧化分解,后者利用附着于载体上的微生物群进行废水处理。

化学制药工业的废水种类多、水质也各不相同,因此需根据废水的量和水质等具体情况,选择合适的生物法进行处理。

1. 生物处理的水质控制指标

生物处理是以废水中的有机污染物作为营养源,利用微生物的代谢作用分解污染物使废水得到净化。当废水中存在有毒物质或环境条件发生变化,超过微生物的承受限度时,将会对微生物产生毒性或抑制作用,影响生物法的处理效果。因此,进行生物处理时,给微生物的生长繁殖提供一个适宜的环境是十分重要的前提条件。生物处理对废水的水质要求主要有以下几个方面。

(1) 温度 温度是影响微生物生长繁殖等代谢活动的一个重要因素。当温度过高时,微生物耐不住高温,会发生死亡;温度过低时,微生物的活力受到限制,代谢将变得非常缓慢。一般情况下,好氧生物处理的水温控制在 20~40℃为宜。而厌氧生物处理的水温与各种产甲烷菌的适宜温度有关,处理过程中应根据要求将温度控制在一定范围内。

(2) pH 值 各种微生物的生长繁殖都有最适宜的 pH 范围。pH 值突然大幅度变化或极端 pH 都可能使微生物的活力受到抑制,甚至造成微生物的死亡,影响废水处理效果。对于好氧生物处理,废水的 pH 值宜控制在 6~9;对于厌氧生物处理,废水的 pH 值宜控制在 6.5~7.5。微生物在生活过程中还常常因自身的某些代谢产物的聚积使得周围环境的 pH 值发生改变。因此,在生物处理过程中常需加入一些物质以调节废水的 pH 值到合适的范围。

(3) 营养物质 微生物的生长繁殖需要各种营养物质,如碳源、氮源、无机盐及少量的维生素等。生活废水中具有微生物生长所需的全部营养,但工业废水中可能缺乏某些营养成分,此时可按所需比例投加所缺营养成分或加入生活污水进行均化,以满足微生物生长所需的各种营养物质。好氧微生物群体要求 $BOD_5(C):N:P=100:5:1$,厌氧微生物群体要求 $BOD_5(C):N:P=100:6:1$

(4) 有毒物质 废水中凡对微生物的生长繁殖有抑制或杀灭作用的化学物质均为有毒物质。这些有毒物质的毒害作用主要表现在使细菌的正常结构遭到破坏以及使菌体内的酶变质并失去活性。废水中常见的有毒物质包括大多数重金属(铅、镉、铬、铜等)离子、某些有机物(酚、甲醛、甲醇、苯、氯苯等)和无机物(硫化物、氰化物等)。有些有毒物质虽然能被某些微生物分解,但当浓度过大时,则会抑制微生物的生长、繁殖,甚至杀死微生物。不同种类的微生物对毒物的耐受程度不同,因此,对废水进行生物处理时,应视具体情况而定,必要时可通过实验确定有毒物质的最高允许浓度。

(5) 溶解氧 好氧生物处理需在有充足的氧气供应的条件下进行,废水中的溶解氧不足将导致处理效果明显下降,因此,通常需要从外界补充氧气(如空气)。实践表明,对于好氧生物处理,水中的溶解氧宜保持在 2~4mg/L,如出水中的溶解氧不低于 1mg/L,则可以认为废水中的溶解氧已经足够。而厌氧微生物对氧气很敏感,当有氧气存在时,它们的生长繁殖就会受到抑制。因此，在厌氧生物处理中，处理设备要严格密封，隔绝空气。

（6）有机物浓度　在好氧生物处理中，废水中的有机物浓度不能太高，否则会增加生物处理的需氧量，容易造成缺氧，影响生物处理的效果。而厌氧生物处理是在无氧条件下进行的，因此，可处理较高浓度的有机废水。此外，废水中的有机物浓度也不能过低，否则会造成营养不良，影响微生物的生长繁殖，降低生物处理效果。

2. 好氧生物处理法

好氧生物处理是在有氧条件下，利用好氧微生物将废水中的有机物降解为无害化物质，并释放出能量的过程。在处理过程中，有机物的分解比较彻底，代谢速度较快，代谢产物也很稳定，因而是一种非常好的废水处理方法。采用好氧生物法处理有机废水，所需时间比较短，在条件适宜的情况下，有机物的去除率一般在 80%～90%，有时可高达 95% 以上。因此，好氧生物法已在有机废水处理中得到了广泛应用。但是，对于有机污染物浓度高的废水，要供给好氧生物所需的足够氧气（空气）比较困难，需先用大量的水对废水进行稀释，在处理过程中还要不断地补充水中的溶解氧，从而使处理的成本较高。好氧生物处理常用的具体方法有活性污泥法和生物膜法。好氧生物处理大致分三个过程：首先，废水中的有机物向活性污泥或生物膜表面吸附（即初期去除效应）；然后，栖息在活性污泥或生物膜上的微生物通过本身的代谢作用，对有机物进行氧化分解，从而使有机物得到降解而去除；最后，絮凝体的形成与凝聚沉淀分离。这三个过程是连续进行的，其中第二个过程是生物氧化的关键和基本过程。

（1）活性污泥法　活性污泥是由好氧微生物及其代谢和吸附的有机物和无机物组成的生物絮凝体，具有很强吸附有机物和分解有机物的能力。其主要处理设施是曝气池和沉淀池。曝气池用于吸附和氧化有机物，沉淀池用于使混合液中处理水与活性污泥相分离。废水中呈悬浮状态和胶态的有机物被活性污泥吸附后，在微生物的细胞外酶作用下，分解为溶解性的小分子有机物。溶解性的有机物进一步渗透到微生物细胞体内，通过微生物的代谢作用而分解，从而使废水得到净化。

① 评价活性污泥的性能指标　在活性污泥法处理废水的过程中起主要作用的是活性污泥，因此需要有足够数量且性能优良的活性污泥。评价活性污泥的主要指标有污泥浓度、污泥沉降比（SV）和污泥容积指数（SVI）等。

污泥浓度：是指 1L 混合液中所含的悬浮固体（MLSS）或挥发性悬浮固体（MLVSS）的量，单位为 g/L 或 mg/L。污泥浓度的大小可间接地反映混合液中所含微生物的数量。

污泥沉降比（SV）：是指一定量的曝气混合液静置 30min 后，沉淀污泥与原混合液的体积百分比。污泥沉降比可反映正常曝气时的污泥量以及污泥的沉淀和凝聚性能。性能良好的活性污泥，其污泥沉降比一般在 15%～20% 的范围内。

污泥容积指数（SVI）：又称污泥指数，是指一定量的曝气混合液静置 30min 后，1g 干污泥所占有的沉淀污泥的体积，单位为 mL/g。污泥指数的计算方法见式（6-1）。污泥指数是反映活性污泥松散程度和凝聚性能的指标。SVI 值过低，说明污泥颗粒细小紧密，无机物较多，微生物数量少，此时污泥缺乏活性；反之，SVI 值过高，说明污泥结构松散，难以沉淀分离，有膨胀的趋势或已发生膨胀。多数情况下，SVI 值宜控制在 50～100mL/g。

$$\text{SVI} = \frac{\text{SV} \times 1000}{c_{\text{MLSS}}} \tag{6-1}$$

式中，c_{MLSS} 为混合液悬浮固体浓度，g/L。

② 活性污泥法的基本工艺流程　活性污泥法处理废水的基本工艺流程见图6-1所示。废水首先进入初次沉淀池中进行预处理，以除去较大的悬浮物及胶体状颗粒等，然后进入曝气池。在曝气池内，通过充分曝气，一方面使活性污泥悬浮于废水中，以确保废水与活性污泥充分接触；另一方面可使活性污泥混合液始终保持好氧条件，保证微生物的正常生长和繁殖。废水中的有机物被活性污泥吸附后，其中的小分子有机物可直接渗入微生物的细胞体内，而大分子有机物则先被微生物的细胞外酶分解为小分子有机物，然后再渗入细胞体内。在微生物的细胞内酶作用下，进入细胞体内的有机物一部分被吸收形成微生物有机体，另一部分则被氧化分解，转化成 CO_2、H_2O、NH_3、SO_4^{2-}、PO_4^{3-} 等简单无机物或酸根，并释放出能量。

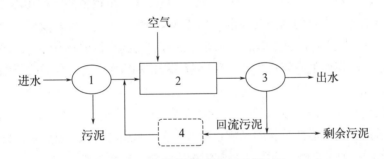

图 6-1　活性污泥法基本工艺流程
1—初次沉淀池；2—曝气池；3—二次沉淀池；4—再生池

处理后的废水和活性污泥由曝气池流入二次沉淀池进行固液分离，上清液即被净化了的水，由二次沉降池的溢流堰排出。二次沉淀池底部的沉淀污泥，一部分回流到曝气池入口，与进入曝气池的废水混合，以保持曝气池内具有足够数量的活性污泥；另一部分则作为剩余污泥排入污泥处理系统。

③ 常用曝气方式　按曝气方式不同，活性污泥法可分为普通曝气法、逐步曝气法、完全混合曝气法、纯氧曝气法和深井曝气法等。

普通曝气法：又称传统曝气法，其特点是在废水处理过程中，生物吸附和生物氧化在同一曝气池内连续进行。该法的工艺流程如图6-1所示。废水和回流污泥从曝气池的一端流入，净化后的废水由另一端流出。曝气池进口处的有机物浓度较高，生物反应速率较快，需氧量较大。随着废水沿池长流动，有机物浓度逐渐降低，需氧量逐渐下降。而空气的供给常常沿池长平均分配，故供应的氧气不能被充分利用。普通曝气法可使废水中有机物的生物去除率达到90%以上，出水水质较好，适用于处理要求高而水质较为稳定的废水。

逐步曝气法：为改进普通曝气法供氧不能被充分利用的缺点，废水进入曝气池时，改成由几个入口流入曝气池中（图6-2），使有机物沿池长分配比较均匀，池内需氧量也变得比较均匀，从而避免了普通曝气法池前段供氧不足，池后段供氧过剩的缺点。逐步曝气法适用于大型曝气池及高浓度有机废水的处理。

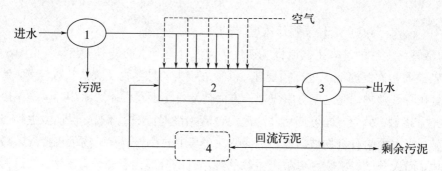

图6-2　逐步曝气法工艺流程
1—初次沉淀池；2—曝气池；3—二次沉淀池；4—再生池

完全混合曝气法：又称表面加速曝气法，这是目前应用较多的活性污泥处理法，在处理过程中将污水与一定量的回流污泥混合后流入曝气池，在通气翼轮或压缩空气分布管不断充气、搅拌下，与池内正在处理的污水充分混合并得到良好的稀释，于是污水中的有机物和毒物被活性污泥中的好氧微生物群所降解、氧化和吸附。它与普通曝气法的主要区别在于混合液在池内循环流动，废水和回流污泥进入曝气池后立即与池内混合液充分混合，进行吸附和代谢活动。由于废水和回流污泥与池内大量低浓度、水质均匀的混合液混合，因而进水水质的变化对活性污泥的影响很小，适用于水质波动大、浓度较高的有机废水的处理。图6-3所示的圆形曝气沉淀池为常用的完全混合式曝气池。

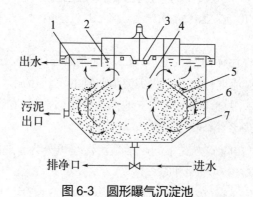

图6-3　圆形曝气沉淀池
1—沉淀区；2—导流区；3—叶轮；4—曝气区；5—曝气筒；6—裙；7—回流缝

纯氧曝气法：又称富氧曝气活性污泥法，是利用纯氧(富氧)代替空气进行曝气的活性污泥法生物处理过程。与普通曝气法相比，纯氧曝气法的特点是水中的溶解氧增加，可达6～10mg/L，氧的利用率由空气曝气法的4%～10%提高到85%～95%。高浓度的溶解氧可使污泥保持较高的活性和浓度，从而提高废水处理的效率。当曝气时间相同时，纯氧曝气法与空气曝气法相比,有机物的生物去除率和化学去除率可分别提高3%和5%,而且降低了成本。纯氧曝气法的土建要求较高,而且必须有稳定价廉的氧气。

深井曝气法:是利用深井作为曝气池的活性污泥法废水生物处理过程,深井曝气的深度可达100～300m,废水进入与回流污泥在井上部混合后,混合液沿井内中心管以1～2m/s的流速(超过气泡上升速度)向下流动。深井纵向被分隔为下降区和上升区两部分,废水在沿下降区和上升区的反复循环中得到净化,如图6-4所示。

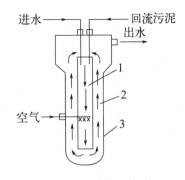

图6-4 深井曝气池

1—下降区;2—上升区;3—衬筒

由于曝气池的深度大、静水压力高,从而大幅度提高水中的溶解氧浓度和氧传递推动力,氧的利用率可达50%～90%。深井曝气法具有占地面积小、耐冲击负荷性能好、运行费用低、处理效率高、剩余污泥少等优点,适用于高浓度有机废水的处理。此外,因曝气池在地下,故受气温变化影响小,在寒冷或高热地区也可稳定运行。

④ 剩余污泥的处理　活性污泥法处理废水会产生大量的剩余污泥。这些污泥含水率高,同时含有大量的微生物、未分解的有机物,甚至重金属等有毒、有害物质。剩余污泥量大、味臭、成分复杂,如不加以妥善处理,会造成二次污染。剩余污泥的含水量很高、体积很大,这给其运输、处理和利用均带来一定的困难。因此,通常先要对剩余污泥进行脱水处理,然后再对其进行综合利用和无害化处理。

剩余污泥脱水的方法主要有:a. 沉淀浓缩法。利用重力的作用自然浓缩,此种方法脱水程度有限。b. 自然晾晒法。将污泥在场地上铺成薄层日晒风干。此法占地面积大、卫生条件差,易污染地下水,也易受气候影响,效率较低。c. 机械脱水法。如真空吸滤法、压滤法和离心法。此法占地面积小、效率高,但运行费用也高。

脱水后的剩余污泥可采取以下几种方法进行最终处理:a. 焚烧。这是目前处理有机污泥最有效的方法,可在各式焚烧炉中进行。但此法投资较大,能耗较高。b. 作建筑材料的掺合物。剩余污泥经无害化处理后可作为建筑材料的掺合物,此法主要用于含无机物的污泥。c. 作肥料。污泥中含有丰富的氮、磷、钾等营养成分,经堆肥发酵或厌氧处理后是良好的有机肥料。但含有重金属和其他有害物质的污泥,一般不能用作肥料。d. 发酵产沼气。污泥经厌氧发酵后能产生可燃性气体(沼气),作为良好的能源加以利用。

(2) 生物膜法　生物膜法又称固定膜法,是依靠生物膜吸附和氧化废水中的有机物并同废水进行物质交换,从而使废水得到净化的另一种好氧生物处理法。生物膜不同于活性污泥悬浮于废水中,它是附着于固体介质(滤料或载体)表面上的一层黏膜。同活性污泥法相比,生物膜法具有生物密度大、适应能力强、不存在污泥回流与污泥膨胀、剩余污泥较少和运行管理方便等优点,是一种具有广阔发展前景的生物净化方法。

生物膜由废水中的胶体、细小悬浮物、溶质物质和大量的微生物所组成,这些微生物包括大量的好氧菌、厌氧菌、兼性菌、真菌、原生动物以及藻类等。微生物群体所形成的一层黏膜状的生物膜,附着于滤料或载体表面,厚度一般为1～3mm。生物膜自滤料向外可分为厌氧层、好氧层、附着水层、运动水层。随着净化过程的进行，生物膜将经历一个由初生、生长、成熟到老化剥落的过程。

生物膜法净化有机废水的原理是生物膜首先吸附附着水层的有机物，由好氧层的好氧微生物将其分解，再进入厌氧层进行厌氧分解，运动水层则将老化的生物膜冲掉以生长新的生物膜，这些过程往复进行以达到净化废水的目的。根据处理方式与装置的不同，生物膜法可分为生物滤池法、生物转盘法和生物流化床法等。

① 生物滤池法　生物滤池是生物膜法中最常用的一种生物器，生物滤池法处理有机废水的工艺流程如图 6-5 所示。废水首先在初次沉淀池中除去悬浮物、油脂等杂质，以防其堵塞滤料层。经预处理后的废水进入生物滤池进行净化。净化后的废水在二次沉淀池中除去生物滤池中剥落下来的生物膜，以保证出水的水质。

图 6-5　生物滤池法工艺流程

衡量生物滤池工作效率高低的重要参数是生物滤池的负荷，包括水力负荷和有机物负荷两种。水力负荷是指单位体积滤料或单位面积滤池每天处理的废水量，单位为 $m^3/(m^3 \cdot d)$ 或 $m^3/(m^2 \cdot d)$，后者又称为滤率。有机物负荷是指单位体积滤料每天可除去废水中的有机物的量，单位为 $kg/(m^3 \cdot d)$。根据承受废水负荷的大小，生物滤池可分为普通生物滤池（低负荷生物滤池）和高负荷生物滤池。

普通生物滤池主要由滤床、分布器和排水系统三部分组成。滤床的横截面可以是圆形、方形或矩形，常用碎石、卵石、炉渣或焦炭铺成，高度为 1.5~2m。滤池上部的分布器可将废水均匀分布于滤床表面，以便于充分发挥每一部分滤料的作用，提高滤池的工作效率。池底的排水系统不仅用于排出处理后的废水，而且起支撑滤床和保证滤池通风的作用。图 6-6 是常用的具有旋转分布器的圆形普通生物滤池。普通生物滤池的水力负荷和有机物负荷均较低，废水与生物膜的接触时间较长，废水的净化较为彻底。普通生物滤池的出水水质较好，曾经被广泛应用于生活污水和工业废水的处理。但普通生物滤池的工作效率较低，且容易滋生蚊蝇，卫生条件较差。

塔式生物滤池是一种在普通生物滤池的基础上发展起来的新型高负荷生物滤池，其结构如图 6-7 所示。塔式生物滤池的高度可达 8~24m，直径一般为 1~3.5m。这种形如塔式的滤池，抽风能力较强，通风效果较好。由于滤池较高，废水与空气及生物膜的接触非常充分，水力负荷和有机物负荷均大大高于普通生物滤池。同时塔式生物滤池的占地面积较小，基建费用较少，且操作管理比较方便，因此，塔式生物滤池在废水处理中得到了广泛应用。塔式生物滤池也可以采用机械通风，但要注意空气在滤池平面上必须均匀分配，以免影响处理效果。塔式生物滤池运行时需用泵将废水提升至塔顶的入口处，因此操作费用较高。

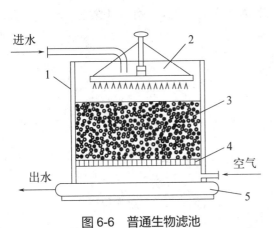

图 6-6　普通生物滤池

1—池体；2—旋转分布器；3—滤床；
4—滤床支承；5—集水器

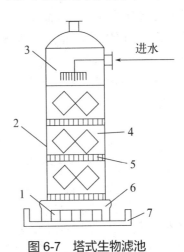

图 6-7　塔式生物滤池

1—进风口；2—塔身；3—分布器；4—滤料；
5—滤料支承；6—底座；7—集水器

② 生物转盘法　生物转盘法是一种通过盘面转动，交替与污水和空气接触从而使废水得以净化的处理方法。生物转盘是一种从传统生物滤池演变而来的新型生物膜法废水处理设备，其工作原理和生物滤池基本相同，但构造却完全不同。生物转盘由固定装配在一根轴上的很多间隔很近的等直径转动圆盘组成。工作时，圆盘近一半的面积浸没在废水中。当废水在槽中缓慢流动时，圆盘也缓慢转动，圆盘上很快长了一层生物膜。浸入水中的圆盘，其生物膜吸附水中的有机物，转出水面时，生物膜又从空气中吸收氧气，从而将所吸附有机物氧化分解。这样，圆盘每转动一圈，即完成一次吸附—吸氧—氧化分解过程，圆盘不断转动，如此反复，使废水得到净化处理。

与一般的生物滤池法相比，生物转盘法具有较高的运行效率和较强的抗冲击负荷能力，既可处理 BOD_5 大于 10000mg/L 的高浓度有机废水，又可处理 BOD_5 小于 10mg/L 的低浓度有机废水。但生物转盘法也存在一些缺点，如适应性较差，生物转盘一旦建成后，很难通过调整其性能来适应进水水质的变化或改变出水的水质。此外，仅依靠转盘转动所产生的传氧速率是有限的，当处理高浓度有机废水时，单纯用转盘转动来提供全部需氧量较为困难。

③ 生物流化床技术　生物流化床技术是一种新型的生物膜法废水处理技术，是将固体流态化技术用于废水的生物处理，其载体在流化床内呈流化状态，使固(生物膜)、液(废水)、气(空气)三相之间得到充分接触，颗粒之间剧烈碰撞，生物膜表面不断更新，微生物始终处于生长旺盛阶段。该技术使生化池各处理段中保持高浓度的生物量，传质效率极高，从而使废水的基质降解速度快，水力停留时间短，运转负荷比一般活性污泥法高 5～10 倍，耐冲击负荷能力强。

生物流化床主要由床体、载体和分布器等组成。床体通常为一圆筒形塔式反应器,其内装填一定高度的无烟煤、焦炭、活性炭或石英砂等。分布器是生物流化床的关键设备,其作用是使废水在床层截面上均匀分布。图6-8是三相生物流化床处理废水的工艺流程示意图。废水和空气从底部进入床体,生物载体在水流和空气的作用下发生流化。在流化床内,气、液、固(载体)三相剧烈搅动,充分接触,废水中的有机物在载体表面上的生物膜作用下氧化分解,从而使废水得到净化。

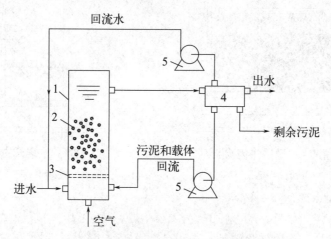

图 6-8 三相生物流化床工艺流程
1—床体;2—载体;3—分布器;4—二次沉淀池;5—循环泵

生物流化床对水质、负荷、床温等变化的适应能力较强。由于载体的粒径一般为 0.5~1.5 mm,比表面积较大,能吸附大量的微生物。由于载体颗粒处于流化状态,废水从其下部、左侧、右侧流过,不断地和载体上的生物膜接触,使传质过程得到强化,同时载体不停地流动,可有效地防止生物膜堵塞。近年来,由于生物流化床技术具有处理效果好、有机物负荷高、占地少和投资省等优点,已越来越受到人们的重视。

3. 厌氧生物处理法

厌氧生物处理是在无氧条件下,利用厌氧微生物,主要是厌氧菌的作用,来处理废水中的有机物。厌氧生物处理中的受氢体不是游离氧,而是有机物、含氧化合物和酸根,如 SO_4^{2-}、NO_3^-、NO_2^- 等。因此,最终的代谢产物不是简单的 CO_2 和 H_2O,而是一些低分子有机物、CH_4、H_2S 和 NH_4^+ 等。

厌氧生物处理是一个复杂的生物化学过程,主要依靠三大类细菌,即水解产酸细菌、产氢产乙酸细菌和产甲烷细菌的联合作用来完成。厌氧生物处理过程可粗略地分为三个连续的阶段,即水解酸化阶段、产氢产乙酸阶段和产甲烷阶段。第一阶段为水解酸化阶段。在细胞外酶的作用下,废水中复杂的大分子有机物、不溶性有机物先水解为溶解性的小分子有机物,然后渗透到细胞体内,并分解产生简单的挥发性有机酸、醇和醛类物质等。第二阶段为产氢产乙酸阶段。在产氢产乙酸细菌的作用下,第一阶段产生的或原来已经存在于废水中的各种简单有机物被分解转化成乙酸和 H_2,在分解有机酸时还有 CO_2 生成。第三阶段为产甲烷阶段。在产甲烷菌的作用下，将乙酸、乙酸盐、CO_2 和 H_2 等转化为甲烷。

厌氧生物处理过程中不需要供给氧气（空气），故动力消耗少，设备简单，并能回收一定数量的甲烷气体作为燃料，因而运行费用较低。目前，厌氧生物处理法主要用于中、高浓度有机废水的处理，也可用于低浓度有机废水的处理。该法的缺点是处理时间较长，处理过程中常有硫化氢或其他一些硫化物生成，硫化氢与铁质接触会形成黑色的硫化铁，从而使处理后的废水既黑又臭，需要进一步处理。人们结合高浓度有机废水的特点和处理经验，已开发了多种厌氧生物处理工艺和设备。

（1）传统厌氧消化池　传统厌氧消化池适用于处理有机物及悬浮物浓度较高的废水，其工艺流程如图 6-9 所示。废水和污泥定期或连续加入厌氧消化池，经消化的污泥和废水分别从厌氧消化池的底部和上部排出，所产的沼气也从顶部排出。传统厌氧消化池的特点是在一个池内实现厌氧发酵反应以及液体与污泥的分离过程。为了使进料与厌氧污泥充分接触，池内可设置搅拌装置，一般情况下每隔 2~4h 搅拌一次。此法的缺点是缺乏保留或补充厌氧活性污泥的特殊装置，故池内难以保持大量的微生物，且容积负荷低、反应时间长、消化池的容积大、处理效果不佳。

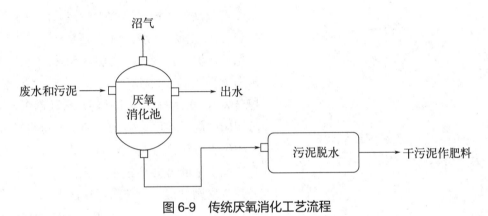

图 6-9　传统厌氧消化工艺流程

（2）厌氧接触法　厌氧接触法是在传统厌氧消化池的基础上开发的一种厌氧处理工艺。与传统厌氧消化法的区别在于增加了污泥回流，保持厌氧消化池内污泥浓度较高，能够处理高浓度和高悬浮物含量的废水。其工艺流程如图 6-10 所示。在厌氧接触工艺中，厌氧消化池内是完全混合的。由厌氧消化池排出的混合液通过真空脱气，使附着于污泥上的小气泡分离出来，有利于泥水分离。脱气后的混合液在沉淀池中进行固液分离，废水由沉淀池上部排出，沉降下来的厌氧污泥回流至厌氧消化池，这样既可保证污泥不会流失，又可提高厌氧消化池内的污泥浓度，增加厌氧生物量，从而提高了设备的有机物负荷和处理效率。

厌氧接触法可直接处理含较多悬浮物的废水，而且运行比较稳定，并具有一定的抗冲击负荷能力。此工艺的缺点是污泥在池内呈分散、细小的絮状，沉淀性能较差，因而难以在沉淀池中进行固液分离，所以出水中常含有一定数量的污泥。此外，此工艺不能处理低浓度的有机废水。

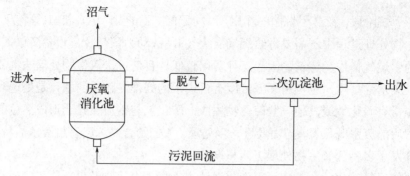

图 6-10　厌氧接触法工艺流程

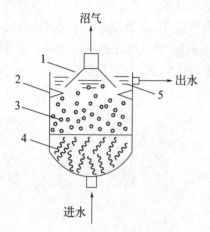

图 6-11　上流式厌氧污泥床
1—集气罩；2—挡气环；3—悬浮污泥层；
4—污泥床；5—沉淀区

（3）上流式厌氧污泥床　上流式厌氧污泥床是高效厌氧处理工艺中应用最广泛的生物处理装置，是一种悬浮生长型的生物反应器，主要由反应区、气液固三相分离器(包括沉淀区)和气室三部分组成。如图 6-11 所示，反应器的下部为浓度较高的污泥层，称为污泥床。由于气体（沼气）的搅动，污泥床上部形成一个浓度较低的悬浮污泥层，通常将污泥床和悬浮污泥层统称为反应区。在反应器的上部设有气、液、固三相分离器。要处理的废水从污泥床底部进入，与污泥床中的污泥混合接触，其中的有机物被厌氧微生物分解产生沼气，微小的沼气气泡在上升过程中不断合并形成较大的气泡。由于气泡上升产生剧烈扰动，在污泥床的上部形成了悬浮污泥层。气、液、固（污泥颗粒）的混合液上升至三相分离器内，沼气气泡碰到分离器下部的挡气环时，折向气室而被有效地分离排出。污泥和水则经孔道进入三相分离器的沉淀区，在重力作用下，水和污泥分离，上清液由沉淀区上部排出，沉淀区下部的污泥沿着挡气环的斜壁回流至悬浮污泥层中。

上流式厌氧污泥床的体积较小，且不需要污泥回流，污泥床内生物量大，可直接处理含悬浮物较多的废水，不会发生堵塞现象。但装置的构造比较复杂，特别是气、液、固三相分离器对系统的正常运行和处理效果影响很大，设计与安装要求较高。此外，装置对水质和负荷的突然变化比较敏感，要求废水的水质和负荷均比较稳定。

由于化学制药工业废水的特殊性，仅用上述物理法、化学法、物理化学法和生物法中的某一种方法一般不能将废水中的所有污染物除去，也就难以达到良好的治理效果。因此，通常情况下要根据制药企业所产生的废水的水质和水量、对排放水的指标要求、废物回收的经济价值及处理方法的特点等选择合适的方法，往往还需要将几种处理方法组合在一起，形成一个处理流程。流程的组织一般遵循先易后难、先简后繁的规律，即首先使用物理法进行预处理，以除去废水中的漂浮物和悬浮固体等，然后再使用化学法和生物法等进一步处理。

三、各类制药废水的处理

（一）含悬浮物或胶体的废水

对于废水中所含的悬浮物，一般可通过沉淀、过滤或气浮等方法去除。气浮法的原理是利用高度分散的微小气泡作为载体去黏附废水中的悬浮物，使其密度小于水而上浮到水面，从而实现固液分离。也可采用加入无机盐、直接蒸汽加热及加压上浮等方法，使悬浮物聚集沉淀或上浮分离。对于极小的悬浮物或胶体，则可采用混凝法或吸附法处理。

去除悬浮物和胶体后的废水若仅含一些无毒的无机盐类，一般稀释后即可排入下水道。若达不到国家规定的排放标准，则仍需采用其他方法进一步处理，如活性炭吸附、离子交换及生物法处理等。除去悬浮物或胶体可大大降低废水二级处理的负荷，且费用一般较低，是一种常规的废水预处理方法。

（二）酸碱性废水

化学制药过程中常排出各种酸性或碱性废水，其中以酸性废水居多。酸碱性废水往往具有较强的腐蚀性，直接排放不仅会造成排水管道的腐蚀和堵塞，而且会污染水体和土壤。酸碱性废水进入水体会破坏自然中和作用，使水体的 pH 值发生变化，影响水生生物的正常生长，使水体自净功能下降。酸碱性废水渗入土壤，会破坏土壤的理化性质，造成土壤的酸化或碱化，影响农作物正常生长。因此，需要对酸性或碱性制药工业废水进行处理。对于浓度较高的酸性或碱性废水应尽量考虑回收和综合利用，如用废硫酸制硫酸亚铁，用废氨水制硫酸铵等。回收后的剩余废水或浓度较低、不易回收的酸性或碱性废水需中和处理后才能排放。中和时应首先考虑"以废治废"的废水处理原则，尽量使用现有的废酸或废碱，若酸、碱废水互相中和后仍达不到处理要求，可补加中和剂（酸性或碱性物质）进行中和。若中和后的废水水质符合国家规定的排放标准，可直接排入下水道，否则需进一步处理。

（三）含无机物废水

化学制药企业所产生的废水中的无机物通常为卤化物、氰化物、硫酸盐以及重金属离子等，此类废水的常用处理方法有稀释法、浓缩结晶法和各种化学处理法。对于不含毒物又不易回收利用的无机盐废水可用稀释法处理。无机盐浓度较高的废水应首先考虑回收和综合利用，例如，含锰废水经一系列化学处理后可制成硫酸锰或高纯碳酸锰，较高浓度的硫酸钠废水经浓缩结晶法处理后可回收硫酸钠等。对于含有氰化物、氟化物等剧毒无机物的废水一般可用各种化学法进行处理。例如，用高压水解法处理高浓度的含氰废水，去除率可达 99.99% 以上。

$$NaCN + 2H_2O \xrightarrow[170\sim180℃, 1.47MPa]{1\%\sim1.5\% \text{ NaOH}} HCO_2Na + NH_3$$

重金属在人体和自然环境中可以累积，且不易消除，所以含重金属离子的废水排放要求是比较严格的。常见的废水中的重金属离子包括汞、镉、铬、铅、镍等金属的离子，此类废水的处理方法主要为化学沉淀法，即向废水中加入某些化学物质作为沉淀剂，使废水中的重金属离子转化为难溶于水的物质而发生沉淀，最终将其从废水中分离出来。在各类化学沉淀法中，中和法和硫化法的应用最为广泛。中和法是向废水中加入生石灰、消石灰、氢氧化钠或碳酸钠等中和剂，使重金属离子转化为相应的氢氧化物沉淀而除去。硫化法是向废水中加入硫化钠或通入硫化氢等硫化剂，使重金属离子转化为相应的硫化物沉淀而除去。在允许排放的 pH 值范围内，硫化法的处理效果较好，特别是处理含汞或铬的废水，一般都采用此法处理。

（四）含有机物废水

在化学制药厂排放的各类废水中，含有机物废水的处理是最复杂的，也是废水处理中最重要的研究课题。此类废水中所含的有机物一般为原辅材料、产物和副产物等，在对其进行无害化处理前，应尽可能考虑回收和综合利用。常用的回收和综合利用方法有蒸馏、萃取和化学处理等。对于成分复杂、难以回收利用或者经回收后仍不符合排放标准的有机废水，则需根据废水的水质情况选用适当方法进行无害化处理。对于易被氧化分解的有机废水，一般可用生物处理法进行无害化处理。对于低浓度、不易被氧化分解的有机废水，采用生物处理法往往达不到规定的排放标准，可用沉淀、萃取、吸附等物理、化学或物理化学方法进行处理。对于浓度高、热值高、又难以用其他方法处理的有机废水，可用焚烧法进行处理。

第四节　废气的处理

化学制药厂排出的废气具有种类多、组分复杂、数量大、危害大等特点，必须对其进行综合治理，以免造成环境污染，危害人类健康。按照其所含主要污染物的性质不同，化学制药厂排出的废气主要分为三类，即含尘（固体悬浮物）废气、含无机污染物废气和含有机污染物废气。含尘废气的处理实际上是气、固两相混合物的分离过程，可利用固体粉尘质量较大的特点，通过外力作用将其分离出来；而对含无机或有机污染物废气的处理，则要根据污染物的物理性质和化学性质，选用冷凝、吸收、吸附、燃烧、催化等合适的方法进行无害化处理。

一、含尘废气的处理

化学制药厂排出的含尘废气主要来源于粉碎、碾磨、筛分等机械过程所产生的含粉尘气体，以及锅炉燃烧产生的烟气等。常用的除尘方法有机械除尘、洗涤除尘和过滤除尘等。

（一）机械除尘

机械除尘是利用机械力（重力、惯性力、离心力等）将含尘废气中的固体悬浮物从气流中分离出来。常用的机械除尘设备有重力沉降室、惯性除尘器、旋风除尘器等。重力沉降室的工作原理是利用粉尘与气体的密度不同,依靠粉尘自身的重力从气流中自然沉降下来,达到分离或捕集含尘气流中固体悬浮物的目的。惯性除尘器则是利用运动气流中粉尘与气体具有不同的惯性力,使含尘气流方向发生急剧改变,气流中的尘粒因惯性较大,不能随气流急剧转弯,而从气流中分离出来,使气体得以净化。旋风除尘器是使进入设备的含尘废气沿一定方向做连续的旋转运动,尘粒在随气流的旋转运动中获得离心力,从而从气流中分离出来。常见机械除尘设备的基本结构如图 6-12 所示。

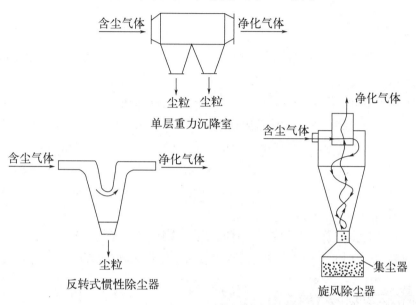

图 6-12　常见机械除尘设备的基本结构

机械除尘设备大多结构简单、易于制造且运转费用低,但只适用于含尘浓度高及悬浮物粒径较大的废气的处理,对细小粉尘的捕获率很低。为了取得较好的分离效果,可采用多级串联的形式,或在使用其他除尘器之前,将机械除尘作为一级除尘使用。

(二) 洗涤除尘

洗涤除尘又称湿式除尘,是用洗涤液(通常为水)与含尘废气充分接触并洗涤含尘气体,捕获尘粒使其随液体排出,气体得到净化。洗涤除尘设备形式很多,图 6-13 为常见的填料式洗涤除尘器。

洗涤除尘器可以有效除去直径在 0.1μm 以上的尘粒,除尘效率通常较高,一般为 80%~95%,最高可达 99%。洗涤除尘器的结构比较简单,占地

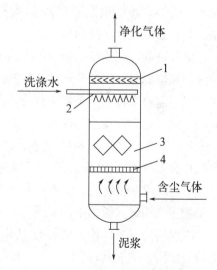

图 6-13　填料式洗涤除尘器
1—除沫器;2—分布器;3—填料;
4—填料支承

面积小，设备投资小，运行安全，操作维修方便。洗涤除尘过程中，洗涤液与含尘气体可充分接触，有降温增湿和吸收有毒有害废气等作用，因此尤其适合高温、高湿、易燃、易爆和有毒废气的处理。洗涤除尘的缺点是除尘过程中要消耗大量的洗涤液（如水），而且从废气中除去的污染物又转移到水中，因此必须对洗涤后的水进行净化处理，以免造成水的二次污染。此外，净化含有腐蚀性的气体污染物时设备易腐蚀，所以洗涤除尘器比一般干式除尘器的操作费用高，能耗较大。

（三）过滤除尘

过滤除尘是使含尘废气通过一定的过滤材料，将气体中的尘粒截留下来，从而分离气体中的固体粉尘，使气体得到净化。化学制药企业最常用的是袋式除尘器，其集尘室内悬挂有若干个圆形或椭圆形的滤袋，这些滤袋由棉、毛或人造纤维等材料加工而成，当含尘气流穿过这些滤袋的袋壁时，尘粒被阻留下来，在袋的内壁或外壁聚集而被捕集。利用机械装置周期性地振动布袋，可使袋壁上聚集的尘粒脱落。袋式除尘器结构简单，运行稳定，使用灵活方便，可以处理不同类型的颗粒污染物，尤其对直径在 $0.1 \sim 20 \mu m$ 的细小粉尘有很强的捕集效果，除尘效率高，可达 90%～99%。但一般不适用于高温、高湿或强腐蚀性废气的处理。

以上介绍的除尘装置各有优缺点。对固体悬浮物粒径分布范围较广的含尘废气的处理，常将两种或多种工作原理不同的除尘器组合使用，以提高除尘效果。

二、含无机污染物废气的处理

化学制药企业排放的废气中，常见的无机污染物有氯化氢、硫化氢、二氧化硫、氮氧化物、氯气、氨气和氰化氢等，这类废气的主要处理方法有吸收法、吸附法、催化法和燃烧法等，其中吸收法最为常用。

吸收是利用气体混合物中不同组分在吸收剂（或称吸收液）中的溶解度不同，或者与吸收剂发生选择性化学反应，将有害的污染物从气流中分离出来的过程。吸收法处理无机废气一般需要在特定的装置中进行，在吸收装置中废气和吸收剂充分接触，实现气液两相间的传质。用于气体净化的吸收装置主要有填料塔、喷淋塔和板式塔。

填料塔的结构如图 6-14 所示。在塔内装填一定高度的填料（散堆或规整填料），以增大气体和吸收液两相间的接触面积。吸收液由液体分布器均匀分布于填料表面，并沿填料表面下降。需净化的气体由塔下部通过填料孔隙逆流而上，并与吸收液充分接触，其中的污染物由气相进入液相中，从而达到净化气体的目的。

喷淋塔的常见结构如图 6-15 所示，塔内无填料和塔板，是一个空心吸收塔。操作时，吸收液由塔上端进入，经喷淋器喷出后，形成雾状或雨状下落。需净化的气体由塔底进入，在上升过程中与雾状或雨状的吸收液充分接触，所含污染物被吸收液吸收，从而使气体得到净化。

板式塔由圆筒形塔体和按一定间距水平装置在塔内的若干塔板组成。塔板上可安设泡罩、浮阀等元件，或按一定规律开成筛孔，分别称为泡罩塔、浮阀塔和筛板塔。在净化操作时，吸收液首先进入最上层塔板，然后经各板的溢流堰和降液管逐级下降，每块塔板上都积有一定厚度的液体层。需净化的气体由塔底进入，通过塔板向上穿过液体层，鼓泡而出，其中的污染物被塔板上的液体层所吸收而得到净化。

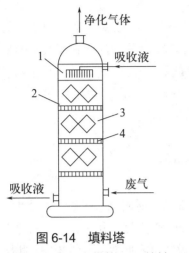

图 6-14　填料塔

1—液体分布器；2—塔筒；3—填料；4—支承

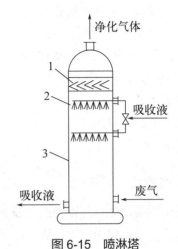

图 6-15　喷淋塔

1—除沫器；2—喷淋器；3—塔筒

废气中常见的无机污染物一般可通过选择适宜的吸收剂和吸收装置进行处理，并可回收有价值的副产物。例如，用水或稀硫酸吸收废气中的氨可获得一定浓度的氨水或铵盐溶液，可用作农业肥料；用水吸收废气中的氯化氢可获得一定浓度的盐酸；含氰化氢的废气可先用水或液碱吸收，然后再采用氧化、还原及加压水解等方法进行无害化处理；含二氧化硫、硫化氢、二氧化氮等酸性气体的废气，一般可用氨水吸收，根据吸收液的情况可用作肥料或进行其他综合利用。

三、含有机污染物废气的处理

可根据化学制药厂所排放废气中有机污染物的性质和特点选用不同的净化方法。目前，处理含有机污染物废气的方法主要有冷凝法、吸收法、吸附法、燃烧法和生物法。

（一）冷凝法

冷凝法是利用物质在不同温度下具有不同饱和蒸气压这一性质，通过冷却的方法使废气中所含的有机污染物凝结成液体而分离出来。冷凝法的特点是设备简单，操作方便，适用于有机污染物含量较高的废气的净化。但此法对废气的净化程度受冷凝温度的限制，当要求的净化程度很高或处理低浓度的有机废气时，需要将废气冷却到很低的温度，所需费用较高，经济性较差。冷凝法常用于燃烧或吸附等方法净化废气的预处理过程，当有机污染物的含量较高时，可通过冷凝回收的方法减轻后续净化设备的负荷。

（二）吸收法

选用适宜的吸收剂，通过一定的吸收流程除去废气中所含的有机污染物是处理含有机污染物废气的有效方法，可以达到净化废气的目的。但是，吸收法在处理制药工业所产生的含有机污染物废气中的应用不如在处理含无机污染物废气中的应用那么广泛，其主要原因是适宜吸收剂的选择比较困难。

吸收法可用于处理有机污染物含量较低或沸点较低的废气，并可回收一定量的有机化合物。如用水或乙二醛水溶液吸收废气中的胺类化合物，用稀硫酸吸收废气中的吡啶类化合物，用水吸收废气中的醇类和酚类化合物，用亚硫酸氢钠溶液吸收废气中的醛类化合物，用柴油或机油吸收废气中的某些有机溶剂（如苯、甲醇、乙酸丁酯等），等。但当废气中所含的有机污染物浓度过低时，吸收效率会显著下降，因此，吸收法不宜处理有机污染物含量过低的废气。

（三）吸附法

吸附法是将废气与适当的大表面积多孔性固体物质（吸附剂）接触，使废气中的有害成分被吸附到固体表面上，从而达到净化气体的目的。吸附过程是可逆的，气相中某组分被吸附的同时，部分已被吸附的该组分又可以脱离吸附剂表面而回到气相中，此现象称为脱附。当吸附速率与脱附速率相等时，吸附过程达到动态平衡，此时的吸附剂已失去继续吸附有机污染物的能力。因此，当吸附过程接近或达到吸附平衡时，应采用适当的方法将被吸附的组分从吸附剂中解脱下来，以恢复吸附剂的吸附能力，这一过程称为吸附剂的再生。吸附法处理含有机污染物的废气包括吸附和吸附剂再生的全部过程。

与吸收法类似，吸附剂是影响有机废气处理效果的重要因素，合理地选择和利用高效吸附剂是吸附法处理含有机污染物废气的关键。常用的吸附剂有活性炭、活性氧化铝、硅胶、分子筛和褐煤等。吸附法的净化效率较高，特别是当废气中的有机污染物浓度较低时仍具有很强的净化能力。因此，吸附法特别适用于处理排放要求较高或有机污染物浓度较低的废气。但吸附法一般不适用于处理高浓度、大气量的废气。否则，影响吸附剂的使用寿命，此外需频繁地对其进行再生处理，增加操作费用。

（四）燃烧法

若废气中含有较高浓度的易燃有机污染物，则可将废气直接通入焚烧炉中，利用燃烧法对其进行净化处理。燃烧法是在有氧条件下，将废气加热到一定的温度，使其中的可燃污染物燃烧或高温分解转化为无害物质以达到净化的目的，燃烧产生的热能还可以被利用。一般需将燃烧过程控制在 800~900℃的高温下进行。为降低燃烧法的温度，也可采用催化燃烧法，即在催化剂的作用下，使废气中的可燃组分或可高温分解组分在较低的温度下进行反应而转化成无害物质。催化燃烧法处理废气的流程如图 6-16 所示，通常包括预处理、预热、反应和热回收等部分。

燃烧法是一种常用的处理含有机污染物废气的方法。此法的特点是工艺比较简单，操作比较方便,并可回收一定的热量。但是,使用燃烧法时要注意控制燃烧温度和燃烧时间,否则,有机物会炭化成颗粒,以粉尘形式排出造成二次污染。此外,腐蚀性气体不能在炉内燃烧,以免腐蚀高温炉。不能回收有用的物质也是此法的不足之处。

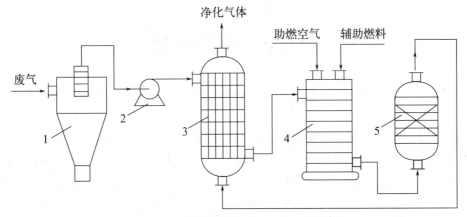

图 6-16 催化燃烧法处理废气工艺流程

1—预处理装置;2—风机;3—预热器;4—混合器;5—催化燃烧反应器

(五)生物法

生物法处理含有机污染物废气的原理是利用微生物的代谢作用,将废气中所含的有机污染物转化成低毒或无毒的物质,从而达到净化废气的目的。通常情况下,针对废气中的有机物种类,选择合适的微生物对其进行处理。生物法处理废气需要在液相中进行,也可以在固体表面的液膜中进行。图 6-17 展示的是用生物过滤器处理含有机污染物废气的简单工艺流程。首先,含有机污染物的废气在增湿器中增湿后进入生物过滤器。生物过滤器是由土壤、堆肥或活性炭等多孔材料构成的滤床,其中含有大量的微生物。增湿后的废气在生物过滤器中与附着在多孔材料表面的微生物充分接触,其中的有机污染物被微生物吸附、吸收,并被氧化分解为无机物,从而使废气得到净化。

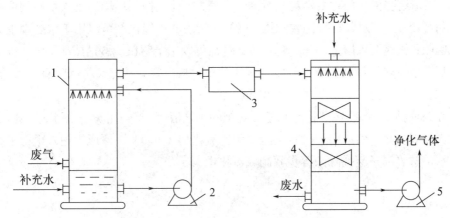

图 6-17 生物法处理废气的工艺流程

1—增湿器;2—循环泵;3—调温装置;4—生物过滤器;5—风机

与其他气体净化方法相比，生物处理法的设备比较简单，且处理效率较高，运行成本较低。因此，生物法在处理废气中的应用越来越广泛。但生物法只能处理有机污染物浓度较低的废气，且不能回收有用的物质。

第五节　废渣的处理

制药废渣是指在制药过程中产生的固体、半固体或浆状废物，是制药工业产生的主要污染物之一。在制药过程中，废渣的来源很多。如活性炭脱色精制工序产生的废活性炭，铁粉还原工序产生的铁泥，高锰酸钾氧化工序产生的锰泥，废水处理过程产生的污泥，以及蒸馏残渣、失活催化剂、过期药品、不合格的中间体和产品等。通常情况下，药厂产生的废渣的量小于废水和废气，所造成的污染也没有废水、废气的严重，但废渣的组成成分复杂，且大多含有高浓度的有机污染物，有些废渣还含有剧毒、易燃、易爆的物质。因此，必须对药厂废渣进行适当的处理，以避免造成环境污染。

废渣污染的防治应遵循"减量化、资源化和无害化"的"三化"原则。首先需要采取各种措施，最大限度地从制药工业"源头"上减少废渣的产生和排放。其次，对于必须排出的废渣，要尽可能综合利用和回收废渣中有价值的资源和能量。最后，对无法综合利用或经综合利用之后的废渣进行无害化处理，达到不损害人体健康，不污染自然环境的目的。

一、回收和综合利用

废渣的组成和性质不同，其处理方法和步骤也不同。制药工业的废渣中，通常有相当一部分是未反应的原料或反应副产物，这是非常宝贵的资源。因此，在对废渣进行无害化处理前，应尽量考虑选用合适的方法对其进行回收和综合利用。许多废渣经过某些技术处理后，可回收利用有价值的资源。例如，含贵金属的废催化剂是化学制药过程中一种常见的废渣，制造这些催化剂时要消耗大量的贵金属，因此从控制环境污染与合理利用和节约资源的角度出发，应对其加以回收利用。例如失活后的钯催化剂可以用王水处理生成氯化钯加以回收；铁泥可以用于制作氧化铁红；锰泥可以用于制作硫酸锰或碳酸锰；废活性炭经再生后可以回用；硫酸钙废渣可制成优质建筑材料；等。从废渣中回收有价值的资源，并开展综合利用，是控制污染的一项积极措施。

图6-18是利用废钯-炭催化剂制备氯化钯的工艺流程。首先用焚烧法除去废钯-炭催化剂上的炭和有机物，然后用甲酸将钯渣中的钯氧化物（PdO）还原成粗钯。粗钯再经王水溶解、水溶解、离子交换除杂等步骤制成氯化钯。

二、废渣的处理

对于无法进行综合利用及经综合利用后的废渣，应采用适当的方法进行无害化处理。对废渣的处理方法主要有化学法、焚烧法、热解法和填埋法等。

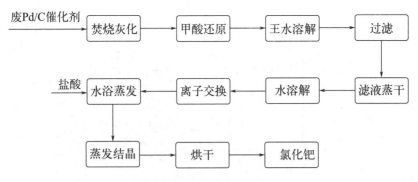

图 6-18 由废钯-炭催化剂制备氯化钯的工艺流程

(一) 化学法

化学法是利用废渣中所含污染物的化学性质，通过化学反应将其转化为稳定、安全的物质，是一种常用的废渣无害化处理技术。例如，铬渣中常含有对环境会产生严重危害的可溶性六价铬，可利用还原剂将其还原为无毒的三价铬，达到消除六价铬污染的目的。氰化物有剧毒，不能将含此类剧毒物的废渣随意排放。可将氢氧化钠溶液加入含氰化物的废渣中，再用氧化剂使其转化为无毒的氰酸钠（NaOCN），或加热回流数小时后，加入次氯酸钠使氰基转化成 CO_2 和 N_2，从而避免其对环境产生危害。

(二) 焚烧法

焚烧法是使需要处理的废渣与过量的空气在焚烧炉内进行氧化燃烧反应，从而使废渣中所含的污染物在高温下被充分氧化分解而破坏，是一种高温处理和深度氧化的综合工艺。焚烧法不仅可以大大减小废渣的体积，消除其中的很多有害物质，而且还可以回收一定的热量，是一种可同时实现减量化、无害化和资源化的废渣处理技术。因此，对于一些暂时无回收价值的可燃性废渣，特别是当用其他方法不能解决或处理不彻底时，焚烧法常是一种有效的废渣处理方法。

焚烧法可使废渣中的有机污染物完全氧化成无害物质，有机物的化学去除率可达 99.5% 以上，因此，焚烧法适宜处理有机物含量较高或热值较高的废渣。当废渣中的有机物含量较低时，可加入辅助燃料。此法的缺点是投资较大，运行管理成本较高。

(三) 热解法

热解法是在无氧或缺氧的高温条件下，使废渣中的大分子有机物裂解为可燃的小分子燃料气体、油和固态碳等。热解法与焚烧法不同，热解过程是吸热的，而焚烧过程则是放热的，释放的热量可以回收利用。焚烧的产物主要是水和二氧化碳，无利用价值，而热解产物主要为可燃的小分子化合物，如气态的氢、甲烷，液态的甲醇、丙酮、乙酸、乙醛等有机物以及焦油和溶剂油等，固态的焦炭或炭黑，这些产物可以被回收再利用。图 6-19 是热解法处理废渣的工艺流程示意图。

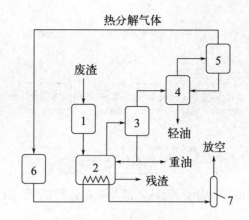

图 6-19 热解法工艺流程

1—碾碎机；2—热解炉；3—重油分离塔；4—轻油分离塔；
5—气液分离器；6—燃烧室；7—烟囱

（四）填埋法

填埋法是将一时无法被利用又无特殊危害性的废渣埋入土中，利用微生物的长期分解作用而使其中的有害物质降解。填埋法是一种最主要的固体废物处置方法，一般情况下，废渣首先要经过减量化和资源化处理，然后才对剩余的无利用价值的残渣进行填埋处理。同其他处理方法相比，此方法成本较低，且简便易行，但常有潜在的危险性。例如，废渣的渗滤液可能会导致填埋场地附近的地表水和地下水受到严重污染，这对场地的建造技术及管理要求更为严格，填埋场必须设置人造或天然衬里，保护地下水免受污染，要配备浸出液收集、处理及检测系统。某些含有机物的废渣分解时会产生甲烷、氨气和硫化氢等气体，造成填埋场地恶臭，严重破坏周围的环境卫生，而且甲烷的积累还可引起火灾或爆炸。因此，要认真仔细地选择填埋场地，并采取妥善措施，防止对水源造成污染。

除以上介绍的几种方法外，废渣的处理方法还有生物法、湿式氧化法等多种方法。生物法是利用微生物的代谢作用将废渣中的有机污染物分解，转化为简单、稳定的化合物，从而达到无害化的目的。湿式氧化法是在有水的条件下，在高压和 150~300℃下利用空气中的氧对废渣中的有机物进行氧化，以达到无害化的目的。

思考题

1. 化学制药厂污染有哪些主要特点？
2. 针对药品生产过程的主要环节和组分可采用哪些绿色生产工艺？
3. 表征废水性质的主要指标有哪些？
4. 排水量与单位基准排水量有何区别？
5. 什么是清污分流？对治理废水有何意义？
6. 各级废水处理的目标有何不同？

7. 废水处理的基本方法有哪些？
8. 好氧生物和厌氧生物处理废水的基本原理和特点各是什么？
9. 生物法处理废水需要控制哪些水质指标？
10. 什么是活性污泥？活性污泥的性能指标是什么？
11. 分析生物膜法处理废水的基本原理。
12. 简述含尘废气的主要处理方法。
13. 简述含有机污染物废气的主要处理方法。
14. 简述废渣的主要处理方法。

参考文献

[1] 国家食品药品监督管理总局药品审评中心. 已上市化学药品变更研究的技术指导原则（一）. 北京：国家食品药品监督管理总局，2008.

[2] 国家食品药品监督管理总局药品审评中心. 已上市化学药品生产工艺变更研究技术指导原则. 北京：国家食品药品监督管理总局，2017.

[3] 国家环境保护总局. 污水综合排放标准：GB 8978—1996. 北京：中国标准出版社，1998.

[4] 环境保护部. 化学合成类制药工业水污染物排放标准：GB 21904—2008. 北京：环境保护部，2008.

[5] 宋鑫，任立人，吴丹，等. 制药废水深度处理技术的研究现状及进展. 广州化工，2012，40（12）：29-31.

[6] 王渭军. 制药企业废气处理. 低碳世界，2017，（17）：13-14.

[7] 环境保护部办公厅. 关于征求制药工业污染防治可行技术指南意见的函. 2015.

[8] 赵临襄. 化学制药工艺学. 5版. 北京：中国医药科技出版社，2019.

[9] 王亚楼. 化学制药工艺学. 北京：化学工业出版社，2008.

[10] 汪艺宁. 化学制药工艺学. 2版. 北京：化学工业出版社，2024.

第七章

达沙替尼的生产工艺

第一节 概　述

达沙替尼(dasatinib, **1**)，化学名为 *N*-(2-氯-6-甲基苯基)-2-{[6-[4-(2-羟基乙基)哌嗪-1-基]-2-甲基嘧啶-4-基]氨基}噻唑-5-甲酰胺，由 Bristol-Myers Squibb 研发，于 2006 年在美国上市，商品名为 Sprycel，是一种新型的多靶点激酶抑制剂，临床用于治疗慢性髓性白血病以及费城阳性染色体急性淋巴细胞白血病。

蛋白酪氨酸激酶是一类催化 ATP 上 γ-磷酸转移到蛋白酪氨酸残基上的激酶，能催化多种底物蛋白酪氨酸残基磷酸化，在细胞生长、增殖、分化中具有重要作用。近年来研究发现蛋白酪氨酸激酶可促进肿瘤细胞增殖和肿瘤血管形成，与白血病的发生密切相关。伊马替尼作为第一代小分子蛋白酪氨酸激酶抑制剂，特异性地抑制 Abl 的表达和 Bcr-Abl 细胞的增殖，是目前治疗慢性粒细胞白血病的一线用药。然而，随着伊马替尼在临床的广泛使用，其耐药性日益明显。达沙替尼是第二代口服广谱酪氨酸激酶抑制剂，主要用于伊马替尼耐药或不能耐受的慢性髓性白血病所有病期及 Ph⁺急性淋巴细胞白血病患者。与伊马替尼相比，达沙替尼具有全新的分子结构，对 Bcr-Abl 和 Src 家族起双重抑制作用，可以全面克服伊马替尼的耐药性问题，因此具有广阔的应用前景。

第二节 合成路线及其选择

一、达沙替尼的逆合成分析

1. 逆合成分析一

达沙替尼是一个由噻唑、嘧啶和哌嗪杂环缩合形成的较为复杂的化合物，依据逆合成分析原理，当切断噻唑 2-位碳与仲胺之间的 C—N 键时，可以逆推达沙替尼（**1**）是由 2-氯-*N*-(2-氯-6-甲基苯基)噻唑-5-甲酰胺（**2**）和 2-[4-(6-氨基-2-甲基嘧啶-4-基)哌嗪-1-基]乙醇（**3**）反应得到。2-氯-*N*-(2-氯-6-甲基苯基)噻唑-5-甲酰胺（**2**）的合成逆推可有两种途径，按 a 途径可以逆推到其由 2-氨基-6-甲基苯胺（**4**）和 2-氯噻唑-5-羧酸（**5**）或其相应的酯反应得到，但 2-氯噻唑-5-羧酸（**5**）及其相应的酯都很昂贵且不易获得；按 b 途径可以逆推到其由 2-氯噻唑（**6**）和 2-氯-6-甲基苯基异氰酸酯（**7**）反应得到。2-[4-(6-氨基-2-甲基嘧啶-4-基)哌嗪-1-基]乙醇（**3**）逆推可以由 4-氨基-6-氯-2-甲基嘧啶（**8**）与 1-(2-羟乙基)哌嗪（**9**）反应得到。

2. 逆合成分析二

依据逆合成分析原理，当切断嘧啶 6-位碳与仲胺之间的 C—N 键时，可以逆推达沙替尼（**1**）是由 2-氨基-*N*-(2-氯-6-甲基苯基)噻唑-5-甲酰胺（**10**）和 2-[4-(6-氯-2-甲基嘧啶-4-基)哌嗪-1-基]乙醇（**11**）经亲核反应制得。2-氨基-*N*-(2-氯-6-甲基苯基)噻唑-5-甲酰胺（**10**）可以逆推由 2-氯-6-甲基苯胺（**4**）和 2-氨基噻唑-5-羧酸乙酯（**12**）发生氨解反应得到或由相应酰氯经酰胺化反应合成；而 2-[4-(6-氯-2-甲基嘧啶-4-基)哌嗪-1-基]乙醇（**11**）可以由 4,6-二氯-2-甲基嘧啶（**13**）与 1-(2-羟乙基)哌嗪（**9**）经亲核取代反应得到。

3. 逆合成分析三

依据逆合成分析原理，当切断嘧啶碳原子与哌嗪氮原子之间的 C—N 键和噻唑甲酰胺的 C—N 键时，可以逆推达沙替尼（**1**）是由 2-[(6-氯-2-甲基嘧啶-4-基)氨基]噻唑-5-羧酸（**14**）和 2-氯-6-甲基苯胺（**4**）、1-(2-羟乙基)哌嗪（**9**）三个片段按照一定的顺序反应得到。2-[(6-氯-2-甲基嘧啶-4-基)氨基]噻唑-5-羧酸（**14**）可以逆推至由 2-氨基噻唑-5-羧酸乙酯（**12**）与 4,6-二氯-2-甲基嘧啶（**13**）反应得到。

当然，杂环化合物也可以在合成过程中形成，而不是直接引入。噻唑和嘧啶环都可以在反应中形成，这样又可以有多种逆合成分析法，此处不再展开介绍。

二、达沙替尼的合成工艺路线

根据逆合成分析的结果，国内外学者设计了多条达沙替尼的合成路线，概括起来包括以下几条合成工艺路线。

1. 合成路线一

这条路线以 2-氯-6-甲基苯胺（4）为起始原料，首先与(E)-3-乙氧基丙烯酰氯（15）在三乙胺催化下进行酰胺化反应合成中间体(E)-N-(2-氯-6-甲基苯基)-3-乙氧基丙烯酰胺（16）；然后经与 NBS 加成、与硫脲环合得 2-氨基-N-(2-氯-6-甲基苯基)噻唑-5-甲酰胺（10）；所得 2-氨基-N-(2-氯-6-甲基苯基)噻唑-5-甲酰胺（10）与 4,6-二氯-2-甲基嘧啶（13）经芳香亲核取代反应得到 2-[(6-氯-2-甲基嘧啶-4-基)氨基]-N-(2-氯-6-甲基苯基)噻唑-5-甲酰胺（18），中间体 18 和 1-(2-羟乙基)哌嗪（9）在三乙胺催化下进行芳香亲核取代反应得到达沙替尼（1），总产率 51%。这条合成路线从达沙替尼的左端开始，以 2-氯-6-甲基苯胺（4）为起始原料，经酰化、加成、环合反应得到 2-氨基-N-(2-氯-6-甲基苯基)噻唑-5-甲酰胺（10）；然后依次与 4,6-二氯-2-甲基嘧啶和 1-(2-羟乙基)哌嗪缩合得到达沙替尼。该路线首先合成出 α-溴代半缩醛的结构，然后与硫脲缩合得到 2-氨基噻唑的结构。虽然该工艺路线反应总产率高，反应条件也不剧烈，但是该工艺所用的原料之一(E)-3-乙氧基丙烯酰氯价格昂贵，不易获得，自己合成的难度较大，因此限制了此工艺路线的工业应用。

2. 合成路线二

这条路线首先用 Boc 酸酐保护 2-氨基噻唑-5-羧酸乙酯（**12**）的氨基，然后水解酸化得到 2-[(叔丁氧羰基)氨基]噻唑-5-羧酸（**20**）。2-[(叔丁氧羰基)氨基]噻唑-5-羧酸（**20**）与草酰氯反应制备得酰氯 **21**，然后中间体 **21** 原位与 2-氯-6-甲基苯胺（**4**）发生酰胺化反应得到{5-[(2-氯-6-甲基苯基)氨甲酰基]噻唑-2-基}氨基甲酸叔丁酯（**22**）。中间体 **22** 用三氟乙酸脱去保护基后得到 2-氨基-N-(2-氯-6-甲基苯基)噻唑-5-甲酰胺（**10**），中间体酰胺 **10** 与 4,6-二氯-2-甲基嘧啶（**13**）在 NaH 存在下发生亲核取代反应得到 2-[(6-氯-2-甲基嘧啶-4-基)氨基]-N-(2-氯-6-甲基苯基)噻唑-5-甲酰胺（**18**）。化合物 **18** 最后与 1-(2-羟乙基)哌嗪（**9**）在三乙胺存在下发生亲核取代反应得到达沙替尼（**1**），总产率 46%。该路线以 2-氨基噻唑-5-羧酸乙酯（**12**）为起始原料，经保护、水解、酰胺化、脱保护得到 2-氨基-N-(2-氯-6-甲基苯基)噻唑-5-甲酰胺（**10**）；然后依次与 4,6-二氯-2-甲基嘧啶、1-(2-羟乙基)哌嗪缩合得到达沙替尼（**1**），是一条常规反应路线。2-氨基噻唑-5-羧酸乙酯（**12**）很容易得到，性质稳定，而且涉及的合成反应都是经典反应，是一条比较好的合成路线。但该工艺脱 Boc 步骤中使用三氟乙酸，其价格较贵且带来较大的污染；亲核取代步骤使用氢化钠作为碱，物料储存和使用过程中有一定的安全隐患，反应条件对水分含量也要求苛刻。

3. 合成路线三

这条合成路线以 2-氨基噻唑-5-羧酸乙酯（**12**）为起始原料，首先在 NaH 作用下与 4,6-二氯-2-甲基嘧啶（**13**）发生亲核取代反应得到 2-[(6-氯-2-甲基嘧啶-4-基)氨基]噻唑-5-羧酸乙酯（**23**）；然后水解酸化得到 2-[(6-氯-2-甲基嘧啶-4-基)氨基]噻唑-5-羧酸（**14**），羧酸 **14** 与草酰氯反应将羧基转化为酰氯再与 2-氯-6-甲基苯胺（**4**）发生酰胺化反应得到 2-[(6-氯-2-甲基嘧啶-4-基)氨基]-*N*-(2-氯-6-甲基苯基)噻唑-5-甲酰胺（**18**）；酰胺 **18** 最后与 1-(2-羟乙基)哌嗪（**9**）在 DIPEA 存在下发生亲核取代反应得到达沙替尼（**1**）。该条合成路线从达沙替尼的中间开始，即首先让 2-氨基噻唑-5-羧酸乙酯（**12**）与 4,6-二氯-2-甲基嘧啶（**13**）结合成达沙替尼的中间部分 2-[(6-氯-2-甲基嘧啶-4-基)氨基]噻唑-5-羧酸乙酯（**23**）；然后分别与两端的 2-氯-6-甲基苯胺和 1-(2-羟乙基)哌嗪缩合得到达沙替尼（**1**）。该工艺路线避免了保护和脱保护步骤，缩短到五步，路线简捷，总产率达到 50%。

4. 合成路线四

该路线以商业可获得的 4,6-二氯-2-甲基嘧啶（**13**）和 1-(2-羟乙基)哌嗪（**9**）为起始原料，它们发生亲核取代反应得到 2-[4-(6-氯-2-甲基嘧啶-4-基)哌嗪-1-基]乙醇（**11**）；然后中间体 **11** 与 2-氨基噻唑-5-羧酸乙酯（**12**）经 Pd 催化的 Buchwald-Hartwig 偶联反应得到 2-{[6-[4-(2-羟基乙基)哌嗪-1-基]-2-甲基嘧啶-4-基]氨基}噻唑-5-羧酸乙酯（**25**）；所得产物 **25** 经水解酸化得羧酸 **26**，然后再与 2-氯-6-甲基苯胺（**4**）在缩合剂二氯磷酸化苯酯（PDCP）和三乙胺作用下发生酰胺化反应得到达沙替尼（**1**），总产率为 53%。这条合成路线从达沙替尼的右端开始，以 1-(2-羟乙基)哌嗪（**9**）为起始原料，首先与 4,6-二氯-2-甲基嘧啶（**13**）反应得到 2-[4-(6-氯-2-甲基嘧啶-4-基)哌嗪-1-基]-乙醇（**11**）；然后依次与 2-氨基噻唑-5-羧酸乙酯（**12**）、2-氯-6-甲基苯胺（**4**）反应得到达沙替尼。其中 Buchwald-Hartwig 偶联反应一步是以昂贵的醋酸钯为催化剂，BINAP 为配体，并且需要采用柱色谱分离，生产成本较高，工业化生产受到限制。

5. 合成路线五

这条路线由两个关键中间体连接而成，其中中间体 2-氨基-N-(2-氯-6-甲基苯基)噻唑-5-甲酰胺（**10**）以 2-[(叔丁氧羰基)氨基]噻唑-5-羧酸（**20**）为起始原料，首先与 2-氯-6-甲基苯胺（**4**）发生酰胺化反应，后经脱 Boc 保护基而得到；另一个中间体 2-[4-(6-氯-2-甲基嘧啶-4-基)哌嗪-1-基]乙醇（**11**）由 1-(2-羟乙基)哌嗪（**9**）和 4,6-二氯-2-甲基嘧啶（**13**）经亲核取代反应得到；最后两个关键中间体 **10** 和 **11** 经亲核取代反应得到达沙替尼（**1**）。该条合成路线分别完成达沙替尼两端 2-氨基-N-(2-氯-6-甲基苯基)噻唑-5-甲酰胺（**10**）和 2-[4-(6-氯-2-甲基嘧啶-4-基)哌嗪-1-基]乙醇（**11**）的合成，然后将它们连接得到目标产物，该工艺路线避免了传统工艺中产生的双取代杂质。其中采用含氯化氢的乙酸乙酯溶液代替三氟乙酸用于脱 Boc 保护基，其后处理操作更简便、更经济环保。中间体 **10** 和 **11** 的亲核取代反应中，采用氢氧化钠/DMSO 反应体系替代氢化钠，反应条件更加温和。这也是一条典型的汇聚式合成路线，汇聚式合成路线在生产中有利于充分使用设备、节约工时，综合考虑中间体的性质及杂质控制，这是一条较实用的合成路线，适合工业化生产。

6. 合成路线六

这条路线以 2-氯噻唑（**6**）为起始原料，首先与正丁基锂经选择性脱质子后再与 2-氯-6-甲基苯基异氰酸酯（**7**）反应得到 2-氯-N-(2-氯-6-甲基苯基)噻唑-5-甲酰胺（**2**）；然后与 4-甲氧基苄基氯（**27**）反应保护酰胺的 N 原子得到 2-氯-N-(2-氯-6-甲基苯基)-N-(4-甲氧基苄基)噻唑-5-甲酰胺（**28**）。4-氨基-6-氯-2-甲基嘧啶（**8**）用 NaH 脱质子后与中间体 **28** 反应得到 2-[(6-氯-2-甲基嘧啶-4-基)氨基]-N-(2-氯-6-甲基苯基)-N-(4-甲氧基苄基)噻唑-5-甲酰胺（**29**），然后用三氟乙酸/三氟甲磺酸混合体系实现脱 PMP 保护基得到 2-[(6-氯-2-甲基嘧啶-4-基)氨基]-N-(2-氯-6-甲基苯基)噻唑-5-甲酰胺（**18**）；化合物 **18** 最后在二异丙基乙基胺作用下与 1-(2-羟乙基)哌嗪（**9**）发生亲核取代反应得到达沙替尼（**1**），总产率为 61%。该条合成路线与路线一相似，也是从达沙替尼的左端开始合成，但采用 2-氯噻唑（**6**）与 2-氯-6-甲基苯基异氰酸酯（**7**）反应得到 2-氯-N-(2-氯-6-甲基苯基)噻唑-5-甲酰胺（**2**），这步反应以正丁基锂为碱，需要在无水无氧条件下进行，而且要在-78 ℃的低温条件下进行反应，因此条件比较苛刻，对设备要求高，工业化操作有困难。此外，该反应第一步用到的原料 2-氯-6-甲基苯基异腈酸酯（**7**）不易获得，而且有连续两步使用 NaH，产生大量氢气，另外还增加了保护和脱保护的步骤，与路线一相比没有优势。

7. 合成路线七

这条路线以 1-(2-羟乙基)哌嗪（**9**）为起始原料，首先与 3-氯-3-氧代丙酸甲酯（**30**）在碱性条件下发生酰胺化反应得到哌嗪酰化的产物 3-[4-(2-羟乙基)哌嗪-1-基]-3-氧代丙酸甲酯（**31**）；中间体 **31** 然后与 2-氨基-N-(2-氯-6-甲基苯基)噻唑-5-甲酰胺（**10**）在三甲基铝作用下氨解得到 N-(2-氯-6-甲基苯基)-2-{3-[4-(2-羟乙基)哌嗪-1-基]-3-氧代丙酰胺}噻唑-5-甲酰胺（**32**），酰胺 **32** 再与盐酸乙脒在甲醇钠作用下环合得到达沙替尼（**1**）。该路线中首先构建出具有 β-二酮结构的化合物，然后与盐酸乙脒缩合得到嘧啶。其中化合物 **10** 与化合物 **31** 在三甲基铝条件下进行氨解形成酰胺具有条件适应性较强、各类酯都能很快地氨解、产率高、反应温和等特点。化合物 **32** 与盐酸乙脒反应制备达沙替尼较现有技术中嘧啶的引入，反应条件温和，产品产率及纯度提高。该工艺简单，反应过程容易操作，产品产率及纯度高，副产物较少，也比较适合工业化生产。

8. 合成路线八

这条路线以 2-氨基-N-(2-氯-6-甲基苯基)噻唑-5-甲酰胺（**10**）为起始原料，首先与 4,6-二氯-2-甲基嘧啶（**13**）在叔丁醇钠作用下发生亲核取代反应得到 2-[(6-氯-2-甲基嘧啶-4-基)氨基]-N-(2-氯-6-甲基苯基)噻唑-5-甲酰胺（**18**）；甲酰胺 **18** 再与哌嗪-1-羧酸叔丁酯（**33**）在 DIPEA 作用下发生亲核取代反应得到 4-{6-[[5-[(2-氯-6-甲基苯基)氨基甲酰基]噻唑-2-基]氨基]-2-甲基嘧啶-4-基}哌嗪-1-羧酸叔丁酯（**34**）。中间体 **34** 脱去 Boc 保护基得到 N-(2-氯-6-甲基苯基)-2-{[2-甲基-6-(哌嗪-1-基)嘧啶-4-基]氨基}噻唑-5-甲酰胺（**35**），化合物 **35** 最后与 2-溴乙醇在 Cs_2CO_3 和 KI 作用下发生亲核取代反应得到达沙替尼（**1**）。该路线也较实用，从化合物（**10**）出发总产率达到 68%，从商业可获得的化合物 2-氨基噻唑-5-羧酸乙酯（**12**）算起总产率达到 20%。该路线与路线二相似，但采用路线二的中间体 2-氨基-N-(2-氯-6-甲基苯基)噻唑-5-甲酰胺（**10**）为起始原料，依次与 4,6-二氯-2-甲基嘧啶、哌嗪-1-羧酸叔丁酯缩合，脱保护后与 2-溴乙醇反应得到达沙替尼。中间体的分离与纯化更方便，但也增加了合成步骤。

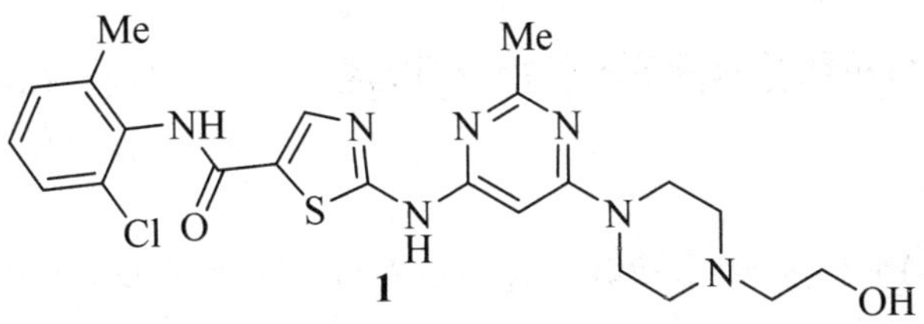

第三节 达沙替尼的生产工艺原理及其过程

达沙替尼的合成方法有多种。其中以 2-氨基-*N*-(2-氯-6-甲基苯基)噻唑-5-甲酰胺(**10**)和 2-[4-(6-氯-2-甲基嘧啶-4-基)哌嗪-1-基]乙醇(**11**)直接偶联的路线步骤短、条件温和，适合工业化生产。国内外学者持续对该路线进行了改进，目前已经成为达沙替尼的主要生产工艺，具体合成路线如下：

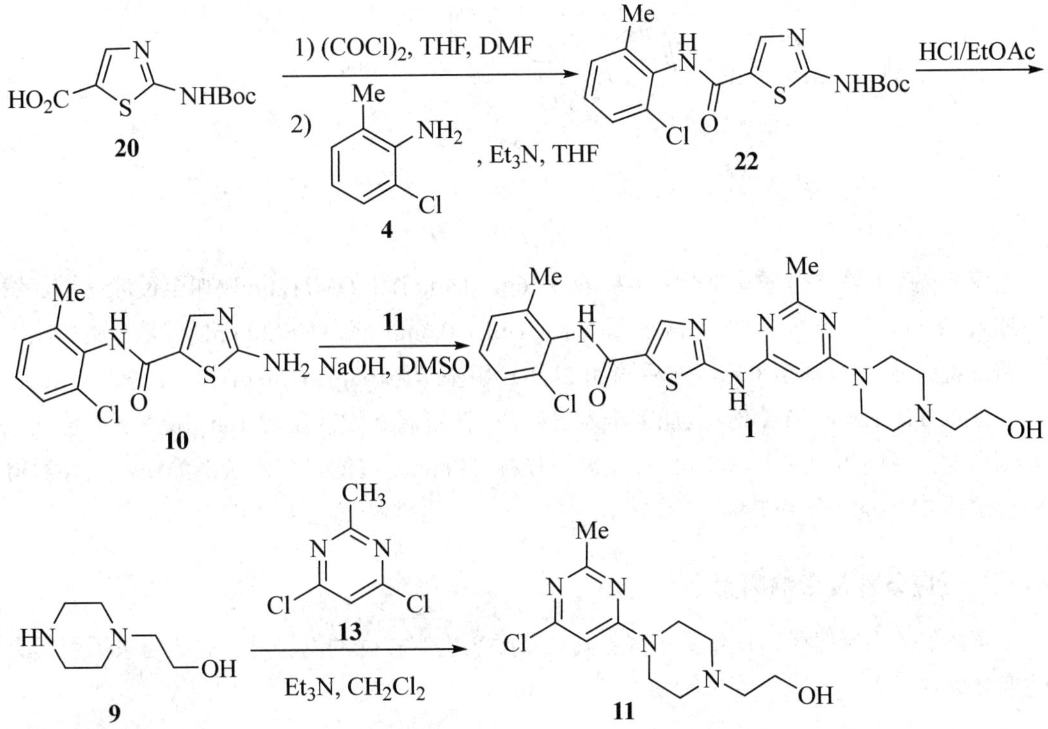

这条路线以 Boc 保护的 2-氨基噻唑-5-甲酸为起始原料，首先与 2-氯-6-甲基苯胺酰胺化，然后脱保护得到 2-氨基-*N*-(2-氯-6-甲基苯基)噻唑-5-甲酰胺(**10**)；同时 1-(2-羟乙基)哌嗪(**9**)和 4,6-二氯-2-甲基嘧啶(**13**)反应得到 2-[4-(6-氯-2-甲基嘧啶-4-基)哌嗪-1-基]乙醇(**11**)。最后 2-氨基-*N*-(2-氯-6-甲基苯基)噻唑-5-甲酰胺(**10**)和 2-[4-(6-氯-2-甲基嘧啶-4-基)哌嗪-1-基]乙醇(**11**)偶联得到达沙替尼(**1**)。

下面将讨论其工艺原理及生产工艺。

一、{5-[(2-氯-6-甲基苯基)氨甲酰基]噻唑-2-基}氨基甲酸叔丁酯的制备

（一）工艺原理

2-[(叔丁氧羰基)氨基]噻唑-5-羧酸（**20**）首先与草酰氯在 DMF 催化下形成酰氯 **21**，然后生成的酰氯 **21** 再与 2-氯-6-甲基苯胺（**4**）反应形成酰胺得到{5-[(2-氯-6-甲基苯基)氨甲酰基]噻唑-2-基}氨基甲酸叔丁酯（**22**）。

（二）工艺过程

将 2-[(叔丁氧羰基)氨基]噻唑-5-羧酸(97.6g，0.4mol)和 DMF(20mL)加至反应釜中。然后加入 THF(1L)，冷却至 0℃，滴加草酰氯(51mL，0.6mol)的 THF(200mL)溶液。滴加完毕室温下反应 6h，冷却至 0℃，然后滴加 2-氯-6-甲基苯胺(68g，0.5mol)和三乙胺(111mL，0.8mol)的 THF(200mL)溶液。滴加完毕撤去冰浴，在室温下搅拌反应 10h。减压蒸去溶剂，向剩余类白色固体中加入水(1mL)，室温下搅拌 30min。过滤，用水洗涤滤饼，干燥后得白色固体 **22**(56g，产率 76%)。

（三）反应条件及影响因素

草酰氯具有吸湿性，设备需干燥；同时草酰氯也有较强的腐蚀性，因此要求采用具有防腐功能的设备。

二、2-氨基-N-(2-氯-6-甲基苯基)噻唑-5-甲酰胺的制备

（一）工艺原理

{5-[(2-氯-6-甲基苯基)氨甲酰基]噻唑-2-基}氨基甲酸叔丁酯（**22**）在酸性条件下脱除保护基得到 2-氨基-N-(2-氯-6-甲基苯基)噻唑-5-甲酰胺（**10**）。

(二) 工艺过程

将氯化氢浓度为 4mol/L 的乙酸乙酯溶液（10kg）加至搪玻璃反应釜中，室温搅拌下加入{5-[(2-氯-6-甲基苯基)氨甲酰基]噻唑-2-基}氨基甲酸叔丁酯（4kg，11mol），20~25℃下反应 2h，减压蒸去溶剂得浅黄色固体。降温至 0~5 ℃，向固体中滴加 1 mol/L 的氢氧化钠溶液，固体缓慢溶解。待调至 pH 值约 10 后，开始析出大量白色沉淀。继续搅拌 1h，离心分离，滤饼用水（30L 分 3 次）洗涤，于 45~50℃下减压干燥得白色固体 2.8kg，产率为 95%。

(三) 反应条件及影响因素

Boc 脱保护过程多采用三氟乙酸，但考虑其工业生产成本较高，实际生产用盐酸代替。盐酸腐蚀性很强，因此要求采用具有防腐功能的设备。

三、2-[4-(6-氯-2-甲基嘧啶-4-基)哌嗪-1-基]乙醇的制备

(一) 工艺原理

1-(2-羟乙基)哌嗪（**9**）4-位的 N 原子亲核取代 4,6-二氯-2-甲基嘧啶（**13**）的一个氯原子得到 2-[4-(6-氯-2-甲基嘧啶-4-基)哌嗪-1-基]乙醇（**11**），该取代机理为芳香亲核取代反应 S_NAr2。

(二) 工艺过程

将二氯甲烷（30kg）加至不锈钢反应釜中，然后在搅拌下依次加入 1-(2-羟乙基)哌嗪（5kg，38mol）和三乙胺（4.6kg，45.6mol）。加热将温度升至 35~40℃，待物料全部溶解后，缓慢滴加 4,6-二氯-2-甲基嘧啶（6.15kg，38mol）的二氯甲烷（10kg）溶液。滴加完毕，保持该温度继续反应 5h。减压蒸除溶剂得黄色固体。向反应釜中加入乙酸乙酯（50kg），加热回流至全部溶解。停止加热，搅拌下缓慢加入无水乙醇（75kg），有白色固体逐渐析

出。将反应体系降至5℃，继续搅拌析晶8h。离心分离，滤饼用乙醇（30L 分3次）淋洗，所得滤饼于40～50℃下真空干燥，得白色固体8.1kg，产率82.3%。

（三）反应条件及影响因素

（1）受嘧啶环两个氮原子的影响，与嘧啶相连的氯原子比较活泼，很容易被亲核基团取代。当 1-(2-羟乙基)哌嗪与 4,6-二氯-2-甲基嘧啶反应时，嘧啶环上的两个氯原子均可被取代。单取代结果相同，但反应温度过高会形成双取代产物，因此反应中控制反应温度是关键，同时也要控制配比。

（2）产物析晶过程一定要慢，否则产物中会包裹少量三乙胺盐酸盐而影响产品质量。

四、达沙替尼的制备

（一）工艺原理

2-氨基-N-(2-氯-6-甲基苯基)噻唑-5-甲酰胺（**10**）中 2-位氨基亲核取代 2-[4-(6-氯-2-甲基嘧啶-4-基)哌嗪-1-基]乙醇（**11**）中嘧啶 6-位氯原子，同时脱去一分子氯化氢得到达沙替尼（**1**）。

（二）工艺过程

将 DMSO（6kg）加入不锈钢反应釜中，室温搅拌下依次加入 2-氨基-N-(2-氯-6-甲基苯基)噻唑-5-甲酰胺（1.4kg，5.2mol）、2-[4-(6-氯-2-甲基嘧啶-4-基)哌嗪-1-基]乙醇（1.6kg，6.2mol）和氢氧化钠固体（2.5kg，6.2mol），加热将釜内温度升至 70～80℃，保持该温度反应 4h。停止搅拌，过滤，向滤液中加入异丙醇（25kg），有类白色固体析出。保持 15～20℃下继续搅拌析晶 12h。离心分离，滤饼用丙酮（4.5L 分3次）淋洗得粗品。用乙醇/水（体积比为 4:1）重结晶，40～50℃下真空干燥，得到达沙替尼 2.2kg，产率 88%。

(三) 反应条件及影响因素

（1）2-氨基-*N*-(2-氯-6-甲基苯基)噻唑-5-甲酰胺与 2-[4-(6-氯-2-甲基嘧啶-4-基)哌嗪-1-基]乙醇的缩合反应中会产生一分子氯化氢，反应中用氢氧化钠中和产生的酸，以 DMSO 为溶剂，加热反应 4 h 原料彻底转化完全。加入异丙醇析出产品后，一定要用大量丙酮洗涤，否则 DMSO 会残留在产物中导致质量下降。

（2）这是达沙替尼生产的最后一步，重结晶对产品质量至关重要。

用这条工艺路线生产达沙替尼，涉及酰胺化、脱保护基、亲核取代等多步反应，使用溶剂种类比较多，同时会产生大量的废水和其他有害物质，因此需要考虑进行综合利用和"三废"治理。

大量使用的溶剂 THF、乙酸乙酯、二氯甲烷、乙醇、异丙醇、丙酮和 DMSO 等可以进行回收利用。酸性和碱性废水应经中和处理后再排放。

思考题

1. 按目前合成工艺试推测达沙替尼产物中可能存在的各种杂质及其来源。
2. 以达沙替尼合成路线一为例，试总结噻唑杂环的合成方法。
3. 根据达沙替尼的合成，总结芳香环 C—N 键发生偶联反应常用的催化剂及其反应机理。
4. 根据合成路线七，简述嘧啶杂环的合成方法。
5. 有机合成中氨基的常见保护基团有哪些？试举例说明。

参考文献

[1] Lombardo L J，Lee F Y，Chen P，et al. Discovery of *N*-(2-chloro-6-methyl phenyl)-2-(6-(4-(2-hydroxyethyl)-piperazin-1-yl)-2-methylpyrimidin-4-ylamino)thiazole-5-carboxamide（BMS-354825），a dual Src/Abl kinase inhibitor with potent antitumor activity in preclinical assays. Journal of Medicinal Chemistry，2004，47（27）：6658-6661.
[2] Deadman B J，Hopkin M D，Ley S V，et al. The synthesis of Bcr-Abl inhibiting anticancer pharmaceutical agents imatinib，nilotinib and dasatinib. Organic & Biomolecular Chemistry，2013，11（11）：1766-1800.
[3] 张少宁，魏红涛，吉民. 达沙替尼的合成.中国医药工业杂志，2010，41（3）：161-163.
[4] 王伟，翟鑫，王刚，等. 达沙替尼的合成工艺研究. 中国药物化学杂志，2009，19（1）：36-38.
[5] 臧佳良，陈一芬，冀亚飞. 达沙替尼的合成. 中国医药工业杂志，2009，40（5）：321-323.
[6] 严荣，杨浩，侯雯，等. 一种新的达沙替尼合成方法：中国，10184545045A. 2010-09-29.
[7] Suresh G，Nadh R V，Srinivasu N，et al. A convenient new and efficient commercial synthetic route for dasatinib（Sprycel®）. Synthetic Communications，2017，47（17），1610-1621.
[8] 严荣，杨浩，侯雯，等. 一种简捷制备高纯度达沙替尼的新方法以及中间体化合物：中国，101812060B. 2011-08-17.

第八章

盐酸度洛西汀的生产工艺

第一节 概 述

度洛西汀(duloxetine, **1**)，化学名为(S)-N-甲基-3-(萘-1-基氧基)-3-(噻吩-2-基)-1-丙胺，(S)-N-methyl-3-(naphthalen-1-yloxy)-3-(thiophen-2-yl)propan-1-amine，是由美国 Eli Lilly 公司研发的 5-羟色胺（5-HT）和去甲肾上腺素（NE）双重再摄取抑制剂。2002 年 9 月被美国 FDA 批准用于治疗重性抑郁症，临床用盐酸度洛西汀(**2**)，商品名欣百达（Cymbalta）。2004 年又分别被欧盟和美国 FDA 批准用于女性中度至重度紧张性尿失禁和成年人糖尿病继发的外周神经痛的治疗。

选择性 5-羟色胺及去甲肾上腺素再摄取抑制剂（serotonin and norepinephrine reuptake inhibitors, SNRIs）在人体内抑制神经突触前膜对 5-羟色胺和去甲肾上腺素的重摄取，使它们在突触间隙有足够的浓度，从而改善情绪，发挥抗抑郁的作用。盐酸度洛西汀是一种对 5-羟色胺和去甲肾上腺素的再摄取有双重抑制作用的抗抑郁药（SNRIs），能使大脑和脊髓中 5-HT 和 NE 的浓度升高，可改善抑郁症患者的病情，提高 5-HT 和 NE 两种神经递质在调控情感和对疼痛敏感程度方面的作用，提高机体对疼痛的耐受。动物实验研究表明，度洛西汀对小鼠脑组织血浆中的 5-HT 和 NE 有高度亲和力，大量临床和神经生化证据也支持度洛西汀对 5-HT 和 NE 的双重再摄取有抑制作用。度洛西汀与 5-HT/NE 转运体有高度亲和力，对 M 受体、α_1 及 α_2 受体、多巴胺 D_2 受体及组胺 H_1 及 H_2 受体作用较小，对 γ-氨基丁酸、谷氨酸、钙通道、神经肽、N-乙酰基-5-甲氧基色胺、烟碱及阿片受体无明显作用。

盐酸度洛西汀用于治疗各种重性抑郁症，同时还可用于治疗糖尿病性外因神经疼痛。疼痛等躯体症状对目前广泛使用的 5-HT 再摄取抑制剂（SSRI）类抗抑郁药物反应最小。新型的双通道抑制剂（SNRIs），如度洛西汀，能够显著抑制神经元突触对 5-HT 和 NE 的再摄取，对抑郁症患者的躯体症状能起到明显的缓解作用。临床试验证实，度洛西汀 60mg 可有效控制抑郁症患者的精神和躯体症状。临床医师实践工作中遇到躯体疼痛症状表现明显的抑郁症患者，可尝试采用度洛西汀进行治疗，将取得较好疗效。本品还可用于治疗女性紧张性尿失禁。

盐酸度洛西汀为盐酸氟西汀的替代品，化学稳定性好、安全有效、副作用少、对其他受体亲和力低，在治疗抑郁症方面比目前其他西汀类药物作用更好，代表了抑郁症治疗的一大进步。2007 年 4 月进入我国抗抑郁药物市场，现已在全球 70 多个国家和区域上市，销售额增长令人瞩目，是全球市场份额增长最快的药物之一。

第二节　合成路线及其选择

一、度洛西汀的逆合成分析

度洛西汀是含有一个手性中心的手性药物，其合成过程涉及分子骨架连接、官能团引入和手性中心构建三个方面。剖析度洛西汀的化学结构可知，它是一个手性仲醇形成的 1-萘基醚，手性中心可在成醚前或成醚后构建，可通过外消旋体拆分和不对称合成方法获得单一对映体。

1. 逆合成分析一

逆推至噻吩和氯丙酰氯为原料，拆分氯代仲醇获得手性氯代仲醇。

2. 逆合成分析二

逆推至 2-乙酰基噻吩和 N-甲基苄基胺为原料，拆分甲基氨基仲醇获得手性甲基氨基仲醇。

3. 逆合成分析三

先成醚，最后拆分萘醚，仍然逆推至 2-乙酰基噻吩和 N-甲基苄基胺为原料。

4. 逆合成分析四

逆推至 2-乙酰基噻吩和二甲基胺盐酸盐为原料，拆分二甲基氨基仲醇获得手性二甲基氨基仲醇再成醚。

二、外消旋体拆分法工艺路线

(一) 先拆分后醚化工艺路线

1. 拆分制备(S)-3-(二甲基氨基)-1-(噻吩-2 基)-1-丙醇途径

该合成路线以 2-乙酰基噻吩（**3**）为起始原料，与多聚甲醛和二甲基胺盐酸盐先经 Mannich 胺甲基化反应得到 3-(二甲基氨基)-1-(噻吩-2-基)-1-丙酮盐酸盐（**4**），中间体化合物 **4** 经硼氢化钠还原得到 3-(二甲基氨基)-1-(噻吩-2-基)-1-丙醇（**5**）。中间体化合物 **5** 利用 (S)-扁桃酸进行拆分得到(S)-3-(二甲基氨基)-1-(噻吩-2-基)-1-丙醇（**6**），化合物 **6** 与 1-氟萘在 NaH 存在下进行芳香亲核取代醚化反应制得(S)-N,N-二甲基-3-(萘-1-基氧基)-3-(噻吩-2-基)-1-丙胺（**7**）。随后与脱甲基化试剂氯甲酸苯酯反应脱去一个 N-甲基得到度洛西汀（**1**），再用浓 HCl 成盐，重结晶得盐酸度洛西汀（**2**），总收率 24%，纯度可达 99%。该法的化学拆分是在引入萘醚基之前对氨基醇进行的，该路线反应条件比较温和，原料来源易得，成本低，适合工业化生产。

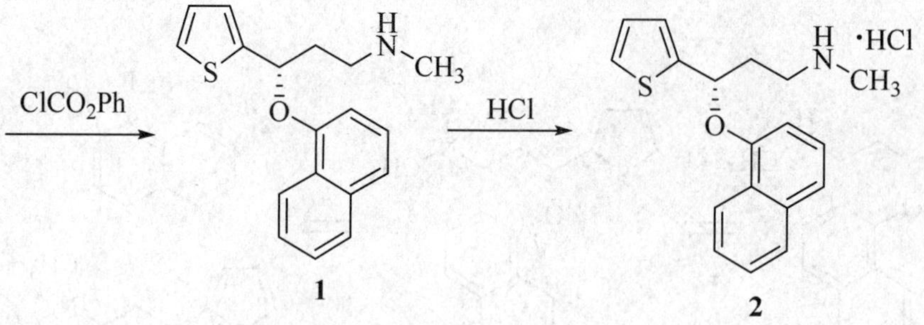

2. 拆分制备(S)-3-(甲基氨基)-1-(噻吩-2-基)-1-丙醇途径

该路线以噻吩（**8**）为原料，其与乙酸酐在磷酸催化下发生 Friedel-Crafts 酰化反应得到 2-乙酰基噻吩（**3**），中间体 **3** 与 N-甲基苄基胺盐酸盐和多聚甲醛发生 Mannich 胺甲基化反应得到 3-[苄基(甲基)氨基]-1-(噻吩-2-基)-1-丙酮盐酸盐（**9**）。随后化合物 **9** 在碱性条件下用氯甲酸乙酯脱去一个 N-苄基得到[3-氧代-3-(噻吩-2-基)丙基](甲基)氨基甲酸乙酯（**10**），再进行 NaBH$_4$ 还原反应得到[3-羟基-3-(噻吩-2-基)丙基](甲基)氨基甲酸乙酯（**11**）。中间体 **11** 在碱性条件下水解脱去酯基得外消旋化合物 3-(甲基氨基)-1-(噻吩-2-基)-1-丙醇（**12**），再经(S)-扁桃酸化学拆分得到(S)-3-(甲基氨基)-1-(噻吩-2-基)-1-丙醇（**13**），最后经与1-氟萘在 NaH 作用下成醚可以制得度洛西汀（**1**）。

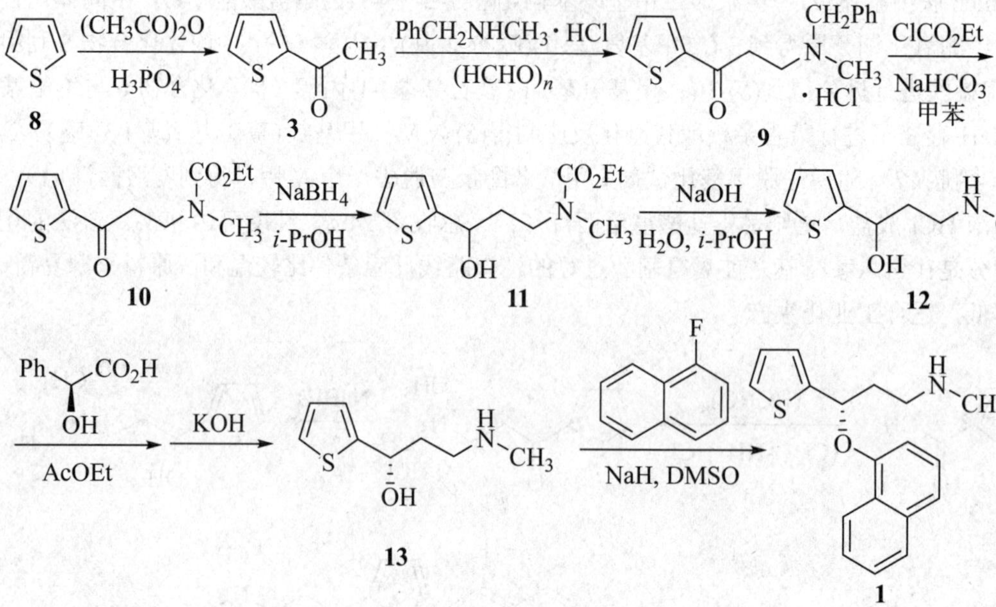

3. 酶法拆分 3-羟基-3-(噻吩-2-基)丙腈途径

以噻吩（**8**）为原料，其与氯乙酰氯在 AlCl$_3$ 催化下进行 Friedel-Crafts 酰化反应得到 2-氯乙酰基噻吩（**14**），中间体 **14** 再用 NaBH$_4$ 还原得到 2-氯-1-(噻吩-2-基)乙醇（**15**）。中间体 **15** 与 NaCN 发生亲核取代反应得到 3-羟基-3-(噻吩-2-基)丙腈（**16**），中间体 **16** 经脂酶(PS-D) 酶法动力学拆分得到(S)-3-羟基-3-(噻吩-2-基)丙腈（**17**）和(R)-2-氰基-1-(噻吩-2-

基)乙酸乙酯（**18**）。(*R*)-2-氰基-1-(噻吩-2-基)乙酸乙酯（**18**）再用 lipase (PS-D) 在磷酸盐缓冲液中经酶法动力学拆分可得到(*R*)-3-羟基-3-(噻吩-2-基)丙腈（**19**）和(*S*)-2-氰基-1-(噻吩-2-基)乙酸乙酯（**20**）。

(*S*)-3-羟基-3-(噻吩-2-基)丙腈（**17**）或(*S*)-2-氰基-1-(噻吩-2-基)乙酸乙酯（**20**）用硼烷二甲硫醚还原，然后在碱性条件下与氯甲酸乙酯反应得到(*S*)-[3-羟基-3-(噻吩-2-基)丙基]氨基甲酸乙酯（**21**）。中间体 **21** 经氢化铝锂还原得到(*S*)-3-(甲基氨基)-1-(噻吩-2-基)-1-丙醇（**13**），最后经与 1-氟萘成醚制得度洛西汀（**1**）。

(R)-2-氰基-1-(噻吩-2-基)乙酸乙酯（**18**）或(R)-3-羟基-3-(噻吩-2-基)丙腈（**19**）可以按同样方法先用硼烷二甲硫醚还原,再与氯甲酸乙酯反应得到(R)-[3-羟基-3-(噻吩-2-基)丙基]氨基甲酸乙酯（**22**）。中间体 **22** 经氢化铝锂还原得到(R)-3-(甲基氨基)-1-(噻吩-2-基)-1-丙醇(**23**),用 Boc 保护氨基得到(R)-[3-羟基-3-(噻吩-2-基)丙基] (甲基)氨基甲酸叔丁酯(**24**),中间体 **24** 与三苯基膦和偶氮二甲酸二异丙酯（DIAD）经 Mitsunobu 反应发生 S_N2 型构型反转成醚得到(S)-[3-(萘-1-基氧基)-3-(噻吩-2-基)丙基](甲基)氨基甲酸叔丁酯(**25**),化合物 **25** 用三氟乙酸脱保护制得度洛西汀（**1**）。

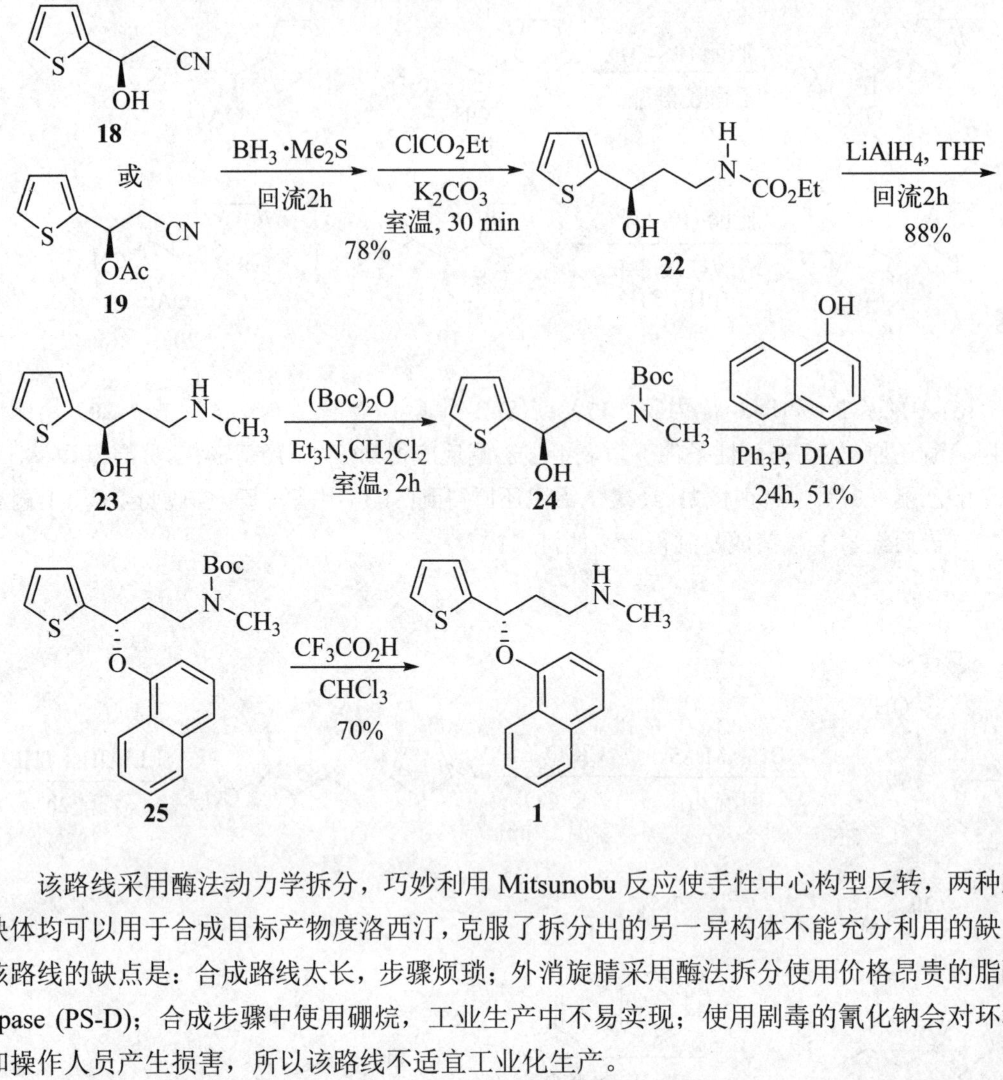

该路线采用酶法动力学拆分,巧妙利用 Mitsunobu 反应使手性中心构型反转,两种对映体均可以用于合成目标产物度洛西汀,克服了拆分出的另一异构体不能充分利用的缺点。该路线的缺点是：合成路线太长,步骤烦琐；外消旋腈采用酶法拆分使用价格昂贵的脂酶 lipase (PS-D)；合成步骤中使用硼烷,工业生产中不易实现；使用剧毒的氰化钠会对环境和操作人员产生损害,所以该路线不适宜工业化生产。

4. 酶法拆分制备(S)-3-氯-1-(噻吩-2-基)-1-丙醇途径

噻吩和 3-氯丙酰氯在 $SnCl_4$ 催化下进行 Friedel-Crafts 酰基化反应生成 3-氯-1-(噻吩-2-基)丙酮（**26**）,中间体 **26** 经硼氢化钠还原后再经脂酶 CALB 拆分,得到(S)-3-氯-1-(噻吩-2-基)-1-丙醇（**28**）。手性中间体 **28** 与碘化钠发生卤原子置换反应,得到(S)-3-碘-1-(噻吩-

2-基)-1-丙醇（**29**），继而与甲胺水溶液在四氢呋喃中发生亲核取代反应，生成(S)-3-(甲基氨基)-1-(噻吩-2-基)-1-丙醇（**13**）。中间体 13 最后在氢化钠作用下在 DMA 溶剂中与 1-氟萘进行芳香亲核取代醚化反应，生成度洛西汀（**1**）。该路线简捷，反应条件温和，避免了 N-脱甲基化反应。所用脂酶催化剂反应条件温和，容易回收，可以多次使用，而且拆分后的光学纯度较高。但缺点是第一步 Friedel-Crafts 酰基化反应产率太低，只有 39%，脂酶催化动力学拆分产率只有 35%，并且最后一步产率也只有 31%，总收率 6.8%，所以该路线也不适宜工业化生产。

（二）先醚化后拆分工艺路线

1. 成醚后用 L-(−)-二苯甲酰酒石酸拆分途径

2-乙酰基噻吩（**3**）与多聚甲醛和 N-甲基苄基胺盐酸盐经 Mannich 胺甲基化反应得到 3-[苄基(甲基)氨基]-1-(噻吩-2-基)-1-丙酮盐酸盐（**9**），中间体化合物 9 经硼氢化钠还原得到 3-[苄基(甲基)氨基]-1-(噻吩-2-基)-1-丙醇（**30**）。仲醇中间体化合物 30 与 1-氟萘在 NaH 存在下进行芳香亲核取代醚化反应制得 N,N-二甲基-3-(萘-1-基氧基)-3-(噻吩-2-基)-1-丙胺（**31**）。化合物 31 随后与氯甲酸乙酯反应脱去一个苄基，再与草酸成盐得到 N-甲基-3-(萘-1-基氧基)-3-(噻吩-2-基)-1-丙胺草酸盐（**32**）。草酸盐 32 经 NaOH 游离后用 L-(−)-二苯甲酰酒石酸（L-DBTA）拆分得到(S)-N-甲基-3-(萘-1-基氧基)-3-(噻吩-2-基)-1-丙胺 L-二苯甲酰酒石酸盐（**33**）。L-二苯甲酰酒石酸盐 33 经 NaOH 游离后与盐酸成盐得到盐酸度洛西汀（**2**），总收率 13.5%。该方法的特点是化学拆分在引入萘基之后进行，使用的手性拆分试剂是 L-DBTA，价格较高。该路线合成步骤稍多，操作烦琐，产率未有明显提高，不是优选的工业化生产方法。

2. 成醚后用 L-(−)-二（对甲基苯甲酰）酒石酸拆分途径

2-乙酰基噻吩（**3**）与多聚甲醛和二甲基胺盐酸盐先经 Mannich 胺甲基化反应得到 3-(二甲基氨基)-1-(噻吩-2-基)-1-丙酮盐酸盐（**4**），中间体化合物 **4** 经硼氢化钾还原得到 3-(二甲基氨基)-1-(噻吩-2-基)-1-丙醇（**5**）。化合物 **5** 与 1-氟萘在 PEG-6000 中进行芳香亲核取代醚化反应得到 N,N-二甲基-3-(萘-1-基氧基)-3-(噻吩-2-基)-1-丙胺（**34**）。化合物 **34** 用 L-(−)-二(对甲基苯甲酰)酒石酸(L-DPTTA)拆分得到 (S)-N,N-二甲基-3-(萘-1-基氧基)-3-(噻吩-2-基)-1-丙胺（**7**）。中间体 **7** 随后与脱甲基化试剂氯甲酸苯酯反应，再用 NaOH 处理可脱去一个 N-甲基得到度洛西汀（**1**），最后再与 NH_4Cl 反应成盐制得盐酸度洛西汀（**2**），总产率 11%。该路线的特点也是化学拆分在引入萘基之后，使用的手性拆分试剂是 L-(−)-二(对甲基苯甲酰)酒石酸(L-DPTTA)，价格较高，而且总产率不高，不是理想的工业化路线。

三、不对称合成法工艺路线

不对称合成法是制备手性药物及中间体的重要方法。文献报道的度洛西汀不对称合成方法有十多种，主要有手性催化剂控制法和手性试剂还原法，下面选择具有较好学术价值和应用前景的路线进行简要介绍。

（一）通过不对称羟醛缩合反应构建手性醇

1. 2-噻吩甲醛与手性乙酸酯的不对称羟醛缩合反应

2-噻吩甲醛（**35**）与手性(*S*)-乙酸(2-羟基-1,2,2-三苯基乙基)酯（**36**）进行立体选择性不对称羟醛缩合得到关键的中间体(*S*)-3-羟基-3-(噻吩-2-基)丙酸甲酯（**37**）。中间体 **37** 先与二甲胺发生氨解反应，然后在 ZnCl$_2$ 存在下用 KBH$_4$ 还原得到(*S*)-3-(二甲基氨基)-1-(噻吩-2-基)-1-丙醇（**6**）。化合物 **6** 与脱甲基化试剂氯甲酸乙酯反应脱去一个 *N*-甲基得到(*S*)-3-(甲基氨基)-1-(噻吩-2-基)-1-丙醇（**13**），化合物 **13** 与 1-氟萘在 NaH 存在下进行芳香亲核取代醚化反应，再用浓 HCl 成盐制得盐酸度洛西汀（**2**）。手性中间体（**37**）也可由 2-噻吩甲醛（**35**）与 Reformatsky 试剂（**38**，溴乙酸酯与 Zn 直接反应产生）在(−)-*N,N*-二甲基氨基异冰片[(−)-DAIB] 促进下发生不对称 Reformatsky 反应制备。该路线虽然步骤少，但手性试剂 **36** 价格较高；而如果使用 Reformatsky 反应制备中间体，(*S*)-3-羟基-3-(噻吩-2-基)丙酸甲酯（**37**）的对映选择性（92% ee）不是很高，(−)-DAIB 的用量较大，其价格较高，总体成本较高，且使用易燃的 Et$_2$Zn，也不易工业化生产。

2. 2-噻吩甲醛与硫代酰胺的不对称催化羟醛缩合反应

2-噻吩甲醛（**35**）与硫代酰胺在手性膦-Cu(Ⅰ)络合物催化下发生不对称羟醛缩合反应，再经 LiAlH$_4$ 还原得到(S)-3-(二烯丙基氨基)-1-(噻吩-2-基)-1-丙醇（**40**）。中间体 **40** 用 Pd 催化脱去烯丙基，随后再与氯甲酸甲酯反应得到(S)-[3-羟基-3-(噻吩-2-基)丙基]氨基甲酸甲酯（**41**）。氨基甲酸甲酯 **41** 经 LiAlH$_4$ 还原即可得到氨基醇化合物 **13**，化合物 **13** 与 1-氟萘成醚制得度洛西汀（**1**），总产率为 22%。这条路线虽是一条简捷的制备度洛西汀的合成路线，但它的主要缺点是手性双膦配体以及催化剂 Pd(PPh$_3$)$_4$ 和 Cu(CH$_3$CN)$_4$PF$_6$ 都比较昂贵，另外存在两步需要低温反应，故从成本和操作便利性方面考虑不适合工业化生产。

(二）通过不对称还原反应制备手性醇

1. 手性氧杂硼烷还原剂

2-噻吩甲酸（**42**）与草酰氯在甲苯中反应得到 2-噻吩甲酰氯（**43**），酰氯 **43** 在 1,3-二甲基-四氢-2(1H)-嘧啶酮（DMPU）中以二价钯 $Pd(PPh_3)_2ClBn$ 为催化剂与乙烯基三丁基锡反应得到 1-(噻吩-2-基)丙-2-烯-1-酮（**44**），然后与 HCl 在乙醚中加成得 3-氯-1-(噻吩-2-基)丙酮（**26**）。中间体 **26** 经手性还原试剂(R)-2-甲基-CBS-噁唑硼烷（**45**）进行不对称还原可得到(S)-3-氯-1-(噻吩-2-基)-1-丙醇（**28**）。中间体 **28** 与碘化钠发生卤原子置换反应，得到(S)-3-碘-1-(噻吩-2-基)-1-丙醇（**29**），然后与甲胺水溶液在四氢呋喃中发生亲核取代反应，生成(S)-3-(甲基氨基)-1-(噻吩-2-基)-1-丙醇（**13**）。氨基醇中间体 **13** 最后在氢化钠作用下于 DMAC 溶剂中与 1-氟萘进行醚化反应，生成度洛西汀（**1**），随后再用盐酸成盐制得盐酸度洛西汀（**2**）。这条路线的缺点是反应中选用的手性噁唑硼烷还原剂的合成比较困难，制备成本高，而且反应中使用易燃及价格昂贵的 BH_3，在工业生产中不易操作，生产成本也比较高，总产率低，只有 10%，不适合工业化生产。

2. 手性氢化铝锂还原剂

该路线用噻吩（**8**）与乙酸酐在磷酸催化下发生 Friedel-Crafts 酰化反应得到 2-乙酰基噻吩（**3**），中间体 **3** 与二甲基胺盐酸盐和多聚甲醛发生 Mannich 胺甲基化反应得到 3-(二甲基氨基)-1-(噻吩-2-基)-1-丙酮盐酸盐（**4**）。化合物 **4** 经手性氢化铝锂还原制得具有光学活性的化合物(S)-3-(二甲基氨基)-1-(噻吩-2-基)-1-丙醇（**6**），对映选择性为 85%～88% ee。化合物 **6** 与 1-氟萘在 NaH 存在下进行亲核取代醚化反应制得(S)-N,N-二甲基-3-(萘-1-基氧基)-3-(噻吩-2-基)-1-丙胺（**7**）。化合物 **7** 随后与脱甲基化试剂氯甲酸三氯乙酯反应脱去一个 N-甲基得到度洛西汀（**1**）。该路线以(2R,3S)-N,N-二甲基氨基-1,2-二苯基-3-甲基-2-丁醇与氢化锂铝（LAH）的络合物（2∶1）作为还原剂，该络合物还原剂包含手性配体（L），需要在低温−78 ℃ 条件下自行制备，同时氢化铝锂也易燃易爆，实验条件比较苛刻，成本也较高，所得还原产物 **6** 的对映选择性不高。另外，在去甲基化的过程中使用的氯甲酸三氯乙酯比氯甲酸乙酯的价格高。

3. 不对称催化氢化反应

2-噻吩甲酸与 N,N'-羰基二咪唑（CDI）和丙二酸单甲酯镁盐按照 Masamune 报道的方法可以 90%产率得到 3-氧代-3-(噻吩-2-基)丙酸甲酯（**46**）。化合物 **46** 经(R)-MeO-BiphepRuBr$_2$ 催化剂不对称催化氢化可以定量产率和 90% ee 制得(S)-3-羟基-3-(噻吩-2-基)丙酸甲酯（**47**）。用氢化铝锂还原 **47** 得到(S)-1-(噻吩-2-基)-1,3-丙二醇（**48**），然后化合物 **48** 经甲烷磺酰氯选择性地在伯羟基位置酯化得到(S)-3-羟基-3-(噻吩-2-基)丙基甲烷磺酸酯（**49**）。化合物 **49** 与甲胺水溶液发生亲核取代反应可得到 (S)-3-(甲基氨基)-1-(噻吩-2-基)-1-丙醇（**13**），中间体 **13** 与 1-氟萘和 NaH 发生醚化反应制得度洛西汀（**1**），总收率 33.5%。

4. 不对称转移氢化反应

以 2-乙酰基噻吩（**3**）为原料，先与 N-甲基苄基胺盐酸盐和多聚甲醛发生 Mannich 胺甲基化反应得到 3-[苄基(甲基)氨基]-1-(噻吩-2-基)-1-丙酮盐酸盐（**9**），化合物 **9** 在碱性条件下采用氯甲酸乙酯脱去一个 N-苄基得到[3-氧代-3-(噻吩-2-基)丙基](甲基)氨基甲酸乙酯（**10**）。在甲酸/三乙胺体系中，用(S,S)-TsDPEN-Ru 络合物催化剂催化化合物 **10** 的不对称氢转移反应可以 97% ee 得到(S)-[3-羟基-3-(噻吩-2-基)丙基](甲基)氨基甲酸乙酯（**50**）。将化合物 **50** 用 KOH 脱去酯基可得到 (S)-3-(甲基氨基)-1-(噻吩-2-基)-1-丙醇（**13**），中间体 **13** 然后与 1-氟萘和 NaH 发生醚化反应以 92% ee 制得度洛西汀（**1**）。该路线总产率 69%，用该方法合成度洛西汀反应条件温和、对映选择性较高、合成步骤少、总产率较高，但(S,S)-TsDPEN-Ru 络合物的成本较高，限制了它的工业化应用。

第三节 盐酸度洛西汀的生产工艺原理及其过程

盐酸度洛西汀的制备途径很多，但要实现工业化生产，需要综合考虑路线的简捷性、原料来源、生产成本、操作的简便性等多种因素。上述几种不对称还原的方法虽然技术较先进，但是手性还原剂或催化剂的价格昂贵，不能回收利用，有些需要无水、无氧或低温条件，不利于工业化生产。而采用拆分剂拆分的方法，虽然总产率稍低，但若拆分剂比较便宜，也是很有成本优势的。其中以 2-乙酰基噻吩（**3**）为起始原料，经 Mannich 胺甲基化、还原、(*S*)-扁桃酸拆分、醚化、脱甲基、成盐等步骤制备盐酸度洛西汀（**2**），该路线原料易得，反应条件比较温和，化学拆分在引入萘醚基之前，成本低，适合工业化生产。

下面将讨论其工艺原理及生产工艺。

一、3-(二甲基氨基)-1-(噻吩-2-基)-1-丙酮盐酸盐的制备

(一) 工艺原理

由 2-乙酰基噻吩（**3**）与多聚甲醛、二甲基胺盐酸盐在浓盐酸催化下发生 Mannich 反应生成 3-(二甲基氨基)-1-(噻吩-2-基)-1-丙酮盐酸盐（**4**）。

该反应历程实际是甲醛与二甲基胺在强酸存在下形成亚铵离子，然后 2-乙酰基噻吩烯醇式与亚铵离子加成得到 3-(二甲基氨基)-1-(噻吩-2-基)-1-丙酮，在盐酸条件下生成相应的盐酸盐。

(二) 工艺过程

质量配料比为2-乙酰基噻吩：多聚甲醛：二甲基胺盐酸盐：浓盐酸 =1：0.35：0.82：0.09。

在反应釜中加入 2-乙酰基噻吩、多聚甲醛、二甲基胺盐酸盐、浓盐酸和异丙醇，加热搅拌回流，反应 1h 后有大量白色固体析出，通过 TLC 监测原料反应完全，6h 后停止反应。冷却反应液，过滤收集固体，用乙醇洗涤三次，真空干燥，产率 95%。

（三）反应条件及影响因素

（1）溶剂的影响：本工艺采用异丙醇作为溶剂，也有工艺使用乙醇作溶剂，在异丙醇中的产率比乙醇中高，可能与盐的溶解度有关。

（2）酸的影响：Mannich 反应中需要酸催化剂，常用的酸催化剂为浓盐酸、对甲苯磺酸或三氟甲磺酸等，但盐酸价格相对便宜。

（3）反应时间的影响：比较不同文献报道，反应 3～6h 产率较高。

二、3-(二甲基氨基)-1-(噻吩-2-基)-1-丙醇的制备

（一）工艺原理

由 3-(二甲基氨基)-1-(噻吩-2-基)-1-丙酮盐酸盐（**4**）与硼氢化钠发生还原反应生成 3-(二甲基氨基)-1-(噻吩-2-基)-1-丙醇（**5**）。反应机理是硼氢化钠中的负氢作为亲核试剂进攻羰基。

（二）工艺过程

质量配料比为 3-(二甲氨基)-1-(噻吩-2-基)-1-丙酮盐酸盐：硼氢化钠：氢氧化钠 = 1：0.17：0.16。

在反应釜中，先后加入 3-(二甲氨基)-1-(噻吩-2-基)-1-丙酮盐酸盐、乙醇和水，使 3-(二甲氨基)-1-(噻吩-2-基)-1-丙酮盐酸盐全部溶解。室温下搅拌，慢慢加入 NaOH，调 pH = 11～12，然后加入硼氢化钠，室温下搅拌过夜。经 TLC 监测反应完全，加入丙酮，搅拌 20min，减压蒸去乙醇，有白色固体析出，抽滤得白色固体，于 56℃下烘干两天，得 3-(二甲基氨基)-1-(噻吩-2-基)-1-丙醇（**5**），产率 94%，熔点 77～79℃。

（三）反应条件及影响因素

（1）还原剂的影响：此还原步骤可以选用硼氢化钠或硼氢化钾，通过对比实验发现它们对反应收率无明显差异，可以选择更便宜的硼氢化钾，以节约成本。

（2）溶剂的影响：在合成化合物 5 过程中，使用 1：1 的乙醇和水，使原料溶解完全，还原比较彻底。如原料不能完全溶解，则还原不彻底，无法进行下步的手性拆分。

三、(S)-3-(二甲基氨基)-1-(噻吩-2-基)-1-丙醇的制备

(一) 工艺原理

由 3-(二甲基氨基)-1-(噻吩-2-基)-1-丙醇（**5**）与拆分剂(S)-扁桃酸作用，形成非对映异构体盐，根据溶解度不同使易于结晶的异构体盐分离出来，并用碱中和游离出自由胺。

(二) 工艺过程

质量配料比为 3-(二甲基氨基)-1-(噻吩-2-基)-1-丙醇：(S)-扁桃酸：氢氧化钠 = 1：0.49：0.09。

在反应器中加入(S)-扁桃酸，加热到50℃溶于乙醇，然后将扁桃酸的溶液慢慢滴加至溶有 3-(二甲基氨基)-1-(噻吩-2-基)-1-丙醇（**5**）的甲基叔丁基醚溶液中，不断有白色固体析出，将浆状液加热回流 45min，然后室温下搅拌 1h。过滤，白色固体用甲基叔丁基醚洗涤，滤饼用无水乙醇进行重结晶两次，干燥得扁桃酸盐。将扁桃酸盐溶于水，用 5mol/L 的 NaOH 溶液碱化，有大量白色固体析出，然后得到自由胺。过滤，用水洗涤，得产品(S)-3-(二甲基氨基)-1-(噻吩-2-基)-1-丙醇（**6**）。将水相用二氯甲烷萃取，蒸去二氯甲烷得另一部分白色固体，总收率 47%，熔点 72～74℃，$[\alpha]_D^{20} = -8.2°$ ($c=1$，甲醇)。

(三) 反应条件及影响因素

（1）拆分剂的影响：手性拆分时，拆分剂的成本也影响生产成本，选用的(S)-扁桃酸价格相对比较廉价。

（2）溶剂的影响：溶剂会影响非对映异构体的溶解度，选择合适的溶剂是拆分成功的关键，通过对溶剂的筛选发现，在乙醇/甲基叔丁基醚混合溶剂中非对映异构体盐容易结晶分离。选用乙醇作为扁桃酸盐的重结晶溶剂，可达到光学纯度高的目的。

四、(S)-N,N-二甲基-3-(萘-1-基氧基)-3-(噻吩-2-基)-1-丙胺的制备

(一) 工艺原理

由(S)-3-（二甲基氨基)-1-(噻吩-2-基)-1-丙醇（**6**）与 1-氟萘在强碱 NaH 作用下发生芳

香亲核取代得到(S)-N,N-二甲基-3-(萘-1-基氧基)-3-(噻吩-2-基)-1-丙胺（**7**）。

（二）工艺过程

质量配料比为(S)-3-(二甲基氨基)-1-(噻吩-2-基)-1-丙醇∶1-氟萘∶氢化钠∶苯甲酸钾＝1∶0.95∶0.25∶0.09。

在带有机械搅拌和回流冷凝的反应器中，于25℃下先后加入(S)-3-(二甲基氨基)-1-(噻吩-2-基)-1-丙醇（**6**）和经干燥处理后的二甲基亚砜。然后慢慢加入氢化钠（60%浸入煤油中），此过程要剧烈搅拌20 min，保持温度不变，加入苯甲酸钾，然后慢慢加入1-氟萘。加料完毕后，加热至60～65℃，直至溶液变为棕红色，搅拌过夜。经TLC监测反应完毕，然后将混合物慢慢倒入冰水中，慢慢加入乙酸使pH＝4.8。将混合物加热至25℃，加入正己烷萃取，向水相慢慢加入5mol/L的NaOH溶液调pH＝11～12，加入乙酸乙酯萃取，有机相用饱和NaCl溶液洗涤。蒸去乙酸乙酯，干燥得琥珀色油状产物(S)-N,N-二甲基-3-(萘-1-基氧基)-(噻吩-2-基)-1-丙胺（**7**），产率85%。

（三）反应条件、影响因素及注意事项

（1）反应温度的影响：这步反应是强碱夺醇氢后形成的烷氧负离子进行芳环亲核取代反应形成醚。在强碱作用下高温反应时间过长，可能造成产物手性中心部分消旋，因此要控制反应温度，温度越高，消旋化可能性越大，一般加热至60～65℃反应较为合适。

（2）氢化钠需要在无水的环境下进行反应，否则会发生爆沸冲料或存在安全事故的风险，需注意生产安全隐患。

（3）用乙酸乙酯萃取出现乳化现象时，可通过补加水和过滤杂质的方法将乳化现象消除，萃取剂乙酸乙酯可以回收循环使用。

五、(S)-N-甲基-3-(萘-1-基氧基)-3-(噻吩-2-基)-1-丙胺的制备

（一）工艺原理

由(S)-N,N-二甲基-3-(萘-1-基氧基)-3-(噻吩-2-基)-1-丙胺（**7**）先与氯甲酸苯酯反应，然后在NaOH存在下加热反应脱去甲基得到(S)-N-甲基-3-(萘-1-基氧基)-3-(噻吩-2-基)-1-丙胺，即度洛西汀（**1**）。

(二) 工艺过程

质量配料比为(S)-N,N-二甲基-3-(萘-1-基氧基)-3-(噻吩-2-基)-1-丙胺：二异丙基乙基胺：氯甲酸苯酯：氢氧化钠 = 1：0.04：0.67：0.51。

将(S)-N,N-二甲基-3-(萘-1-基氧基)-3-(噻吩-2-基)-1-丙胺（**7**）溶于甲苯中，然后加热至55℃。加入二异丙基乙基胺，搅拌20 min后，慢慢滴加氯甲酸苯酯，55℃下搅拌1.5h。经TLC监测反应完毕，然后加入1% $NaHCO_3$ 溶液，搅拌10 min，分层，有机相用0.5mol/L的HCl洗涤两次，然后用1% $NaHCO_3$ 洗涤。蒸去甲苯，加入二甲基亚砜，将溶液加热至45℃，然后慢慢滴加NaOH/水。将此碱溶液加热至70℃搅拌48h，加入冰水稀释，然后加入乙酸调pH = 5.0~5.5。加入正己烷，将溶液搅拌10min，分层。向水相加入质量分数为50%的NaOH溶液调pH = 11~12，然后加入乙酸乙酯萃取，有机相用饱和NaCl溶液洗涤，然后蒸去乙酸乙酯，干燥得琥珀色油状产物度洛西汀（**1**）。

六、盐酸度洛西汀的制备

(一) 工艺原理

由(S)-N-甲基-3-(萘-1-基氧基)-3-(噻吩-2-基)-1-丙胺（**1**）与浓盐酸反应得到盐酸度洛西汀（**2**）。

(二) 工艺过程

质量配料比为(S)-N-甲基-3-(萘-1-基氧基)-3-(噻吩-2-基)-1-丙胺：浓盐酸 = 1：2.47。

将(S)-N-甲基-3-(萘-1-基氧基)-3-(噻吩-2-基)-1-丙胺（**1**）溶于无水乙醚中，冰盐浴，保持温度在-1~0℃，滴加浓HCl，不断有黄棕色固体析出。至沉淀完全后，加入丙酮搅拌，此时固体颗粒变为细小白色针状结晶,过滤,干燥得盐酸度洛西汀(**2**),产率 68%,熔点 166.1~167.3℃,用 HPLC 测得含量为 99.5%。

第四节　综合利用与"三废"处理

以 3-乙酰基噻吩为起始原料经 Mannich 反应、还原、醚化、脱甲基等步骤生产盐酸度洛西汀的合成工艺路线,原辅材料多,在生产过程中会产生较多的副产物和"三废",需要进行综合利用和"三废"治理。

一、(R)-3-(二甲基氨基)-1-(噻吩-2-基)-1-丙醇的利用

在制备度洛西汀的生产工艺中,3-(二甲基氨基)-1-(噻吩-2-基)-1-丙醇经(S)-扁桃酸拆分后会有 50%的光学异构体即(R)-3-(二甲基氨基)-1-(噻吩-2-基)-1-丙醇不能被利用而造成浪费。而将其回收后再消旋可得 3-(二甲基氨基)-1-(噻吩-2-基)-1-丙醇,用扁桃酸拆分后即得(S)-3-(二甲基氨基)-1-(噻吩-2-基)-1-丙醇扁桃酸盐,可循环套用从而降低成本。

二、(S)-扁桃酸的回收利用

利用化学方法制备度洛西汀时,一般要用(S)-扁桃酸进行拆分从而得到有用的(S)-构型异构体。而(S)-扁桃酸价格较高,大量使用将增加成本,如果加以回收利用能显著降低生产成本,从而有利于提高企业的市场竞争力。

将前述步骤中(S)-3-(二甲基氨基)-1-(噻吩-2-基)-1-丙醇的扁桃酸盐游离后的水层投入反应器中,搅拌,滴加盐酸调 pH=5~6,加入二甲基四氢呋喃,搅拌 30min 后静置分层,水层用二甲基四氢呋喃萃取两次,合并有机层。蒸馏回收溶剂,蒸干后加入水,升温至 90~95℃,保温溶解 1h。然后加入活性炭搅拌脱色,趁热抽滤,料液降温至 25℃以下结晶 1h 后抽滤,滤饼于 60~70℃、常压下鼓风干燥 6h,得扁桃酸,回收率 90%。

三、废液处理及溶剂的回收和套用

(1) 本生产工艺中,酸性、碱性废水比较多,将各步反应的废水合并,中和至规定的 pH 值,静置、沉淀后排放入工厂总废水管道。

(2) 本工艺中使用的有机溶剂,如甲醇、乙醇、丙酮、二氯甲烷、乙酸乙酯、甲基叔丁基醚和正己烷等均可以回收,并返回各个工艺单元体系套用。

思考题

1. 关于度洛西汀的制备工艺路线,化学还原法与不对称还原法相比有哪些优缺点?

2. 选用二甲基胺盐酸盐与 N-甲基苄基胺盐酸盐进行 Mannich 反应有何不同？
3. 用 1-氟萘醚化过程中，如产物度洛西汀发生部分消旋化应如何处理？

参考文献

[1] 张璐璐，郑洪波. 盐酸度洛西汀介绍. 临床精神医学杂志，2007，17（4）：284-285.
[2] 虞心红，温新民，汤建，等. 盐酸度洛西汀的合成. 中国医药工业杂志，2006，37（6）：367-369.
[3] 王晓杰，潘志权. 度洛西汀合成路线图解. 中国医药工业杂志，2004，35（5）：315-317.
[4] 阴彩霞，刘东志，周雪琴，等. 度洛西汀的不对称合成研究进展. 化学通报，2007，70（9）：684-690.
[5] 赵金凤，窦海建，周宇涵，等. (S,S)-TsDPEN-Ru 催化不对称氢转移还原 β-胺基酮及在度洛西汀合成中的应用. 高等学校化学学报，2011，32（10）：2331-2334.
[6] 郭可飞，范传文，张明会，等. 盐酸度洛西汀的合成. 中国医药工业杂志，2008，39（12）：881-884.
[7] 朱占群，杨雪艳，张俊，等. 盐酸度洛西汀的合成工艺改进研究. 中国新药杂志，2009，18（5）：447-450.
[8] Wheeler W J，Kuo F. An asymmetric synthesis of duloxetine hydrochloride, a mixed uptake inhibitor of serotonin and norepinephrine, and its C-14 labeled isotopomers. Journal of Labelled Compounds and Radiopharmaceuticals，1995，36（3）：213-223.
[9] Liu H，Hoff B H，Anthonsen T. Chemo-enzymatic synthesis of the antidepressant duloxetine and its enantiomer. Chirality，2000，12（1）：26-29.
[10] Kloetzing R J，Thaler T，Knochel P. An improved asymmetric Reformatsky reaction mediated by (−)-N,N-dimethylaminoisoborneol. Organic Letters，2006，8（6）：1125-1128.
[11] Ratovelomanana-Vidal V，Girard C，Touati R，et al. Enantioselective hydrogenation of β-keto esters using chiral diphosphine-ruthenium complexes：Optimization for academic and industrial purposes and synthetic applications. Advanced Synthesis & Catalysis，2003，345（1/2）：261-274.
[12] Liu D，Gao W，Wang C，et al. Practical synthesis of enantiopure γ-amino alcohols by rhodium-catalyzed asymmetric hydrogenation of β-secondary-amino ketones. Angewandte Chemie International Edition，2005，44（11）：1687-1689.
[13] Suzuki Y，Iwata M，Yazaki R，et al. Concise enantioselective synthesis of duloxetine via direct catalytic asymmetric Aldol reaction of thioamidc. Journal of Organic Chemistry，2012，77（9）：4496-4500.

第九章

奥美沙坦酯的生产工艺

第一节 概 述

高血压是目前世界上最常见和发病率最高的疾病，它是冠心病和脑血管疾病的主要危险因素。近年来，人们研究开发了一系列血管紧张素Ⅱ受体拮抗剂作为治疗高血压的药物，奥美沙坦就是此类沙坦类药物的一种。奥美沙坦酯（**1**，olmesartan medoxomil）由日本Sankyo（三共公司）和美国 Forest Laboratories 开发，2002年5月以商品名 Benicar™ 在美国上市，同年8月在德国获批准并在10月以 Olmetec™ 上市。奥美沙坦酯的中文名为2-丙基-1-{[2′-(1H-四氮唑-5-基)-(1,1′-联苯基)-4-基]甲基}-4-(2-羟基丙烷-2-基)-1H-咪唑-5-羧酸-(5-甲基-2-氧代-1,3-二氧杂环戊烯-4-基)甲基酯，英文名称为(5-methyl-2-oxo-1,3-dioxol-4-yl)methyl-1-{[2′-(1H-tetrazol-5-yl)-(1,1′-biphenyl)-4-yl]methyl}-4-(2-hydroxypropane-2-yl)-2-propyl-1H-imidazole-5-carboxylate。白色或淡黄色结晶性粉末，在水中不溶，在甲醇中略溶，溶于冰醋酸，熔点 175～180℃，密度 $1.37g/cm^3$。

1

奥美沙坦酯是一种前药，在胃肠道吸收过程中水解为活性成分奥美沙坦。奥美沙坦能够选择性阻断 ATI 亚型血管紧张素Ⅱ受体，从而阻断 AgⅡ的收缩血管作用，使血管舒张，从而发挥强大的降压作用。其作用不依赖于 AgⅡ合成通路，因而对缓激肽没有影响。奥美沙坦酯口服给药后，迅速转化为奥美沙坦，1h达到血峰浓度。其绝对生物利用度为26%，食物对其无影响。该药蛋白结合率高达 99%。动物试验表明，奥美沙坦难以通过血脑屏障，但可透过胎盘屏障，少量也可从乳汁排泄。该药通过肝脏和肾脏双通道消除，消除半衰期约为 13h。奥美沙坦单剂量 320mg 和多剂量 80mg 口服均显示线性动力学代谢。3～5 天达到稳态血药浓度，多次给药后血药浓度无积蓄现象。

用于治疗原发性高血压安全有效，本品可单独使用，也可与其他抗高血压药联用。奥美沙坦疗效优于洛沙坦等较早上市的沙坦类药物，为一种较理想的抗高血压药物，对各型高血压均有较好疗效。其突出特点是半衰期较长，可以在一天内有效控制血压，因此服用较为方便。同时与其他的血管紧张素 II 受体拮抗剂类药物相比，具有剂量小、起效快、降压作用更强而持久、不良反应发生率低(小于 1%)等明显优点。临床研究表明，奥美沙坦酯与其他的降压药同时服用可达到更理想的治疗效果。此外，奥美沙坦对动脉硬化、心肌肥厚、心力衰竭、糖尿病、肾病等均具有较好作用。

第二节 奥美沙坦酯的合成工艺路线及其选择

一、奥美沙坦酯的逆合成分析

奥美沙坦酯的基本骨架中含有联苯四氮唑和四取代的咪唑，通过逆向合成分析可推出奥美沙坦酯的合成子以及合成等价物，但各个合成等价物如咪唑甲酸酯和联苯四氮唑的来源或合成策略不同、连接顺序不同，会形成若干条合成路线。

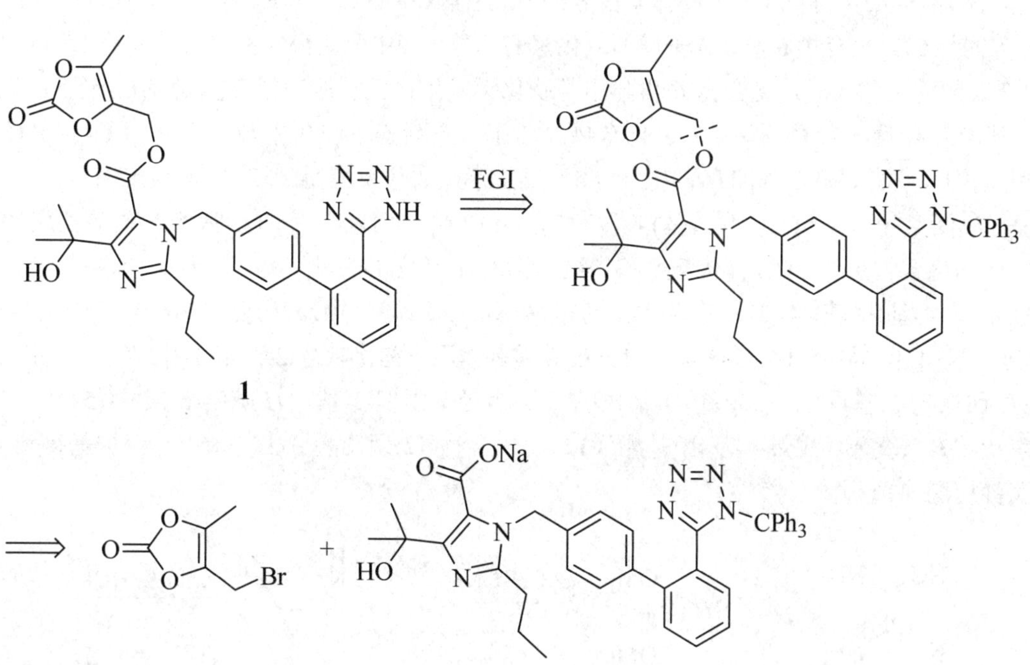

二、奥美沙坦酯的合成工艺路线

1. 以 2,3-二氨基马来腈和原丁酸三甲酯为原料的合成路线

以 2,3-二氨基马来腈（**2**）和原丁酸三甲酯（**3**）为原料，经缩合、环合反应得到 2-丙基-1H-咪唑-4,5-二腈（**4**），中间体 **4** 在 6mol/L 的盐酸中回流水解制得 2-丙基-1H-咪唑-4,5-二羧酸（**5**）。化合物 **5** 在通入干燥的氯化氢的乙醇溶液中酯化得到相应的 2-丙基-1H-咪唑-4,5-二羧酸乙酯（**6**），化合物 **6** 再与甲基碘化镁发生格氏反应制得 2-丙基-4-(2-羟基丙烷-2-基)-1H-咪唑-5-羧酸乙酯（**7**）。化合物 **7** 在叔丁醇钾碱的作用下与 1-三苯甲基-5-[4′-(溴甲基)-(1,1′-联苯基)-2-基]-1H-四氮唑（**8**）发生亲核取代反应得到 2-丙基-1-{[2′-(1-三苯甲基-1H-四氮唑-5-基)-(1,1′-联苯基)-4-基]甲基}-4-(2-羟基丙烷-2-基)-1H-咪唑-5-羧酸乙酯（**9**），中间体化合物 **9** 在 LiOH 催化下水解得到 2-丙基-1-{[2′-(1-三苯甲基-1H-四氮唑-5-基)-(1,1′-联苯基)-4-基]甲基}-4-(2-羟基丙烷-2-基)-1H-咪唑-5-羧酸（**10**）。化合物 **10** 再与 5-甲基-4-(氯甲基)-1,3-二氧杂环戊烯-2-酮（**11**）在碳酸钾作用下酯化制得 2-丙基-1-{[2′-(1-三苯甲基-1H-四氮唑-5-基)-(1,1′-联苯基)-4-基]甲基}-4-(2-羟基丙烷-2-基)-1H-咪唑-5-羧酸-(5-甲基-2-氧代-1,3-二氧杂环戊烯-4-基)甲基酯（**12**），化合物 **12** 用乙酸脱去三苯甲基保护基得到奥美沙坦酯（**1**）。

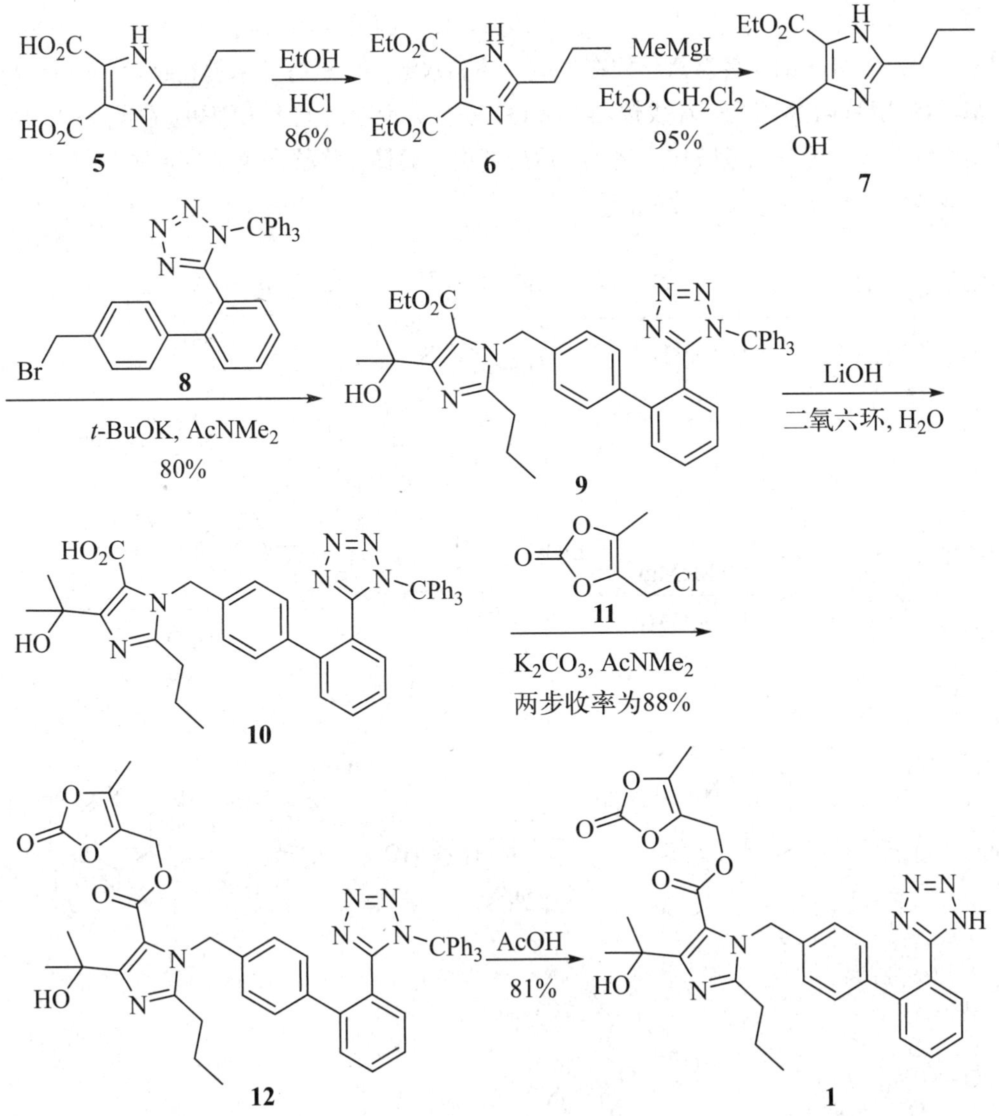

此路线为原研路线，利用格氏试剂进行双甲基化反应是在引入联苯四氮唑侧链之前进行的，合成路线有较好的总产率（35.8%），但是工艺路线中用到叔丁醇钾，要求反应体系不能含有水。此外，初始原料 2,3-二氨基马来腈（**2**）有毒害，它和原丁酸三甲酯（**3**）的价格也都高昂，导致生产成本较高，不适合工业化生产。

2. 以酒石酸为原料的合成路线

该路线以酒石酸（**13**）为起始原料，酒石酸用混酸硝化后与醛氨溶液缩合制得 2-丙基-1*H*-咪唑-4,5-二羧酸（**5**）。化合物 **5** 与乙醇和亚硫酰氯发生酯化反应制得 2-丙基-1*H*-咪唑-4,5-二羧酸乙酯（**6**）。化合物 **6** 经格氏反应、*N*-烷基化、NaOH 水解得到 2-丙基-1-{[2'-(1-三苯甲基-1*H*-四氮唑-5-基)-(1,1'-联苯基)-4-基]甲基}-4-(2-羟基丙烷-2-基)-1*H*-咪唑-5-羧酸钠（**14**），化合物 **14** 再经 *O*-烷基化、水解去保护等反应步骤制备得到奥美沙坦酯，总产率 33%。该路线对反应条件进行了改进，避免了前述路线中所用的有毒 2,3-二氨基马来腈，一步合成得到化合物 **5**；在 *N*-烷基化反应步骤，以价廉易得的氢氧化钾代替叔丁醇钾；水解反应中以氢氧化钠代替氢氧化锂在二氧六环和水溶剂中进行酯水解得钠盐 **14** 后再与 5-甲基-4-(溴甲基)-1,3-二氧杂环戊烯-2-酮（**15**）反应，反应时间大大缩短；*O*-烷基化反应中使用丙酮替代二甲基乙酰胺作为溶剂，后处理更加简捷。整条合成路线条件温和、操作简单、成本低，较适合于工业化生产。

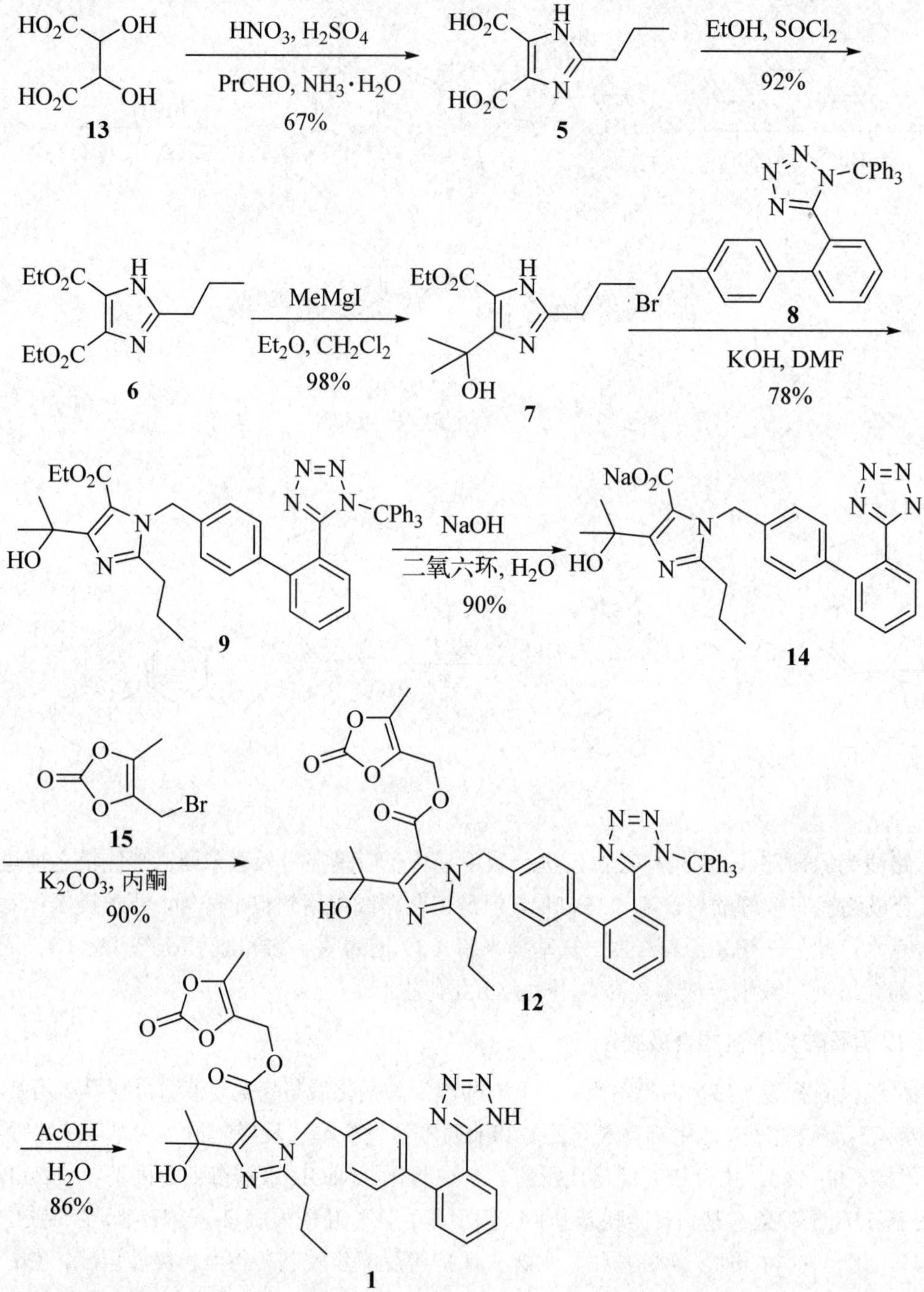

3. 以 4'-甲基-(1,1'-联苯基)-2-羧酸为原料的合成路线

4'-甲基-(1,1'-联苯基)-2-羧酸（**16**）与草酰氯和叔丁胺经酰胺化反应后得到 *N*-叔丁基-4'-甲基-(1,1'-联苯基)-2-甲酰胺（**17**），中间体 **17** 经 NBS 溴化得到 4'-溴甲基-*N*-叔丁基-(1,1'-联苯基)-2-甲酰胺（**18**）。化合物 **18** 与 2-丙基-4-(2-羟基丙烷-2-基)-1*H*-咪唑-5-羧酸乙酯（**7**）在叔丁醇钾作用下发生亲核取代反应（*N*-烷基化）得到 2-丙基-1-{[2'-(叔丁基氨甲酰基)-(1,1'-联苯基)-4-基]甲基}-4-(2-羟基丙烷-2-基)-1*H*-咪唑-5-羧酸乙酯（**19**）。化合物 **19** 与草酰氯反应制备得到 2-丙基-1-{[2'-氰基-(1,1'-联苯基)-4-基]甲基}-4-(2-羟基丙烷-2-基)-1*H*-咪唑-5-羧酸乙酯（**20**），化合物 **20** 再与叠氮基三叔丁基锡发生环加成反应制得 2-丙基-1-{[2'-(1*H*-四氮唑-5-基)-(1,1'-联苯基)-4-基]甲基}-4-(2-羟基丙烷-2-基)-1*H*-咪唑-5-羧酸乙酯（**21**）。化合物 **21** 与三苯基氯甲烷反应上三苯甲基保护基制得 2-丙基-1-{[2'-(1-三苯甲基-1*H*-四氮唑-5-基)-(1,1'-联苯基)-4-基]甲基}-4-(2-羟基丙烷-2-基)-1*H*-咪唑-5-羧酸乙酯（**9**），再按上述路线 1 或路线 2 中的方法经水解、酯化、脱保护基等反应步骤即得奥美沙坦酯（**1**）。

该路线中需先保护化合物 **16** 的羧基成酰胺，再溴化，后与中间体 **7** 反应，然后将酰胺基转变为腈基后再与叠氮化合物反应制备四氮唑杂环，用三苯甲基保护化合物 **21** 生成化合物 **9**，此工艺路线方法步骤较多。此外，该路线需将关键中间体 **7** 加入冗长的反应步骤中，对 **7** 的利用率较低，制备路线烦琐，不宜进行工业化生产。

4. 以 1-溴-4-(溴甲基)苯为原料的合成路线

2-丙基-4-(2-羟基丙烷-2-基)-1H-咪唑-5-羧酸乙酯（**7**）与 1-溴-4-(溴甲基)苯（**22**）在碳酸钾作用下发生 N-烷基化反应得到 2-丙基-1-(4-溴苄基)-4-(2-羟基丙烷-2-基)-1H-咪唑-5-羧酸乙酯（**23**），化合物 **23** 再与 [2-(1-三苯甲基-1H-四氮唑-5-基)苯基] 硼酸（**24**）在碳酸钾和氯化钯-三苯基膦络合物催化剂催化作用下发生 Suzuki 偶联反应制得 2-丙基-1-{[2′-(1-三苯甲基-1H-四氮唑-5-基)-(1,1′-联苯基)-4-基]甲基}-4-(2-羟基丙烷-2-基)-1H-咪唑-5-羧酸乙酯（**9**）。再按路线 2 类似方法经水解、酯化、脱保护基等反应步骤即得奥美沙坦酯（**1**）。

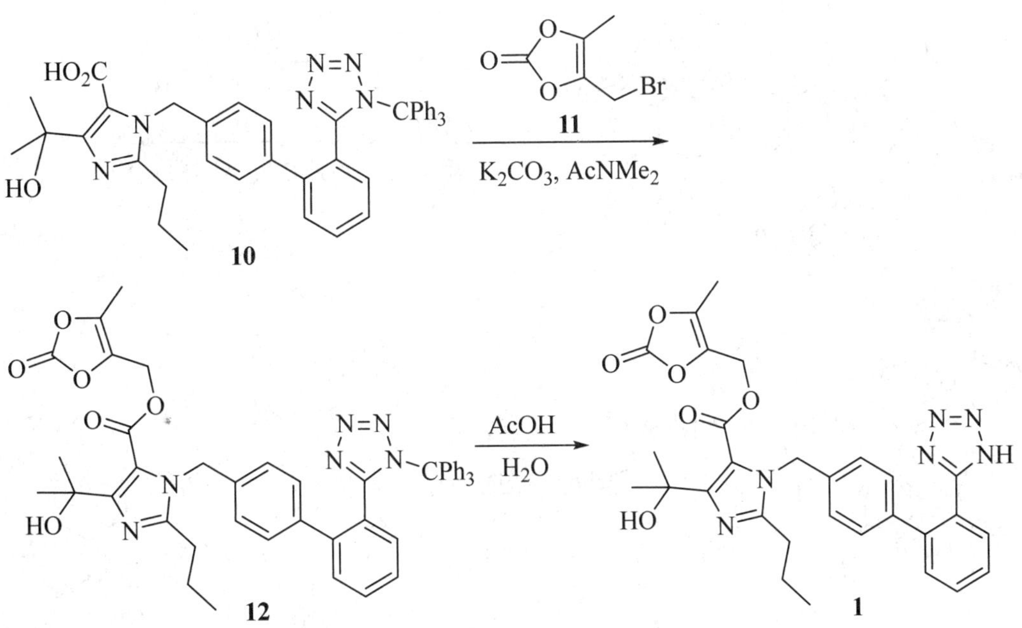

另一种改进工艺路线是以 1-溴-4-(溴甲基)苯（**22**）与 2-丙基-1H-咪唑-4,5-二羧酸乙酯（**6**）反应制备 2-丙基-1-(4-溴苄基)-1H-咪唑-4,5-二羧酸乙酯（**25**）。化合物 **25** 与原位制备的格氏试剂甲基碘化镁反应制得化合物 **23**，化合物 **23** 再与 [2-(1-三苯甲基-1H-四氮唑-5-基)苯基] 硼酸（**24**）在乙酸钯-三苯基膦络合物催化剂催化作用下发生 Suzuki 偶联反应制得 2-丙基-1-{[2′-(1-三苯甲基-1H-四氮唑-5-基)-(1,1′-联苯)-4-基]甲基}-4-(2-羟基丙烷-2-基)-1H-咪唑-5-羧酸乙酯（**9**）。后续按同样方法经水解、酯化、脱保护基等反应即得奥美沙坦酯（**1**）。该法的改进之处是先用溴苄基保护咪唑环 1H，然后进行格氏反应制备叔醇，再经 Suzuki 偶联反应制得联苯衍生物。此路线反应完全，产物分离、纯化方便，无须柱色谱纯化。但这两种工艺路线中都用到了价格昂贵的钯-三苯基膦络合物催化剂和[2-(1-三苯甲基-1H-四氮唑-5-基)苯基]硼酸（**24**），工业化生产成本较高。

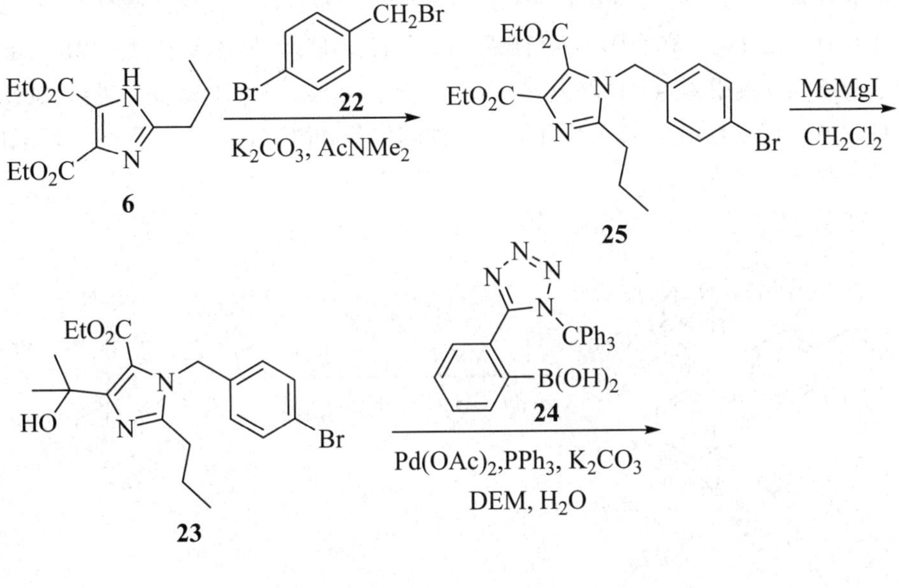

第九章 奥美沙坦酯的生产工艺

5. 以甲烷磺酸酯为中间体的合成路线

该路线以[2′-(1-三苯甲基-1H-四氮唑-5-基)-(1,1′-联苯基)-4-基]甲醇（26）代替 1-三苯甲基-5-[4′-(溴甲基)-(1,1′-联苯基)-2-基]-1H-四氮唑（8）与甲基磺酰氯在三乙胺作用下生成中间体甲基磺酸[2′-(1-三苯甲基-1H-四氮唑-5-基)-(1,1′-联苯基)-4-基]甲基酯（27）。化合物 27 不经分离，在碳酸钾作用下与 2-丙基-4-(2-羟基丙烷-2-基)-1H-咪唑-5-羧酸乙酯（7）发生亲核取代反应制得中间体 2-丙基-1-{[2′-(1-三苯甲基-1H-四氮唑-5-基)-(1,1′-联苯基)-4-基]甲基}-4-(2-羟基丙烷-2-基)-1H-咪唑-5-羧酸乙酯（9）。中间体 9 经酯水解成酸 10 后再与 5-甲基-4-(氯甲基)-1,3-二氧杂环戊烯-2-酮（11）在碳酸钾作用下进行酯化反应，随后脱三苯甲基保护基得到奥美沙坦酯（1）。该路线是对原发明方法的规避专利路线，采用甲基磺酰氯制备中间体 27，且无须分离，可直接进行下一步反应，简化了操作步骤。此路线与路线 1 相比，[2′-(1-三苯甲基-1H-四氮唑-5-基)-(1,1′-联苯基)-4-基]甲醇（26）的合成较 1-三苯甲基-5-[4′-(溴甲基)-(1,1′-联苯基)-2-基]-1H-四氮唑（8）步骤多，虽然反应选择性高，条件温和，但在反应中加入具有基因毒性的甲基磺酰氯，增加了奥美沙坦酯成品的质量风险。

6. 经由咪唑内酯中间体的合成路线

将中间体 2-丙基-4-(2-羟基丙烷-2-基)-1H-咪唑-5-羧酸乙酯（**7**）在氢氧化钠中水解，然后再酸化得到固体 2-丙基-4-(2-羟基丙烷-2-基)-1H-咪唑-5-羧酸（**28**）。化合物 **28** 在对甲苯磺酰氯和吡啶作用下发生分子内脱水形成内酯得到 2-丙基-4,4-二甲基-1H-呋喃并[3,4-d]咪唑-6(4H)-酮（**29**），内酯化合物 **29** 在甲醇钠的作用下与 1-三苯甲基-5-[4′-(溴甲基)-(1,1′-联苯基)-2-基]-1H-四氮唑（**8**）进行 N-烷基化反应制备得到中间体 2-丙基-4,4-二甲基-1-{[2′-(1-三苯甲基-1H-四氮唑-5-基)-(1,1′-联苯基)-4-基]甲基}-1H-呋喃并[3,4-d]咪唑-6(4H)-酮（**30**）。化合物 **30** 再经氢氧化钠水解得钠盐化合物 **14**，然后与 5-甲基-4-(氯甲基)-1,3-二氧杂环戊烯-2-酮（**11**）进行酯化，再经脱三苯甲基保护基制得奥美沙坦酯（**1**）。该工艺路线与路线 1 比较增加了反应步骤，使最终产品产率降低。在制备内酯化合物 **29** 时副产物较多，主产物不易纯化。与路线 5 一样用到剧毒的甲磺酰氯，给终产品奥美沙坦酯带来了质量风险，不适宜工业化生产。

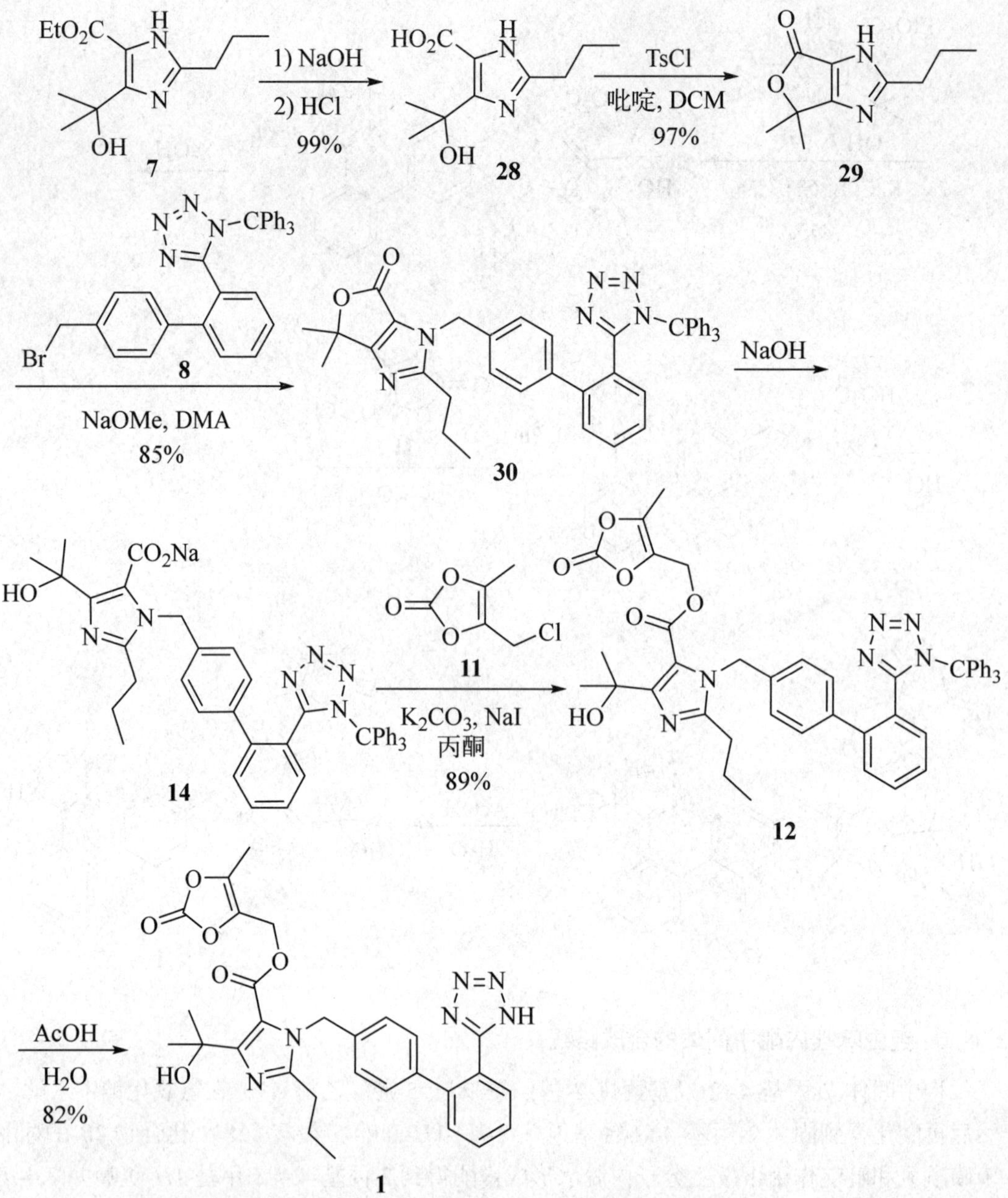

7. 先连接内酯链后 N-苄基化的合成路线

该路线对整个合成过程中的反应步骤顺序进行了调整,将四氮唑联苯骨架单元的引入放在最后一步进行。2-丙基-4-(2-羟基丙烷-2-基)-1H-咪唑-5-羧酸乙酯(**7**)在 LiOH 作用下水解得到 2-丙基-4-(2-羟基丙烷-2-基)-1H-咪唑-5-羧酸(**28**),化合物 **28** 再与 5-甲基-4-(氯甲基)-1,3-二氧杂环戊烯-2-酮(**11**)发生酯化反应,制得 2-丙基-4-(2-羟基丙烷-2-基)-1H-咪唑-5-羧酸-(5-甲基-2-氧代-1,3-二氧杂环戊烯-4-基)甲基酯(**31**)。然后化合物 **31** 与 1-三苯甲基-5-[4′-(溴甲基)-(1,1′-联苯基)-2-基]-1H-四氮唑(**8**)在 K_2CO_3 作用下发生 N-烷基化反应得中间体 2-丙基-1-{[2′-(1-三苯甲基-1H-四氮唑-5-基)-(1,1′-联苯基)-4-基]甲基}-4-(2-羟基丙烷-2-基)-1H-咪唑-5-羧酸-(5-甲基-2-氧代-1,3-二氧杂环戊烯-4-基)甲基酯（**12**），化合物 **12** 经乙酸脱去保护基制得奥美沙坦酯（**1**）。

与前述路线 1 的重要单元反应"N-烷基化—水解—酯化"的安排顺序不同，该路线重要单元反应顺序安排则为"水解—酯化—N-烷基化"，即先将中间体 **7** 水解得游离酸 **28**，再在 N,N-二异丙基乙基胺（DIPEA）作用下与化合物 **11** 发生酯化反应制得中间体 **31**，然后再和中间体 **8** 连接实现 N-烷基化。本路线前后颠倒了路线 1 的单元反应的合成步骤顺序，但由于中间体 **31** 为油状物，需要采用柱色谱的方法纯化，不适宜用重结晶的方法纯化，从而增加了工业化生产的难度。另外，先将中间体 **7** 水解，使得中间体 **28** 中存在羧酸基和咪唑 N—H 两个活泼的反应位点，这样就使中间体 **11** 可与两个活泼基团进行反应，从而带来了副产物，分离麻烦。

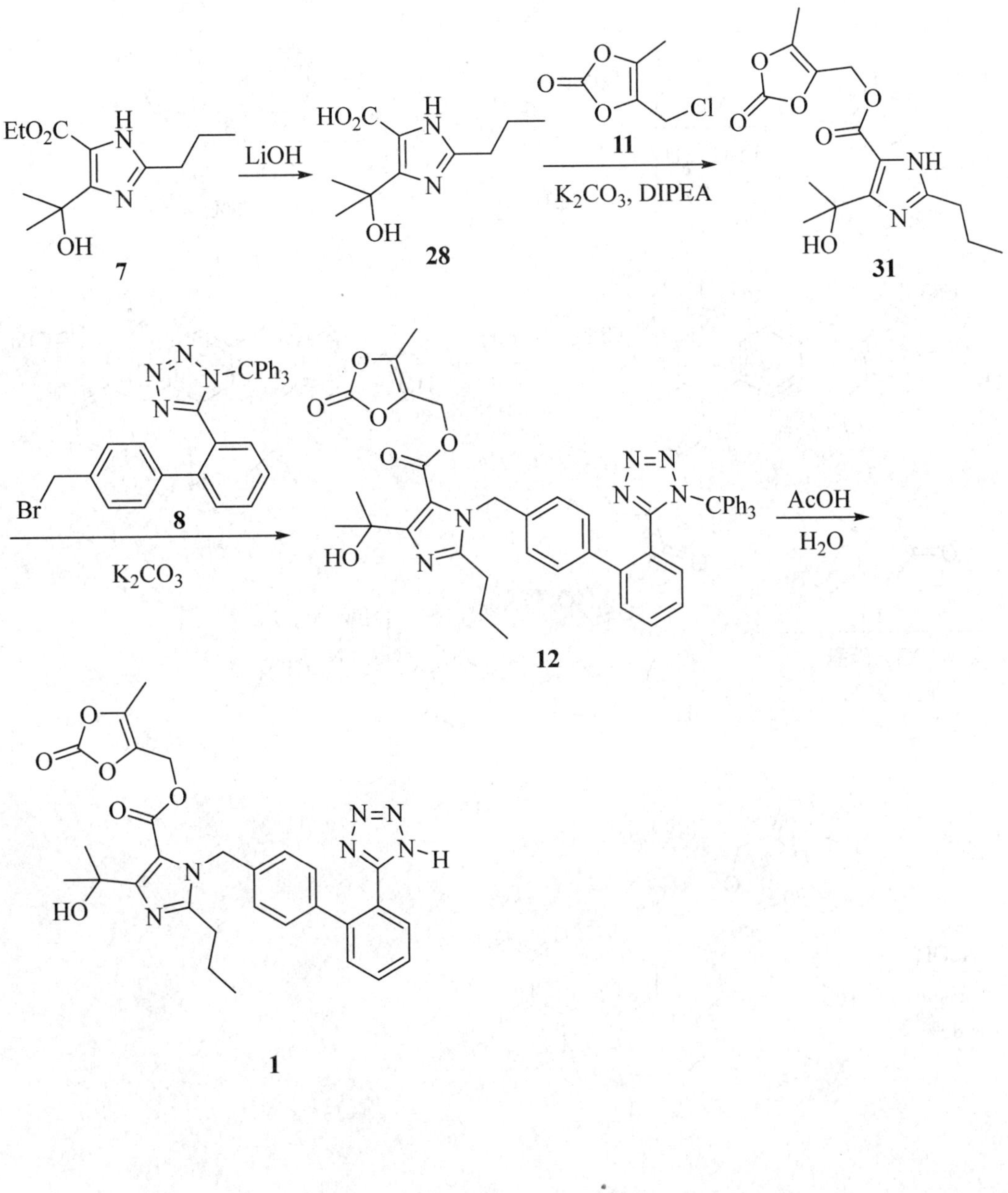

第三节 奥美沙坦酯的生产工艺原理及其过程

奥美沙坦酯的生产制备途径很多，但要实现工业化生产，需要综合考虑路线的简捷性、原料来源、生产成本、操作的简便性和安全性等诸多因素。上述几种路线各有其优缺点，其中第 2 条路线采用酒石酸为原料的方法，虽然总产率稍低，但原料很便宜且无毒，具有成本优势，反应条件也比较温和，适合工业化生产。

一、2-丙基-4-(2-羟基丙烷-2-基)-1H-咪唑-5-羧酸乙酯的制备

(一) 2-丙基-1H-咪唑-4,5-二羧酸的制备

1. 工艺原理

酒石酸（**13**）与浓硝酸反应生成二硝酸酯，二硝酸酯在浓硫酸的作用下氧化脱去硝基成为羰基，再与氨缩合、与正丁醛环合而得到 2-丙基-1H-咪唑-4,5-二羧酸（**5**）。

2. 工艺过程

质量配料比为酒石酸∶正丁醛∶氨水∶发烟硝酸∶浓硫酸 = 1∶1.96∶2.55∶6∶7.36。

将浓氨水倒入反应器中，冰浴搅拌滴加正丁醛，静置，放入冷藏箱冷藏过夜，制得醛氨溶液。将酒石酸（**13**）溶于发烟硝酸中，滴加浓硫酸，温度控制在 20～25℃，加完后静置过夜。滤出白色固体，投入冰水中，用浓氨水调 pH = 8～9。滴加醛氨溶液，搅拌 10min，封口，静置过夜。用回收的混酸调 pH = 3，即出现大量的悬浮物。静置 4h 后，将固体用丙酮浸泡，过滤，用水洗涤，干燥后得到白色粉末状固体化合物 2-丙基-1H-咪唑-4,5-二羧酸（**5**），产率为 67%，熔点为 261～262℃。

3. 反应条件与影响因素

(1) 酒石酸上的醇羟基与硝酸反应较为剧烈，滴加发烟硝酸时应小心慢滴。在制备及过滤 2,3-二氧代丁二酸时，控制温度很重要，温度过高易产生较多副产物；抽滤时保持温度不高于 20℃。抽滤滤液为废酸，可供后面酸化使用。

(2) 采用废酸替代新鲜的酸来调节 pH，大大减少了废酸的排放量和新鲜酸的使用量。

(3) 在向混酸溶液中滴加浓氨水调节 pH 值时，在滴加过程中温度上升较快，为防止氨水挥发，需注意小心缓慢滴加，控制滴加速度，温度最好保持在 10℃ 以下，否则影响产率。

(二) 2-丙基-1H-咪唑-4,5-二羧酸乙酯的制备

1. 工艺原理

2-丙基-1H-咪唑-4,5-二羧酸（**5**）与二氯亚砜反应形成酰氯，原位与乙醇发生酯化反应形成 2-丙基-1H-咪唑-4,5-二羧酸乙酯（**6**）。

2. 工艺过程

质量配料比为 2-丙基-1H-咪唑-4,5-二羧酸：二氯亚砜：乙醇 = 1∶5.46∶20。

将 2-丙基-1H-咪唑-4,5-二羧酸（**5**）溶于无水乙醇中，滴加浓盐酸，冰浴冷却，保持温度在 5℃以下，滴加二氯亚砜。滴加完毕，室温下搅拌 2h，加热回流 2.5h。采用 TLC（展开剂乙酸乙酯/石油醚体积比为 1∶1）检测反应终点。冷却至 30℃左右，用饱和碳酸氢钠溶液调节 pH = 7。将反应液减压蒸出过量乙醇，水相用乙酸乙酯萃取 3 次，有机层经饱和食盐水洗涤，用无水硫酸镁干燥，滤液经减压蒸馏回收乙酸乙酯，干燥得白色粉状固体 2-丙基-1H-咪唑-4,5-二羧酸乙酯（**6**），产率 92%，熔点为 82～84℃。

3. 反应条件与影响因素

二氯亚砜遇水分解，同时具有强腐蚀性，操作时应注意安全。

（三）2-丙基-4-(2-羟基丙烷-2-基)-1H-咪唑-5-羧酸乙酯的制备

1. 工艺原理

2-丙基-1H-咪唑-4,5-二羧酸乙酯（**6**）与格氏试剂发生亲核加成反应先生成酮中间体，该酮羰基的活性比酯分子中的羰基活性更强，所以会继续与格氏试剂加成生成由两个甲基取代的叔醇 **7**。

2. 工艺过程

质量配料比为 2-丙基-1H-咪唑-4,5-二羧酸乙酯：二氯甲烷：碘甲烷：镁条：无水乙醚 = 1∶4.42∶3.04∶0.53∶7.14。

将 2-丙基-1H-咪唑-4,5-二羧酸乙酯（**6**）溶于干燥的二氯甲烷中，加入由碘甲烷、镁条和无水乙醚自制的格氏试剂。在 15℃下搅拌 1h，加入乙酸乙酯和氯化铵水溶液，溶液分层。有机相用饱和氯化钠水溶液洗涤，用无水硫酸镁干燥后浓缩得白色针状晶体 2-丙基-4-(2-羟基丙烷-2-基)-1H-咪唑-5-羧酸乙酯（**7**），产率 98%，熔点为 100～102℃。

3. 反应条件与影响因素

（1）格氏反应需要在无水条件下进行，反应容器和试剂需要干燥无水。
（2）控制格氏试剂的量比较重要，格氏试剂量过高，会出现较多副产物。

二、1-三苯甲基-5-[4′-(溴甲基)-(1,1′-联苯基)-2-基]-1H-四氮唑的制备

（一）5-[4′-甲基-(1,1′-联苯基)-2-基]-1H-四氮唑的制备

1. 工艺原理

4′-甲基-(1,1′-联苯基)-2-腈（**32**）与叠氮化钠在氯化铵催化下于 DMF 溶剂中发生 1,3-

偶极环加成反应生成 5-[4′-甲基-(1,1′-联苯基)-2-基]-1H-四氮唑（**33**）。

2. 工艺过程

质量配料比为 4′-甲基-(1,1′-联苯基)-2-腈∶叠氮化钠∶氯化铵∶DMF∶水 = 1∶0.51∶0.31∶6.38∶1.12

将 4′-甲基-(1,1′-联苯基)-2-腈、叠氮化钠、氯化铵、DMF 和水在高压釜中混合，并逐渐加热至 168℃。搅拌混合物，并在 168℃、3.6MPa 下保持 30 h。使反应混合物冷却至 50℃，然后小心地倒入水中，并伴有沉淀物。静置 30min 后，收集沉淀物，用水充分洗涤，直到滤液变为中性（pH=6～7），并使沉淀物在 60℃烘箱中干燥 10h，得到黄色固体。该黄色固体是起始原料 **32**，可以回收利用。将滤液和洗涤液合并，用 1∶1（体积比）的含水盐酸酸化至 pH=2，并再搅拌 20min。所得溶液静置 1h，然后抽滤。用大量水洗涤沉淀物，然后使沉淀物在 60℃烘箱中干燥 12h。用乙酸乙酯-己烷溶剂重结晶后，获得白色结晶固体 5-[4′-甲基-(1,1′-联苯基)-2-基]-1H-四氮唑，产率为 71%，熔点为 149～151℃。

（二）1-三苯甲基-5-[4′-甲基-(1,1′-联苯基)-2-基]-1H-四氮唑的制备

1. 工艺原理

5-[4′-甲基-(1,1′-联苯基)-2-基]-1H-四氮唑（**33**）与三苯基氯甲烷在 NaOH 作用下发生 N-烷基化上保护基生成 1-三苯甲基-5-[4′-甲基-(1,1′-联苯基)-2-基]-1H-四氮唑（**34**）。

2. 工艺过程

质量配料比为 5-[4′-甲基-(1,1′-联苯基)-2-基]-1H-四氮唑∶三苯基氯甲烷∶30% NaOH∶甲苯 = 1∶1.18∶0.57∶4.61。

在室温搅拌下将 5-[4′-甲基-(1,1′-联苯基)-2-基]-1H-四氮唑与甲苯和 30% NaOH 混合在一个反应容器中。再搅拌 10min 后，将三苯基氯甲烷分批加入反应体系中。将所得溶液在

室温下剧烈搅拌 4h，然后将反应体系冷却至 0℃，并添加水和石油醚，搅拌过夜。将反应溶液在冰箱中冷却至 0℃以下 5h 以上，然后用抽吸泵过滤。用冷水清洗滤饼直到中性，并在60℃的烘箱中干燥。用乙酸乙酯重结晶得到白色结晶颗粒 1-三苯甲基-5-[4′-甲基-(1,1′-联苯基)-2-基]-1H-四氮唑，产率 93%，熔点 165～167℃。

（三）1-三苯甲基-5-[4′-(溴甲基)-(1,1′-联苯基)-2-基]-1H-四氮唑的制备

1. 工艺原理

1-三苯甲基-5-[4′-甲基-(1,1′-联苯基)-2-基]-1H-四氮唑（**34**）与 N-溴代丁二酰亚胺（NBS）在偶氮二异丁腈（AIBN）引发下发生自由基溴代反应，苯环上的甲基溴化转变为溴甲基得到 1-三苯甲基-5-[4′-(溴甲基)-(1,1′-联苯基)-2-基]-1H-四氮唑（**8**）。

2. 工艺过程

质量配料比为 1-三苯甲基-5-[4′-甲基-(1,1′-联苯基)-2-基]-1H-四氮唑：NBS：AIBN：环己烷 = 1︰0.39︰0.02︰6.20。

在 50℃搅拌下，将 1-三苯甲基-5-[4′-甲基-(1,1′-联苯基)-2-基]-1H-四氮唑与环己烷在反应容器中混合。添加 NBS 和 AIBN，并在回流下搅拌混合物约 12h，直到起始原料消失[通过 TLC 分析进行监测，展开剂为乙酸乙酯/己烷（体积比为 1︰4）]。在未冷却情况下过滤所得溶液，用少量环己烷清洗滤饼。在减压下从滤液中除去溶剂，用乙醚分散残余物以沉淀出白色固体，然后在冰箱中冷却 4h。收集沉淀，用冷乙醚洗涤，然后在 70℃烘箱中干燥。采用乙酸乙酯/石油醚（体积比 1︰8）重结晶后，得到白色针状晶体 1-三苯甲基-5-[4′-(溴甲基)-(1,1′-联苯基)-2-基]-1H-四氮唑，84%产率，熔点 135～138℃。

三、奥美沙坦酯的制备

（一）2-丙基-1-{[2′-(1-三苯甲基-1H四氮唑-5-基)-(1,1′-联苯基)-4-基]甲基}-4-(2-羟基丙烷-2-基)-1H-咪唑-5-羧酸乙酯的制备

1. 工艺原理

2-丙基-4-(2-羟基丙烷-2-基)-1H-咪唑-5-羧酸乙酯（**7**）在氢氧化钾的催化作用下与 1-三苯甲基-5-[4′-(溴甲基)-(1,1′-联苯基)-2-基]-1H-四氮唑（**8**）发生亲核取代反应得到 2-丙基-

1-{[2′-(1-三苯甲基-1H-四氮唑-5-基)-(1,1′-联苯基)-4-基]甲基}-4-(2-羟基丙烷-2-基)-1H-咪唑-5-羧酸乙酯(**9**)。

化合物 **7** 与化合物 **8** 在碱性条件下的反应属于经典的 S_N1 取代反应。化合物 **7** 咪唑环中—NH 上的 H 可以相互转位，存在着互变异构体。该氮原子由两个 sp^2 杂化轨道组成环键，有一对 p 电子参与共轭，形成 $4n+2$ 个π电子的环形封闭共轭体系，氮原子上的电子云密度小，因此氢原子活泼性较大。由于咪唑的 1-位 N 原子电子云密度小，不易和卤代烃反应，需碱性试剂先与咪唑反应生成亲核性较强的 N^-，经典的碱性试剂为叔丁醇钾，常用的有氢氧化钠、碳酸钾等。质子性溶剂中卤代烷的离去能力加强，但亲核试剂 N^- 受质子溶剂的影响致使亲核活性明显降低，所以反应过程中主要选择极性的非质子溶剂，常用的有 DMSO、DMF、DMAC、NMP、乙腈等。本工艺利用氢氧化钾的作用，使咪唑形成氮负离子而对溴代烃进行亲核取代反应生成 N-烷基化产物。

2. 工艺过程

质量配料比为 2-丙基-4-(2-羟基丙烷-2-基)-1H-咪唑-5-羧酸乙酯∶1-三苯甲基-5-[4′-(溴甲基)-(1,1′-联苯基)-2-基]-1H-四氮唑∶氢氧化钾∶DMF = 1∶2.33∶0.23∶25.68。

将 2-丙基-4-(2-羟基丙烷-2-基)-1H-咪唑-5-羧酸乙酯(**7**)溶于 DMF 中，冰浴冷却，搅拌下加入氢氧化钾，滴加 1-三苯甲基-5-[4′-(溴甲基)-(1,1′-联苯)-2-基]-1H-四氮唑(**8**)的 DMF 溶液，再升温至 35℃，在此温度下反应 45min。将反应液倾入水中，冷却。用乙酸乙酯萃取，无水硫酸镁干燥，减压下蒸除乙酸乙酯得白色固体 2-丙基-1-{[2′-(1-三苯甲基-1H-四氮唑-5-基)-(1,1′-联苯基)-4-基]甲基}-4-(2-羟基丙烷-2-基)-1H-咪唑-5-羧酸乙酯(**9**)，产率 78%，熔点 165～166℃。

(二) 2-丙基-1-{[2′-(1-三苯甲基-1H-四氮唑-5-基)-(1,1′-联苯基)-4-基]甲基}-4-(2-羟基丙烷-2-基)-1H-咪唑-5-羧酸钠的制备

1. 工艺原理

2-丙基-1-{[2′-(1-三苯甲基-1H-四氮唑-5-基)-(1,1′-联苯基)-4-基]甲基}-4-(2-羟基丙烷-2-基)-1H-咪唑-5-羧酸乙酯(**9**)在氢氧化钠的作用下于二氧六环和水溶剂中发生酯水解反应得到 2-丙基-1-{[2′-(1-三苯甲基-1H-四氮唑-5-基)-(1,1′-联苯基)-4-基]甲基}-4-(2-羟基丙烷-2-基)-1H-咪唑-5-羧酸钠(**14**)。

[反应式: 化合物 9 → 化合物 14, 试剂 NaOH, 二氧六环, H₂O]

2. 工艺过程

质量配料比为 2-丙基-1-{[2′-(1-三苯甲基-1H-四氮唑-5-基)-(1,1′-联苯基)-4-基]甲基}-4-(2-羟基丙烷-2-基)-1H-咪唑-5-羧酸乙酯：氢氧化钠：二氧六环：水 = 1：0.08：12.41：6。

将 2-丙基-1-{[2′-(1-三苯甲基-1H-四氮唑-5-基)-(1,1′-联苯基)-4-基]甲基}-4-(2-羟基丙烷-2-基)-1H-咪唑-5-羧酸乙酯、氢氧化钠、二氧六环和水混合，搅拌加热至 65~70℃，反应 1h。反应液用乙酸乙酯萃取，合并有机层，用饱和氯化钠水溶液洗涤，经无水硫酸镁干燥后浓缩得白色片状固体 2-丙基-1-{[2′-(1-三苯甲基-1H-四氮唑-5-基)-(1,1′-联苯基)-4-基]甲基}-4-(2-羟基丙烷-2-基)-1H-咪唑-5-羧酸钠（14），产率 90%，熔点 169~171℃。

3. 反应条件与影响因素

（1）原料的溶解性较差，使用二氧六环和水混合溶剂能够将原料全部溶解，产品也能够溶解，从而使得反应顺利进行。

（2）需要控制反应温度，防止三苯甲基脱除保护。

（三）2-丙基-1-{[2′-(1-三苯甲基-1H-四氮唑-5-基)-(1,1′-联苯基)-4-基]甲基}-4-(2-羟基丙烷-2-基)-1H-咪唑-5-羧酸-(5-甲基-2-氧代-1,3-二氧杂环戊烯-4-基)甲基酯的制备

1. 工艺原理

2-丙基-1-{[2′-(1-三苯甲基-1H-四氮唑-5-基)-(1,1′-联苯基)-4-基]甲基}-4-(2-羟基丙烷-2-基)-1H-咪唑-5-羧酸钠（14）与 5-甲基-4-(溴甲基)-1,3-二氧杂环戊烯-2-酮（15）在碳酸钾作用下发生酯化反应制得 2-丙基-1-{[2′-(1-三苯甲基-1H-四氮唑-5-基)-(1,1′-联苯基)-4-基]甲基}-4-(2-羟基丙烷-2-基)-1H-咪唑-5-羧酸-(5-甲基-2-氧代-1,3-二氧杂环戊烯-4-基)甲基酯（12）。

[反应式: 化合物 14 + 化合物 15, 试剂 K₂CO₃, 丙酮]

2. 工艺过程

质量配料比为 2-丙基-1-{[2'-(1-三苯甲基-1H-四氮唑-5-基)-(1,1'-联苯基)-4-基]甲基}-4-(2-羟基丙烷-2-基)-1H-咪唑-5-羧酸钠∶5-甲基-4-(溴甲基)-1,3-二氧杂环戊烯-2-酮∶碳酸钾∶丙酮 = 1∶0.38∶0.23∶4.35。

将 2-丙基-1-{[2'-(1-三苯甲基-1H-四氮唑-5-基)-(1,1'-联苯基)-4-基]甲基}-4-(2-羟基丙烷-2-基)-1H-咪唑-5-羧酸钠溶于丙酮中,加入碳酸钾,搅拌下滴加 5-甲基-4-(溴甲基)-1,3-二氧杂环戊烯-2-酮溶于丙酮中的混合液,室温反应 1h,升温到 50℃反应 2h。反应液用乙酸乙酯萃取,经无水硫酸镁干燥,减压浓缩后静置,过滤得白色粉末状固体 2-丙基-1-{[2'-(1-三苯甲基-1H-四氮唑-5-基)-(1,1'-联苯基)-4-基]甲基}-4-(2-羟基丙烷-2-基)-1H-咪唑-5-羧酸-(5-甲基-2-氧代-1,3-二氧杂环戊烯-4-基)甲基酯(**12**),产率 90%,熔点 101~103℃。

3. 反应条件与影响因素

(1)5-甲基-4-(溴甲基)-1,3-二氧杂环戊烯-2-酮的化学性质比较活泼,能够与羧酸钠盐反应得到相应的酯,但体系中如果有水存在,则会导致 5-甲基-4-(溴甲基)-1,3-二氧杂环戊烯-2-酮水解,失去化学活性,使得酯化反应无法继续进行。

(2)由于 5-甲基-4-(溴甲基)-1,3-二氧杂环戊烯-2-酮的化学性质比较活泼,加热反应过程中容易变质,需要加大其投料量,以保证化合物 **14** 能够完全转化为酯化产物。

(3)反应温度越高,5-甲基-4-(溴甲基)-1,3-二氧杂环戊烯-2-酮的降解速率越快,在保证反应能够进行的前提下,反应温度越低越好。

(四)奥美沙坦酯的制备

1. 工艺原理

2-丙基-1-{[2'-(1-三苯甲基-1H-四氮唑-5-基)-(1,1'-联苯基)-4-基]甲基}-4-(2-羟基丙烷-2-基)-1H-咪唑-5-羧酸-(5-甲基-2-氧代-1,3-二氧杂环戊烯-4-基)甲基酯(**12**)在乙酸水溶液中脱除三苯甲基保护基得到奥美沙坦酯(**1**)。选择乙酸作为催化剂是因为产物奥美沙坦酯能溶于乙酸溶液,而脱去的三苯基甲醇不溶于乙酸溶液,产物分离比较容易。

2. 工艺过程

质量配料比为 2-丙基-1-{[2′-(1-三苯甲基-1H-四氮唑-5-基)-(1,1′-联苯基)-4-基]甲基}-4-(2-羟基丙烷-2-基)-1H-咪唑-5-羧酸-(5-甲基-2-氧代-1,3-二氧杂环戊烯-4-基)甲基酯：25%乙酸 = 1：20。

将 2-丙基-1-{[2′-(1-三苯甲基-1H-四氮唑-5-基)-(1,1′-联苯基)-4-基]甲基}-4-(2-羟基丙烷-2-基)-1H-咪唑-5-羧酸-(5-甲基-2-氧代-1,3-二氧杂环戊烯-4-基)甲基酯（12）溶于25%乙酸水溶液中，在80℃下搅拌反应1h，采用TLC检测反应终点[乙酸乙酯/石油醚（体积比1：1）]。加入水，用冰浴冷却后有沉淀析出，滤去沉淀后将滤液浓缩，用乙酸乙酯萃取，然后用无水硫酸镁干燥后浓缩得到黄色黏稠状固体，经乙醇重结晶后得白色粒状固体奥美沙坦酯（1），产率86%，熔点180~182℃。

3. 反应条件与影响因素

由于在加热水解过程中，化合物 12 可能会水解为羧酸，因此需要控制水解脱三苯甲基保护基的反应温度，不能过高。

第四节 原辅材料的制备改进及"三废"处理

一、2-丙基-4-(2-羟基丙烷-2-基)-1H-咪唑-5-羧酸乙酯的制备

2-丙基-4-(2-羟基丙烷-2-基)-1H-咪唑-5-羧酸乙酯（7）是合成奥美沙坦酯的关键中间体，早期文献报道其主要有以下几种合成方法：① 用 2,3-二氨基马来腈与原丁酸三甲酯环合制得 2-丙基-1H-咪唑-4,5-二腈，经水解、酯化和格氏反应得到化合物 7，总收率为 63%。②以酒石酸为原料，经混酸硝化后与醛氨溶液缩合，再经酯化、格氏试剂加成反应制得化合物 7，总收率为 60%。③以邻苯二胺和正丁酸为原料，在脱水剂多聚磷酸（PPA）作用下经微波辐射，缩合得到 2-丙基苯并咪唑，经双氧水氧化开环、酯化和格氏反应得到化合物 7，总收率约 32%。如前所述，方法①中原料 2,3-二氨基马来腈有毒，试剂价格昂贵，反应条件苛刻；方法②使用浓硝酸和硫酸反应时间长，废酸多；方法③用浓硫酸和双氧水氧化开环反应收率较低，反应放热剧烈，不易控温，条件苛刻，另外微波加热需特殊设备，

不易放大。近年来陆续有新的研究报道，如以酒石酸二乙酯（**35**）为起始物料、二溴海因（**36**）为氧化剂、偶氮二异庚腈（**37**）为引发剂，制备得到 2,3-二氧代琥珀酸二乙酯（**38**）；化合物 **38** 与正丁醛和乙酸铵发生环合反应制备得到 2-丙基-1*H*-咪唑-4,5-二羧酸乙酯（**6**），后经甲基氯化镁在四氢呋喃中进行格氏反应制得 2-丙基-4-(2-羟基丙烷-2-基)-1*H*-咪唑-5-羧酸乙酯（**7**）。该方法是比较具有实用价值的改进方法，反应条件温和，易于工业化生产。

1. 2-丙基-1*H*-咪唑-4,5-二羧酸乙酯的制备

质量配料比为酒石酸二乙酯：二溴海因：偶氮二异庚腈：正丁醛：乙酸铵：冰乙酸=1：3.05：0.012：0.53：1：10.5。

向反应器中加入酒石酸二乙酯、二溴海因、偶氮二异庚腈，再向混合物中加入冰乙酸，加完后升温至 55～60℃，在 55～60℃下反应 4h，减压浓缩蒸出大部分的溶剂。向反应器中加入 THF，再向反应器中加入正丁醛、乙酸铵和 THF 的混合物，加完后升温至 55～60℃，保温反应 3～4h。反应完成后冷却至 -10℃，滴加 40% 的氢氧化钠水溶液调节 pH 值至 7.0。搅拌均匀后转入分液装置中静置分层，分出有机层，50～55℃下减压浓缩回收 THF。水层用乙酸乙酯萃取分层，将乙酸乙酯层合并至有机层浓缩物中，再加入乙酸乙酯搅拌均匀，滴加 6mol/L 的盐酸搅拌 30min 后静置分层。分出水层，向有机层中再加入 6mol/L 的盐酸，静置分层，分出有机层，水层经 TLC 检测无产物残留即可。合并水层，向水层中加入乙酸乙酯，滴加 40% 氢氧化钠水溶液调节 pH 值至 7.0～7.5，静置分层。分出有机层，再向水层中加入乙酸乙酯萃取分层，分出有机层，合并有机层，50～60℃下减压浓缩至干，得到棕黄色油状物。向其中加入甲基叔丁基醚升温至 50～55℃重结晶，冷却至 0～5℃，搅拌析晶 1h，抽滤，滤饼在 40～50℃下减压干燥 12h 后得到白色或类白色固体 2-丙基-1*H*-咪唑-4,5-二羧酸乙酯（**6**），产率 60%。

2. 2-丙基-4-(2-羟基丙烷-2-基)-1*H*-咪唑-5-羧酸乙酯的制备

将甲基氯化镁格氏试剂（3mol/L THF 溶液）加入反应容器中，冷却至 0～5℃。将 2-丙基-1*H*-咪唑-4,5-二羧酸乙酯（**6**）溶于二氯甲烷中，并在 0～5℃下控温滴加至反应容器

中。滴加完成后升温至 10~15℃，反应 1h。反应结束后，控温 10 ℃ 以下滴加饱和氯化铵水溶液。滴加完毕后加入乙酸乙酯搅拌 30min，然后转入分液装置中静置分层。分出有机层，向水层再加入乙酸乙酯萃取。萃取完成后合并有机层，用饱和食盐水洗涤有机层，将有机层在 45~50℃下减压浓缩至干，得到淡黄色油状物，向其中加入异丙醚，20~30℃下搅拌 4h 结晶。抽滤，得到白色颗粒状固体，40~45℃下减压干燥 12h，得到 2-丙基-4-(2-羟基丙烷-2-基)-1H-咪唑-5-羧酸乙酯（**7**），产率 90%。

二、"三废"处理

（1）生产工艺中，酸性、碱性废水比较多，将各步反应的废水合并，中和至规定的 pH 值，静置、沉淀后排放入工厂总废水管道。

（2）本工艺中使用的有机溶剂，如乙醇、乙酸乙酯、己烷和环己烷等均可以回收利用。

思考题

1. 2-丙基-4-(2-羟基丙烷-2-基)-1H-咪唑-5-羧酸乙酯的制备工艺中需要注意哪些事项？
2. 简述 1-三苯甲基-5-[4′-(溴甲基)-(1,1′-联苯基)-2-基)-1H-四氮唑的制备工艺原理。
3. 在奥美沙坦酯制备工艺中，为何选用三苯甲基作为四氮唑 1-位上的保护基？

参考文献

[1] 徐彩丽，袁华，喻宗沅. 奥美沙坦酯的研究进展. 化学与生物工程，2005，22(4)：7-8.
[2] 张海波，陈国俊，孟霆. 奥美沙坦酯合成路线图解. 中国医药工业杂志，2009，40（11）：867-869.
[3] 韩薇薇，吴金龙. 奥美沙坦酯及其关键中间体的合成方法. 化学试剂，2013，35（8）：711-716.
[4] 虞心红，汤健，温新民，等. 抗高血压新药奥美沙坦的合成. 华东理工大学学报(自然科学版)，2005，31（2）：189-192.
[5] 吴泰志，刘晓华，张福利，等. 抗高血压药奥美沙坦酯合成新路线和相关杂质的研究. 药学学报，2006，41（6）：537-543.
[6] Yanagisawa H, Amemiya Y, Kanazaki T, et al. Nonpeptide angiotensin Ⅱ receptor antagonists: Synthesis, biological activities, and structure-activity relationships of imidazole-5-carboxylic acids bearing alkyl, alkenyl, and hydroxyalkyl substituents at the 4-position and their related compounds. Journal of Medicinal Chemistry，1996，39（1）：323-338.
[7] Graul A, Leeson P, Castaner J. CS-866 antihypertensive angiotensin Ⅱ antagonist. Drugs of the Future，1997，22（11）：1205-1209.
[8] 唐子安，赵志炎. 一种新的奥美沙坦的合成方法：CN103724333A. 2014-04-16.
[9] 沈正荣，李强. 一种新的奥美沙坦的制备方法：CN1381453A. 2002-11-27.
[10] 周宜遂，刘慧，张涛. 奥美沙坦制备的新方法：CN1510035A. 2004-07-07.
[11] 张福利，吴泰志. 一种新的奥美沙坦的制备方法：WO，2004085428A1. 2004-10-07.
[12] 王尊元，张萍，梁美好，等. 2-丙基-4-[(1-羟基-1-甲基)乙基]-1H-咪唑-5-羧酸乙酯的合成. 化学试剂，2007，29(11)：679-680.
[13] 许先敏. 奥美沙坦酯及其重要中间体规模化生产合成工艺研究. 杭州：浙江工业大学，2017.

第十章 克拉霉素的生产工艺

第一节 概 述

克拉霉素（clarithromycin，**1**）的化学名称为(−)-(2*R*,3*S*,4*S*,5*R*,6*R*,8*R*,10*R*,11*R*,12*S*,13*R*)-3-[(2,6-二去氧-3-*C*-甲基-3-*O*-甲基-*α*-L-吡喃核糖基)氧]-13-乙基-11,12-二羟基-6-甲氧基-2,4,6,8,10,12-六甲基-5-{[(3,4,6-三去氧-3-二甲氨基)-*β*-D-吡喃木糖基]氧}-14-氧环十四烷-1,9-二酮，英文名称(−)-(2*R*,3*S*,4*S*,5*R*,6*R*,8*R*,10*R*,11*R*,12*S*,13*R*)-3-[(2,6-dideoxy-3-*C*-methyl-3-*O*-methy-*α*-L-ribo-hexopyranosyl)-oxy]-13-ethyl-11,12-dihydroxy-6-methoxy-2,4,6,8,10,12-hexamethyl-{[(3,4,6-trideoxy-3-dimethylamino)-*β*-D-xylo-hexopyranosyl]oxy}-14-oxacyclotetradecane-1,9-dione，别名有克拉红霉素、6-*O*-甲基红霉素 A、甲红霉素、甲氧基红霉素、克红霉素，分子式为 $C_{38}H_{69}NO_{13}$，分子量为 747.96。克拉霉素常温下为白色或类白色结晶性粉末，无臭，味苦；在三氯甲烷中易溶，在丙酮或乙酸乙酯中可溶，在甲醇或乙醇中微溶，在水中不溶；熔点为 217～220℃。

克拉霉素（**1**）是第二代大环内酯类抗生素，与红霉素相比，它克服了红霉素对酸不稳定的缺点，减少了胃肠道副反应，拓宽了抗菌谱，改善了药代动力学性能。克拉霉素（**1**）由日本大正制药株式公社于 1980 年发现并开发成功，以商品名 Clarith 注册，随后美国雅培公司获得其转让技术开始生产。克拉霉素（**1**）于 1991 年获美国 FDA 批准上市，商品名为 Biaxin，1993 年以 Klacid 在中国香港上市。克拉霉素（1）的抗菌机理是作用于细菌 70S 核糖体中的 50S 亚单位，阻碍细菌蛋白质的合成，属于长期抑菌剂。克拉霉素（1）对革兰氏阳性菌（如金黄色葡萄球菌、化脓链球菌、肺炎链球菌等）有抑制作用，对部分革兰氏阴性菌（如流感嗜血杆菌、百日咳杆菌、淋病双球菌、嗜肺军团菌等）和部分厌氧菌（如脆弱拟杆菌、消化链球菌、痤疮丙酸杆菌等）也有抑制作用，此外对支原体也有抑制作用。克拉霉素（1）在临床上主要用于敏感细菌所致的上、下呼吸道感染，包括扁桃体炎、咽喉炎、鼻窦炎、支气管炎、肺炎、皮肤感染、软组织感染、脓疖、丹毒、毛囊炎、伤口感染等，还可用于沙眼衣原体或解脲支原体所致的生殖泌尿系统感染、艾滋病患者的非典型分枝杆菌感染，以及与阿莫西林、奥美拉唑合用作为治疗幽门螺杆菌引起的胃及十二指肠溃疡的三联药物。克拉霉素（1）具有生物利用度高、组织穿透力强、抗菌谱广、半衰期长和不良反应发生率低（仅为 3%）的优点。不良反应有恶心、胃灼热、腹痛腹泻、头疼等。

从结构上看克拉霉素（1）是由红霉素 C6 上的羟基甲基化而来的，由于红霉素含有 5 个羟基和 1 个叔氨基官能团，因此克拉霉素（1）合成的关键是官能团保护和立体选择性。红霉素的 5 个羟基分别位于 2′-、4″-、6-、11-、12-位，其中 2′-、4″-、11-位的羟基是仲羟基，6-位和 12-位的羟基是叔羟基，一般仲羟基的反应活性较强。在克拉霉素（1）的最初合成研究中，对红霉素 6-羟基的甲基化并没有选择性，主产物是 6-位、11-位和 6,11-位同时甲基化的混合物，并且以 11-位甲基化产物居多，另外存在多甲基化产物和 3′-位叔氨基甲基化形成的季铵盐副产物。因此，自克拉霉素（1）上市以来，各大药企和药物化学家围绕提高 6-位羟基的选择性甲基化和防止 3′-位叔氨基甲基化两方面对保护试剂进行了大量筛选，力求开发出适合工业化生产的工艺路线。克拉霉素合成路线的优化过程是保护技术应用的一次集中体现，也是区域选择性逆转的一个完美案例。

第二节 合成路线及其选择

红霉素含有多个羟基，且 6-位羟基并不是最活泼的，因此在早期合成克拉霉素（1）的过程中产生多种杂质。为解决这一问题，科研人员引入了各种保护基，开发了大量合成路线。整体来说，其合成路线可分为两类：一是红霉素中引入保护基、甲基化、脱除保护基；二是红霉素发生肟化醚化、引入保护基、甲基化、脱除保护基、脱醚、脱肟。第一类方法虽路线较短，但选择性较低、分离复杂、成本高；第二类虽步骤较多，但能有效控制选择性、产率高、操作简单、经济效益高。

一、发现时的合成路线

1980 年，来自日本的 Watanabe 首次完成了克拉霉素（1）的合成，并于 1982 年由日本大正制药公司申请了专利。该路线以 2′-O,3′-N-二(苄氧羰基)-N-去甲红霉素 A（2）为起始原料，在二甲基亚砜（DMSO）和四氢呋喃（THF）混合溶剂下，经氢化钠（NaH）脱质子与碘甲烷(CH_3I)进行甲基化反应，对混合物进行硅胶柱色谱纯化，得到 6-位甲基化产物 3（35%产率）和 11-位甲基化产物（42%产率）。然后 6-位甲基化产物 3 在醋酸（AcOH）-醋酸钠(AcONa)的乙醇缓冲体系(pH=5)中，以 Pd/C 作为催化剂脱除苄氧羰基（Cbz），随后用 35%甲醛（HCHO）水溶液和氢气（H_2）进行还原甲基化，得到克拉霉素（1）粗品，再进一步重结晶和柱色谱纯化，最终得到克拉霉素（1）纯品。该路线虽然步骤较少，但纯化复杂，需要多次柱色谱分离；并且 11-位甲基化产物是主产物，选择性差，产率低；采用 Pd/C 高压催化氢化，需要耐压设备，生产成本提高；原料由红霉素与氯甲酸苄酯反应得到，而氯甲酸苄酯刺激性强且有毒性。因此，该路线并不适合工业化生产。

二、区域选择性的优化

（一）邻氯苄基和苄氧羰基作为保护基

随着对红霉素肟及其衍生物的研究，人们发现对红霉素肟进行醚化可以提高 6-位甲基化的选择性。经过对红霉素肟醚化试剂的筛选，发现向红霉素肟引入邻氯苄醚可以显著提高 6-位甲基化的选择性，HPLC 分析显示 6-位甲基化达到 84.1%。该路线以 2′-*O*,3′-*N*-二(苄氧羰基)-*N*-去甲红霉素 A（**2**）为起始原料，与盐酸羟胺反应生成 2′-*O*,3′-*N*-二(苄氧羰基)-*N*-去甲红霉素 A9-肟（**5**），然后经氢化钠脱质子与邻氯苄氯反应生成 2′-*O*,3′-*N*-二(苄氧羰基)-*N*-去甲红霉素 A9-*O*-(2-氯苄基)肟（**6**），随后经碘甲烷甲基化得到 6-甲氧基-2′-*O*,3′-*N*-二(苄氧羰基)-*N*-去甲红霉素 A9-*O*-(2-氯苄基)肟（**7**），然后在甲酸（HCO_2H）-甲酸钠

(HCO_2Na)的甲醇缓冲体系中，以 Pd/C 作为催化剂脱除苄氧羰基（Cbz）和邻氯苄基得到 6-甲氧基-N-去甲红霉素 A 9-肟（**8**），然后用亚硫酸氢钠（$NaHSO_3$）脱肟得到 6-甲氧基-N-去甲红霉素 A（**9**），随后以 Pd/C 作为催化剂用 35%甲醛水溶液和氢气进行还原甲基化得到 6-甲氧基红霉素 A（**1**），即为克拉霉素。

该路线虽然解决了 6-位甲基化选择性问题，但是仍然存在使用苄氧羰基作为保护基的缺点，如：大量使用氯甲酸苄酯在生产上比较困难，引入过程中产生的氯化氢会导致红霉素分解，脱除苄氧羰基产生的苯甲醇不易除去，并且需要再生德胺糖上的甲基，过于麻烦。因此，该路线也不适于工业化生产。

9 → **1** (NaHSO₃; Pd/C, 35% HCHO, H₂)

（二）苄基作为保护基

该路线以红霉素 A（**10**）为起始原料，与盐酸羟胺反应生成红霉素 A9-肟（**11**），然后经氢化钠脱质子与苄溴反应生成肟羟基、2′-羟基和 3′-二甲氨基被苄基化的季铵盐 **12**，随后用碘甲烷甲基化得到 6-甲氧基-2′-O,3′-N-二苄基红霉素 A9-O-苄基肟铵盐（**13**），然后依次用 Pd/C 在 N,N-二甲基甲酰胺(DMF)、甲酸铵（HCO₂NH₄）-甲酸的甲醇缓冲体系中脱去苄基制得 6-甲氧基红霉素 A9-肟（**15**），最后用亚硫酸氢钠脱肟即得克拉霉素（**1**）。该路线克服了使用苄氧羰基作为保护基的缺点，三个保护苄基的引入一步完成，也不再需要二甲氨基的再生，但是通过氢化同时去除所有的苄基比较困难。

10 → **11** (NH₂OH·HCl, 咪唑)

11 → **12** (BrCH₂Ph, NaH) → (NaH, CH₃I)

(三) 三甲基硅基作为保护基

1. 邻氯苄氯醚化途径

该路线以红霉素 A（**10**）为起始原料，与盐酸羟胺反应生成红霉素 A9-肟（**11**），然后经氢化钠脱质子与邻氯苄氯反应生成红霉素 A 9-O-(2-氯苄基)肟（**16**），随后用三甲基氯硅烷（TMSCl）和 1-(三甲基硅基)咪唑对 2′-羟基、4″-羟基硅烷化得到化合物 **17**，化合物 **17** 经碘甲烷甲基化得到 6-甲氧基-2′-O,4″-O-二(三甲基硅基) 红霉素 A9-O-(2-氯苄基)肟（**18**），随后依次用 Pd/C 和亚硫酸氢钠脱保护基、脱肟得到克拉霉素（**1**）。该路线的特点：利用三甲基硅基的空间位阻效应阻碍了 3′-二甲氨基的季铵化；三甲基硅基具有选择性，只有 2′-和 4″-羟基发生硅烷化；使用邻氯苄氯将红霉素肟醚化，这些保护试剂组合起来提高了 6-羟基甲基化的选择性。该路线具有产品收率高、纯度好、中间体易纯化等优点，因此这也是第一个克拉霉素工业化生产路线。但该工艺仍存在缺点，如脱除邻氯苄基需要 Pd/C 催化氢化，需要一套催化氢化装置，催化剂和装置都比较昂贵，使生产成本升高；邻氯苄氯对人体和环境有害。

2. 2-乙氧基丙烯醚化途径

该路线以红霉素 A（**10**）为起始原料，与盐酸羟胺反应生成红霉素 A9-肟（**11**），然后以盐酸吡啶为催化剂与 2-乙氧基丙烯反应生成红霉素 A9-O-(2-乙氧基异丙基)肟（**19**），随后用三甲基氯硅烷和咪唑对 2′-羟基、4″-羟基硅烷化得到化合物 **20**，化合物 **20** 经碘甲烷甲基化得到 6-甲氧基-2′-O,4″-O-二（三甲基硅基）红霉素 A9-O-(2-乙氧基异丙基)肟（**21**），随后依次用甲酸和亚硫酸氢钠脱保护基、脱肟得到克拉霉素（**1**）。该路线是对邻氯苄氯醚化途径的优化，制备红霉素 A9-肟（**11**）时使用催化量乙酸使反应更加彻底，醚化试剂采用 2-乙氧基丙烯，也能提高 6-羟基甲基化的选择性，并且脱除时避免了 Pd/C 的使用，甲酸可同时脱除三甲基硅基和 2-乙氧基异丙基肟醚，脱保护基、脱肟可采用"一锅法"。该工艺易于控制、纯化简单、成本较低，因此成为第二条克拉霉素（**1**）工业化生产路线，20 世纪末被我国广泛采用。

3. 1,1-二异丙氧基环己烷醚化途径

该路线是对 2-乙氧基丙烯醚化途径的优化路线，与之不同的是醚化试剂使用缩酮试

剂 1,1-二异丙氧基环己烷，1-异丙氧基环己基的引入进一步提高了 6-羟基甲基化的选择性。硅烷化试剂使用六甲基二硅氨烷（HMDS），并且醚化和硅烷化反应在工业上可采用"一锅法"，提高了生产效率、节省了生产成本。最初该路线因 1,1-二异丙氧基环己烷的制备较困难未被广泛应用，但随着该试剂的工业化生产，该路线也在全世界范围内广泛应用。

当然，克拉霉素（**1**）的合成远不止这几条路线，文献中报道的其他方法还有：①在红霉素肟被异丙氧基环己基或邻氯苄基保护的情况下，用乙酰基或苯甲酰基保护 2′-羟基；②在 2′-和 4″-羟基被三甲基硅基保护的情况下使用取代苯甲酰基或其他较为稳定的硅烷化试剂保护红霉素肟或将红霉素转化为腙；③不用保护基保护 2′-和 4″-羟基的情况下，用 3-氯过氧苯甲酸将 3′-二甲氨基转化为 N-氧化物来防止 6-羟基甲基化时生成季铵盐。这些方法虽然也能提高 6-羟基甲基化的选择性，但总的来说并没有达到 1,1-二异丙氧基环己烷醚化途径的经济效益，不适用于工业生产。

第三节　克拉霉素的生产工艺原理及其过程

一、红霉素 A9-肟的制备

（一）工艺原理

红霉素 A9-酮羰基与羟胺的加成消除反应，在酸性条件下首先发生亲核加成反应，然后脱去一分子水（H_2O）形成红霉素 A9-肟（**11**）。

$$\xrightleftharpoons{-H_2O}$$

（二）工艺过程

该工艺过程需要在酸性催化条件下进行，但 6-羟基也会在酸性下进攻羰基，因此酸性过强会加速红霉素 A 降解，生成降解产物红霉素 A8,9-脱水-6,9-半缩酮以及红霉素 A6,9-9,12-螺缩酮。邓志华等首次提出了一种缓冲体系的概念，设计了一种能使反应液的 pH 值维持在 6.5～7.0 的酸碱缓冲体系，该体系有效抑制了红霉素 A 的降解，使肟化的收率达到 99%以上。向反应釜中加入无水乙醇和红霉素 A（**10**），搅拌下滴加乙酸，溶液呈透明后，加入盐酸羟胺和适当的缓冲体系。升温至 50～55℃，反应 24h。反应液冷却至室温过滤除去无机盐，滤液减压回收，将残余物溶于乙酸乙酯，用 4mol/L NaOH 水溶液调节 pH≥11。静置分层，有机层用饱和食盐水洗涤，经无水硫酸镁干燥，减压浓缩得白色泡沫状固体红霉素 A9-肟（**11**）。

（三）反应条件及影响因素

（1）pH 的影响：在酸催化合成红霉素 A9-肟的条件下，红霉素 A 的肟化和酸性降解始终是一对竞争反应，产物肟中不可避免地含有红霉素的降解杂质。使红霉素 A 和羟胺的肟化反应在 pH 值为 6.9 左右的缓冲体系中进行可以有效地抑制红霉素 A 的降解，使红霉素 A 肟化反应的收率达到 95%以上。

（2）投料比的影响：红霉素 A（**10**）与盐酸羟胺的摩尔比为 1:7.5，羟胺会在缓冲体系中逐步释放参与反应，因而得到有效利用。但是游离羟胺本身不稳定，在反应中会不可避免地分解掉，因此盐酸羟胺与红霉素 A（**10**）相比过量，有利于两者反应完全，并抑制红霉素 A（**10**）的分子内副反应。

（3）温度的影响：红霉素 A 的肟化反应在室温下进行很慢，而且不能到达反应终点。因此反应需要加热进行，但是反应温度过高会加剧红霉素 A 的酸性降解和羟胺的分解。反应温度维持在 50～55℃时，肟化收率最高，降解产物最少。

二、"一锅法"制备 2'-O,4"-O-二(三甲基硅基)红霉素 A9-O-(1-异丙氧基环己基)肟

（一）工艺原理

红霉素 A9-肟（**11**）的羟基在酸催化下与 1,1-二异丙氧基环己烷发生亲核取代反应脱

去一分子异丙醇[(CH₃)₂CHOH]生成红霉素 A9-O-(1-异丙氧基环己基)肟（**22**）。六甲基二硅氮烷（HMDS）在氢离子(H⁺)的活化下生成三甲基硅正离子[(CH₃)₃Si⁺]和氨气（NH₃），然后 2′-羟基和 4″-羟基与之发生亲核取代反应，生成 2′-O,4″-O-二（三甲基硅基）红霉素 A9-O-(1-异丙氧基环己基)肟（**23**）。

（二）工艺过程

向反应釜中加入乙腈、红霉素 A 9-肟（**11**）和盐酸吡啶，15℃下加入醚化剂 1,1-二异丙氧基环己烷，反应 4h。向反应釜中投入硅烷化试剂六甲基二硅氮烷，并补加盐酸吡啶，室温反应 2h。减压回收溶剂，残余物用乙酸乙酯溶解，滴加 4 mol/L NaOH 水溶液调节 pH≥10，静置分层，有机相用饱和食盐水洗涤，经无水硫酸镁干燥过夜，过滤后减压回收溶剂，得白色泡沫状固体 2′-O,4″-O-二（三甲基硅基）红霉素 A9-O-(1-异丙氧基环己基)肟（**23**）。

(三) 反应条件及影响因素

（1）投料比的影响：红霉素 A9-肟（**11**）：1,1-二异丙氧基环己烷：盐酸吡啶（醚化）：六甲基二硅氨烷（HMDS）：盐酸吡啶（硅烷化）=1：3：2：3：1.5（摩尔比），1,1-二异丙氧基环己烷和六甲基二硅氨烷（HMDS）过量可使反应更加彻底；醚化时盐酸吡啶用量不足将大大影响催化效率，3.0 倍用量时催化效果最佳；硅烷化时盐酸吡啶可活化六甲基二硅氨烷（HMDS），1.5 倍用量时效果最好。

（2）溶剂的影响：乙腈或二氯甲烷作为溶剂时醚化、硅烷化都比较充分，但由于在二氯甲烷中进行醚化时反应产物的成分受温度影响比较大，Z-异构体比例较高，因此选择乙腈作为"一锅法"反应溶剂。

（3）催化剂的影响：文献报道氯化铵（NH_4Cl）、甲酸铵也可以作为硅烷化的催化剂，但会导致 2'-羟基硅烷化不完全，而盐酸吡啶效果更好；由于盐酸吡啶吸潮严重，而且盐酸腐蚀金属反应容器和管道，一篇专利（US20030023053 A1）中介绍用吡啶氢溴酸盐替代盐酸吡啶，效果相当；而北京理工大学发现了便宜且不吸潮的催化剂，实现了对盐酸吡啶的替代，不仅降低了生产成本还减少了环境污染。

（4）温度的影响：醚化温度不能低于 10℃，否则反应速率很慢，但不能高于 25℃，否则副反应明显增加。

（5）水分的影响：要控制产物水分，否则影响下一步甲基化反应。

三、6-甲氧基-2'-O,4''-O-二(三甲基硅基)红霉素 A9-O-(1-异丙氧基环己基)肟的制备

(一) 工艺原理

2'-O,4''-O-二(三甲基硅基)红霉素 A9-O-(1-异丙氧基环己基)肟（**23**）经氢氧化钾（KOH）脱去 6-羟基质子之后与碘甲烷发生亲核取代反应，生成水（H_2O）、碘化钾（KI）和 6-甲氧基-2'-O,4''-O-二（三甲基硅基）红霉素 A9-O-(1-异丙氧基环己基)肟（**24**）。

（二）工艺过程

将四氢呋喃-二甲基亚砜体积比 1∶1 混合溶液、2′-O,4″-O-二（三甲基硅基）红霉素 A 9-O-(1-异丙氧基环己基) 肟（**23**）加入反应釜中，冷却至 0℃，依次加入 82%氢氧化钾粉末、碘甲烷，搅拌反应 1h。反应完毕，向反应釜中加入适量水，用乙酸乙酯萃取三次，合并有机相，用无水硫酸镁干燥过夜，过滤之后减压浓缩即得白色泡沫状固体 6-甲氧基-2′-O,4″-O-二（三甲基硅基）红霉素 A 9-O-(1-异丙氧基环己基) 肟（**24**）。

（三）反应条件及影响因素

（1）投料比的影响：2′-O,4″-O-二（三甲基硅基）红霉素 A 9-O-(1-异丙氧基环己基) 肟（**23**）：碘甲烷：氢氧化钾=1∶1.5∶1.3（摩尔比），碘甲烷和氢氧化钾过量有利于反应完全。

（2）溶剂的影响：单独使用四氢呋喃或二甲基亚砜作为溶剂反应效果都比较差，二者混合体积比为 1∶1 时反应结果最好。四氢呋喃价格昂贵，也可用甲基叔丁基醚替代四氢呋喃。对于无水条件具有较高的要求。

（3）温度的影响：温度过高容易生成其他羟基甲基化副产物。

（4）反应时间的影响：反应时间不宜过长，否则容易生成其他羟基甲基化副产物。

四、克拉霉素的制备

（一）工艺原理

6-甲氧基-2′-O,4″-O-二（三甲基硅基）红霉素 A 9-O-(1-异丙氧基环己基)肟（**24**）在甲酸条件下脱去保护基，其中三甲基硅基（TMS）首先脱除，然后 1-异丙氧基环己基脱除生成 6-甲氧基红霉素 A 9-肟（**15**），随后被亚硫酸氢钠脱肟生成红霉素（**1**）。

$\xrightarrow{\text{NaHSO}_3}$

（二）工艺过程

向反应釜中加入乙醇和水（体积比 1∶1）溶解 6-甲氧基-2′-O,4″-O-二（三甲基硅基）红霉素 A9-O-(1-异丙氧基环己基) 肟（**24**），搅拌下滴加甲酸，随后加入亚硫酸氢钠，升温至 80℃，反应 2h。反应完毕，将反应釜降至室温，滴加 4 mol/L NaOH 水溶液调节 pH≥10，析出白色固体用水洗涤，干燥即为克拉霉素（**1**）粗品。用乙醇加热溶解克拉霉素粗品，自然降温至室温，随后在 0℃下搅拌 2h，过滤结晶、干燥得克拉霉素（**1**）纯品。

（三）反应条件及影响因素

（1）投料比的影响：6-甲氧基-2′-O,4″-O-二（三甲基硅基）红霉素 A9-O-(1-异丙氧基环己基) 肟（**24**）∶甲酸∶亚硫酸氢钠=1∶2∶8，甲酸和亚硫酸氢钠应过量，否则反应不完全。

（2）pH 的影响：反应 pH 值要控制在 4～6 之间，酸性偏低则脱保护不完全，酸性偏高则容易产生副产物。

（3）温度和时间的影响：温度偏低或反应时间不够都会使肟基反应不完全。

克拉霉素生产过程中产生的氨气（NH_3）需要用装有酸性物质的气体处理装置吸收，产生的酸性或碱性废水需要经常规的碱性物质或酸性物质中和处理。工艺中用到的乙腈、乙醇、二甲基亚砜、四氢呋喃等溶剂可回收套用。

思考题

1. 简述大环内酯类药物的构效关系。
2. 简述红霉素对酸性环境不稳定的原因以及为何克拉霉素对酸比较稳定。
3. 简述"一锅法"制备 2′-O,4″-O-二（三甲基硅基）红霉素 A9-O-(1-异丙氧基环己基) 肟的工艺原理及其主要影响因素。
4. 简述 6-甲氧基-2′-O,4″-O-二（三甲基硅基）红霉素 A9-O-(1-异丙氧基环己基) 肟的工艺原理及其主要影响因素。

5. 克拉霉素的生产工艺原理是什么？主要影响因素有哪些？
6. 克拉霉素生产工艺中可能产生的杂质有哪些？

参考文献

[1] Morimoto S，Takahashi Y，Watanabe Y，et al. Chemical modification of erythromycins. Ⅰ. synthesis and antibacterial activity of 6-O-methylerythromycins A. The Journal of Antibiotics (Tokyo)，1984，37（2）：187-189.

[2] 孙京国，梁建华，邓志华，等. 克拉霉素的合成进展. 有机化学，2002，22（12）：951-963.

[3] 廖国礼，张桂平，何铁塔. 克拉霉素的合成. 中国抗生素杂志，2002，27（3）：148-150.

[4] 梁建华，姚国伟，赵信岐. 红霉素 A9-(1-异丙氧基环己基)肟的合成及其晶体结构.有机化学，2003，23（8）：841-845.

[5] 梁建华，姚国伟. 克拉霉素的合成新方法. 有机化学，2005，25（4）：438-441.

[6] 梁建华，姚国伟. 2',4''-O-双(三甲基硅)红霉素 A9-O-(1-异丙氧环己基)肟甲基化反应的副产物研究. 中国药物化学杂志，2006，16（4）：218-221.

[7] 邓志华，梁建华，孙京国，等. 红霉素 A 肟的新合成方法. 中国药物化学杂志，2003，13（2）：89-92.

[8] Watanabe Y，Adachi T，Asaka T，et al. Chemical modification of erythromycins. Ⅷ. a new effective route to clarithromycin（6-O-methylerythromycin-A）. Heterocycles，1990，31（12）：2121-2124.

[9] Watanabe Y，Morimoto S，Adachi T，et al. Chemical modification of erythromycins. Ⅸ. selective methylation at the C-6 hydroxyl group of erythromycin A oxime derivatives and preparation of clarithromycin. The Journal of Antibiotics (Tokyo)，1993，46（4）：647-660.

[10] Watanabe Y，Kashimura M，Asaka T，et al. Chemical modification of erythromycins. Ⅺ. synthesis of clarithromycin（6-O-methylerythromycin A） via erythromycin A quaternary ammonium salt derivative. Heterocycles，1993，36（2）：243-247.

[11] Watanabe Y，Adachi T，Asaka T，et al. Chemical modification of erythromycins. Ⅻ. a facile synthesis of clarithromycin（6-O-methylerythromycin A） via 2'-silylethers of erythromycin A derivatives. The Journal of Antibiotics（Tokyo），1993，46（7）：1163-1167.

[12] 梁建华. 克拉霉素的合成——保护技术和区域选择性研究. 北京：北京理工大学，2004.

[13] Yang C X，Patel H H，Ku Y K，et al. 2'-Protected 3'-dimethylamine，9-etheroxime erythromycin A derivatives：WO9736912. 1997-10-09.

[14] Ku Y K. 9-Oximesilyl erythromycin A derivatives：US5837829. 1998-11-17.

第十一章

盐酸莫西沙星的生产工艺

第一节 概 述

盐酸莫西沙星（moxifloxacin hydrochloride，**1**）的化学名称为 1-环丙基-6-氟-8-甲氧基-7-[(4a*S*,7a*S*)-八氢-6*H*-吡咯并[3,4-*b*]吡啶-6-基]-4-氧代-1,4-二氢-3-喹啉羧酸盐酸盐，英文名称为 1-cyclopropyl-6-fluoro-8-methoxy-7-[(4a*S*,7a*S*)-octahydro-6*H*-pyrrolo[3,4-*b*]pyridin-6-yl]-4-oxo-1,4-dihydroquinoline-3-carboxylic acid hydrochloride，分子式为 $C_{21}H_{24}FN_3O_4 \cdot HCl$，分子量为 437.90。盐酸莫西沙星常温下为白色或浅黄绿色结晶或结晶性粉末；略溶于水，微溶于乙醇；熔点为 324～325℃；水溶液比旋光度为 $[\alpha]_D^{25} = -256°$ （$c = 0.5 \text{ g/mL}$）。

1

盐酸莫西沙星（**1**）是人工合成的第四代氟喹诺酮类抗菌药，由德国拜耳公司研制并于 1999 年 9 月首次在德国上市，同年 12 月获得美国 FDA 批准上市，2002 年片剂在我国上市，2005 年盐酸莫西沙星氯化钠注射液在我国上市，商品名为拜复乐。盐酸莫西沙星（**1**）能同时作用于拓扑异构酶Ⅱ、Ⅳ，从而抑制 DNA 复制、修复和转录，在体外对革兰阳性菌、革兰阴性菌、厌氧菌、抗酸菌和非典型微生物（如支原体、衣原体和军团菌）均具有抗菌活性。临床上可用于治疗成人（≥18 岁）上呼吸道和下呼吸道感染，也可用于治疗急性细菌性鼻窦炎、慢性支气管炎急性发作、社区获得性肺炎以及皮肤组织感染和腹腔内感染等，其常见不良反应为恶心、腹泻、头痛及眩晕，无明显的光毒性。具有药动性好、抗菌活性强、抗菌谱广、人体吸收率高、应用范围广、安全性好、不易产生耐药等优良特性。

盐酸莫西沙星（**1**）含有两个手性中心，均为 S 构型，与外消旋异构体相比其血药浓度更高、半衰期更长。盐酸莫西沙星（**1**）是基于喹诺酮类药物研发出来的人工合成抗菌药，其结构可划分为两部分，一部分为喹啉羧酸母核，另一部分为手性侧链——二氮杂双环壬烷。喹啉羧酸母核的工业化生产已非常成熟并可商业化获得，因此盐酸莫西沙星（**1**）的工业化生产难点在于手性侧链的合成以及其与喹啉羧酸母核的缩合。1993 年拜耳公司将其合成方法在欧洲申请了专利，首次公开了盐酸莫西沙星（**1**）的一种实验室合成方法。盐酸莫西沙星（**1**）的安全性和有效性使其被称为"治疗呼吸道感染接近理想的药物"，因此被广泛应用于临床，将其商业化具有良好的社会效益和经济效益，因此其工业化生产路线被广泛研究。

第二节　合成路线及其选择

一、盐酸莫西沙星的逆合成分析

从结构上看盐酸莫西沙星（**1**）由喹啉羧酸母核 **2** 与手性侧链 **6** 缩合所得，其中喹啉羧酸母核 **2** 可经 C—N 键、C═C 键、C—C 键的断裂一步步逆推至 2,4,5-三氟-3-甲氧基苯甲酸（**5**），而手性侧链 **6** 的合成可逆推至 2,3-吡啶二羧酸（**9**）。

喹啉羧酸母核 **2** 的工业化合成已非常成熟，并可商业化购买，价格便宜。手性侧链 **6** 的合成涉及手性中心的构建，目前工业化生产采用酒石酸拆分法，该法操作简单、技术成熟、生产成本低，另外也可以采用不对称合成法，但该法过程烦琐、经济性不理想，不能用于工业化生产。手性侧链 **6** 与喹啉羧酸母核 **2** 的缩合涉及位点选择性与官能团保护，目前工业上采用螯合法将喹啉羧酸母核 **2** 的羰基与羧酸通过硼酸螯合，通过诱导效应增强 C7 位氟原子的活性，从而提高反应的选择性。

二、盐酸莫西沙星喹啉羧酸母核的工艺路线

（一）丙二酸单乙酯途径

该路线以 2,4,5-三氟-3-甲氧基苯甲酸（**5**）为起始原料，经二氯亚砜($SOCl_2$)酰氯化制得 2,4,5-三氟-3-甲氧基苯甲酰氯（**10**），再在正丁基锂和 2,2′-联喹啉存在下与丙二酸单乙酯缩合得到具有酮酯结构的化合物 2,4,5-三氟-3-甲氧基苯甲酰乙酸乙酯（**4**）。中间体 **4** 在乙酸酐(Ac_2O)存在下与原甲酸三乙酯[$HC(OEt)_3$]反应制得 2-(2,4,5-三氟-3-甲氧基苯甲酰基)-3-乙氧基丙烯酸乙酯（**11**），然后与环丙胺发生加成-消除反应生成 2-(2,4,5-三氟-3-甲氧基苯甲酰基)-3-环丙氨基丙烯酸乙酯（**3**），最后在碳酸钾(K_2CO_3)和 *N*,*N*-二甲基甲酰胺(DMF)存在下环化生成 1-环丙基-6,7-二氟-1,4-二氢-8-甲氧基-4-氧代-3-喹啉羧酸乙酯（**12**）。该路线的优点是路线较短，产率较高，但采用了价格昂贵、易燃试剂正丁基锂，该反应需要特种深冷设备，导致生产成本提高且存在安全隐患。

（二）乙氧基镁丙二酸二乙酯途径

该路线以 2,4,5-三氟-3-甲氧基苯甲酸（**5**）为起始原料，经二氯亚砜酰氯化制得 2,4,5-三氟-3-甲氧基苯甲酰氯（**10**），再与乙氧基镁丙二酸二乙酯［EtOMgCH(CO$_2$Et)$_2$］缩合得到化合物（**13**），然后在对甲苯磺酸(*p*-TsOH)酸性条件下脱羧酸酯制得含酮酯结构的化合物 2,4,5-三氟-3-甲氧基苯甲酰乙酸乙酯（**4**）。中间体 **4** 在乙酸酐存在下与原甲酸三乙酯反应制得 2-(2,4,5-三氟-3-甲氧基苯甲酰基)-3-乙氧基丙烯酸乙酯（**11**），然后与环丙胺发生加成-消除反应生成 2-(2,4,5-三氟-3-甲氧基苯甲酰基)-3-环丙氨基丙烯酸乙酯（**3**），最后在碳酸钾和 *N*,*N*-二甲基甲酰胺存在下环化生成 1-环丙基-6,7-二氟-1,4-二氢-8-甲氧基-4-氧代-3-喹啉羧酸乙酯(**12**)。该工艺是丙二酸单乙酯途径的改进工艺，工艺中的乙氧基镁丙二酸二乙酯由乙醇镁与丙二酸二乙酯原位生成。该路线未使用昂贵、易燃的正丁基锂试剂，且生产简单、操作安全可控、试剂廉价易得，缺点是工艺路线较长。

（三）1,1-二甲氧基-*N*,*N*-二甲基甲胺途径

该路线是对乙氧基镁丙二酸二乙酯途径的改进，以 2,4,5-三氟-3-甲氧基苯甲酸（**5**）为起始原料，经二氯亚砜酰氯化、乙氧基镁丙二酸二乙酯缩合、对甲苯磺酸脱羧酸酯制得 2,4,5-三氟-3-甲氧基苯甲酰乙酸乙酯（**4**），然后在甲苯溶剂中与 1,1-二甲氧基-*N*,*N*-二甲基甲胺缩合并脱去 2 分子甲醇制得 2-(2,4,5-三氟-3-甲氧基苯甲酰基)-3-(二甲基氨基)丙烯酸乙酯（**14**）。中间体 **14** 再经环丙胺置换、环合，制得 1-环丙基-6,7-二氟-1,4-二氢-8-甲氧基-4-氧代-3-喹啉羧酸乙酯（**12**）。该路线的优点是以 1,1-二甲氧基-*N*,*N*-二甲基甲胺代替原甲酸三乙酯总收率提高，缺点是 1,1-二甲氧基-*N*,*N*-二甲基甲胺由 *N*,*N*-二甲基甲酰胺和硫酸二甲酯［(CH$_3$O)$_2$SO$_2$］制得，而硫酸二甲酯具有剧毒，对人及环境危害较大。

（四）3-二甲基氨基丙烯酸乙酯途径

该路线以 2,4,5-三氟-3-甲氧基苯甲酸（**5**）为起始原料，经二氯亚砜酰化制得 2,4,5-三氟-3-甲氧基苯甲酰氯（**10**），然后在甲苯溶剂中与 3-二甲基氨基丙烯酸乙酯缩合并脱去 1 分子氯化氢(HCl)制得 2-(2,4,5-三氟-3-甲氧基苯甲酰基)-3-(二甲基氨基)丙烯酸乙酯（**14**）。中间体 **14** 再经环丙胺置换、环合，制得 1-环丙基-6,7-二氟-1,4-二氢-8-甲氧基-4-氧代-3-喹啉羧酸乙酯（**12**）。该路线反应步骤少，反应条件温和，提高了原料利用率和原子经济性，而且后三步反应可采用"一锅法"工艺完成，大大简化了工艺，减少了"三废"的排放，适合工业化生产。

三、盐酸莫西沙星手性侧链的工艺路线

目前已报道的盐酸莫西沙星手性侧链（**6**）的合成方法众多，在此挑选代表性合成路线进行介绍。

（一）以 2,3-吡啶二羧酸为起始原料

1. 酸酐化途径

以乙酸酐为脱水剂，将 2,3-吡啶二羧酸（**9**）酸酐化后与苄胺进行酰化反应，并在乙酸酐中环合得到 6-苄基吡咯并[3,4-*b*]吡啶-5,7-二酮（**16**）。随后，以 Pd/C 为催化剂催化氢化还原中间体 **16** 中的吡啶环得到 6-苄基-六氢-吡咯并[3,4-*b*]吡啶-5,7-二酮（**17**）。中间体 **17** 经过 D-(−)-酒石酸拆分后制得(*S*,*S*)-6-苄基-六氢-吡咯并[3,4-*b*]吡啶-5,7-二酮（**18**），以氢化铝锂(LiAlH$_4$)为还原剂，将羰基还原为亚甲基制得(*S*,*S*)-6-苄基-八氢-吡咯并[3,4-*b*]吡啶（**19**）。最终，中间体 **19** 经过 Pd/C 催化氢化脱去苄基，得到莫西沙星手性侧链(*S*,*S*)-八氢-6*H*-吡咯并[3,4-*b*]吡啶（**6**）。该工艺路线原料廉价易购买，操作简单，条件比较温和，所得产品产率较高、光学纯度高，是目前工业化生产的首选路线。

2. 磺酰胺化途径

2,3-吡啶二羧酸（**9**）与甲醇在硫酸(H$_2$SO$_4$)催化下反应生成 2,3-吡啶二羧酸二甲酯（**20**）。用氯化锂(LiCl)、硼氢化钠(NaBH$_4$)还原酯基得到 2,3-吡啶二甲醇（**21**），然后在二氯亚砜中回流制得 2,3-二氯甲基吡啶（**22**）。用乙醇钠(EtONa)作为脱酸剂，2,3-二氯甲基吡啶（**22**）与对甲苯磺酰胺反应得到 6-对甲苯磺酰基-二氢-吡咯并[3,4-*b*]吡啶（**23**），随后经 Raney-Ni 催化氢化还原吡啶环制得 6-对甲苯磺酰基-八氢-吡咯并[3,4-*b*]吡啶（**24**）。化合物 **24** 经 D-(−)-

酒石酸拆分、氢溴酸(HBr)脱对甲苯磺酰基制得莫西沙星手性侧链(S,S)-八氢-6H-吡咯并[3,4-b]吡啶（**6**）。虽然该路线各步反应产率较高、原料也廉价易得，但反应步骤繁多，过程复杂，所需试剂种类较多，工业操作难度大，反应条件难以控制，不利于工业化生产。

（二）以 N-二甲氨基丙烯基亚胺和 N-苯甲基顺丁烯二酰亚胺为起始原料

该路线通过 Diels-Alder 反应将两个烯烃原料环加成构建二氮杂双环 **28**，然后氧化去氢和脱除一分子二甲胺[(CH$_3$)$_2$NH]得到6-苄基吡咯并[3,4-b]吡啶-5,7-二酮（**16**），后续各步反应与吡啶二羧酸酸酐化途径类似，与之不同的是该方案中用 L-(+)-酒石酸进行手性拆分。该路线避免了合成氮杂五元环的烦琐步骤，但是起始原料不容易得到，价格昂贵，不利于工业化生产。

(三) 以3-氨基丙酸乙酯为起始原料

该路线以 1-苄基-2,5-二氢-吡咯-3-甲酸乙酯 (**30**) 和 3-氨基丙酸乙酯 (**31**) 为原料，经二者发生亲核取代、环化反应得到吡啶酮中间体 **33**，然后用锌/氯化汞还原羰基，后续各步与吡啶二羧酸酸酐化路线一致。该路线反应步骤较少，但原料昂贵，产率较低，汞的使用对环境影响较大。

(四) 以 3-(1-苄基-4-氧代吡咯烷-3-基)丙酸乙酯为起始原料

该路线以 3-(1-苄基-4-氧代吡咯烷-3-基)丙酸乙酯 (**34**) 和(R)-1-苯基乙胺 (**35**) 为起始原料，通过 Raney-Ni/氢气还原胺化制得单一手性 3-{(3S,4S)-1-苄基-4-{[(R)-1-苯基乙基]氨基}吡咯烷-3-基}丙酸乙酯 (**36**)，随后在乙酸(AcOH)条件下发生分子内酯的氨解反应得到(S,S)-6-苄基-1-[(R)-1-苯基乙基]-八氢-吡咯并[3,4-b]吡啶-2-酮 (**37**)，然后用氢化铝锂还原羰基、用 Pd/C 催化脱保护基即得莫西沙星手性侧链(S,S)-八氢-6H-吡咯并[3,4-b]吡啶 (**6**)。该路线步骤较少，利用手性原料诱导所需手性中心的生成。但是此法原料不易得、手性试剂不能回收、采用柱色谱方法分离，因此成本较高，不利于大批量生产。

(五) 以(R)-(−)-2-苯甘氨醇和丁炔二酸二甲酯为起始原料

该路线以(R)-(−)-2-苯甘氨醇（**39**）和丁炔二酸二甲酯（**40**）为原料，首先二者进行环加成反应生成一个手性吗啉结构化合物 **41**，然后化合物 **41** 与丙烯酰氯进行酰化反应并进行亲核加成反应形成氮杂六元环结构化合物 **42**。利用苯环的空间位阻效应，将化合物 **42** 催化加氢得到含单一手性结构的还原产物 **43**。然后依次经过还原反应、催化加氢、水解反应、酰化环合、氢化铝锂还原、催化加氢脱苄基，最终制得手性侧链(S,S)-八氢-6H-吡咯并[3,4-b]吡啶（**6**）。该路线利用手性原料的空间位阻作用诱导所需手性中心的产生，成功合成了莫西沙星手性侧链。但是该路线较长，使用试剂较多，手性试剂不能回收，总体反应不容易控制，总体收率较低，成本较高，因此该路线不适合工业化生产。

四、盐酸莫西沙星的合成工艺路线

盐酸莫西沙星由其喹啉羧酸母核与手性侧链缩合而得，但是 C6 位氟原子、C8 位甲氧基以及游离羧酸的影响，使得喹啉羧酸母核与手性侧链直接缩合会产生大量的副产物，且不易分离。然而将母核与螯合剂缩合成螯合物后，既能保护羧基，又能通过诱导效应改变母核电子云分布，增加 C7 位氟原子活性并钝化 C6 位氟原子，从而提高母核与侧链的反应性和选择性。因此，盐酸莫西沙星的工业制备主要分为螯合物法和非螯合物法两种。

（一）非螯合物法制备盐酸莫西沙星

喹啉羧酸母核 **2** 和手性侧链 **6** 在乙腈(MeCN)中，以三乙胺(Et_3N)作为缚酸剂，进行亲核取代反应制得莫西沙星（**47**），分离纯化之后用浓盐酸制备盐酸莫西沙星（**1**）。该路线虽然仅有两步反应，但副产物较多，例如与喹啉环上 C6 位氟原子的缩合副产物难以分离。此外羧基和手性侧链中另一个氮原子也会影响反应活性，虽然这两个影响因素可通过添加保护基的方式消除，但产率依然较低且都需采用柱色谱进行纯化，不利于工业化生产。

（二）螯合物法制备盐酸莫西沙星

螯合物法制备盐酸莫西沙星（**1**）是通过喹啉羧酸母核中羰基、羧酸与螯合剂的螯合来改变喹啉环的电荷分布，从而增加 C7 位氟原子的反应活性，以达到副产物少、产率高的效果，常见的为硼酸-乙酸酐、硼酸-丙酸酐、三氟化硼乙醚体系螯合。目前工业上使用硼酸-乙酸酐螯合法，将硼酸(H_3BO_3)与乙酸酐反应生成硼酸乙酯，随后直接与喹啉羧酸乙酯 **12** 反

应制得螯合物 **48**，螯合物 **48** 再与手性侧链 **6** 反应制得含有侧链的螯合物 **49**，其产率可达到 90%，最后在乙醇中用浓盐酸水解并成盐制得盐酸莫西沙星（**1**）。该路线虽然比非螯合法多一步，但能有效控制 C6 位氟原子取代杂质的产生，且产率很高，随后在乙醇中水解并制备盐酸盐析晶的过程可不经过柱色谱而得到纯度达标的盐酸莫西沙星（**1**），适合工业化生产。

第三节 盐酸莫西沙星喹啉羧酸母核的生产工艺原理及其过程

一、2,4,5-三氟-3-甲氧基苯甲酰氯的制备

（一）工艺原理

2,4,5-三氟-3-甲氧基苯甲酸（**5**）与二氯亚砜的反应过程：先脱掉 1 分子氯化氢形成活性中间体 **50**，然后 C—O 键断裂，释放出二氧化硫（SO_2），生成 2,4,5-三氟-3-甲氧基苯甲酰氯（**10**）。

（二）工艺过程

将 2,4,5-三氟-3-甲氧基苯甲酸（**5**）和二氯亚砜先后投入酰化釜中，升温回流 3h，常压回收过量的氯化亚砜，减压除尽残余的氯化亚砜，得到 2,4,5-三氟-3-甲氧基苯甲酰氯（**10**）的粗品，再减压蒸馏粗品，得到无色液体 2,4,5-三氟-3-甲氧基苯甲酰氯（**10**）纯品。

（三）反应条件及影响因素

（1）水分的影响：二氯亚砜及反应生成的酰氯均极易吸湿水解，故反应过程应严格控制无水条件。

（2）投料比的影响：二氯亚砜既是反应试剂也是反应溶剂，该反应中二氯亚砜与原料 2,4,5-三氟-3-甲氧基苯甲酸（**5**）的投料比为 1.5∶1。

（3）反应结束后，务必将二氯亚砜除尽。

（4）反应中释放酸性气体，因此需要尾气处理装置。

二、"一锅法"制备 1-环丙基-6,7-二氟-1,4-二氢-8-甲氧基-4-氧代-3-喹啉羧酸乙酯

（一）工艺原理

2,4,5-三氟-3-甲氧基苯甲酰氯（**10**）先在甲苯溶剂中与 3-二甲基氨基丙烯酸乙酯缩合并脱掉 1 分子氯化氢制得 2-(2,4,5-三氟-3-甲氧基苯甲酰基)-3-(二甲基氨基)丙烯酸乙酯（**14**），不经后处理在催化量乙酸下直接与环丙胺发生置换反应得到 2-(2,4,5-三氟-3-甲氧基苯甲酰基)-3-环丙氨基丙烯酸乙酯（**3**），然后不经后处理直接环合得到 1-环丙基-6,7-二氟-1,4-二氢-8-甲氧基-4-氧代-3-喹啉羧酸乙酯（**12**）。

(二) 反应机理

1. 缩合机理

2. 置换机理

3. 环合机理

（三）工艺过程

（1）缩合：将甲苯、3-二甲基氨基丙烯酸乙酯、三乙胺依次真空抽至反应釜中，搅拌升温；然后将甲苯和 2,4,5-三氟-3-甲氧基苯甲酰氯（**10**）依次真空抽至高位槽中待用。待反应釜中温度稳定在 60℃时滴加高位槽中酰氯与甲苯的混合液，滴加时间为 1h，然后反应 2h 得到缩合液。

（2）置换：待缩合液冷却至室温，加入乙酸酸化，升温至 90℃滴加环丙胺，滴加时间为 0.5h，继续搅拌 2h 后用蒸馏水洗涤置换液两次。

（3）环合：向置换液中加入碳酸钾，调节温度至 140℃除水，然后反应 5h 后冷却，减压回收甲苯，析出棕黄色固体，分别用水和甲醇洗涤 3 次，在真空条件下干燥，得到淡黄色固体粉末即为 1-环丙基-6,7-二氟-1,4-二氢-8-甲氧基-4-氧代-3-喹啉羧酸乙酯（**12**）。

（四）反应条件及影响因素

（1）水分的影响：反应中酰氯易吸湿水解，故缩合过程应严格控制无水条件。

（2）环合过程中水分会导致环合时间延长，同时会产生喹啉 C7 位氟原子被氢氧根（OH^-）取代的杂质，因此该过程也应控制无水条件。

第四节　盐酸莫西沙星手性侧链的生产工艺原理及其过程

一、6-苄基吡咯并[3,4-*b*]吡啶-5,7-二酮的制备

（一）工艺原理

该反应可以分为三个过程：一是 2,3-吡啶二羧酸的酸酐化；二是吡啶酸酐和苄胺的单酰胺化；三是吡啶酸酐的亚酰胺化。首先，2,3-吡啶二羧酸（**9**）在乙酸酐中加热条件下脱水形成 2,3-吡啶二甲酸酐（**15**），然后加入苄胺反应生成吡啶单酰胺，随后在乙酸酐作为脱水剂的条件下，生成 6-苄基吡咯并[3,4-*b*]吡啶-5,7-二酮（**16**）。

（二）工艺过程

将 2,3-吡啶二羧酸（**9**）和乙酸酐装入反应釜中，升温至 125℃，搅拌反应 3h，减压蒸馏至无馏分。加入甲苯，升温至 40℃，滴加苄胺，滴加过程控制温度不超过 55℃。滴

加完毕，在 40℃下反应 3h，减压回收甲苯，向残余物中加入乙酸酐，并升温至 125℃搅拌反应 3h。反应完毕，减压蒸馏至无馏分，降至室温，加入 95%乙醇，降温至 0℃搅拌 5h，过滤，滤饼用 5℃的 95%乙醇洗涤 3 次，真空干燥滤饼即得白色固体 6-苄基吡咯并[3,4-b]吡啶-5,7-二酮（**16**）。

（三）反应条件及影响因素

（1）脱水剂的影响：反应中使用乙酸酐作为脱水剂，若无乙酸酐，反应过程比较缓慢且产率较低。

（2）温度的影响：苄胺与 2,3-吡啶二甲酸酐（**15**）的反应要控制反应温度，反应温度过高会导致二取代的酰胺产物增多，由于其不能够进一步自身环合，从而导致收率降低。

（3）投料比的影响：苄胺可与 2,3-吡啶二甲酸酐（**15**）形成二取代副产物，因此控制苄胺的投料量可从一定程度上抑制副产物的产生，生产中苄胺与 2,3-吡啶二甲酸酐（**15**）的摩尔比为 1.1∶1 效果最好。

二、6-苄基-六氢-吡咯并[3,4-*b*]吡啶-5,7-二酮的制备

（一）工艺原理

6-苄基吡咯并[3,4-*b*]吡啶-5,7-二酮（**16**）的不饱和键与固体催化剂表面结合，氢气（H_2）分子在催化剂表面上解离为氢原子，并附着在催化剂上，之后氢原子依次加成到不饱和键上，产物离开催化剂表面，得到 6-苄基-六氢-吡咯并[3,4-*b*]吡啶-5,7-二酮（**17**）。

（二）工艺过程

向高压釜中加入甲苯、6-苄基吡咯并[3,4-*b*]吡啶-5,7-二酮（**16**）、10% Pd/C，用氮气置换高压釜中的空气 3 次，随后用氢气置换高压釜中氮气 3 次，开动搅拌，用氢气加压至 20kg/cm^2（1kg/cm^2=98.07kPa）。升温至 100℃，补加氢气至 30kg/cm^2，当压力降至 20~25kg/cm^2 时补加氢气至 35~40kg/cm^2。反应 10h，降至室温，氮气压滤，用甲苯洗涤 Pd/C 回收套用，滤液减压蒸馏回收甲苯。向残余物中加入乙醇，加热使之溶解，降温至-5~0℃结晶。过滤晶体并用冷乙醇洗涤 2 次，可减压回收滤液中的乙醇。真空干燥滤饼即得 6-苄基-六氢-吡咯并[3,4-*b*]吡啶-5,7-二酮（**17**）。

（三）反应条件及影响因素

（1）温度的影响：反应温度较低则不能有效活化催化剂，使反应不彻底；反应温度过

高则容易产生副产物,同时会使催化剂活性降低,减少套用次数;在该反应中反应温度为100℃时综合利用效果最佳。

(2) 压力的影响:反应中要补加氢气保证反应釜中有足够的压力,确保氢化反应比较完全。

(3) 反应前要用氮气充分置换出反应釜中空气,以防充入氢气后形成氢气-空气混合物,在高温下造成安全事故。

三、(S,S)-6-苄基-六氢-吡咯并[3,4-b]吡啶-5,7-二酮的制备

(一) 工艺原理

6-苄基-六氢-吡咯并[3,4-b]吡啶-5,7-二酮(**17**)是由等量的对映异构体组成的外消旋体,将该外消旋体(**17**)与 D-(−)-酒石酸在溶液中成盐形成非对映异构体,然后利用这对非对映异构体在溶液中的溶解度差别将所需要的(S,S)-6-苄基-六氢-吡咯并[3,4-b]吡啶-5,7-二酮 D-(−)-酒石酸盐(**56**)析出,然后除去 D-(−)-酒石酸即得(S,S)-6-苄基-六氢-吡咯并[3,4-b]吡啶-5,7-二酮(**18**)。

(二) 工艺过程

将 6-苄基-六氢-吡咯并[3,4-b]吡啶-5,7-二酮(**17**)和 D-(−)-酒石酸依次加入反应容器中,之后加入 75%异丙醇水溶液,搅拌加热至固体全溶。然后冷却至室温,自然静置,若体系澄清则加入少量晶种(若体系已有晶体析出则不必加入晶种),维持析晶48h后过滤,滤饼用异丙醇洗涤,真空干燥后得白色结晶(S,S)-6-苄基-六氢-吡咯并[3,4-b]吡啶-5,7-二酮 D-(−)-酒石酸盐(**56**)。将晶体溶于水中,加入碳酸氢钠调节 pH=7,用二氯甲烷萃取,合并有机相,用无水硫酸钠干燥,过滤,滤液减压蒸干,得淡黄色固体(S,S)-6-苄基-六氢-吡咯并[3,4-b]吡啶-5,7-二酮(**18**)。

(三) 反应条件及影响因素

(1) 反应溶剂的影响:对于非对映异构体的结晶分离过程来说,溶剂起着至关重要的

作用，75%异丙醇水溶液可以降低(S,S)-6-苄基-六氢-吡咯并[3,4-b]吡啶-5,7-二酮酒石酸盐（**56**）的溶解度从而易于析晶，同时对(R,R)-6-苄基-六氢-吡咯并[3,4-b]吡啶-5,7-二酮酒石酸盐有着良好的溶解度，另外能得到更高的 ee 值。

（2）温度的影响：温度对结晶效率和 ee 值也有影响，25℃时结果最好，ee 值>99.9%，温度过低会使两种对映异构体的酒石酸盐溶解度都降低，从而一起析出，导致 ee 值下降。

（3）保留此过程的滤液和洗涤液，合并液体对溶液中的两种对映异构体的酒石酸盐进行消旋处理，可进一步制备(S,S)-6-苄基-六氢-吡咯并[3,4-b]吡啶-5,7-二酮（**18**）。

四、(S,S)-6-苄基-八氢-吡咯并[3,4-b]吡啶的制备

（一）工艺原理

首先氢化铝锂与(S,S)-6-苄基-六氢-吡咯并[3,4-b]吡啶-5,7-二酮（**18**）的羰基进行亲核加成，形成铝化物（**57**），随后氮上的孤对电子转移并离去氢化铝氧负离子形成亚胺（**58**），然后接受氢负离子的进攻形成单还原中间体（**59**），重复还原过程得到(S,S)-6-苄基-八氢-吡咯并[3,4-b]吡啶（**19**）。

（二）反应机理

（三）工艺过程

在 0℃和氮气保护下，向反应釜中加入氢化铝锂和无水四氢呋喃，随后在搅拌下缓慢

滴加(S,S)-6-苄基-六氢-吡咯并[3,4-b]吡啶-5,7-二酮（18）的无水四氢呋喃溶液。滴加完毕后升温至回流温度，反应15h。反应完毕，冷却至0℃，缓慢滴加15%的氢氧化钠水溶液，滴加完毕，抽滤，滤饼用四氢呋喃洗涤。合并滤液和洗液，用无水硫酸钠干燥，抽滤，滤液和洗液合并后减压蒸干，即得淡黄色油状物(S,S)-6-苄基-八氢-吡咯并[3,4-b]吡啶（19）。

（四）反应条件及影响因素

（1）溶剂的影响：四氢呋喃对氢化铝锂稳定且有一定的溶解性，使反应为均相反应体系，改善了反应的传热和传质过程，稳定了反应温度，减少了副反应的发生，因此选择四氢呋喃作为反应溶剂。

（2）水分的影响：水能与氢化铝锂反应，从而消耗氢化铝锂，导致还原效率降低，因此要用无水四氢呋喃溶剂。

（3）投料比的影响：氢化铝锂具有较强的还原性，但在反应中不断转化为还原性相对较弱的氢化物，因此需要加入过量的氢化铝锂以保证底物还原完全，本反应中氢化铝锂与(S,S)-6-苄基-六氢-吡咯并[3,4-b]吡啶-5,7-二酮（18）的摩尔比为4∶1时，产率达到最高。

（4）反应后处理：反应完毕后，体系中仍存在过量的氢化铝锂和氢铝化物，因此要用氢氧化钠水溶液淬灭体系，然后再进行常规处理。

五、(S,S)-八氢-6H-吡咯并[3,4-b]吡啶的制备

（一）工艺原理

(S,S)-6-苄基-八氢-吡咯并[3,4-b]吡啶（19）在甲醇、氢气氛围中经 Pd/C 催化加氢脱去苄基生成(S,S)-八氢-6H-吡咯并[3,4-b]吡啶（6）。

（二）工艺过程

向高压釜中加入甲醇、(S,S)-6-苄基-八氢-吡咯并[3,4-b]吡啶（19）、10% Pd/C，用氮气置换高压釜中的氢气3次，随后用氢气置换高压釜中氮气3次，开动搅拌，用氢气加压至20kg/cm²，升温至100℃，温度稳定后补加氢气至压力90kg/cm²，搅拌氢化，补加氢气氢化至不吸氢为止。在100℃下反应10 h，氢化完毕，降至室温，抽滤，用甲醇漂洗 Pd/C 回收套用。滤液减压蒸干，加入水，用环己烷萃取三次，合并环己烷层用水反提取三次，合并水层用氯仿萃取三次。合并氯仿层用无水硫酸钠干燥，过滤后将滤液减压蒸干，即得浅黄色油状物(S,S)-八氢-6H-吡咯并[3,4-b]吡啶（6）。

(三) 反应条件及影响因素

（1）温度的影响：反应温度较低则不能有效活化催化剂，使反应不彻底；反应温度过高则容易产生副产物，同时会使催化剂活性降低，减少套用次数；在该反应中反应温度为100℃时综合利用效果最佳。

（2）压力的影响：反应中要补加氢气保证反应釜中有足够的压力，确保氢化反应比较完全。

（3）反应前要用氮气充分置换出反应釜中空气，以防充入氢气后形成氢气-空气混合物，在高温下造成安全事故。

第五节　盐酸莫西沙星的生产工艺原理及其过程

一、盐酸莫西沙星母核螯合物的制备

（一）工艺原理

先将硼酸与乙酸酐加热生成硼酸乙酯（**61**），再将 1-环丙基-6,7-二氟-1,4-二氢-8-甲氧基-4-氧代-3-喹啉羧酸乙酯（**12**）加入硼酸乙酯（**61**）中，加热反应脱掉一分子乙酸乙酯（EtOAc）得到 1-环丙基-6,7-二氟-1,4-二氢-8-甲氧基-4-氧代-3-喹啉羧酸-$O3,O4$-二乙酸合硼酯环状螯合物（**48**）。

（二）工艺过程

将乙酸酐加入反应釜中，开启搅拌，缓慢加入硼酸，升温至120℃，反应5h，得到硼酸乙酯（**61**）。将反应釜温度降至80℃，加入 1-环丙基-6,7-二氟-1,4-二氢-8-甲氧基-4-氧代-3-喹啉羧酸乙酯（**12**），升温至100℃，反应4h。冷却至室温，将反应液缓慢倒入冰水中并搅拌，然后抽滤，用冰水对滤饼进行洗涤，随后进行真空干燥即得淡黄色固体 1-环丙基-

6,7-二氟-1,4-二氢-8-甲氧基-4-氧代-3-喹啉羧酸-$O3,O4$-二乙酸合硼酯环状螯合物（**48**）。

(三) 反应条件及影响因素

（1）乙酸酐的影响：乙酸酐既是反应试剂也是反应溶剂，因此是过量的。

（2）硼酸的影响：此反应中硼酸与 1-环丙基-6,7-二氟-1,4-二氢-8-甲氧基-4-氧代-3-喹啉羧酸乙酯（**12**）的投料比为 1.5∶1，因为硼酸较便宜，过量硼酸与乙酸酐形成过量的硼酸乙酯，有利于 1-环丙基-6,7-二氟-1,4-二氢-8-甲氧基-4-氧代-3-喹啉羧酸乙酯（**12**）的反应完全。

二、盐酸莫西沙星的制备

(一) 工艺原理

(S,S)-八氢-6H-吡咯并[3,4-b]吡啶（**6**）对 1-环丙基-6,7-二氟-1,4-二氢-8-甲氧基-4-氧代-3-喹啉羧酸-$O3,O4$-二乙酸合硼酯环状螯合物（**48**）的 C7 位氟原子进行亲核取代脱去一分子氢氟酸（HF），生成莫西沙星螯合物（**49**），然后该螯合物在酸性条件下水解并成盐形成莫西沙星盐酸盐（**1**）粗品，将粗品在乙醇中重结晶制得莫西沙星盐酸盐（**1**）纯品。

(二) 工艺过程

在反应釜中加入乙腈、1-环丙基-6,7-二氟-1,4-二氢-8-甲氧基-4-氧代-3-喹啉羧酸-$O3,O4$-二乙酸合硼酯环状螯合物（**48**）、(S,S)-八氢-6H-吡咯并[3,4-b]吡啶（**6**）、三乙胺，加热至 80℃，搅拌反应 5h。将体系冷却至室温，滴加浓盐酸，调节 pH = 1～2 后，水解 3h。将体系冷却至 0～5℃，搅拌 1h，过滤，滤饼用乙腈洗涤，滤饼干燥后得莫西沙星盐酸盐（**1**）粗品。将莫西沙星盐酸盐（**1**）粗品加热溶于乙醇中，加活性炭脱色，回流 30min，趁热过滤。将滤液放置于 0℃环境中析晶，抽滤，滤饼用乙醇洗涤，干燥得淡黄色固体盐酸莫西沙星（**1**）。

（三）反应条件及影响因素

（1）缚酸剂的影响：三乙胺作为缚酸剂，投料量应比理论产生的氢氟酸过量，这样可以中和产生的氢氟酸，有利于反应正向进行，该反应中三乙胺与螯合物 **48** 投料比为 1.2∶1 时产率已达最高。

（2）pH 值的影响：水解莫西沙星螯合物（**49**）并形成莫西沙星盐酸盐（**1**）粗品时，要严格控制 pH 值=1~2，pH 值过高会导致莫西沙星盐酸盐粗品析出较少，影响产率。

第六节　综合利用与"三废"处理

一、(*R,R*)-6-苄基-六氢-吡咯并[3,4-*b*]吡啶-5,7-二酮的利用

在(*S,S*)-6-苄基-六氢-吡咯并[3,4-*b*]吡啶-5,7-二酮（**18**）的制备工艺中，用 D-(−)-酒石酸对 6-苄基-六氢-吡咯并[3,4-*b*]吡啶-5,7-二酮（**17**）进行拆分得到(*S,S*)-6-苄基-六氢-吡咯并[3,4-*b*]吡啶-5,7-二酮 D-(−)-酒石酸盐（**56**）和等量的(*R,R*)-6-苄基-六氢-吡咯并[3,4-*b*]吡啶-5,7-二酮 D-(−)-酒石酸盐（**62**）。其中(*S,S*)-6-苄基-六氢-吡咯并[3,4-*b*]吡啶-5,7-二酮 D-(−)-酒石酸盐（**56**）在室温下结晶析出，而析晶液中存在大量的(*R,R*)-6-苄基-六氢-吡咯并[3,4-*b*]吡啶-5,7-二酮 D-(−)-酒石酸盐（**62**）和少量的(*S,S*)-6-苄基-六氢-吡咯并[3,4-*b*]吡啶-5,7-二酮 D-(−)-酒石酸盐（**56**）。将析晶液用碳酸氢钠碱化，然后用二氧化锰（MnO_2）在甲苯中氧化消旋可得到 6-苄基-四氢-5*H*-吡咯并[3,4-*b*]吡啶-5,7-二酮（**64**），将此化合物在四氢呋喃中用 Pd/C 催化氢化还原得到 6-苄基-六氢-吡咯并[3,4-*b*]吡啶-5,7-二酮（**17**），随后即可再次用于拆分制备(*S,S*)-6-苄基-六氢-吡咯并[3,4-*b*]吡啶-5,7-二酮（**18**）。

二、生产中"三废"的处理

生产过程中产生的氯化氢、二氧化硫等酸性气体需要用装有碱性物质的气体处理装置吸收，产生的酸性或碱性废水需要经过常规的碱性物质或酸性物质中和处理。

工艺中用的甲苯、乙腈、乙醇、甲醇、异丙醇、四氢呋喃等溶剂可回收套用。

工艺中用的 Pd/C 可用相应溶剂洗涤后回收套用。

思考题

1. 简述喹诺酮类药物的构效关系。
2. 简述"一锅法"制备 1-环丙基-6,7-二氟-1,4-二氢-8-甲氧基-4-氧代-3-喹啉羧酸乙酯的工艺原理与主要影响因素。
3. 简述盐酸莫西沙星侧链的手性拆分方法。
4. 2,4,5-三氟-3-甲氧基苯甲酰氯是否能发生水解反应？二氯亚砜是否能发生水解反应？
5. 简述 Pd/C 氢气还原吡啶环和脱除苄基的原理。
6. 简述盐酸莫西沙星的生产工艺原理。
7. 盐酸莫西沙星生产工艺中可能产生的主要杂质有哪些？

参考文献

[1] 赵临襄. 化学制药工艺学. 5 版. 北京：中国医药科技出版社，2019.
[2] 王堃，邹龙，刘根炎，等. 莫西沙星及其杂质的合成研究进展. 化学通报，2018，81（5）：414-424.
[3] 祝博文，吴晓东，徐超峰，等. 盐酸莫西沙星的合成工艺研究. 化工管理，2017，（16）：195.
[4] 刘明亮，魏永刚，孙兰英，等. 莫西沙星的合成. 中国医药工业杂志，2004，35（3）：129-131.
[5] 王福东，李谦和，彭东明. 莫西沙星合成方法. 药学进展，2003，27（4）：217-220.
[6] 喻理德，徐其雄，王星. 莫西沙星侧链合成方法改进. 江西师范大学学报(自然科学版)，2017，41（5）：507-509.
[7] 崔栋，范铮，刘加庚. 莫西沙星手性侧链的合成. 浙江化工，2013，44（8）：5-9.
[8] 张明光，夏正君，蒋龙，等. (*S*,*S*)-2,8-二氮杂双环[4.3.0]壬烷的合成. 中国医药工业杂志，2012，43（8）：658-661.

第十二章

帕博西尼的生产工艺

第一节 概 述

帕博西尼（palbociclib，**1**）的化学名称为 6-乙酰基-8-环戊基-5-甲基-2-{[5-(哌嗪-1-基)吡啶-2-基]氨基}吡啶并[2,3-*d*]嘧啶-7(8*H*)-酮，英文名称为 6-acetyl-8-cyclopentyl-5-methyl-2-{[5-(1-piperazinyl)-2-pyridinyl]amino}pyrido[2,3-*d*]pyrimidin-7(8*H*)-one，商品名为 Ibrance，CAS 登记号为 571190-30-2。本品为黄色至橙色结晶粉末，熔点为 263～266℃，在水中的溶解性与 pH 相关，在 pH□4 的水溶液中具有高溶解性，水溶液 pH＞4 时，帕博西尼（**1**）的溶解性显著下降。本品在 0.1 mol/L 盐酸溶液中溶解，在二氯甲烷中微溶，水中溶解度约 9 μg/mL，不溶或几乎不溶于水，这直接影响其在人体内的吸收和生物利用度，为提高其水溶性，专利申请中常采用现代制剂新技术将其制备成药物新剂型或组合物，如水溶性包合物、固体分散制剂、微球、纳米粒、脂质体等。

1

在肿瘤细胞中，细胞周期的紊乱是一大特征。细胞周期蛋白依赖性激酶 4 和 6（CDK4/6，全称为 cyclin-dependent kinase 4/6）在许多恶性肿瘤细胞尤其是雌激素受体（ER）阳性的乳腺肿瘤细胞中过度表达，表现出显著活性，促使癌细胞增殖扩散。CDK4/6 抑制剂通过抑制 CDK4/6 的活性，阻断细胞从 G1 期到 S 期的进程，从而降低肿瘤细胞系的细胞增殖，抑制细胞异常复制。

帕博西尼（**1**）是由美国辉瑞公司（Pfizer）原研开发的一类 CDK4/6 抑制剂，2015 年 2 月 3 日由美国 FDA 经加速批准途径在美国上市，临床上与来曲唑（letrozole）联合用于治疗绝经后雌激素受体（ER）阳性、人表皮生长因子受体2（HER2）阴性晚期乳腺癌。本品处于临床阶段的适应证还有卵巢癌、多发性骨髓瘤和急性淋巴细胞白血病等。鉴于帕博西尼（1）独特的药理学特性，一经上市就引起了市场极大的反响。作为全球首个获批上市的CDK4/6抑制剂，帕博西尼（1）已成为HR+/HER2-乳腺癌患者的一线疗法，目前已获全球90多个国家批准用于HR+/HER2-乳腺癌的一线、二线治疗，占据了大部分CDK4/6抑制剂市场。在国内，帕博西尼（1）于2018年7月获得国家药品监督管理局（NMPA）批准上市，不过目前尚未进入医保。根据辉瑞公司的年度财报，2020年帕博西尼（1）的销售额高达53.92亿美元，因此对于帕博西尼（1）的合成工艺研究受到了化学工作者的广泛关注。

第二节　合成路线及其选择

帕博西尼（1）分子结构中不含手性中心，合成工艺过程包括母核的合成，取代基乙酰基、环戊烷基以及侧链[5-(哌嗪-1-基)吡啶-2-基]氨基的引入四个方面。

一、帕博西尼的逆合成分析

采用逆合成分析方法设计帕博西尼（1）的合成路线时，要分析其分子骨架并选择合适的切断位点。帕博西尼（1）的基本骨架为吡啶并[2,3-*d*]嘧啶结构，该骨架上的侧链及官能团包括C2上的[5-(哌嗪-1-基)吡啶-2-基]氨基，C6上的乙酰基以及N8上的环戊基。C2位的侧链[5-(哌嗪-1-基)吡啶-2-基]氨基可由关键中间体4-(6-氨基吡啶-3-基)-哌嗪-1-甲酸叔丁基酯（2）通过芳香亲核取代（S_NAr）反应获得。C6位的乙酰基通常需要三步反应引入，先在C6位导入卤素，再经偶联反应转化为烷氧基乙烯基或炔基，最后经水解反应得到乙酰基。N8位的环戊基则由环戊胺或卤代环戊烷的亲核取代反应获得。

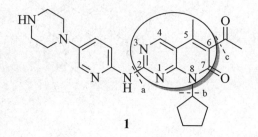

1

合成基本骨架吡啶并[2,3-*d*]嘧啶主要有两种途径，途径之一是在嘧啶环基础上合成吡啶环，另一途径是先合成吡啶环再构建嘧啶环。其中以第一种途径较为常见，可分别以4-氯-2-甲硫基嘧啶-5-甲酸乙酯（3）、2,4-二氯-5-溴嘧啶（4）、5-乙酰基-6-氨基-2(1*H*)-嘧啶酮（5）、1-(4-氨基-2-甲硫基-5-嘧啶)乙酮（6）和2,4-二氯嘧啶（7）为原料进行合成；第二种途径需要以2-乙酰基-2-丁烯酸甲酯（8）为原料，首先构建吡啶环再通过缩合反应合成嘧啶环。各途径的具体合成路线如下。

二、帕博西尼的工艺路线

(一) 以 4-氯-2-甲硫基嘧啶-5-甲酸乙酯为起始原料的工艺路线

帕博西尼（**1**）药物的初始发现路线是由 M. Barvian 等在 2003 年报道的。选用 4-氯-2-甲硫基嘧啶-5-甲酸乙酯（**3**）为起始原料，其在碱性条件下与环戊胺经亲核取代反应引入所需的环戊基，再经氢化铝锂还原、二氧化锰氧化、格氏反应、氧化反应、Wittig 反应和酰化反应得到吡啶并嘧啶酮母核中间体 **14**。中间体 **14** 随后经溴代反应和戴维斯氧氮杂环丙烷氧化得到亚砜 **16**，然后与关键中间体 4-(6-氨基吡啶-3-基)哌嗪-1-甲酸叔丁基酯（**2**）经芳香亲核取代（S_NAr）反应得到 4-[6-(6-溴-8-环戊基-5-甲基-7-氧代-7,8-二氢吡啶并[2,3-*d*]嘧啶-2-氨基)吡啶-3-基]哌嗪-1-甲酸叔丁基酯（**17**）。中间体 **17** 再经三丁基(1-乙氧基乙烯)锡与四(三苯基膦)钯进行 Stille 偶联引入烯醇醚，最后在盐酸作用下进行烯基醚片段水解以及脱除叔丁氧羰基（Boc）保护基制得帕博西尼（**1**）。其中，关键中间体 4-(6-氨基吡啶-3-基)哌嗪-1-甲酸叔丁基酯（**2**）是以 5-溴-2-硝基吡啶（**19**）和哌嗪-1-甲酸叔丁基酯（**20**）为原料，经亲核取代反应和硝基还原反应制得。

该路线所使用的原料 4-氯-2-甲硫基嘧啶-5-甲酸乙酯（3）不易获得；反应步骤冗长，共涉及 11 步反应，工艺烦琐，多步反应需要在无水无氧体系中进行，并有多步反应涉及柱色谱分离，总产率仅为 10.1%。此外，还使用了戴维斯氧氮杂环丙烷等昂贵试剂和剧毒的有机锡试剂，因此该方法不适合工业生产。

（二）以 2,4-二氯-5-溴嘧啶为起始原料的工艺路线

2008 年，P. Brian 和 D. T. Erdman 等对原研路线进行了改进，以 2,4-二氯-5-溴嘧啶（4）作为起始原料，同样其与环戊胺在碱性条件下发生亲核取代反应，然后在二(氰基苯)二氯化钯、N,N-二异丙基乙胺（DIPEA）和三邻甲苯基膦的催化下与巴豆酸进行 Heck 偶联反应，并在乙酸酐条件下脱水环合得到母核中间体 2-氯-8-环戊基-5-甲基吡啶并[2,3-d]嘧啶-7(8H)-酮（23）。中间体 23 再与溴素发生溴代反应得到 6-溴-2-氯-8-环戊基-5-甲基吡啶并[2,3-d]嘧啶-7(8H)-酮（24）。中间体 24 在双三甲基硅基氨基锂（LiHMDS）作用下与关键中间体 4-(6-氨基吡啶-3-基)哌嗪-1-甲酸叔丁基酯（2）经 S$_N$Ar 反应得到 4-[6-(6-溴-8-环戊

基-5-甲基-7-氧代-7,8-二氢吡啶并[2,3-d]嘧啶-2-氨基)吡啶-3-基]哌嗪-1-甲酸叔丁基酯（**17**）。化合物 **17** 在[双(二苯基膦基二茂铁)]二氯化钯的催化下进行 Heck 偶联反应得到烯醇醚类化合物 **25**，最后化合物 **25** 在羟基乙磺酸作用下，发生烯基醚片段水解以及脱保护基反应得到帕博西尼（**1**）。该路线步骤较少且总产率大大提高，达到 21.5%。但用到了腐蚀性强且对环境不友好的溴素，并两次用到昂贵的钯催化剂，同时还使用了需要在无水无氧体系中操作、易燃和腐蚀性强的 LiHMDS，这些因素均增加了工业化生产的难度。

在此基础上，辉瑞公司的工艺研发人员于 2016 年报道了该路线的改进方法，化合物 **22** 在乙酸钯、三乙胺和 N-甲基吡咯烷酮（NMP）催化条件下发生区域选择性 Heck 反应，并在乙酸酐条件下脱水环合得到母核中间体 2-氯-8-环戊基-5-甲基吡啶并[2,3-d]嘧啶-7(8H)-酮（**23**），再与 N-溴代丁二酰亚胺（NBS）溴化试剂发生溴代反应得到溴代吡啶并嘧啶酮中间体 **24**。然后以环己基氯化镁为碱，中间体 **24** 参与 S_NAr 反应得到化合物 **17**。化合物 **17** 再在乙酸钯、双(2-二苯基膦)苯醚（DPEPhos）配体和 N,N-二异丙基乙胺的催化下进行 Heck 偶联反应引入烯醇醚，最后在盐酸作用下烯醇醚转化成酮并脱 Boc 保护基得到帕博西尼（**1**）。该路线以 NBS 替代剧毒的溴素作为溴化试剂，并对亲核取代和 Heck 偶联两步关键反应进行了进一步优化，避免了副产物的大量生成，简化了反应的后续分离纯化，解决了一系列安全隐患。该改进路线将总产率提升至 37.7%，实现了商业化生产。

（三）以 5-乙酰基-6-氨基-2(1*H*)-嘧啶酮为起始原料的工艺路线

2014 年，我国医药研究者许学农报道了以 5-乙酰基-6-氨基-2(1*H*)-嘧啶酮（**5**）为起始原料的合成路线，化合物 **25** 在吡啶存在下与三氯氧磷进行氯代反应得到 1-(6-氨基-2-氯-1,2-二氢嘧啶-5-基)乙酮（**26**），化合物 **26** 与乙酰乙酸甲酯（ACM）在微波作用下经 Knoevenagel 反应和 *N*-酰化反应闭环得到 6-乙酰基-2-氯-5-甲基吡啶并[2,3-*d*]嘧啶-7(8*H*)-酮（**27**）。然后在叔丁醇钾强碱下化合物 **27** 与溴代环戊烷反应生成 6-乙酰基-2-氯-8-环戊基-5-甲基吡啶并[2,3-*d*]嘧啶-7(8*H*)-酮（**28**）。最后中间体化合物 **28** 在双三甲基硅基氨基锂

催化下与中间体 **2** 发生 $S_N Ar$ 反应,再经酸水解反应得到最终产物帕博西尼(**1**)。该合成路线简捷,总产率达到了 47.4%。但在反应步骤中使用了腐蚀性强和毒性高的试剂三氯氧磷,并涉及了无水无氧操作以及微波反应,因此难以大规模生产。

(四) 以 1-(4-氨基-2-甲硫基-5-嘧啶)乙酮为起始原料的工艺路线

同时,许学农还报道了以 1-(4-氨基-2-甲硫基-5-嘧啶)乙酮(**6**)为起始原料的合成路线,化合物 **6** 经间氯过氧苯甲酸(*m*-CPBA)氧化生成 1-[6-氨基-2-(甲基亚磺酰基)-1,2-二氢嘧啶-5-基]乙酮(**29**),化合物 **29** 再与乙酰乙酸乙酯(ACE)在微波条件下环合得到 6-乙酰基-5-甲基-2-(甲基亚磺酰基)吡啶并[2,3-*d*]嘧啶-7(8*H*)-酮(**30**),并在强碱氢化钠的作用下与碘代环戊烷发生 *N*-烃化反应生成 6-乙酰基-8-环戊基-5-甲基-2-(甲基亚磺酰基)吡啶并[2,3-*d*]嘧啶-7(8*H*)-酮(**31**)。最后化合物 **31** 经过 $S_N 2$ 反应和酸水解得到帕博西尼(**1**)。该路线与合成路线(三)相比,总产率略有降低,为 44.3%,且同样存在采用的微波反应器难以放大和反应条件苛刻的问题。

(五) 以 2,4-二氯嘧啶为起始原料的工艺路线

2016 年，柴腾以 2,4-二氯嘧啶（**7**）为起始原料，与环戊胺发生取代反应得到 2-氯-*N*-环戊基嘧啶-4-胺（**32**）；然后化合物 **32** 在 *N*,*N*′-二环己基碳二亚胺（DCC）作用下与 2,2-二乙酰基乙酸发生脱水缩合反应得到 2-乙酰基-*N*-(2-氯嘧啶-4-基)-*N*-环戊基-3-氧代丁酰胺（**33**）。化合物 **33** 再经 Lewis 酸 BF$_3$ 催化的环化反应、S$_N$Ar 反应以及酸水解反应得到目标产物帕博西尼（**1**）。该路线原辅材料简单易得，合成步骤简捷（共 5 步），总产率达到 47.5%。但该路线中使用的 2,2-二乙酰基乙酸不容易获得，虽避免使用贵金属钯试剂，但同样使用了需要无水无氧操作、腐蚀性强和易燃的 LiHMDS 试剂。

(六) 以 2-乙酰基-2-丁烯酸甲酯为起始原料的工艺路线

除上述典型合成路线之外，一些研究者还投入在侧链合成工艺的改进上。2014 年许学农等以 2-乙酰基-2-丁烯酸甲酯（**8**）为起始原料，在强碱甲醇钠的作用下与丙二腈发生环合反应得到环化产物 5-乙酰基-2-甲氧基-4-甲基-6-氧代-1,4,5,6-四氢吡啶-3-腈（**35**），随后经 N-烃化反应得到 5-乙酰基-1-环戊基-2-甲氧基-4-甲基-6-氧代-1,4,5,6-四氢吡啶-3-腈（**36**）。化合物 **36** 再在溶剂二甲苯中与 1-[5-(哌嗪-1-基)吡啶-2-基]胍（**37**）经缩合成环反应得到 6-乙酰基-8-环戊基-5-甲基-2-{[5-(哌嗪-1-基)吡啶-2-基]氨基}-5,6-二氢吡啶并[2,3-*d*]嘧啶-7(8*H*)-酮（**38**），最后化合物 **38** 在硒酸钠作用下发生脱氢反应制得帕博西尼（**1**）。该路线巧妙地通过化合物 **36** 与 **37** 的缩合反应一步完成二氢吡啶酮并嘧啶环的构建、C2 位 [5-(哌嗪-1-基)吡啶-2-基]氨基和C6 位乙酰基的引入，缩短了总合成路线（共 4 步）；但化合物 **36** 和 **37** 的缩合反应产率低，导致总产率仅为 32.8%，并且总反应时间较长，后两步的反应温度高，不仅超过产品的降解温度 110℃，而且给工业化生产带来很大的安全隐患。此外，还使用了剧毒且受高热易分解放出有毒烟气的强氧化剂硒酸钠，也大大增加了工业化的难度和危险性。

在上述合成路线的启发下，2015年袁雪等以2-乙酰基-2-丁烯酸甲酯（**8**）和1-[5-(哌嗪-1-基)吡啶-2-基]胍（**37**）为起始原料，以"一锅法"的方式，一步得到6-乙酰基-4-氨基-5-甲基-2-{[5-(哌嗪-1-基)吡啶-2-基]氨基}-5,6-二氢吡啶并[2,3-*d*]嘧啶-7(8*H*)-酮（**39**）；然后化合物**39**经氨基重氮化、还原脱除反应得到6-乙酰基-5-甲基-2-{[5-(哌嗪-1-基)吡啶-2-基]氨基}-5,6-二氢吡啶并[2,3-*d*]嘧啶-7(8*H*)-酮（**40**）。化合**40**再在催化剂溴化亚铜、配体1,10-啡罗啉和缚酸剂三乙胺的存在下进行*N*-烃化反应生成化合物**38**；最后化合物**38**在二铬酸氢四吡啶合镍[(Py)₄Ni(HCrO₄)₂，TPND]催化下发生脱氢反应制得帕博西尼（**1**）。虽然该路线的总产率达到65.3%，但第一步环合反应需在超声微波反应器中进行，难以实现放大生产。

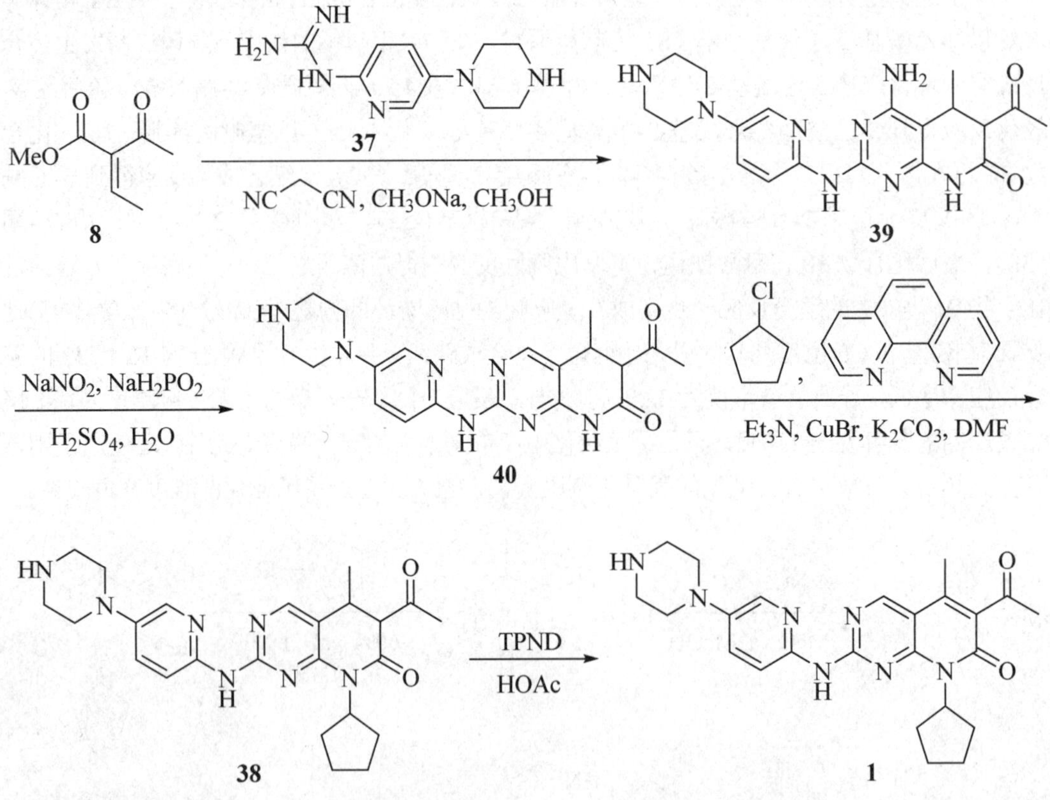

第三节 4-(6-氨基吡啶-3-基)哌嗪-1-甲酸叔丁酯的生产工艺原理及其过程

一、4-(6-硝基吡啶-3-基)哌嗪-1-甲酸叔丁酯的制备

（一）工艺原理

首先在碱催化剂的作用下，哌嗪-1-甲酸叔丁基酯（**20**）的氨基氢以质子形式脱去，生成

氮负离子亲核试剂；另一方面 5-溴-2-硝基吡啶（**19**）5 位上的溴取代基，作为吸电子取代基会使与之相连的碳原子上的电子云密度降低，且溴又属于一类很好的离去基团，因此生成的氮负离子亲核试剂很容易与 C5 位进行溴取代基的亲核取代（置换）反应，而得到 4-(6-硝基吡啶-3-基)哌嗪-1-甲酸叔丁酯（**21**）。另外溴取代基对位存在强吸电子基硝基，会对阴离子中间体的电荷起到分散作用，降低中间体的能量，从而降低反应的活化能，使反应更易进行。

（二）工艺过程

在反应釜中加入 5-溴-2-硝基吡啶（**19**）和二甲基亚砜，搅拌溶清后，依次加入无水氯化锂、哌嗪-1-甲酸叔丁基酯（**20**）以及三乙胺，然后升温至 60～65℃，保温搅拌反应 12h；检测反应完全后，加水并降温至 20～25℃搅拌析晶 1～2h；过滤，水洗，湿产品在 50～55℃下真空干燥，得到黄色固体 4-(6-硝基吡啶-3-基)哌嗪-1-甲酸叔丁酯（**21**），产率 93%。

（三）反应条件及影响因素

（1）5-溴-2-硝基吡啶（**19**）、哌嗪-1-甲酸叔丁基酯（**20**）、三乙胺与无水氯化锂的物质的量比是 1∶1.5∶1.5∶1，通过增加哌嗪-1-甲酸叔丁基酯（**20**）与三乙胺的配比来提高 5-溴-2-硝基吡啶（**19**）的转化率。

（2）哌嗪-1-甲酸叔丁基酯（**20**）可溶于水，后处理时，反应过量的哌嗪-1-甲酸叔丁基酯（**20**）可用水洗涤除去。

二、4-(6-氨基吡啶-3-基)哌嗪-1-甲酸叔丁酯的制备

（一）工艺原理

4-(6-硝基吡啶-3-基)哌嗪-1-甲酸叔丁酯（**21**）在钯-碳/氢气催化氢化体系下发生硝基还原反应，得到关键中间体 4-(6-氨基吡啶-3-基)哌嗪-1-甲酸叔丁酯（**2**）。

该过程钯-碳作为催化氢化反应的催化剂与氢气结合，将氢活化形成游离氢参与还原反应。首先一分子的氢气参与反应，脱去一分子水形成亚硝基中间体，然后亚硝基中间体与一分子氢气进一步结合形成羟胺中间体，最后羟胺中间体再与一分子氢气反应，脱去一分子水得到氨基产物。

（二）工艺过程

在高压反应釜中加入 4-(6-硝基吡啶-3-基)哌嗪-1-甲酸叔丁酯（**21**）和乙酸乙酯，用氮气置换三次，排尽反应釜内空气，然后加入 50%的含水湿钯-碳催化剂，随后氢气置换三次，并将氢气加压到 50 psi（约为 3.5 个大气压）。将混合物加热到 50℃，保温搅拌反应 8h。检测反应完全后，过滤，用乙酸乙酯洗涤滤饼，减压蒸馏除去乙酸乙酯；加入正戊烷，并在 25℃下搅拌 2h，然后过滤，用正庚烷洗涤滤饼，湿产品在 50~55℃下真空干燥，得到淡橙色固体 4-(6-氨基吡啶-3-基)哌嗪-1-甲酸叔丁酯（**2**），产率 96%。

（三）反应条件及影响因素

（1）催化氢化中使用的金属催化剂钯-碳的活性较高，摩擦很容易起火，为避免起火，应注意以下几点：①降低催化剂的活性，即使用 5%含 50%水的湿钯-碳；②与氧气隔绝，利用惰性气体置换反应釜后再加入催化剂；③避免摩擦，且过滤时不要将溶剂完全抽干；④反应完全后，高压反应釜要充分冷却，泄压，并用惰性气体置换后，才能打开反应釜。

（2）在一定范围内增加压力有利于提高反应速率，但超过一定范围则影响不大。

第四节 6-溴-2-氯-8-环戊基-5-甲基吡啶并[2,3-*d*]嘧啶-7(8*H*)-酮的生产工艺原理及其过程

一、5-溴-2-氯-*N*-环戊基嘧啶-4-胺的制备

（一）工艺原理

以 2,4-二氯嘧啶类化合物为起始原料，通过 S$_N$Ar 反应引入嘧啶环是药物化学中常用

的合成策略，而该类化合物具有多个亲核取代位点，通常 C4 位氯比 C2 位氯的反应活性高，更容易被亲核试剂进攻。对于三卤代嘧啶类化合物 2,4-二氯-5-溴嘧啶（**4**），其亲核取代的反应活性是 4-Cl>2-Cl>>5-Br，因此在碱催化作用下，2,4-二氯-5-溴嘧啶（**4**）与环戊胺发生 4-位选择性 S_NAr 反应，得到 5-溴-2-氯-*N*-环戊基嘧啶-4-胺（**22**）。

（二）工艺过程

将乙醇、2,4-二氯-5-溴嘧啶（**4**）和三乙胺加入反应釜中，启动搅拌器，然后在 2h 内缓慢加入环戊胺，使反应温和放热。加完环戊胺时温度不超过 25℃，并在 25℃下反应 2h，测定反应终点。以 30mL/min 的速率向反应釜中注入水，并保持温度在 20~25℃范围内。随后将反应液冷却至 8~12℃，并保持静置 1h，析出晶体，过滤，用正庚烷洗涤滤饼，湿产品在 50~55℃下真空干燥，得到白色固体 5-溴-2-氯-*N*-环戊基嘧啶-4-胺（**22**），产率 84%。

（三）反应条件及影响因素

2,4-二氯-5-溴嘧啶（**4**）的氨基取代反应是杂芳环的亲核取代反应。由于嘧啶环上存在吸电子卤素取代基，嘧啶环电子云密度下降，从而降低了氨基取代反应的难度；又由于该反应存在 2-位、4-位选择性问题，往往 4-位卤素取代基的反应速率要比 2-位卤素取代基快 10 倍。因此为了减少 2-位氨基取代产物的生成，环戊胺应缓慢加入，控制反应温度不超过 25℃。

二、2-氯-8-环戊基-5-甲基吡啶并[2,3-*d*]嘧啶-7(8*H*)-酮的制备

（一）工艺原理

5-溴-2-氯-*N*-环戊基嘧啶-4-胺（**22**）在三乙胺以及钯的催化作用下，与巴豆酸发生 Heck 反应，生成 3-[2-氯-4-(环戊基氨基)嘧啶-5-基] 丁-2-烯酸（**41**）。然后在乙酸酐的作用下，中间体 **41** 脱去一分子水，环化生成 2-氯-8-环戊基-5-甲基吡啶并[2,3-*d*]嘧啶-7(8*H*)-酮（**23**）。

由于 Heck 反应由 Pd(0)与芳基卤化物的氧化加成过程启动，此过程既决定了反应是否能顺利进行，也决定了反应的速率。不同卤代芳烃的反应速率为碘代物>溴代物>>氯代物，通常氯代物不发生反应。该反应通过三乙胺将二价的乙酸钯还原为 Pd(0)，然后 Pd(0)与 5-溴-2-氯-N-环戊基嘧啶-4-胺（**22**）发生氧化加成反应，启动反应。

（二）工艺过程

向反应釜中依次加入 5-溴-2-氯-N-环戊基嘧啶-4-胺（**22**）和 N-甲基吡咯烷酮（NMP），然后在搅拌下加入巴豆酸和三乙胺。氮气置换三次后，加入乙酸钯，再氮气置换三次，然后将温度升至 65℃，保温搅拌反应 6h。检测反应完全后，加入乙酸酐，继续保持温度反应 1~2h，至反应完全。然后冷却降温至 20℃，加入水溶解反应中产生的三乙胺氢溴酸盐并静置 1h 以沉淀析出固体。最后通过过滤，水洗，55~70℃下真空干燥，得到棕褐色至灰色固体 2-氯-8-环戊基-5-甲基吡啶并[2,3-d]嘧啶-7(8H)-酮（**23**），产率 81%。

（三）反应条件及影响因素

（1）Heck 反应中反应物的摩尔比为 5-溴-2-氯-N-环戊基嘧啶-4-胺（**22**）：巴豆酸：三乙胺：乙酸钯 = 1：1.5：4：0.03，其中钯为催化量，而三乙胺为计量。三乙胺不仅可以将乙酸钯还原为 Pd(0)物种，还可以与反应中产生的氢溴酸成盐。

（2）该过程中 Heck 反应对水不十分敏感，无须对碱及溶剂做无水处理，但反应需要在严格无氧环境下进行。

三、6-溴-2-氯-8-环戊基-5-甲基吡啶并[2,3-d]嘧啶-7(8H)-酮的制备

（一）工艺原理

在草酸的促进下，2-氯-8-环戊基-5-甲基吡啶并[2,3-d]嘧啶-7(8H)-酮（**23**）与 N-溴代丁二酰亚胺（NBS）溴化试剂发生自由基机制的羰基 α-位单溴取代反应，得到 6-溴-2-氯-8-环戊基-5-甲基吡啶并[2,3-d]嘧啶-7(8H)-酮（**24**）。

此反应为 Wohl-Ziegler 反应，是典型的自由基链式反应，可分为三个阶段。

（1）链引发：NBS 在潮湿条件下会生成少量的溴化氢（HBr），而 HBr 又会和 NBS 反应生成低浓度的溴素（Br_2），保持 Br_2 和 HBr 的低浓度对防止 HBr 与双键进行简单的离子

加成反应起到关键作用。其中 Br_2 为催化活性物质，在加热条件下 Br_2 发生均相裂解生成溴自由基。

（2）链增长：溴自由基攫取 2-氯-8-环戊基-5-甲基吡啶并[2,3-*d*]嘧啶-7(8*H*)-酮（**23**）羰基 α-位 C—H 键的 H 形成相应的碳自由基物种并产生 HBr。

（3）链终止：上一步产生的碳自由基物种与 Br_2 或溴自由基反应得到最终的溴代产物 6-溴-2-氯-8-环戊基-5-甲基吡啶并[2,3-*d*]嘧啶-7(8*H*)-酮（**24**）。

（二）工艺过程

将 2-氯-8-环戊基-5-甲基吡啶并[2,3-*d*]嘧啶-7(8*H*)-酮（**23**）和乙腈加入反应釜中，在搅拌下加入 *N*-溴代丁二酰亚胺和草酸。将混合物温度升至 60℃，保温搅拌反应 6h，至反应完全。然后冷却降温至 20℃，先加入少量水，再加入亚硫酸氢钠水溶液，静置 1h，析出晶体，过滤，水洗，再用甲醇/乙腈（体积比 7∶3）混合溶液洗涤，50~55℃下真空干燥，得到淡黄色固体 6-溴-2-氯-8-环戊基-5-甲基吡啶并[2,3-d]嘧啶-7(8H)-酮（**24**），产率 87%。

（三）反应条件及影响因素

为防止反应过于剧烈，同时减少多溴代副产物的生成，应采取分批投料，并降低反应物浓度。

第五节 帕博西尼的生产工艺原理及其过程

一、4-[6-(6-溴-8-环戊基-5-甲基-7-氧代-7,8-二氢吡啶并[2,3-d]嘧啶-2-氨基)吡啶-3-基]哌嗪-1-甲酸叔丁基酯的制备

（一）工艺原理

4-(6-氨基吡啶-3-基)哌嗪-1-甲酸叔丁酯（**2**）为弱的双向亲核试剂，且氨基吡啶杂环上的氮亲核活性更高。在碱环己基氯化镁的作用下，脱去质子形成氮负离子亲核试剂中间体（**2a**），并与 6-溴-2-氯-8-环戊基-5-甲基吡啶并[2,3-d]嘧啶-7(8H)-酮（**24**）发生 S_NAr 反应得到区域异构体（**42**）。然后在强碱的作用下经历四元环的过渡态，即经历[1,3]重排迁移生成 4-[6-(6-溴-8-环戊基-5-甲基-7-氧代-7,8-二氢吡啶并[2,3-d]嘧啶-2-氨基)吡啶-3-基]哌嗪-1-甲酸叔丁基酯（**17**）。

(二) 工艺过程

将 4-(6-氨基吡啶-3-基)哌嗪-1-甲酸叔丁酯(**2**)、6-溴-2-氯-8-环戊基-5-甲基吡啶并[2,3-*d*]嘧啶-7(8*H*)-酮(**24**)和四氢呋喃加入反应釜中,启动搅拌,控制温度在15~25℃,加入环己基氯化镁的四氢呋喃溶液,保持温度不超过25℃。加毕,冷却至20℃,搅拌2h。测定反应终点后,加入乙酸的四氢呋喃溶液淬灭反应。将得到的浆液冷却到20℃,过滤,依次用丙酮、水和丙酮洗涤固体,在65℃下真空干燥,得到黄色固体4-[6-(6-溴-8-环戊基-5-甲基-7-氧代-7,8-二氢吡啶并[2,3-*d*]嘧啶-2-氨基)吡啶-3-基]哌嗪-1-甲酸叔丁基酯(**17**),产率88%。

(三) 反应条件及影响因素

(1) 生产工艺中使用强碱环己基氯化镁代替异丙基氯化镁,解决了反应过程中会产生异丙烷气体所带来的安全隐患。

(2) 反应物的摩尔比为 6-溴-2-氯-8-环戊基-5-甲基吡啶并[2,3-*d*]嘧啶-7(8*H*)-酮(**24**):4-(6-氨基吡啶-3-基)哌嗪-1-甲酸叔丁酯(**2**):环己基氯化镁 = 1:1.3:2.2,降低了脱溴副产物的生成。同时应严格控制反应温度不超过 25℃,温度过高将有利于脱溴副产物的生成。

二、4-{6-[(6-(1-丁氧基乙烯基)-8-环戊基-5-甲基-7-氧代-7,8-二氢吡啶并[2,3-*d*]嘧啶-2-基)氨基]吡啶-3-基}哌嗪-1-羧酸叔丁酯的制备

(一) 工艺原理

4-[6-(6-溴-8-环戊基-5-甲基-7-氧代-7,8-二氢吡啶并[2,3-*d*]嘧啶-2-氨基)吡啶-3-基]哌嗪-1-甲酸叔丁基酯(**17**)在钯和膦配体的催化下与正丁基乙烯基醚发生 Heck 反应得到 4-{6-[(6-(1-丁氧基乙烯基)-8-环戊基-5-甲基-7-氧代-7,8-二氢吡啶并[2,3-*d*]嘧啶-2-基)氨基]吡啶-3-基}哌嗪-1-羧酸叔丁酯(**25**),同时会有微量的脱溴杂质(**44**)、乙烯基杂质(**45**)以及区域选择性异构体(**46**)生成。

44 <0.1%　　　　　**45** <0.1%　　　　　**46** <0.1%

（二）工艺过程

向经干燥的氮气吹扫的反应釜中加入正丁醇、4-[6-(6-溴-8-环戊基-5-甲基-7-氧代-7,8-二氢吡啶并[2,3-d]嘧啶-2-氨基)吡啶-3-基]哌嗪-1-甲酸叔丁基酯（**17**）、正丁基乙烯基醚和二异丙基乙胺，启动搅拌，在氮气氛围下，加入乙酸钯和双(2-二苯基膦)苯醚（DPEPhos），升温至85℃并搅拌反应过夜。反应完成后，将混合物冷却至80℃，并加入水和正丁醇。过滤，然后加入水和1,2-二氨基丙烷。除去水相，将有机相冷却到60℃，然后加入 4-{6-[(6-(1-丁氧基乙烯基)-8-环戊基-5-甲基-7-氧代-7,8-二氢吡啶并[2,3-d]嘧啶-2-基)氨基]吡啶-3-基}哌嗪-1-羧酸叔丁酯（**25**）作为晶种。浆液被缓慢冷却至20℃析晶，过滤固体，用正丁醇洗涤两次，用甲基丁醚洗涤三次，然后在70℃下干燥，得到 4-{6-[(6-(1-丁氧基乙烯基)-8-环戊基-5-甲基-7-氧代-7,8-二氢吡啶并[2,3-d]嘧啶-2-基)氨基]吡啶-3-基}哌嗪-1-羧酸叔丁酯（**25**），产率84%。

（三）反应条件及影响因素

（1）以 4-[6-(6-溴-8-环戊基-5-甲基-7-氧代-7,8-二氢吡啶并[2,3-d]嘧啶-2-氨基)吡啶-3-基]哌嗪-1-甲酸叔丁基酯（**17**）为当量，反应中催化剂乙酸钯及配体的用量分别为0.02当量和0.025当量，正丁基乙烯基醚为3.0当量，二异丙基乙胺为2.4当量，正丁醇为6体积，在该反应物投料比下，可将杂质的生成控制在合理范围内。

（2）水分及氧气的影响：水分及氧气的存在对Heck偶联反应不利，反应应控制在无水无氧条件下进行。

（3）钯的去除：过滤后的溶液用5当量的1,2-二氨基丙烷洗涤可有效除去有机相中可溶性的钯物种。

三、帕博西尼的制备

（一）工艺原理

与去除叔丁氧羰基（Boc）保护基相比，烯醇醚的水解在酸性条件下发生得极为迅速，因此 4-{6-[(6-(1-丁氧基乙烯基)-8-环戊基-5-甲基-7-氧代-7,8-二氢吡啶并[2,3-d]嘧啶-2-基)氨基]吡啶-3-基}哌嗪-1-羧酸叔丁酯（**25**）在酸性条件下，烯醇醚首先发生水解，生成中间体（**47**），然后在酸性条件下进一步发生脱 Boc 保护基反应得到帕博西尼（**1**）。

（二）工艺过程

向反应釜中加入水、4-{6-[(6-(1-丁氧基乙烯基)-8-环戊基-5-甲基-7-氧代-7,8-二氢吡啶并[2,3-d]嘧啶-2-基)氨基]吡啶-3-基}哌嗪-1-羧酸叔丁酯（**25**）和正丁醇，启动搅拌，将混合物加热至 70℃，并加入盐酸溶液，搅拌反应 4h。反应完成后，保持反应温度，加入苯甲醚以及氢氧化钠溶液，并搅拌反应 30min。除去水相，有机相用水洗涤两次，然后升温至 120℃蒸馏。随后将溶液冷却至 80℃，加入帕博西尼（**1**）作为晶种并冷却到 10℃析晶，过滤固体，用正庚烷洗涤两次，然后在 50℃下干燥，得到帕博西尼（**1**），产率 90%。

（三）反应条件及影响因素

（1）反应温度对反应速率有极大的影响，反应完成时间从 80℃时的约 1h 到 70℃时的 4h 再到 50℃时的 240h，表明升高温度会大大提高反应速率。然而脱 Boc 保护基时会释放出等量的二氧化碳和等量的高活性叔丁基阳离子，对于这个反应，叔丁基阳离子可以分解形成异丁烯，因此从工艺安全和环境角度来看，高度易燃的异丁烯的产生和释放是一个值得关注的问题。控制反应温度为 70℃，达到一个合适的反应速率，温和地产生异丁烯气体。

（2）帕博西尼（**1**）在正丁醇和苯甲醚混合物（体积比 2:3）中溶解性较差，然而在正丁醇和苯甲醚混合物（体积比 2:3）的水饱和溶液中，溶解性大大提高，因此在后续重结晶前，引入了蒸馏操作，以减少溶剂混合物中的水含量，从而降低帕博西尼（**1**）的溶解度。

（3）在中和处理过程中，氢氧化钠需稍微过量加入，使中和后的溶液呈碱性（pH>9），此时有利于两相溶液快速清晰地分离；若等量加入氢氧化钠，导致中和后的 pH 值低于 9，则在 70℃时可能发生不良的两相分离，出现乳化现象。

第六节 原辅材料的制备与"三废"处理

一、2,4-二氯-5-溴嘧啶的制备

以廉价易得的乙腈为原料,与甲醇钠和一氧化碳在高温高压下缩合得到 3-羟基丙烯腈钠盐缩合物(**48**),再经盐酸酸化制得烷氧基丙烯腈粗品,然后与尿素环合得到 6-氨基嘧啶-2(1*H*)-酮(**51**),再通过亚硝酸钠氧化、1,3-二溴-5,5-二甲基海因溴化以及五氯化磷氯化得到目标产物 2,4-二氯-5-溴嘧啶(**4**)。

二、5-溴-2-硝基吡啶的制备

以市场廉价易得的 2-氨基吡啶(**54**)为原料,在 *N*-溴代丁二酰亚胺(NBS)作用下溴化得到 2-氨基-5-溴吡啶(**55**),再与过氧乙酸反应,制得 5-溴-2-硝基吡啶(**19**),总产率为 87%,该方法操作简单安全,反应条件温和,产率较高。

三、"三废"处理

帕博西尼(**1**)生产过程中生成的异丁烯气体应做尾气回收处理,由于异丁烯是一种被广泛应用于农药、医药、抗氧化剂、合成高级润滑油以及其他精细化工品的重要化工原料,因此对异丁烯气体进行尾气回收处理既可以降低烟气排放达到节能环保的目的,又具有较高的经济效益。

生产过程中产生的酸性、碱性废水经常规的酸碱中和处理，达到排放标准。

 思考题

1. 简述帕博西尼的化学结构与药理作用。
2. 试分析各合成工艺路线的优缺点。
3. 简述 4-(6-硝基吡啶-3-基)哌嗪-1-甲酸叔丁酯的生产工艺原理。
4. 简述 4-(6-氨基吡啶-3-基)哌嗪-1-甲酸叔丁酯的生产工艺原理及主要影响因素。
5. 简述 5-溴-2-氯-N-环戊基嘧啶-4-胺的生产工艺原理及主要影响因素。
6. 简述 2-氯-8-环戊基-5-甲基吡啶并[2,3-d]嘧啶-7(8H)-酮的生产工艺原理及主要影响因素。
7. 简述 6-溴-2-氯-8-环戊基-5-甲基吡啶并[2,3-d]嘧啶-7(8H)-酮的生产工艺原理。
8. 简述 4-[6-(6-溴-8-环戊基-5-甲基-7-氧代-7,8-二氢吡啶并[2,3-d]嘧啶-2-氨基)吡啶-3-基]哌嗪-1-甲酸叔丁基酯的生产工艺原理及主要影响因素。
9. 简述 4-{6-[(6-(1-丁氧基乙烯基)-8-环戊基-5-甲基-7-氧代-7,8-二氢吡啶并[2,3-d]嘧啶-2-基) 氨基]吡啶-3-基}哌嗪-1-羧酸叔丁酯的生产工艺原理及主要影响因素。
10. 简述帕博西尼成品的生产工艺原理及主要影响因素。
11. 简述帕博西尼原辅料的生产工艺。

参考文献

[1] 赵临襄. 化学制药工艺学. 5 版. 北京：中国医药科技出版社，2019.

[2] 米镇涛. 化学工艺学. 北京：化学工业出版社，2007.

[3] Robert B M，Booth R J，Repine J T，et al. 2-(Pyridin-2-ylamino)-pyrido[2,3-d]pyrimidin-7-ones：WO03062236A1. 2003-07-31.

[4] Dirocco D P，Sharpless N E，Strum J C，et al. Protection of renal tissues from schema through inhibition of the proliferative kisses CDK4 and CDK6：WO2012068381A2. 2012-05-24.

[5] Duan S Q，Place D，Perfect H H，et al. Palbociclib commercial manufacturing process development. Part Ⅰ：control of regioselectivity in a grignard-mediated S_NAr coupling. Organic Process Research & Development，2016，20（7）：1191-1202.

[6] Maloney M T，Jones B P，Olivier M A，et al. Palbociclib commercial manufacturing process development. Part Ⅱ：regioselective heck coupling with polymorph control for processability [J]. Organic Process Research & Development，2016，20（7）：1203-1216.

[7] Chekal B P，Ewers J，Guinness S M，et al. Palbociclib commercial manufacturing process development. Part Ⅲ：deprotection followed by crystallization for API particle property control. Organic Process Research & Developmet，2016，20（7）：1217-1226.

[8] 许学农. 一种帕博西尼的制备方法：CN104496983A. 2015-04-08.

[9] 柴腾. 一种 Palbociclib 的制备方法：CN104910149A. 2015-09-16.

[10] 许学农. 帕博西尼的制备方法：CN104447743A. 2015-03-25.

[11] 袁雪，徐阳，李修珍，等. 一种帕博西尼的制备方法：CN105111205A. 2015-12-02.

[12] Chekal B P, IDE N D. Solid forms of a selective cdk4/6 inhibitor: WO2014128588A1. 2014-08-28.
[13] 韩瑜, 郭珍珍, 范玉洁. 一种胞嘧啶合成法: CN115611815A. 2023-01-17.
[14] 马庆童, 单晓燕, 陈旭东, 等. 卤代尿嘧啶类化合物的制备方法: CN108117523A. 2018-06-05.
[15] Pinkerton A B, Dahl R, Cosford N D P, et al. Sulfonamide compounds and uses as tnap inhibitors: WO2013/126608A1. 2013-08-29.
[16] 陶志柱. 一种2-硝基-5-溴吡啶的制备方法: CN106187867A. 2016-12-07.